基于数据湖仓的
数据生态体系构建方法
——以油气上游业务为例

THE CONSTRUCTION METHOD FOR DATA ECOSYSTEM
WITH DATA LAKEHOUSE
——Taking the Upstream Business of Petroleum Industry as an Example

马 涛 蒋克成 项 建 史永彬◎等编著

石油工业出版社

内容提要

本书通过数据湖仓技术体系概述、面向油气上游业务的数据湖仓技术应用、基于数据湖仓的数据治理体系、基于数据湖仓的数据质量管理体系、面向数据湖仓的数据安全保障体系,以及数据湖仓技术应用展望、基于数据生态的知识扩展等章节,系统阐释了基于数据湖仓技术体系所构建的企业云数据生态体系的构成要件、方法、技术和路径,并基于油气上游业务部分场景阐述了具体的落地方案或流程。

本书所介绍的基于数据湖仓技术的企业级数据生态体系构建方法,可为油气领域和非油气领域从事企业数字化、智能化工作的业务公司或技术服务公司及其决策者和同行提供借鉴或参照,同时也可作为高校相关专业的学生学习和了解最新数据管理技术和相关知识的参考用书。

图书在版编目(CIP)数据

基于数据湖仓的数据生态体系构建方法:以油气上游业务为例 / 马涛等编著. -- 北京:石油工业出版社,2025.5. -- ISBN 978-7-5183-7462-5

Ⅰ.TP274

中国国家版本馆 CIP 数据核字第 2025BD7915 号

出版发行:石油工业出版社

(北京安定门外安华里 2 区 1 号楼　100011)

网　　址:www.petropub.com

编辑部:(010)64523599　　图书营销中心:(010)64523633

经　　销:全国新华书店

印　　刷:北京九州迅驰传媒文化有限公司

2025 年 5 月第 1 版　2025 年 8 月第 2 次印刷
787×1092 毫米　开本:1/16　印张:18.75
字数:400 千字

定价:120.00 元
(如出现印装质量问题,我社图书营销中心负责调换)

版权所有,翻印必究

《基于数据湖仓的数据生态体系构建方法——以油气上游业务为例》编写组

马 涛　蒋克成　项 建　史永彬
黄文俊　王铁成　孟令培　李志新
阳思伟　吴 迪　王海平　杜 江
王 茜　裴 娟

序

PREFACE

企业数据是企业的宝贵资产。为了从企业数据中获取价值，采用构建数据平台的方式有助于对企业数据进行正确管理，确保数据的质量、安全性和规范化，从而允许使用更有效的方法来识别、摄取、分析、应用和可视化数据，促进更好地决策和运营。

在计算机诞生以来70多年间，企业数据的存储和管理，经历了几代的演变。20世纪50年代，穿孔卡是早期数据存储的第一个解决方案。从20世纪60年代开始，磁带存储慢慢取代了穿孔卡，1964年开始流行磁盘存储（硬盘和软盘），允许直接访问数据，大大改善了笨拙的磁带存储方式，磁盘存储也很快成为数据库管理系统（DBMS）软件的物理存储介质，IBM于1966年推出的数据库管理系统，当时被称为信息管理系统。

20世纪60年代末至70年代初，在磁盘存储和DBMS软件流行后不久，商业在线应用程序开始出现，信息开始在计算机之间共享。1970年，埃德加·弗兰克·科德（Edgar Frank Codd）发表了他具有开创性的论文《大型共享数据库的数据关系模型》，描述了一种构建数据的新方法，降低了人们了解数据库内部结构与实现机制的需求。科德被誉为"关系数据库（RDBMS）之父"，此时结构化查询语言（SQL）是关系数据库管理系统使用的语言。

20世纪90年代发生了重大的文化和技术变革。互联网越来越受欢迎，计算机化、全球化和网络化，产生了对真正的数据仓库的需求。在此期间，应用系统的使用呈爆炸式增长。一些工业领域（例如：石油勘探与生产）开始利用一体化的数据平台管理企业的所有数据，支持数据的获取、存储、准备、交付和治理，并为用户和应用程序提供访问接口层。

到21世纪初，企业开发数据仓库可以整合从各种数据库中获取的数据，并帮助支持其战略决策工作。数据仓库是信息的中央存储库，对信息进行分析有助于做出更明智的决策。数据仓库是为满足事务处理系统的要求而构建的关系数据库管理的系统。它可以被简略地描述为任何可以查询业务优势的集中式数据存储库或用以满足决策要求的数据库。通常，数据定期从事务系统、关系数据库和其他来源汇入数据仓库。业务分析师、数据工程师、数据科学家和决策者，通过商业智能（BI）工具、SQL客户端和其他分析应用程序访问数据。

在很大程度上，数据仓库以结构化数据为中心。结构化数据通常是企业为开展日常业务活动而生成的基于事务的数据。但是，随着许多其他数据类型（例如，物联网数据、文本、图像、音频、视频等）的不断增加，数据仓库的局限性变得越来越明显。文本数据是由企业内部产生的文档、信件、电子邮件和对话生成的数据，其他非结构化数据是具有其他来源的数据，如物联网数据、图像、视频和基于模拟的数据。尤其是随着机器学习（ML）和人工智能（AI）的兴起引入了迭代算法，而这些算法往往需要直接访问数据。

2010年10月，詹姆斯·迪克逊（James Dixon）提出了"数据湖"一词。迪克逊认为数据集市（Data Marts）存在几个问题，如：规模限制和研究参数狭窄等。詹姆斯·迪克逊在描述他的数据湖概念时说，如果你把数据集市想象成一个桶装水商店，经过清洗、包装和条理化以方便消费，那么数据湖就是一个处于更自然状态的大型水体，数据湖的内容从源头流入湖中，湖的各种用户都可以来检查、潜水或取样。数据湖使用了比数据仓库更灵活的结构来收集和存储数据，数据湖保留了数据的原始结构，可以用作大数据的检索和存储系统，理论上可以无限扩展。

上文中提到的"数据集市"是一个用于存储数据的区域，这些数据服务于特定的社区或工作人员群体。它是一个具有固定数据的存储区域，并且仅由企业内的某个部门控制。如今"大数据"一词已越来越少人使用，因为大数据已成为常态，甚至于有人称现在已经进入"后大数据时代"。

数据湖是组织（企业）中所有不同类型数据的融合，它已经成为企业存放所有数据的地方，因为它的低成本存储系统可以通用和开放文件格式保存数据并提供文件访问的API（即应用程序编程接口），开放文件格式的使用还使数据湖可以直接访问各种其他分析引擎，如机器学习系统等。

当首次构思数据湖时，人们认为所需的只是提取数据并将其放入数据湖中；一旦进入数据湖，终端用户就可以找到数据并进行分析。然而，企业很快发现，使用数据湖中的数据与仅仅将数据放入湖中完全不同。由于缺乏一些关键功能，数据湖的许多承诺尚未实现，例如不支持事务、不强制执行数据质量或治理，以及性能优化不佳等。所以，许多企业同时使用数据仓库（第一代数据平台）和数据湖（第二代数据平台）。这就产生了新的问题：一方面，传统的数据仓库利用"提取—转换—加载（ETL）"过程来接收数据，而数据湖则依赖于"提取—加载—转换（ELT）"过程，这种存储体系结构不灵活且效率低下。当必须连续执行转换以保持和数据仓库存储同步时，就增加了成本；另一方面，数据仓库存储无法支持人工智能（AI）或机器学习（ML）等工作负载，这些工作负载需要大量数据来进行模型训练，对于这些工作负载，数据湖供应商通常建议将数据提取到普通文件中，仅用于模型训练和测试目的，这就增加了一个额外的 ETL 步骤，使数据冗余增大。第三代数据平台"湖仓一体"就是为了解决这些问题而诞生的。

数据湖仓（Data Lakehouse）一词可以追溯到 21 世纪 10 年代初，在 2017 年开始被广为使用。在过去的几年中，数据湖仓提供了一种新的模式，该模式利用了数据仓库（大量协调数据）和数据湖（大量不协调数据）的最佳特征，将它们融合在一起，并提供了改进的控制和工具，旨在解决传统数据湖和数据仓库的局限性，为现代企业提供可扩展的存储和处理功能，这些企业（组织）希望避免使用孤立的系统来处理不同的工作负载，例如机器学习（ML）和商业智能（BI）。数据湖仓可以帮助建立单一事实来源，消除冗余成本，并确保数据新鲜度。

数据湖仓与数据仓库、数据湖的两个主要区别是：其一，在设计理念上，数据仓库强调数据的结构化、规范化和易于查询，而数据湖强调数据的原始性、多样性和可扩展性。数据湖仓则结合了这两者的优点。其二，在数据存储和处理上，数据仓库通常基于关系型数据库，而数据湖使用分布式文件系统或对象存储。数据湖仓支持多种存储系统，并支持灵活的数据处理和分析。

数据湖仓的主要特点包括：（1）统一数据架构。数据湖仓将结构化、半结构化和非结构化数据以原生格式存储在数据湖中，为结构化和非结构化数据的存储、处理和分析提供了一个统一的集中式平台。（2）高级分析支持。数据湖仓可以促进对存储数据的高级分析，包括机器学习和人工智能，支持多种数据处理和分析场景,包括批处理、实时分析、交互式查询等。(3)可扩展性和灵活性。由于数据湖仓能够处理大量数据,它们还具有出色的可扩展性,使企业能够根据需求增加数据容量。

总之,数据湖仓是一种结合了数据仓库和数据湖优点的新兴数据架构,适用于需要高效查询和分析结构化数据的场景,同时也适合进行大规模数据探索和分析。它特别适合于需要处理大量非结构化数据和实时数据分析的企业,通过提供统一的数据存储、支持事务的可靠性和一致性、灵活的数据处理和高效的数据查询,为企业提供了更强大的数据管理和分析能力。数据湖仓为增强生成式人工智能提供了关键机会。数据湖仓的功能和结构,使数据团队能够将全部数据资源用于其生成式人工智能应用程序,从而更有效地生成内容、见解和动态响应。随着人工智能模型变得越来越复杂和数据湖仓架构的发展,企业可以期待实现未来人工智能驱动型数据湖仓的融合,实现无与伦比的数据创新,提供实时洞察和预测功能。

应该说,国外开发数据湖仓的早期努力还是很有限的,并没有给人留下深刻的印象,这就是为什么有一些研究人员对这个概念的评价很低,并质疑其价值。目前,数据湖仓主要存在两个问题:(1)控制合并的数据湖和数据仓库形成了巨大的单体结构,整体变得不灵活,难以维护。(2)数据湖仓还不成熟,某些数据工具(如商业智能工具和机器学习工具),需要纳入新的数据湖仓。

不过,数据湖仓所具有的优势也显而易见:(1)既支持传统的 SQL 结构化数据,也支持 NoSQL 非结构化数据,使得通常的数据分析工具可以直接访问数据。(2)关于模式和数据治理的混乱减少了,使得管理变得更加简捷和高效;传输数据所花费的时间更少,冗余减少;消除了数据湖中的停滞,避免数据湖变成数据沼泽。(3)支持实时数据端到端流式传输,便于提炼、访问和分析数据,包括视频、音频、图像和文本等。(4)支持机器学习,支持半结构化数据和文本等多种数据类型,并为其提供高效的非 SQL 直接读取,例如使用 R 库和 Python 库可直接高效地访问大量数据以运行机器学习算法模块。

现代数据平台通常被称为"现代数据堆栈",用于管理和构建包括数据的收集、规范化、转换、应用,以及支持机器学习和人工智能工程的企业数据生态系统。

新一代数据湖仓体系架构作为现代数据平台,提供了在开放环境中管理数据、融合来自企业所有部门的各种数据，以及将数据湖与数据科学、机器学习和数据仓库分析工具相结合的独特能力，将为企业数字化、智能化转型发展提供难以估量的价值。

在当今高度互联的世界中，数据是任何成功企业的命脉。企业的首席数据官（CDO）是一名高管，其职位已经演变为一系列与业务相关的战略性数据管理职责，包括数据治理、数据质量和数据战略，以便从企业可用的数据中获取最大价值。在当今的商业环境中，作为组织领导层中相对较新的职位之一，CDO的职责已经超出了数据管理职责的范围，包括数字化转型、先进技术及将信息技术转化为战略资产，推动创新并确保企业的竞争优势，还可能涉及数据科学分析、业务流程、营销计划、产品开发和供应链。

本书较为全面地介绍了新一代数据湖仓技术体系及其能力架构，结合油气上游业务发展需求，对数据湖仓技术应用进行了分析和应用设计，系统地阐述了连环数据湖仓的实现原理与机理，以及连环湖仓在云计算环境中的实现和部署。全面阐述了运用物联网、大数据、云计算、人工智能等新兴数字智能技术，赋能数据生命周期"采—存—算—管—用—治"全过程，以构建面向企业"云—边—端"协同的数据湖仓云数据生态体系的方法。

本书为读者系统地学习和了解新一代数据湖仓技术体系的相关知识，助其在各自的领域中开展相关的应用研究与设计工作，具有较大的借鉴和指导作用。

2025年3月20日于北京

前 言

FOREWORD

数据智能时代，数据作为数字经济的关键生产资料和生产要素，已成为企业乃至国家的新型基础性战略资源。围绕数据所开展的数字技术创新，经历了软件时代、数据时代，已进入高速发展的数据智能时代，并以软硬件的成熟发展、互联网的广泛应用为基础，向新型的数据智能生态发展。

据IDC Global DataSphere 2023年的报告，全球2020年新增数据量为60ZB[1]，2022年为103.66ZB，2023年为126.32ZB，中国数据量复合年均增长率（Compound Annual Growth Rate，CAGR）达到了26.3%。

据IDC 2024年的最新预测，2024年全球数据年增长量将达到159.2ZB，高于2023年预测的153.52ZB，2028年将增至384.6ZB，其中企业数据占比为80.5%，达到309.7ZB，按照每年22.4%的CAGR增长。

随着5G、物联网的发展，全球数据呈爆发式增长状态，有效促进了数字产业及数据产业和数字经济的发展，进一步激励了数智（数据与智能）创新技术的快速演进，同时带动了数智技术与传统工业的深度融合发展，不仅改变了传统工业的生产、销售与服务模式，形成了新型的工业业态，也通过数智创新催生出企业的新型能力，提升了企业的竞争优势。2023年2月，中共中央、国务院印发《数字中国建设整体布局规划》，从国家发展的全局和战略高度作出了全面部署。

其中，"数字产业"是指以信息为加工对象，以数字技术为手段，通过技术创新推动社会经济高质量、智能化、可持续发展为目的的公共产业形态，是将数字技术转化为实际的产业过程，主要包括电子信息制造业、软件和信息技术服务业、互联网业、电信服务及广播电视业等多个领域。而"数据产业"则是以提升企业的决策效率和市场竞争力为主要目的，对数据资源进行合理开发、对数据资产进行有效

---

[1] ZB与EB是以字节（Byte）为基本计量单位的数据量表示方法。其中，ZB意为Zettabyte，EB意为Exabyte，其换算关系为：1ZB=1024EB，1EB=1024PB，1PB=1024TB，1TB=1024GB，1GB=1024MB，1MB=1024KB，1KB=1024Byte。

管理和利用，以及直接商品化数据产品的各种活动，涉及数据上下游关联行业，包括数据采集、存储、管理、处理、挖掘、分析、展示和对数据产品的评价与交易等，如领域数据资源开发、行业数据资源服务等。

数字经济是继农业经济、工业经济之后的新型经济形态，是以数据作为关键生产要素，以现代信息网络技术与计算机系统为主要载体，将物联网、大数据、云计算、移动应用、人工智能等新兴数字化与智能化技术融合应用，推动数字与智能生产力创新，形成新兴的产业形态和价值创造体系，促进社会泛在公平、效率提升与统一的新型经济形态。概括地说，数字经济是指直接或间接利用数据来引导资源发挥作用、推动生产力变革与发展并使其产生价值的经济形态。与其他传统的经济形态不同的是，由数字与智能技术高速发展所引发或衍生出的数字经济，不仅为传统经济注入了新的动能，也为新产业、新形态、新价值创造提供了前所未有的发展机遇和发展空间，并由此引发了社会和经济的整体性深刻变革。

信息社会和数字经济时代，数据已成为继土地、劳动力、资本、技术等传统生产要素之后的第五种新型生产要素。在大数据技术推动及数据要素市场高速发展的背景下，我国于2015年提出"国家大数据战略"，2022年我国数字经济的总体规模达到了50.2万亿元，国内生产总值（GDP）占比为41.5%；2023年我国数字经济规模超过55万亿元，在GDP中占比达到42.8%，数字经济核心产业增加值在GDP中的占比达10%左右，数字经济增长对GDP增长的贡献率达66.45%。产业数字化、数字产业化已成为国家的一项基本国策。

数据作为新型生产要素，有着不同于传统生产要素的特殊性，包括：（1）数据无处不在，万事万物皆可数据化，且数据量增长快速；（2）数据作为一种特殊资产，它不会因为使用而被消耗，反而是会越用越多；（3）数据通过数字技术与智能技术赋能业务间接体现价值，且具有绿色环保、可持续性强等特征。数据作为数字经济发展的关键生产要素，是创造数字规模经济的基础，是国家基础性战略性资源；充分发挥数据要素作用，是做强做优做大数字经济、赋能实体经济的必然要求；数据要素是数字经济发展的新动能，对数字经济的发展具有乘数效应。

随着5G、物联网、大数据、云计算、区块链、人工智能等新兴技术的成熟和数字化时代的正式开启，催生了全产业链数字化发展。在具体实践中，数据湖技术日趋成熟，有效管理结构化与非结构化原生数据，为深度智能应用奠定了基础。数据湖的出现，既为彻底改变以往企业大量"数据孤岛""信息孤岛"和由此产生的数据库多、平台多，以及数据共享难、技术复用难、应用开发难、业务协同难的状况创造了条件，同时也为解决油气行业所面临的"数据产生多""应用场景少"的困局和发掘"被存储的"海量数据的价值提供了解决方案。

油气行业具有业务链条长、涉及专业多、分布范围广、各类数据存储分散等特点，基于物联网、大数据、云计算、人工智能、区块链、边缘计算、移动应用、数据湖等新兴技术的综合运用所构建的新型油气工业互联网体系，为油气行业"云一边一端"智能协同和油气田企业数智化转型提供了技术支撑，也为发掘或激活油气行业数据资源价值，助力油气上游企业实现提质、降本、增效、控险等核心价值和绿色、安全、高质量、可持续健康发展。以勘探开发梦想云为代表的新型油气工业互联网体系建设实践，以"IaaS+PaaS/DaaS+SaaS"三层云计算架构为基础，构建了"数据湖＋云平台＋应用场景"企业架构体系。"数据湖"汇聚企业数据资源，支持数据云化共享和按需精准服务；"云平台"向下整合 IaaS 层的存储、计算和网络等基础设施资源，中间 PaaS/DaaS 层集成和积累数据、技术、业务和智能等共享服务能力，向上为 SaaS 层业务提供应用开发、流程编排和场景装配等服务；面向广泛分布于"云一边一端"业务场景中的油气生产、管理、研究与决策等环节的业务单元，"应用场景"可融合运用云平台中服务中台所形成的数据、知识、技术、算法、模型、工具和专业应用等能力单元，为其快速敏捷定制所需的自动感知、监测预测、预报预警、自动操控、智能管理、协同研究、科学决策和健康安全环保等智能油气田业务应用场景，构建企业"业务＋数据＋技术＋应用"全联接闭环生态，通过"上云、用数、集智、赋能"，实现智能油气田资源最优化、决策科学化、价值最大化的目标。

编写本书的初衷源于三个方面。一是在与油气行业内同行，特别是业务专家们的交流过程中，他们感触最深的是信息技术的快速发展，对传统工业的冲击已成为不可阻挡的潮流，面对变革和挑战，应如何做？该从哪里开始？这成为大部分业务专家甚至决策者最大的困惑。二是面对信息技术领域中不断涌现的新术语、新概念、新技术，如何准确理解？如何快速应用到企业数字化、智能化实践中，并转化为企业可拥有的能力？成为企业数字化、智能化工作者应接不暇的挑战。三是面对传统工业企业的数字化转型、智能化发展，数智化支撑企业如何构建和开发具有"上云、用数、集智、赋能"功能的数据资产化、技术共享化、能力平台化、业务高效协同化和全面生态化的现代数据平台产品，提升数智化企业核心竞争力和可持续发展能力？成为其优先发展的目标。而在近几年中发展起来的湖仓一体数据平台架构及其数据湖仓构建技术，为企业构建新型数据生态体系提供了发展思路和解决方案。

数据生态体系是人与数据、流程、工具、应用程序及基础设施相互连接且交互的复杂网络体系，是组织（企业）内数据收集、流动、分析与共享的优良环境。一个结构良好的数据生态体系使企业能够做到：（1）从各种来源收集数据；（2）安全存储数据并确保数据的可访问性；（3）分析数据以获得有用的知识或见解；（4）利用数据洞察力做出明智的决策。数据生态体系为当今数据驱动型组织（企业）提供了增强的扩展性、灵活性和运营效率，制定企业的生态体系战略成为其数字化发展战略的重要选项之一。

良好的数据生态环境需要必备的数据治理。换而言之，"良好的数据生态环境是治理出来的"；良好的数据生态环境离不开高质量的数据，高质量的数据才是产生高数据价值的基础，而"高质量的数据是严格质量管理的结果"；良好的数据生态需要健全的安全保障，面对数据安全的多重挑战，构建全面的数据安全保障体系，是维护网络空间良好生态的"关键"。

基于企业数智化转型的平台化支撑、生态化发展理念，本书第一章以数据湖仓技术体系为开篇，较为详细地介绍了最新的"湖仓一体"技术架构和基于该架构所构建的数据湖仓技术体系，包括能力建设需求、技术演进、功能组件与能力单元、功能架构，以及架构技术演进等内容。第二章是在对油气上游业务、数据特征、数据湖仓技术应用背景和数据管理进展等方面分析的基础上，提出了油气上游领域的数据湖仓设计，以及数据建模关键技术、数据平台架构设计与数据生态建设基础与建设场景等，通过对连环数据湖仓架构体系的介绍，阐述了连环数据湖仓的实现机制、部署模式与应用模式等落地方案。以数据湖仓技术体系为依托，第三章、第四章、第五章分别介绍了基于数据湖仓——数据平台的数据治理、数据质量、数据安全体系一体化融合的数据生态建设方案、方法、技术与场景设计等。第六章则对数据湖仓技术应用进行了全面展望。第七章基于数据生态的知识扩展部分，对与数据平台与数据生态相关的基本概念、知识域及应用领域，包括：数字化、智能化的本质，数字化转型的任务、意义和方法，数字、智能、数智及智慧油田等发展历史和现代内涵，现代数据平台的建设原则、所遵循的哲学、层次划分，以及与未来数据应用场景相关的 OSDU、元宇宙等概念，分别进行了阐释、展望和分享；最后通过结束语进一步总结并强调了数据科学（或称数智觉醒）时代，数据湖仓（湖仓一体）技术作为现代数据平台，对企业数智化转型、新型（新质）生产力创造、新产品开发、新生态新业态建设与新价值创造所起的关键性和基础性作用等。

在本书的编写过程中，得到了王宏琳、李先奇等专家的悉心指导，王宏琳、李先奇、王冬梅、许增魁、金平阳、王长会等专家对全书进行了审阅，提出了很多有益的完善建议，在此特别致谢！

目录

第一章　数据湖仓技术体系概述　1
第一节　数据湖能力建设需求　1
第二节　数据湖技术演进　3
第三节　数据湖仓功能组件与能力单元　8
第四节　数据湖仓功能架构　14
第五节　数据湖仓架构技术演进　15

第二章　面向油气上游业务的数据湖仓技术应用　18
第一节　油气勘探开发领域业务与数据特征　18
第二节　油气领域数据湖仓技术应用背景　21
第三节　油气上游领域数据管理进展　22
第四节　油气上游领域数据湖仓设计　24
第五节　数据建模关键技术　37
第六节　油气上游领域数据平台　63
第七节　连环数据湖仓架构体系　78

第三章　基于数据湖仓的数据治理体系　98
第一节　数据治理体系参考模型　99
第二节　数据治理体系架构　102
第三节　基于数据湖仓的企业数据治理　105

第四章　基于数据湖仓的数据质量管理体系　111
第一节　数据质量管理体系　112
第二节　数据质量保证体系　126
第三节　基于数据湖仓的数据质量管理　129

第五章　面向数据湖仓的数据安全保障体系 …………………………………… 134
　　第一节　数据安全治理体系 ………………………………………………… 135
　　第二节　数据安全技术体系 ………………………………………………… 157
　　第三节　面向数据湖仓的数据安全体系建设 ……………………………… 192

第六章　数据湖仓技术应用展望 ……………………………………………… 203
　　第一节　数据湖仓技术发展趋势 …………………………………………… 204
　　第二节　面向油气上游领域的数据湖仓生态体系 ………………………… 226
　　第三节　数据湖仓技术助力数字化转型与智能化发展 …………………… 233

第七章　基于数据生态的知识扩展 …………………………………………… 260

参考文献 ………………………………………………………………………… 269

术语与关键词索引 ……………………………………………………………… 277

第一章 数据湖仓技术体系概述

"数据湖"（Data Lake）一词自 2010 年由 Pentaho 公司创始人兼首席技术官詹姆斯·迪克逊（James Dixon）首次提出以来（Nolte H，et al.，2022），历经十多年的发展，已由一个理想化的概念发展成为一种成熟的技术体系。从总体上看，数据湖可以认为是一个存储企业各种各样原始数据的大型仓库，是比传统大数据平台更为完善的大数据存储、管理与分析处理的基础设施，所以又被称为"用于大数据分析的大规模可扩展存储"。数据湖具有统一的存储引擎、多模式计算引擎、存储与计算可弹性扩展等基本技术特征，通常支持元数据（Metadata）、数据资产目录、权限管理、数据生命周期管理、数据集成和数据开发、数据治理（Data Governance）和质量管理等，是更贴近客户业务的技术存在，且其中的数据易于访问、处理、分析和传输。因此，数据湖也可以被视作一个以数据原生状态存储的"数据库＋数据分析"系统。与传统的数据库及数据仓库相比，数据湖具有以下特征：（1）从多个源头导入所有数据，没有数据损失；（2）数据入湖时需要简单清洗，不需复杂处理；（3）数据存储时保留原格式，无需进行转换；（4）通过模式（Schema）描述并定义数据，满足自动化应用需求等。基于以上基本特征，可进一步外延出数据湖的特点：（1）通常作为企业所有数据的单一存储，包括源系统数据的原始副本及用于各种特定任务的转换数据；（2）来源于企业的多个数据源，并针对不同的需求和目的，同一份原始数据可能有多种基于特定模型或格式的数据副本，如结构化的数据或完全非结构化的数据；（3）支持企业快速获取有用信息，并使其用于数据分析或智能运算，助力企业获得快速决策能力及敏捷洞察力。

第一节 数据湖能力建设需求

数据智能时代，在云计算、大数据、机器学习、深度学习等新兴技术的助力下，数据呈现出更高维度的应用形态，能够对海量数据进行实时或准实时处理、分析和挖掘，从而实现敏捷式洞察、预测、预警、预报和决策，大幅提升数据的价值。

传统的面向领域的数据库及面向主题的数据仓库，在面对企业决策时，仍表现为一个个数据孤岛，数据相关性不强，数据总体能力和数据规模不足，在应用层面上表现为数据共享难、应用协同难、数据利用价值有限等。

随着数智技术的演进，如何进一步发挥数据资产利用价值，成为企业构建数智能力的核心诉求，即需要在以往企业数据库和数据仓库的基础上，构建新型数据智能能力，包括但不限于：

（1）数据汇聚能力，能够有效汇聚、整合或集成企业各类原始数据，如：结构化/非结构化/半结构化、实时/准实时、栅格/矢量图、音/视频、点/线/面/空间多维度数据，且能长期保存和回溯。

（2）海量数据存储、管理与处理能力，支持统一的集中或分布式云化部署和弹性的存储扩展，同时还应满足安全、合规和审计等要求。

（3）数据多模式计算能力，支持在线的大数据分析、数据处理、智能算法模型计算等弹性处理需求。

（4）基于感知的数据洞察能力，即通过数据智能感知，发现用户、业务、市场或行业等方面存在的用户操作与系统安全、业务运行与市场状况、行业发展趋势等问题，建立数据探索、数据分析、数据可视化、结论提炼和报告等智能过程。

（5）面向风险防控的智能预警和报警能力，通过建立大数据或人工智能模型，实现对各种风险防控的预警和报警。

（6）面向专业的智能服务能力，基于业务模型和知识图谱，为专业应用提供深度融合的沉浸式服务体验。

（7）面向场景编排的智能流程和协同服务能力，基于知识图谱和智能工作流引擎，为业务场景编排提供智能组件和数据协同共享服务。

（8）面向专业或主题的智能决策能力，集成数据感知与洞察、数据多模式智能计算和数据智能服务等相关能力，支持构建领域知识库和数据仓，为科学决策提供辅助。

（9）面向企业的全资产管理与治理能力，通过构建企业全资产目录，为企业资产管理与治理提供优化、分析和风险防控等能力。

（10）支持数据共享、能力复用与按需扩展，以及对需求的敏捷响应能力。

（11）应具有高可用性、高持久性。

基于数据湖的基本特性，数据湖比数据仓库更容易收集数据，比数据库更容易实现数据关联，更加有助于企业架构设计者理清从数据血缘、数据存储、数据汇聚到数据挖掘等全过程。基于数据湖中汇聚的企业全量数据和数据能力，更便于构建更多的面向业务与决策的应用场景，更有利于数据价值挖掘。例如，Amazon AWS 数据湖生态覆盖了数据收集、存储、分析、应用四个阶段，数据湖平台功能涵盖了数据仓库、大数据处理、交互查询、运营分析、数据交换、可视化、实时分析、推荐和预测分析等，能够帮助用户快速、便捷地构建基于数据湖的相关应用（袁绍龙，2020）。

其中，资产是指有价值或产生利益的东西；数据血缘描述的是从数据源到其当前位置的路径及沿该路径对数据所做的更改；数据挖掘是指使用模式识别、模糊逻辑、知识发现及其他技术对大量数据进行筛选，以识别其中隐藏的、潜在的、未知的、有意义的数据关系、趋势和规律的过程。

第二节　数据湖技术演进

无论是数据库、数据仓库，还是数据湖，均是围绕数据产生后的生命周期所开展的汇聚、加载、存储、管理与应用等活动。

一、关系型数据库

传统的关系型数据库（Relational Database）是建立在数据关系模型的基础上，通常使用二维表结构来存储和组织数据，并使用结构化查询语言 SQL 来操作和管理数据。其数据关系模型通常是建立在其所代表的业务内在逻辑上，使之在处理较为复杂的业务关系时就显得力不从心，所以关系型数据库技术往往被用于面向业务领域且业务逻辑明晰的情况。

二、对象型数据库

为解决更为复杂数据类型的存储管理问题而发展出面向对象的数据库管理技术，它按照对象类及其关系来组织、存储和管理数据，并按照对象来操作数据。面向对象数据库（Object-oriented Database）使用灵活的数据模型，可以存储和处理复杂的数据结构和数据关系，并通过对数据对象及其属性和方法的封装实现对数据行为或数据应用的封装。

三、数据仓库

面向企业决策和数据集成问题，IBM（Barry Devlin 和 Paul Murphy）创造性地提出了数据仓库（Data Warehouse）一词，之后比尔·恩门（Bill Inmon）给出了数据仓库较为完整的定义：数据仓库是一个面向主题的、集成的、相对稳定的、反映历史变化的数据集合，用于支持管理中的决策制定（数据社，2023）。首先，数据仓库面向分析型数据处理，主要用于支持决策；其次，数据仓库是面向决策主题的，它按照主题对来自多个异构数据源的与目标主题域相关的数据进行集成和重组，再通过复杂的计算和统计分析来发现数据背后的规律，为决策者提供数据挖掘和多维分析功能。其中，将分布在各个独立数据库（数据孤岛）中的数据整合在一个数据仓库里面实现数据集成重组的技术称为 ETL（Extract-Transform-Load，即抽取—转换—加载），实现数据挖掘和多维分析的技术称为联机分析处理 OLAP（Online Analytical Processing）。基于数据仓库技术所开发出的决策支持系统，即为商业智能 BI（Business Intelligence），用以进一步支持面向决策主题的多维分析、预测和智能操控。

四、数据湖

当需要存储并保存企业中的所有数据，以满足企业多样化的需求，尤其是面对数据的实时洞察、交互式分析、业务动态建模，以及无限扩展的智能分析、预警报警和自动化操控时，传统数据库和数据仓库就显得力不从心了。数据湖概念的出现及其技术体系的发展迎合了这种需求，并从最初的基于以 Hadoop 分布式文件系统 HDFS（Hadoop Distributed File System）为核心存储、以 MapReduce（大规模数据集的并行运算编程模型）为基本计算模型的批量数据处理的 Hadoop 大数据处理架构，基于流计算引擎的 Storm、Spark Streaming、Flink 等批处理和流计算相配合的"流批一体"Lambda 架构，以及通过可扩展的分布式并发流计算将批处理与流处理两种计算模式进行统一的 Kappa 架构，发展为最新的湖仓一体（Lakehouse）整合方案，数据仓库与数据湖架构模型如图 1-2-1 所示。

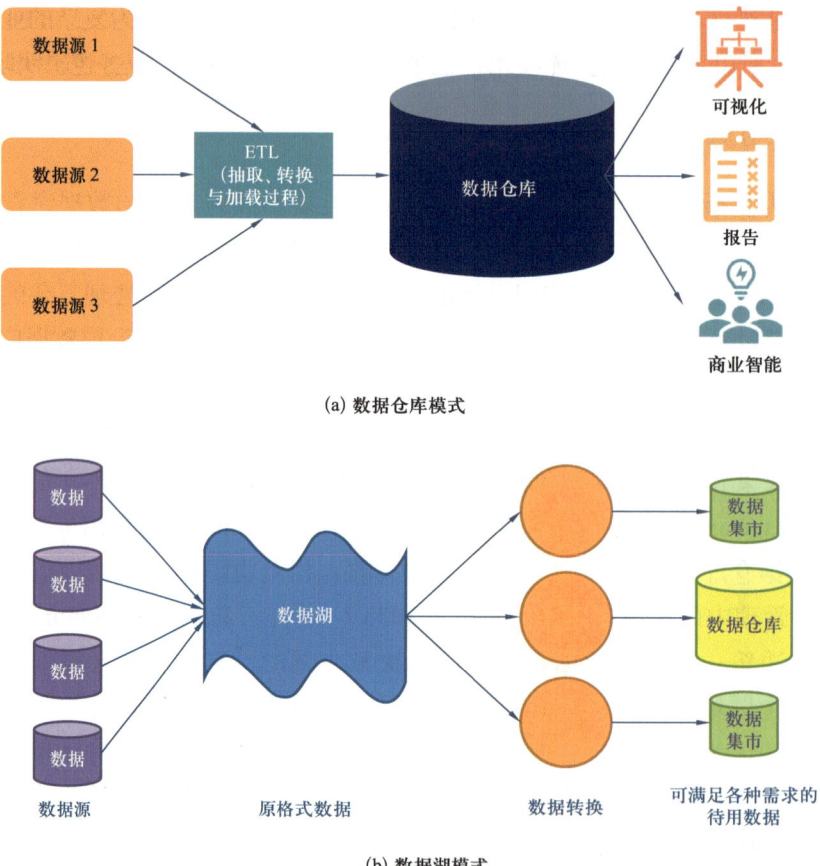

图 1-2-1 数据仓库与数据湖架构模型
引自文献：一铭，2023；CFI Team，2023；John Kutay，2023

其中，流计算、流处理及流分析等是针对流式数据（Streaming Data）的计算、处理和分析引擎或技术。所谓流式数据是指按时间顺序连续不断地产生的数据流，具有时序、大量、连续、快速和不可再现等性质。

五、湖仓一体

数据湖以更经济的策略存储数据，包括采用低成本的硬件和开源软件等，但数据湖并不能提供数据仓库应具备的所有功能，基于数据湖与数据仓库相融合的湖仓一体架构模式所构建的新型"数据湖+数据仓库"称为数据湖仓（Data Lakehouse），则兼备了数据仓库和数据湖两者的优势，数据仓库从组织或企业内各种数据源的数据库中收集数据，并将这些数据处理成针对 BI 主题进行优化的数据库格式，以供信息提取、分析和报告。数据湖仓支持：

（1）从使用不同协议链接到各外部和内部数据源中摄取数据。

（2）支持开放存储格式，接受所有类型的数据作为对象存储中的对象，使消费层组件及不同的 API（Application Programming Interface）可以访问和使用相同的数据。

（3）使用统一的目录，包含数据湖中存储对象的元数据，并提供与关系数据库管理系统相同的可访问的数据仓库功能。

（4）可托管不同的 API，使消费者和开发人员能够快速使用数据湖中的数据资产，并用于处理或高级分析任务。

（5）能够承载不同的工具和应用程序，使客户端应用程序可以用数据仓库体系结构来访问数据仓库中的数据存储。数据仓库到湖仓一体架构模型演进如图 1-2-2 所示，功能架构如图 1-2-3 所示。

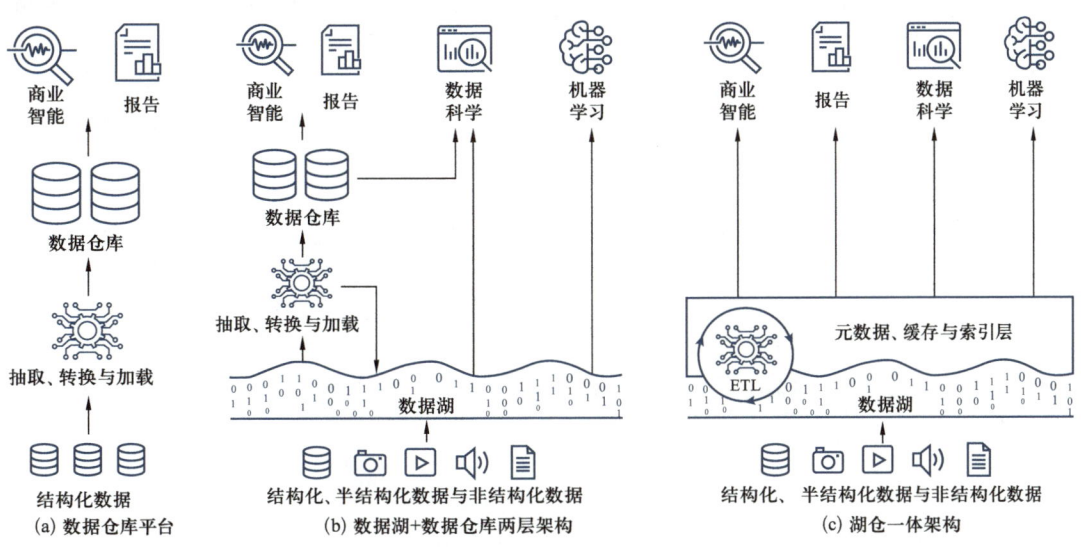

图 1-2-2　数据架构模型演进

引自文献：Michael Armbrust, et al., 2021；高级互联网专家，2023

Oracle 湖仓一体解决方案如图 1-2-4 所示，AWS 数据湖仓架构如图 1-2-5 所示，华为云湖仓一体解决方案如图 1-2-6 所示。

基于数据湖仓的数据生态体系构建方法
——以油气上游业务为例

图 1-2-3　数据湖仓一体化功能架构
引自文献：John Kutay，2020

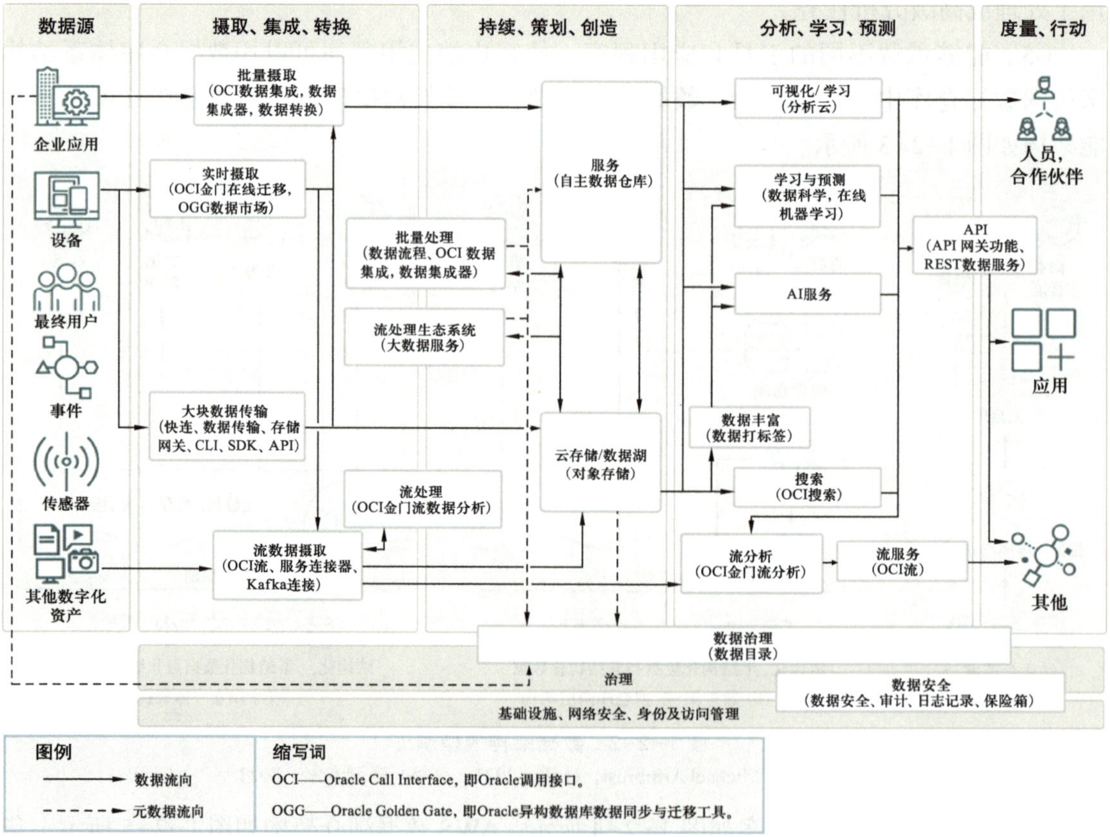

图 1-2-4　Oracle 湖仓一体解决方案
引自文献：José Cruz, et al.，2023

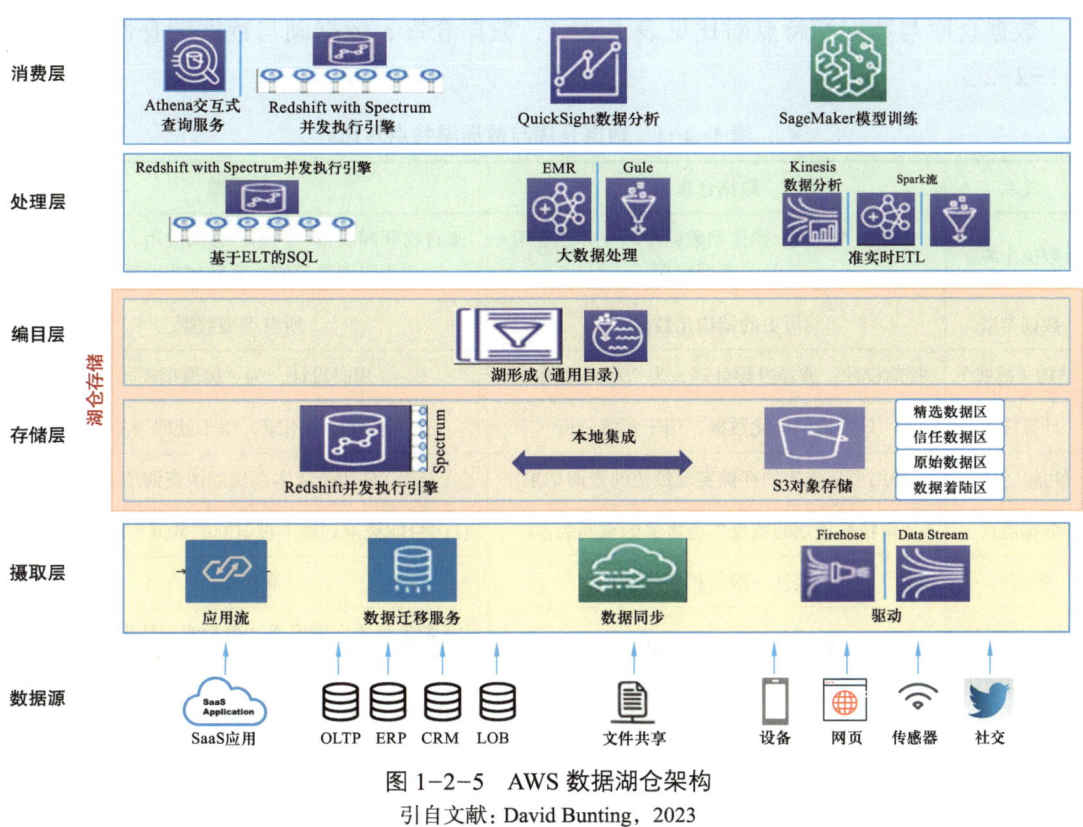

图 1-2-5 AWS 数据湖仓架构
引自文献：David Bunting，2023

图 1-2-6 华为云湖仓一体解决方案
引自文献：华为云开发者联盟，2022

数据仓库与数据湖特点对比见表 1-2-1，数据仓库、数据湖与数据湖仓性能对比见表 1-2-2。

表 1-2-1　数据仓库与数据湖特点对比

特点	数据仓库	数据湖
数据来源	来自事务系统、操作型数据库和业务线应用的关系型数据	来自物联网设备、网站、移动应用、社交媒体和企业应用程序的关系型和非关系型数据
数据类型	历史的结构化数据	所有类型数据
结构（模式）	提前设计，或经过预处理，为"写入型模式"	用时设计，为"读取型模式"
计算能力	只处理结构化数据，用于多维分析	支持多种计算引擎，用于处理与分析数据
性能/价格	使用更高成本的存储实现最快的查询结果	使用低成本存储加快查询结果
数据质量	将精心策划的数据作为事实的重要版本	任何可能被策划或不被策划的数据（即原始数据）
扩展性	扩展性一般，扩展成本高	高扩展性
产品形态	通常为标准化的产品形态	通常为解决方案形态，可为实现特定业务需求，配套系列工具产品，灵活性更高
用户群	数据分析师和业务分析师	专业数据人员、数据科学家、数据工程师和业务分析师（使用精心策划的数据）
应用场景	数据分析、报告、报表、BI 和数据可视化	机器学习、数据分析、数据发现

表 1-2-2　数据仓库、数据湖与数据湖仓性能对比

	数据仓库	数据湖	数据湖仓
存储的数据类型	适用于结构化数据	适用于结构化、半结构化和非结构化数据	可以处理结构化、半结构化和非结构化数据
功能	最适合数据分析和商业智能（BI）用例	适用于机器学习（ML）和人工智能（AI）工作	适用于大数据分析和机器学习工作等数据科学计算
价格	存储成本高昂且耗时	存储经济高效、快速且灵活	存储经济、高效、快速且灵活
ACID兼容性	以符合 ACID 的方式记录数据，确保最高级别的完整性	不符合 ACID：更新和删除是复杂的操作	ACID 兼容，以确保多方同时读取或写入数据时的一致性

注：其中，ACID 是指关系型数据库必须遵循的事务性原则，包括原子性（Atomicity）亦即不可分割性、一致性（Consistency）、隔离性（Isolation）亦即独立性和持久性（Durability）。

第三节　数据湖仓功能组件与能力单元

数据湖仓及其能力的建设是将传统的数据工程向数据科学转变的重要基础。

在数据湖仓功能实现上，应包括系列的数据管理、数据治理和计算引擎组件及能力

单元，包括但不限于：数据资源与资产目录、元数据管理、数据治理、数据质量与规则管理、数据摄取、数据集成、数据接入、数据迁移、数据存储、安全访问控制、任务管理、任务编排、数据分析、数据洞察、数据科学服务等。

一、数据资源与资产目录

将企业运营过程中产生的分布于各个业务环节或系统中的企业内外部数据均可视为企业可资利用的数据资源，按照数据价值评定标准，经甄选和评估后才能被列入企业资产目录。其中，应遵循的基本原则是数据是否具有使用权和使用价值，以及能否获取和获取的代价大小等。

二、元数据管理

元数据是关于数据的组织、数据域及其关系的信息，元数据描述了数据本身、数据表示的概念及数据与概念之间的关系。所有被列入企业资产目录的数据，除数据本身及属性需要通过元数据技术进行描述和表达外，从数据生产和获取、加工处理、数据应用直至数据价值消失后的废弃等全生命周期管理过程，均需元数据进行描述和表达。因此，元数据管理成为数字化时代必备的基础性管理技术和能力。其目的是使有关数据资产的信息更详细、透明、统一和全局化，从而提升数据资产利用效率；有利于明晰数据血缘关系，从而对数据进行追本溯源、精准定位；有助于透视数据本质，提高使用效率。

三、数据治理

数据治理（Data Governance）是对数据全生命周期有效监管的配套管理行为，是对数据资产管理行使权力和控制的活动集合，其重点是在数据的组织架构、制度、流程、工具等方面，制定和实施针对企业内部数据的生产、应用及其技术开发的一系列政策和流程。元数据是数据治理的核心，其目标是保障和持续提升数据的价值。

四、数据质量与规则管理

数据质量管理（Data Quality Management）是指在业务环境下，使数据符合数据使用者的要求或满足业务场景的使用需求。数据质量管理需要在业务需求的指导下，建立符合要求的质量保障体系和质量标准，并通过质量规则和质量控制工具对数据全生命周期实施质量监督与控制，以更好地实现数据治理的目标。

五、数据摄取

数据摄取（Data Ingestion）（Software AG，2024a/2024b）又称数据获取，主要面向各类异构数据源，为分散存储的流式数据、需要实时同步捕获数据变更CDC（Change Data Capture）及批量数据等定制特定的数据获取通道（Pipeline，即数据摄取管道），以便能够从最初的数据源中实时或准实时地抽提数据，并将抽提的数据加载或传输到数据湖为其定义的目的存储区（或云存储区）中，且加载或传输过程中可能需要对数据进行轻微的转换或进行数据充实或过滤。图 1-3-1 展示了数据摄取与 ETL 的区别，图 1-3-2 展示了数据平台、ETL 和数据管道之间的差异和工作原理。更复杂的转换，如整合、聚合和排序等，可通过额外的管道来完成。例如，华为提供的数据摄取服务 DIS（Data Ingestion Service）主要解决云服务外的数据实时传输到云服务内的问题，为处理或分析流数据的客户化应用程序提供构建数据流的管道。DIS 数据接入服务每小时可从数十万种数据源中连续捕获、传送和存储 TB 级的数据。

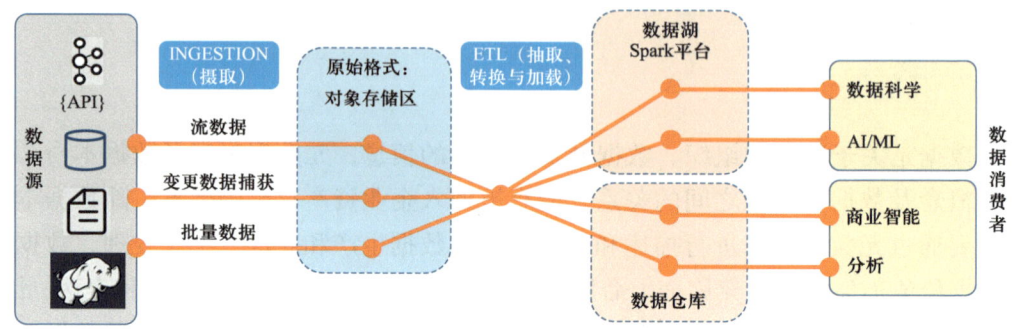

图 1-3-1　数据摄取与 ETL
引自文献：Software AG，2024b

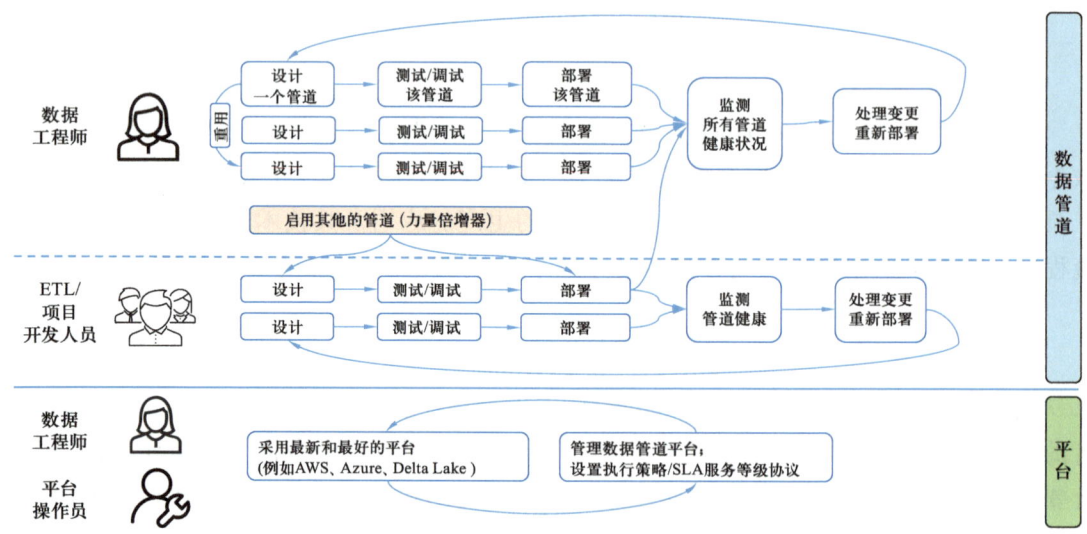

图 1-3-2　数据平台、ETL 与数据管道
引自文献：Software AG，2024b

六、数据集成

数据集成（Data Integration）是指将来自不同数据源的异构数据合并到"单一事实来

源"数据湖或数据仓库中,以形成一个完整且有意义的数据集的过程。在数据集成过程中,需要处理各种不同类型和格式的结构化、半结构化和非结构化数据,其目标是在保障数据一致性和可靠性的前提下,提高数据的质量,以便更好地支撑数据科学及商业智能的应用。

数据集成是数据管理中最重要的任务之一,随着数据、数据源和数据结构的爆炸式增长,为了更好地应对实时决策和实时服务对在线的、连续性数据的需求和挑战,需要将数据从应用程序、本地化数据库中集成到数据湖或数据仓库中,以提升企业对数据的敏捷运营能力,即企业在数据持续集成、持续交付和持续创新等方面的自动化能力,助力应用程序、数据分析师、数据科学家或其他人员及系统可以轻松地访问和使用这些数据。

数据集成包括联邦、中间件、数据仓库等模式。其中:(1)联邦模式,基于该模式构建的数据集成系统是由多个自治化的数据库系统协同组成,各数据源之间通过接口实现相互访问。该模式的架构以全局模式整合各异构数据源的数据视图,通过对异构数据源的数据结构、语义及操作的全局模式描述,实现对所有数据源数据视图的虚拟化,从而使用户能够透明地进行数据访问。(2)中间件模式,基于该模式的数据集成中间件通常位于数据层和应用层的中间,向下可对各自独立的数据源及其数据库系统进行访问,向上可通过统一的访问接口向不同的应用提供数据服务。(3)数据仓库模式,基于该模式的数据集成是对面向主题的、相对稳定且反映历史变化的相关数据进行集成,以便用于数据分析和决策支持系统。该模式通过ETL等工具定期地从不同数据源中对数据进行抽取、转换,然后将其加载到确定主题的数据仓库中,以支持面向主题的商业智能与决策分析应用。

七、数据接入

数据接入又称变更数据捕获CDC,主要针对数据库类结构化数据,通常是通过开放数据接口首先从数据源获取数据对象的数据结构(或模式),然后按照一定的时间间隔或触发条件捕获数据的增量变化,以接近实时地将这些变更的数据传输到数据湖为其定义的目标存储区或云存储区中。通过这种方式,CDC能够向数据湖提供高效、低延迟的数据传输服务,以便数据被及时处理或交付给预先订阅的应用程序进行数据分析和数据挖掘。

八、数据迁移

数据迁移(Data Migration)是指对分散在不同系统或数据库中存储的同构或准同构数据,经选择、准备、提取、转换、验证,将其从一个或多个存储系统转存到另一个存储系统的过程。数据迁移通常是在数据存储系统搬迁、升级或整合时一次性进行,并以自动化或监督式半自动化的方式执行,从而保障数据迁移的完整性和可靠性。

九、数据存储

为对海量的结构化、半结构化和非结构化的各类数据进行统一存储与管理，数据湖仓首先需要为所有入湖数据建立统一的数据目录和编目机制，以满足数据对高速编目与检索应用的需求。在存储方面，除需保持数据的原始性之外，还需满足存储类型和存储空间弹性可扩展，以及数据高可用、高持久等需求，这就要求针对数据类型及其特征设计不同的存储管理策略。比如，针对结构化数据、半结构化、非结构化数据，以及空间数据、大块数据、事务型数据等，支持对各类数据库、文档、音频、视频和图像等数据的存储、转换和分析。

十、安全访问控制

数据湖仓安全访问控制是指将用户或应用程序对数据资源及数据资产的访问和使用控制在合法合规范围内，主要是通过对数据资源与数据资产分级管理和对用户身份验证、使用授权、访问控制和行为审计等过程或机制实现。因此，数据湖仓数据治理与管理需要严密配套的身份验证、授权管理、权限控制、行为审计和安全监控等措施，对敏感数据还可采用加密传输与存储等，以保证数据在传输或存储过程中的安全性。

十一、任务管理

任务管理（Task Management）主要用于管理和调度数据湖仓系统中处理数据的各类任务，监测其运行状态，为数据湖仓系统中的动态任务提供运行保障和安全监控。对较为复杂的数据感知、数据洞察等常态化数据智能应用场景，通常也是以任务的形式加以管理，以保障任务执行的及时性、连续性和可靠性。

十二、任务编排

任务编排（Task Arrangement）基于任务编排引擎技术，支持数据湖仓中多样化数据形态的处理任务，通过任务创建、资产目录、资源管理、操作管理、功能组合、流程装配和定时启动等功能单元，针对任务需求构建数据任务处理模块或子系统，满足数据摄取、数据接入、质量控制、数据分析、数据感知、数据洞察、智能预警、数据发布、数据推送服务等能力单元的定制化应用需求，支撑数据湖仓的持续运行和持续交付等。为实现数据湖仓中各种单元化的能力，通常采用遵循微服务架构的模块化或组件化云原生技术开发实现，以更好地支持面向客户的能力单元定制，满足千人千面的业务需求。

十三、数据分析

数据分析（Data Analytic）是指基于传统的统计学方法和新兴的大数据分析、机器学习、深度学习等数据处理技术，对面向主题收集的大量数据进行分析，将其加以汇总、理解并消化，最大化地发现、提取出数据中隐藏的、有价值的信息、趋势、规律等内在知识，实现对数据的详细研究、探索、发现并形成结论的过程，以帮助发现问题、解决问题并采取相应行动等决策制定。现代数据分析能够使系统和组织（企业）基于实时、自动化地分析采取行动，确保产生有影响力的即时结果。

数据分析通常需要首先确定要解决的问题主题和构建相应的分析模型，然后开展数据收集、数据处理、数据分析、成果展现、明确结论、结论评价与模型改进与优化等。面向主题的数据分析通常有以下几种类型：（1）描述性分析，主要用于回答"过去发生了什么？"；（2）诊断性分析，主要用于回答"为什么会发生这种情况？"；（3）预测性分析，主要用于回答"将会发生什么？"；（4）处方性分析，主要用于回答"后面该怎么办？"。

十四、数据洞察

数据洞察（Data Insights）是指通过数据分析、数据挖掘等技术，将数据转换为有用的信息，获取对数据的解释、见解和深刻理解，以帮助组织或企业更好地理解业务，发现问题，并形成改进策略。主要涉及从数据中提取信息、发现模式、识别趋势，其目标是帮助系统和组织（企业）快速、深入地理解数据，并为其提供有针对性的见解，以支持更明智和基于事实的决策。

数据洞察过程主要包括：（1）通过数据分析和数据挖掘，将数据转换为信息；（2）通过解释，发现模式和识别趋势；（3）结合业务场景，梳理出影响业务结果的因素和作用链路；（4）对抽象问题进行归因、拆分，并形成改进方向；（5）通过数据探索、数据分析，提炼数据结论，最终形成数据报告。

数据洞察通常用于业务洞察、用户洞察、市场洞察和行业洞察几大方面，同时也可以将其用于更细节一些的环节，如：业务操作、业务现状、技术趋势、产品需求等。

十五、数据科学服务

数据科学（Data Science）是指通过各种科学方法、过程、算法、流程或系统等研究数据，从各种形式的数据（包括结构化和非结构化）中提取知识，创造有影响力的预测和见解，用以辅助决策的一门综合性学科，是让数据产生显性价值的技术过程。它使用数学、统计学、信息科学和计算机科学等多个相关领域的技术和理论，基于数据所产生的知识和见解，以便更加深入地理解和认知实际现象。

数据科学服务的方法或过程包括：（1）从"数据层次"研究"现实世界"，并根据"数据世界"的分析结果，对"现实世界"进行预测、洞见、解释和决策；（2）关注数据分析，构建预测模型，并从中提取有用的知识，这是数据科学家最主要的工作；（3）数据湖仓一方面提供统一的数据服务能力，另一重要的服务是通过"数据＋数据科学工具"对外提供开放的、一体化的数据计算环境与服务，利用"数据＋数据科学工具"的应用，可以从数据中推断出可操作的见解和洞察力，助力组织或企业做出更明智的科学决策。

第四节 数据湖仓功能架构

一、湖仓一体功能架构

数据湖仓是一个集中的、高度灵活的存储库，它以原生的格式存储海量的数据，并可提供面向主题的数据分析和数据洞察能力等。数据湖仓使用扁平架构对象存储来存储数据，使企业能够灵活、便捷地从数据湖中获得洞察力。此外，数据湖仓是一种不断演进的、弹性可扩展的大数据存储、处理、分析的基础设施，支持面向业务与场景的数据全集获取、多模式处理与生命周期管理；支持面向分析的数据提取、加载和转换；支持对来源于感知设备、物联网及流数据等各类数据源及类型的数据进行机器学习和预测性分析。

典型的数据湖仓一体化功能参考架构如图1-4-1所示。

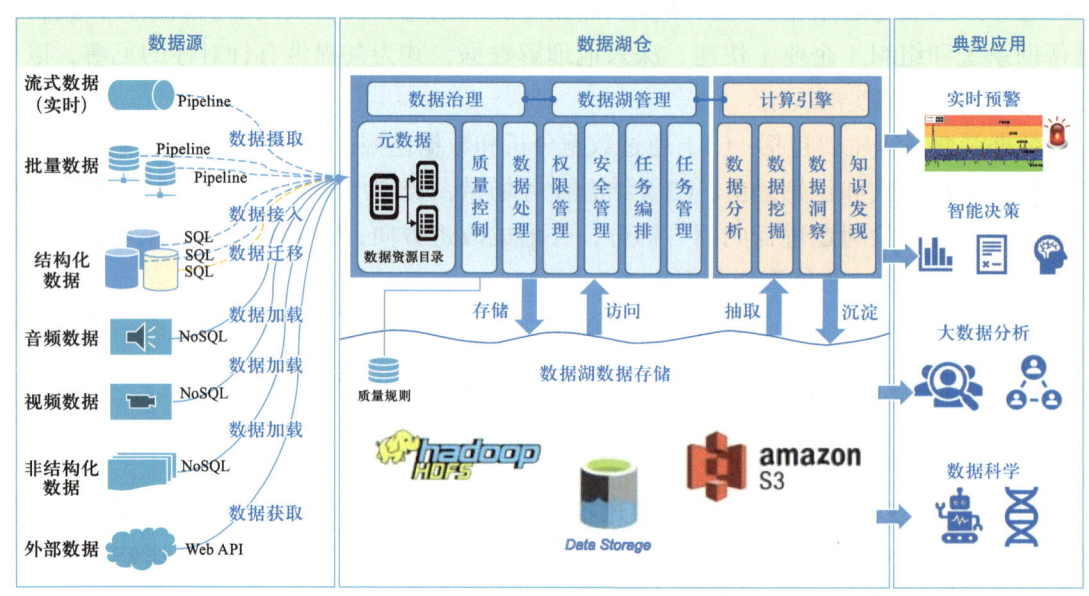

图1-4-1 典型的数据湖仓一体化功能参考架构

基于数据湖的集中式存储和管理，使企业能够更便捷地利用全景数据进行数据挖掘，更便捷地使用先进的机器学习算法等进行科学计算和辅助决策，能够帮助企业建立、沉淀和使用更多的优化模型，用于预测、预报和预警等，从而帮助企业做出更多科学、有价值的决策。

二、数据湖仓技术选型原则

数据湖仓技术选型通常应遵循以下基本原则：

（1）计算与存储分离、弹性、独立可扩展；
（2）存储可选择 S3/OSS/OBS 等分布式对象存储系统；
（3）计算引擎应考虑实时处理与批处理需求；
（4）数据获取应支持 SQL、NoSQL、Web API 等形式；
（5）应采用具有 Serverless 特性的云服务部署架构，即服务端免运维、按量计费、弹性伸缩（即使用高峰时可自动扩容，使用低谷时可缩容）等。

第五节　数据湖仓架构技术演进

数据湖仓在架构设计及技术实现上，在存算分离（Separation of Compute and Storage）、流批一体（Integration of Stream and Batch）、模式演进（Schema Evolution）和架构演进（Architecture Evolution）等方面表现出较为明显的趋势特征。

一、存算分离趋势

存算分离是一种数据管理架构，其中数据存储（Storage）和数据处理（Compute）是分开的，各自可独立扩展。这种设计提供了灵活性、可扩展性和成本效益，特别是在处理大规模数据集时。在油气上游业务中，存算分离的湖仓一体架构可以带来以下几个应用优势：

（1）灵活的数据处理：存算分离允许企业根据数据处理需求动态扩展计算资源，而数据存储则可以根据容量需求进行扩展，从而优化资源使用和成本。

（2）高效的数据存储：存算分离架构允许企业在数据湖中存储原始数据，同时在数据仓库中进行结构化处理和分析。这种分离使得数据湖可以高效地存储大量的非结构化数据，而数据仓库则专注于提供高性能的查询和分析能力。

（3）支持多租户和合规性：在能源行业中，数据的安全性和合规性至关重要。存算分离架构可以支持多租户环境，确保数据隔离和安全，同时满足不同项目和法规要求。其中，租户是指具有独立结算能力的实体组织、单位或项目等。

（4）数据的即时访问和分析：企业业务需要快速访问和分析数据以支持决策。存算分离架构通过优化数据存储和计算资源，提高了数据访问速度和分析效率。

（5）促进数据共享和协作：湖仓一体架构提供了统一的数据视图和访问接口，促进了跨部门和团队之间的数据共享和协作，加速了知识的传播和创新。

（6）降低数据管理和运维复杂性：存算分离简化了数据管理和运维工作，因为数据存储和计算资源可以独立管理，减少了系统间的依赖和复杂性。

湖仓一体的存算分离架构可以支持从数据采集、存储、处理到分析的全流程，为企业生产和运营等各个环节提供强有力的数据支持。通过这种架构，企业能够更好地管理和利用其庞大的数据资产。

二、流批一体趋势

流批一体架构结合了流处理（Stream Processing）和批处理（Batch Processing）的优势，为数据处理提供了灵活性和高效性。流批一体架构的一些关键特点：

（1）统一的处理引擎：流批一体架构通常基于统一的处理引擎，如 Apache Spark、Apache Flink 等，这些引擎能够同时处理实时数据流和批量数据。其中，Apache Spark 是由 Apache 软件基金会开源的大数据处理框架，适用于跨集群计算机并行处理大数据任务，Apache Flink 则是该基金会开发的一款开源的流处理框架。

（2）无缝的数据流处理：流处理允许系统实时分析和响应数据流，这对于需要快速决策的场景（如实时监控、事件驱动的应用）至关重要。

（3）高效的批处理能力：批处理适用于处理大量累积数据，支持复杂的数据转换和分析任务，如周期性的数据报告和历史数据分析。

（4）数据一致性和准确性：流批一体架构通过确保数据在流处理和批处理之间的一致性，提高了数据处理的准确性和可靠性。

（5）灵活的数据处理模式：流批一体架构支持多种数据处理模式，包括微批（Micro-batch）处理，它结合了流处理的实时性和批处理的高效性。

（6）资源优化和弹性：流批一体架构能够根据数据负载动态调整资源分配，优化计算资源的使用，提高系统的弹性和可扩展性。

（7）支持多种数据源：流批一体架构能够处理来自多种数据源的数据，包括日志文件、事件流、数据库变更、API 调用等。

（8）易于维护和扩展：由于流批一体架构的统一性，维护和扩展变得更加简单。开发者可以使用相同的技术和工具来构建流处理和批处理应用。

（9）数据的实时和历史分析：流批一体架构使得用户能够同时进行实时数据的即时分析和历史数据的深度分析，为决策提供全面的数据支持。

（10）支持复杂的数据工作流：流批一体架构可以支持复杂的数据工作流，包括数据的摄取、处理、分析和可视化，使得数据处理流程更加连贯和高效。

流批一体架构在湖仓一体中提供了一种灵活、高效且统一的数据处理方式，使得企业能够更好地应对快速变化的数据需求和业务挑战。无论是针对需要流处理的实时数据业务，还是需要批量计算的分析场景，都可以灵活应对，借助云基础设施的资源调度能力，优化资源利用率，提高湖仓计算效能。

三、数据模式演进趋势

模式演进（Schema Evolution）是湖仓一体架构体系中的关键特性，它允许数据模式随着时间的推移而自然演化，以适应不断变化的数据和业务需求。核心模式演进的特点归纳如下：

（1）灵活性：模式演进允许数据模式在不破坏现有数据和查询的情况下进行更改。这意味着可以添加、删除或修改列，而无需重新组织数据或重写整个数据集。

（2）兼容性：新模式和旧模式可以并存，旧数据可以与新模式兼容，新数据可以按照新模式进行摄取。这确保了数据的连续性和系统的平滑过渡。

（3）无需数据迁移：在模式演进过程中，通常不需要对现有数据进行迁移或转换。新旧数据可以在同一数据集中共存，直到所有的数据处理和分析任务都迁移到新模式。

（4）支持实时分析：模式演进支持实时数据摄取和处理，使得数据可以即时被分析和查询，而不会因为模式变更而延迟。

（5）简化数据管理：通过自动化的模式演进，数据管理员可以更容易地管理数据模式，减少手动干预，提高数据处理的效率和准确性。

其中，数据模式（Data Schema）是对数据库中全体数据的整体逻辑结构和特征的描述，是所有用户的公共数据视图，用以定义与描述现实世界中的实体、性质与联系。

模式演进是实现数据灵活性和可扩展性的关键，由于油气行业产生大量的结构化和非结构化数据，包括地质数据、钻井数据、测井数据、生产数据等，这些数据随时间不断变化，需要灵活的数据模式来适应业务需求的变化。

四、数据架构演进趋势

架构演进（Architecture Evolution）对湖仓一体模型的落地至关重要，湖仓一体的理念和众多功能的实现都需要良好的架构引擎支撑。从图1-2-2可以看到，目前的架构正在向存算分离、资源解耦与共享方向演进，从而为客户带来更好的扩展性、灵活性、敏捷性和经济性。

此外，依托云计算平台架构技术，不仅可以支撑存算分离、资源解耦与资源共享，还可以为客户的资源应用带来规模化、弹性化的扩展性能和集约化利用的成本优势。基于基础设施和通用底台云服务（IaaS+PaaS）之上构建的云原生数据平台，可以提供更好的通用性和中立性，从而有利于湖仓一体数据平台的持续化发展，有利于构建统一管理与调度的湖仓一体资源层、可扩展与共享的湖仓一体计算引擎层和统一数据开发与应用的湖仓一体接入层。

第二章　面向油气上游业务的数据湖仓技术应用

数据湖为存储并保存企业全业务域、全场景、全流程、全要素数据提供了更为经济的策略和解决方案，包括采用低成本的硬件和开源软件技术等，可满足企业多样化数据汇聚、存储与服务的需求。但在面对数据实时洞察、交互式分析、业务动态建模及无限扩展的智能分析时，数据湖并不能提供数据仓库应具备的功能，而数据湖仓则兼备了数据湖和数据仓库两者的优势。

数据湖仓不仅是一个集中的、高度灵活的存储库，它还以原生的格式存储海量的数据，并可提供面向主题的数据分析和数据洞察能力等。通过构建面向油气领域乃至行业的统一数据湖仓及配套的数据管理、数据治理、数据安全体系和科学计算引擎等能力单元，包括但不限于：数据资源与资产目录、元数据管理、数据治理、数据质量与规则管理、数据摄取、数据集成、数据接入、数据存储、数据迁移、安全访问控制、任务管理、任务编排、数据分析、数据洞察等，可支持油气田生产、管理、科学研究、数智创新、新质生产力创造等方面对数据高效汇聚与分析、实时监控、智能诊断和优化决策等复杂科学计算环境与数据生态建设的需求。数据湖仓为传统的数据工程向数据科学演变提供了解决方案。

油气业务作为业务稳定型的传统工业且典型的数字化深度应用行业，基于其复杂、多样的专业特质，具有不断创新并发展的、深厚的科学技术积淀，基于数据湖仓技术的数据平台为油气业务科学技术成果的积累与共享提供了数据生态环境，为消除数据与技术孤岛，实现数据、技术、能力的全域治理和安全共享，为业务、数据与应用的上云、用数、集智、赋能奠定了基础。

第一节　油气勘探开发领域业务与数据特征

油气勘探开发领域涉及地质、物探、化探、钻井、完井、固井、录井、测井、试油、测试、井下作业、分析化验、油气生产、建模数模、动态分析、设备设施、管道等数十个专业，以及石油地质、地球物理、油气开发、油藏工程、井筒工程、地面工程（或海洋工程）、采油气工程与工艺、油气处理、油气集输与储运等多个大的学科。围绕地下油气藏、油气采注井/井筒和地面生产设备设施等油气田核心业务对象（即现实世界中的人、地点、事物或概念等），以油气地质为指导，以油气勘探、油气开发为手段，以采油气生产、油气储运与销售为核心，油气上游业务是典型的具有跨学科、多专业相融合特征的、复杂的系统化产业形态（图 2-1-1）。由于油气业务线长、业务复杂，跨学科、多专业协同一直是困扰油气业务高质量发展的瓶颈问题。

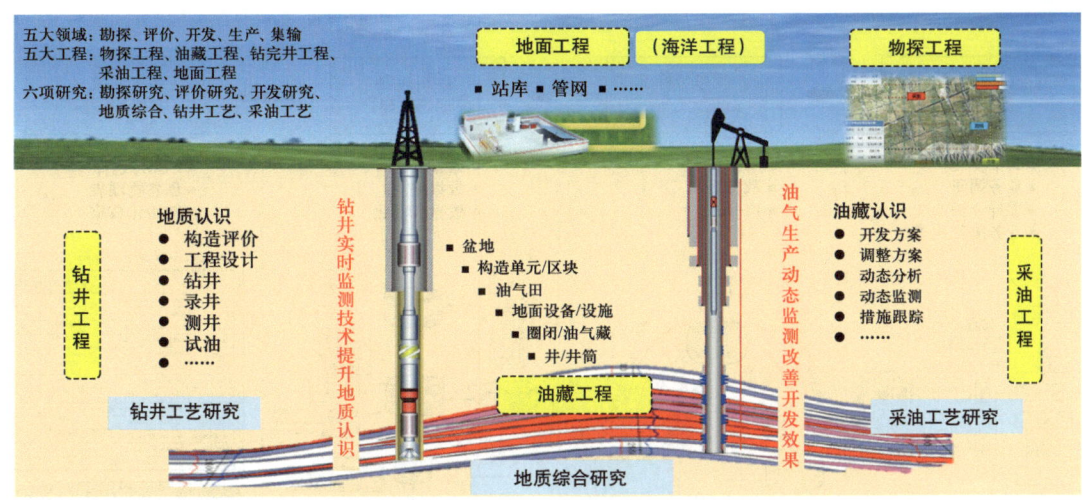

图 2-1-1　油气上游业务总体构成

尽管国内油气上游业务信息化已经历了近二十年的统建式、集约化建设和发展，将原有的面向工作单元的数十种或上百种小库、小系统集中建设为面向业务单元的大库、大系统，解决了各业务域内的数据集中、数据共享和集成应用问题，但数据库多、平台多、孤立应用多、数据共享难、业务协同难等问题仍是制约上游业务链一体化、集约化、精益化、智能化和生态化发展的主要因素，难以支撑上游企业数字化转型和智能化发展，不能满足企业数智化战略转型的需求。

以往的信息系统建设通常基于 SOA、EDA 及 ED-SOA 架构（王宏琳等，2015；许增魁等，2012；马涛等，2020），采用"数据库+应用"的建设模式，其中的数据库多采用关系型数据库 RDBMS，建模采用从业务模型到概念模型，再到逻辑模型，最后到物理模型（或数据库模型）的过程，即以业务调研、业务分析、业务建模为始点，通过需求分析完成概念模型设计，然后再通过数据分类、映射及标准化完成逻辑模型和物理模型设计，总体流程如图 2-1-2 所示。对地震勘探和成像测井业务中的超大数据体（单个文件大于 50MB），地表以下的地层、油气藏、井筒，地面以上的井场、站库、地面设备设施等空间分布数据，以及油气井下、井口和管线中的气体、流体等的温度、压力、流量、设备运行工况等生产实时数据等均采用了有针对性的解决方案，例如对超大数据体采用"数据库索引+存储区+物理文件"的管理模式，对其中的物理文件存储介质，用户可根据性价比和对数据访问的时效性需求，选择磁盘阵列、自动带库、光盘库和硬盘等；对地面以上空间数据采用"关系数据库+空间数据库或空间数据文件+GIS"相关联的管理和应用模式；对地面以下空间、井筒及油气藏等采用"数据库+专业模型+专业软件"的联合管理模式；对油气生产海量的实时数据，通常采用按时间间隔划分的管理模式，如对以日、周、旬、月、季、年等为计数单位的数据采用关系型数据库进行存储管理，对以时、分、秒为单位采样的数据采用时序数据库 TSDB 进行存储管理等。

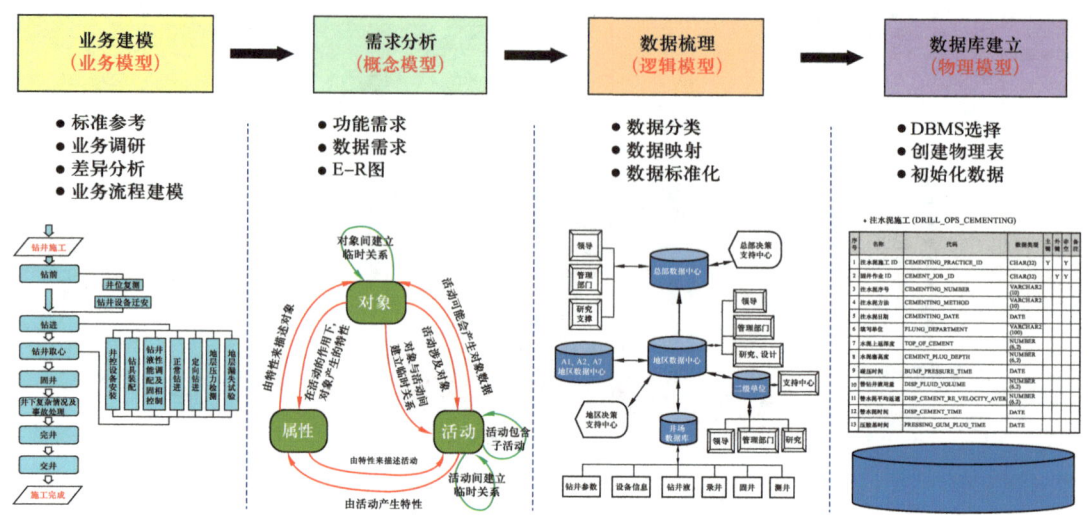

图 2-1-2 传统的关系型数据库建模流程

图 2-1-3 展示了油气勘探开发业务复杂的业务实体关系。图中实线表示的是勘探开发业务核心实体（即主数据）之间的逻辑关系，虚线为业务活动实体与核心实体之间的内在联系。其中，业务生产实体与企业管理实体之间通过业务运营实体（组织机构、项目和人员）实现物理关联，从而形成企业经营、规划计划、合同项目、产运销等业务的一体化、协同化运营体系。

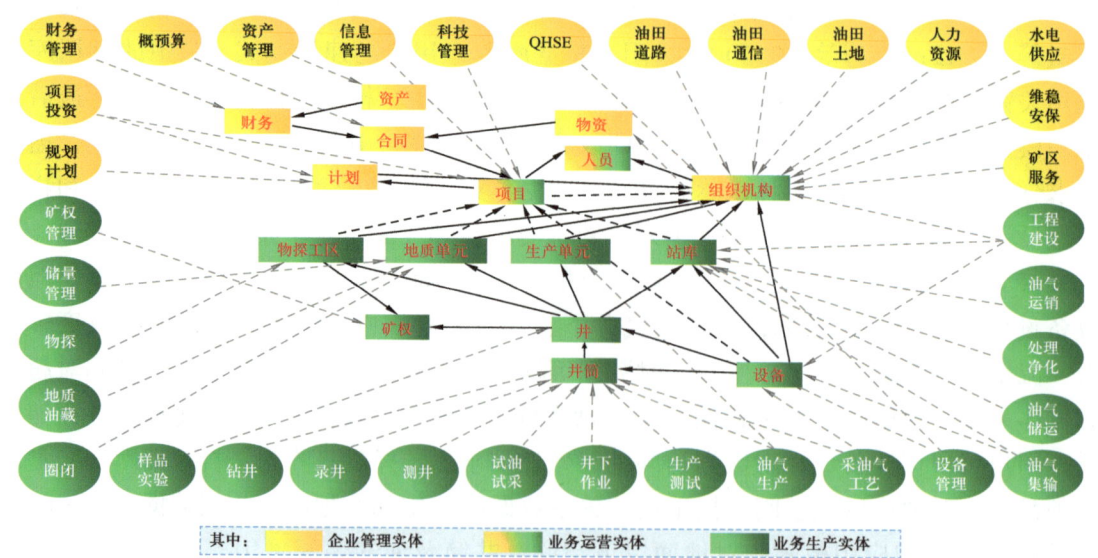

图 2-1-3 油气勘探开发业务实体关系图

基于业务实体关系建立的数据库系统，可构建面向业务领域的应用。图 2-1-4 给出了油气勘探开发协同研究业务模型，可以看出，跨专业或业务域的应用构建其复杂度和难度是相当大的。

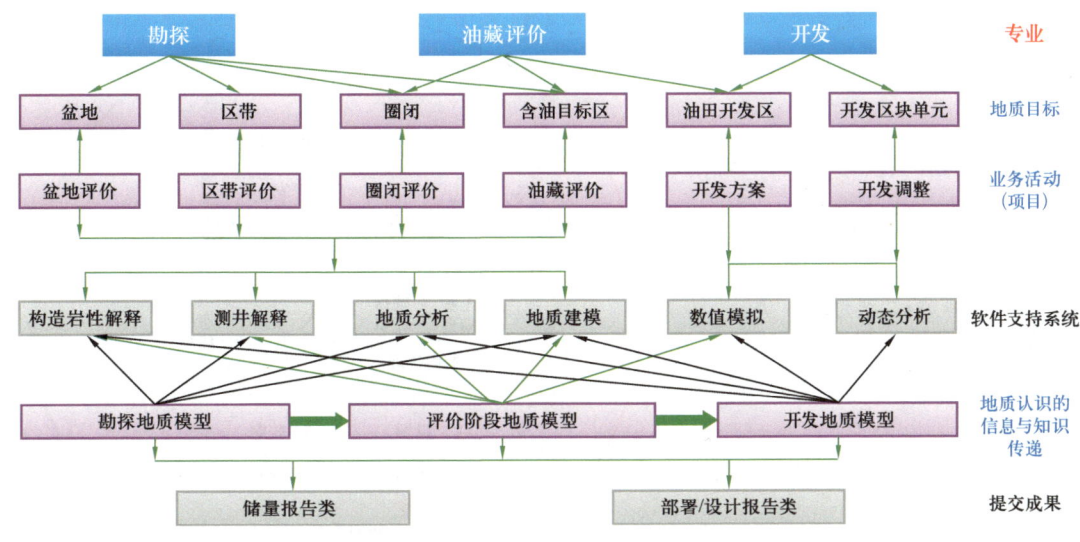

图 2-1-4　油气勘探开发协同研究业务模型

第二节　油气领域数据湖仓技术应用背景

在国家能源局 2023 年发布的《关于加快推进能源数字化智能化发展的若干意见》中提出了针对油气等能源行业的数字化智能化转型发展要求，即通过数字化智能化技术融合应用，分环节、分阶段补齐转型发展短板，为能源高质量发展提供有效支撑。到 2030 年，能源系统各环节数字化智能化创新应用体系初步构筑，数据要素潜能充分激活，一批制约能源数字化智能化发展的共性关键技术取得突破，智能感知与智能调控体系加快形成，数字化智能化新模式新业态持续涌现，系统运行与管理模式向全面标准化、深度数字化和高度智能化加速转变，网络与信息安全保障能力明显增强，系统效率、可靠性、包容性稳步提高，能源生产和供应多元化加速拓展、质量效益加速提升，数字技术与能源产业融合发展对行业提质增效与碳排放强度总量"双控"支撑作用全面显现等。

在工业和信息化部的指导下，经中国信息通信研究院牵头，由工业互联网产业联盟组织编写了《工业互联网体系架构》[工业互联网产业联盟（AII），2016/2020]（以下简称"体系架构"），并分别于 2016 年和 2020 年发布了体系架构 1.0 和 2.0 两个版本。在体系架构 1.0 提出的工业互联网网络、数据、安全三大体系中，将"数据"作为工业智能化的核心驱动，"网络"作为工业数据传输交换和工业互联网发展的基础支撑，"安全"作为网络与数据在工业中应用的重要保障。体系架构 2.0 仍突出数据作为核心要素的作用，将面向业务的数字化转型方向、路径与能力的实质定位于由数据所驱动,功能架构的网络、平台、安全服务于数据的采集、传输、集成、管理与分析利用;仍强调数据智能化闭环的核心驱动作用及其对生产管理优化和组织模式变革的推动作用等(图2-2-1)。

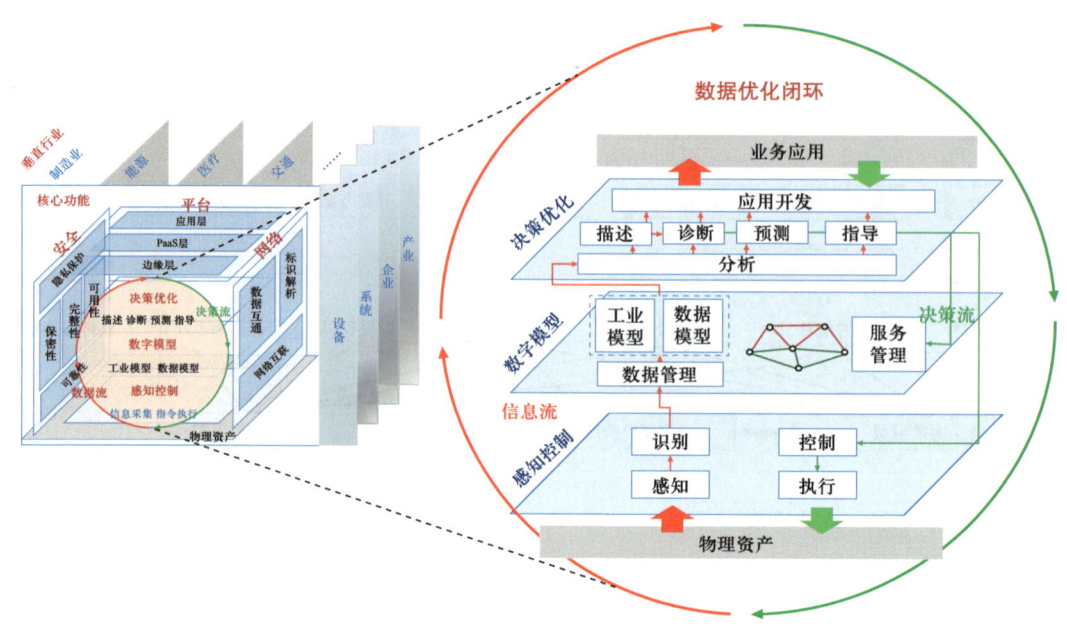

图2-2-1　工业互联网的数据功能原理
引自文献:工业互联网产业联盟(AII),2020

石油石化作为国民经济发展的支柱产业,着力于高水平科技的自立自强,坚持创新驱动、技术赋能,加快推进技术研究攻关及部署。在通用技术领域,持续提升云计算平台的算力规模和资源池,满足数字化转型单位云计算应用需要;建立"云—边—端"协同的边缘计算平台,支持相关转型场景的边缘应用;深入开展无人机、设备智能诊断、远程监控、协同优化模型等技术研究,推进智能钻完井远程管控、智能井场、智能站场、智能作业区、智能炼厂等场景落地应用;在勘探开发智能化、生产运营智能化、安全绿色智能管控、油气数字化新基建等领域,攻克一批关键核心技术,研制一批智能感知与控制装备,研发一系列智能化应用系统,为提高储量发现及高效动用能力、提高劳动生产率和管控效能提供技术支撑。伴随着国家工业互联网体系架构的发布,石油石化重点领域所开展的油气工业互联网体系试点建设,已从2016—2020年的概念技术验证进入到应用实践新阶段。

第三节　油气上游领域数据管理进展

当今世界,信息与物质、能源一道被列为社会与科技发展的三大支柱。伴随着全球数字技术和数字经济的发展,数据作为核心且特殊的新型生产要素,成为引发生产关系变革的新型生产力，从而被作为国家或企业的新型资产加以保护和管理。

纵观油气行业数据管理发展史，总体上经历了从项目（或个人）建库、分专业建库、业务单元建库，再到集中建库和数据仓库，最终统一建数据湖仓的过程；建设内容也由最初的面向单一业务对象发展到面向企业全领域全景业务对象；建设重点也从面向单一专业或领域的数字化、信息化管理与运营优化，发展为面向产业创新与新业态、新生态的平台化、网络化、智能化、生态化方向。

如果将目前的数字化转型建设视为全面开启数智化建设的起点，则之前的过程可统称为信息化建设阶段。实践表明，信息化建设阶段是以业务流程化、数据集中化、信息网络化、流程自动化、工作协同化为重点，而数智化建设阶段将以业务模型化、数据湖仓化、技术平台化、能力中心化、环境生态化、创新大众化为目标。

借鉴《精益数据方法论》（史凯，2023）一书对信息化与数字化建设的分析，认为通过信息化建设仍难以获得数据，技术能力也非全面发展，且不足以形成良性的创新氛围和创新机制，要想形成每个企业或个人都希望拥有的数据创新能力和创新活力是很难做到的。而数字化建设则不同，它是一个从局部支撑到全局重塑的过程，是从被动响应到共创引领、从瀑布式建设到敏捷式开发、从提升竞争力到提高响应力的过程。与信息化阶段提升线下业务协同效率的目标不同，数字化阶段基于一切业务皆可数字化的理念，其目标是通过业务数字化形成数字产业、数字生态和数字新经济。其演进过程是从技术支撑业务、技术协同业务、技术引领业务，发展到以技术为核心的技术与业务全融合。

中国石油天然气集团有限公司（以下简称中国石油）为有效支撑创新、资源、市场、国际化、绿色低碳五大发展战略，全面启动了数字化转型、智能化发展规划和设计，确定了以平台技术转型和数字生态转型为基础，以生产模式转型、商业模式转型、数据资产转型、组织模式转型、运营管理转型、研究模式转型为支撑的领导力转型、企业文化转型和企业战略转型等重点任务，明确了到2035年全面实现数字化转型的发展目标。图 2-3-1 列出了中国石油信息化发展的五个阶段，目前已进入了以智能化为特征的数字化转型发展阶段，同时数据管理也由分散建设、统一集中建设、集成共享建设发展为数据湖仓建设阶段。

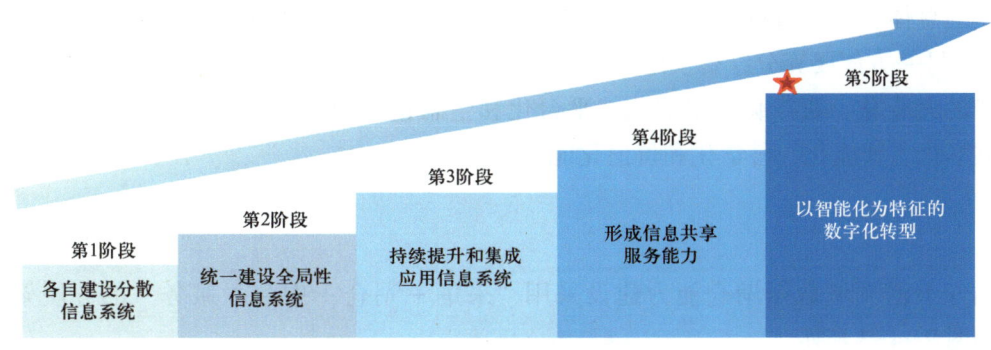

图 2-3-1 中国石油信息化发展阶段

第四节　油气上游领域数据湖仓设计

一、设计理念与目标

基于国内石油企业数据管理现状，借鉴数据湖仓理念及技术，将油气上游领域数据湖仓定义为支撑上游业务数智化转型的数据生态体系，包括勘探开发的知识资源共享生态、数智技术开发生态和数据智能服务生态，以及涵盖湖仓一体、主湖—区域湖协同、开放数据集成、数据统一治理、数据安全应用、数据感知与洞察、面向主题的决策分析和数据科学应用环境等，如图2-4-1所示。

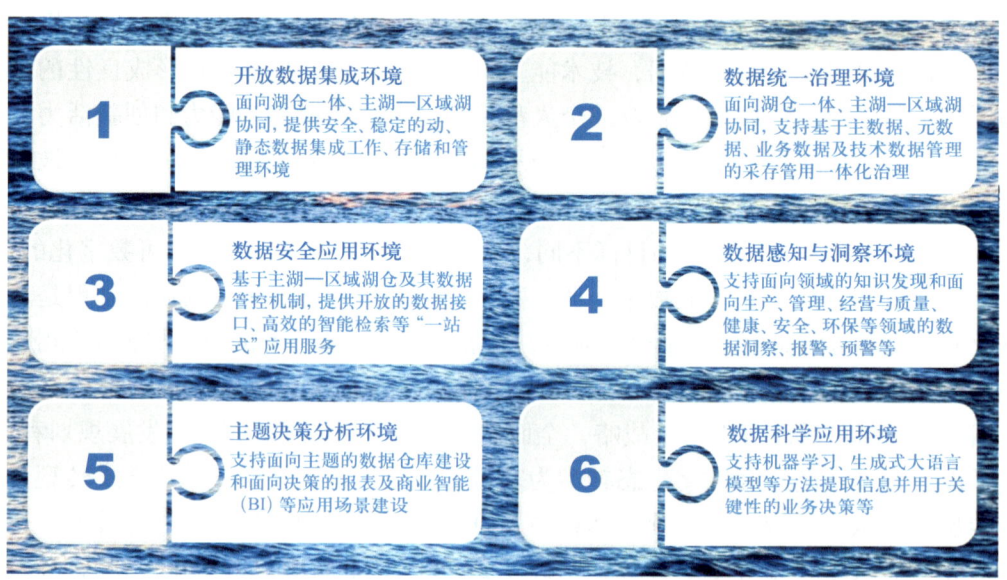

图2-4-1　油气上游领域数据湖仓生态环境建设目标

油气上游领域数据湖仓能力建设，一方面要紧密结合油气上游业务数智化转型需求与愿景（图2-4-2），即以体系转型、平台转型和生态转型为依托，支撑领导力转型和战略转型的总体目标，重点构建并完善"四类体系"、打造"四类平台"能力、培育"四类生态"；另一方面要充分结合上游业务信息化建设成果和数据资源状况，全面提升企业数据资源的湖仓化、资产化、知识化、平台化和生态化管理与治理水平，提升企业数据应用的共享化、智能化、科学化和价值化能力。

二、架构模式与设计

油气上游领域数据湖仓能力建设采用"采集＋湖仓＋中台＋服务"的分层架构模式，如图2-4-3所示。

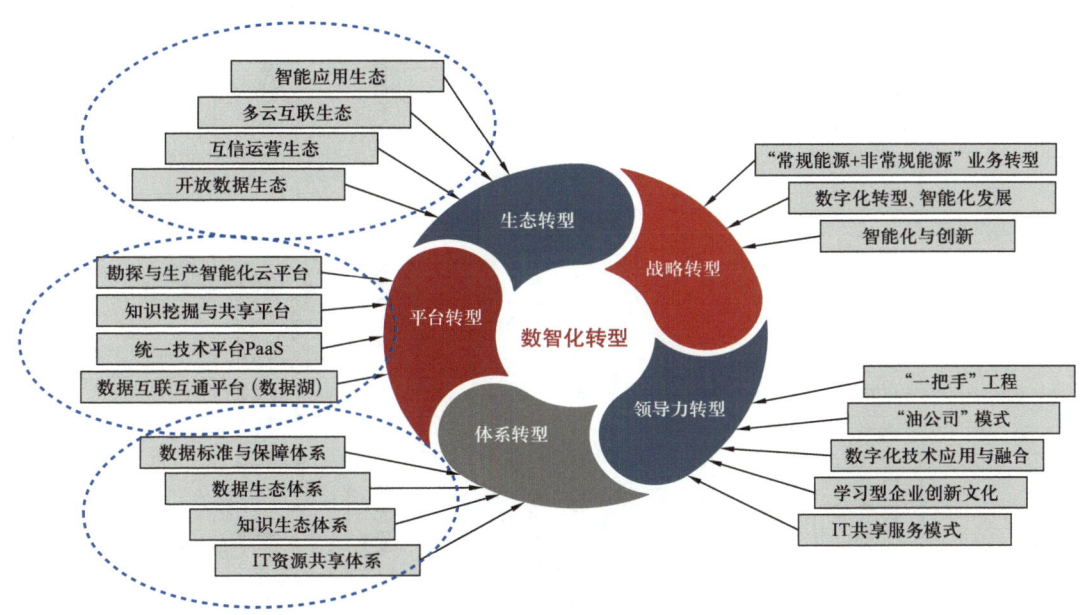

图 2-4-2　油气上游业务数智化转型需求与愿景

（1）"采集"：主要针对现有的各类数据源和数据库，使用统一的数据采集框架，融合各类数据采集、集成或 ETL 工具，通过采集模型构建、模型配置、表单设计、采集审核与质控、流程管控和数据可视化监控等过程，按照低代码、可定制、流程化的原则对功能或服务进行集成，满足对油气上游各类数据源头采集和数据集成入湖的要求。

（2）"湖仓"：采用数据湖与数据湖仓双模递进模式，在兼顾企业已建数据湖或数据连环湖（杨勇等，2020）成果及其应用的基础上，通过技术演进，将其逐步过渡到湖仓一体的架构模式上，即在保障业务稳定性和连续性的同时，实现数据架构的升级。数据湖仓中的元数据及资源目录使用 Elastic Search 高速索引技术，以及 ClickHouse 数据库、Neo4j 图数据库和 Kafka 消息与流处理中间件等组合技术进行管理，业务数据中的空间数据、结构化数据、非结构化数据与时序数据等分别采用适用的技术进行存储。在湖仓数据模型及部署上，采用同构的"一主＋多区域"的分级连环湖仓设计与部署架构。

其中：① 元数据（Metadata）用于描述和组织数据，包括数据属性（Property）信息，如数据域、数据组织及其业务关系等，可基于油气业务逻辑及企业数据资源目录（Data Resource Directory），融合原有的油气业务主数据（参见图 2-1-3 中的业务实体），采用统一的元模型（Meta Model）标准，即元数据的形式化结构与规则，如 ISO/IEC 19502：2005(E)、ISO/IEC 19508：2014(E)［MOF 1.4.1：ISO/IEC 19502：2005(E)，2005；MOF 2.4.2：ISO/IEC 19508：2014(E)，2014］等进行描述。② ClickHouse 是一款基于 MPP（Massively Parallel Processing，即大规模并行处理）架构的、具有完备 DBMS 功能的高性能列式存储 OLAP 数据库，适用于各种数据分析类的场景（例如，商业智能领域 BI），被广泛应用于电信、金融、电子商务、信息安全、物联网、网络游戏等众多领

基于数据湖仓的数据生态体系构建方法
——以油气上游业务为例

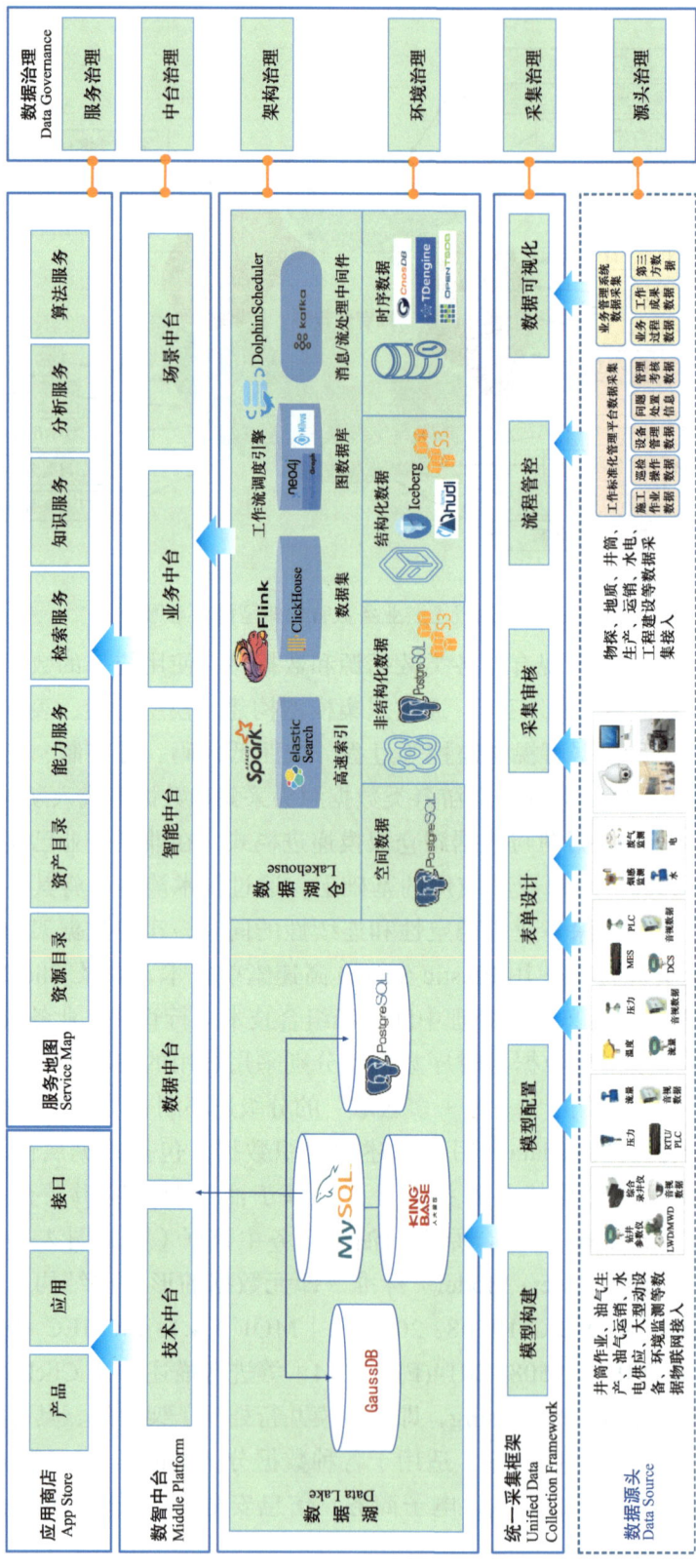

图 2-4-3 油气上游领域数据湖仓能力建设分层架构模式

域，其不足在于对OLTP事务性操作场景的支持有限。

元模型中通常包括：Class Heading（类目）、Super Class（超类）、Contained Elements（包含的元素）、Attributes（属性）、References（引用）、Operations（操作）、Constraints（约束）、IDL（接口定义语言）等基本类元素和由此组成的Classes类元模型，同时还会涉及Associations（关系）、Data Types（数据类型）、Packages（包）等元模型。业务数据（Business Objects+Business Data）包括基于油气业务实体对象（图2-1-3）所开展的油气勘探、评价、开发、生产、集输、科研、管理及销售等活动所产生的设备运行状态数据（实时数据）、生产管理数据（动态）、技术成果数据（静态）、知识成果数据（地质模型、油气藏模型、知识图谱、AI模型等）及业务实体空间数据等，数据的格式涉及流式、结构化、非结构化和半结构化等。

"一主"对应集团级集中式主湖仓，"多区域"对应各地区分公司（油气田公司）的区域湖仓，主湖仓与区域湖仓采用分级式管理和模型同构（即模型结构相同）的连环湖仓部署架构。集团级主湖仓用于集中存储全集团公司的所有油气业务数据资源元数据与共享数据，同时，位于集团公司层面的各类用户，可快速检索湖仓中所存储的各类数据，并通过授权获取地区公司区域湖中的实体数据。地区公司区域湖仓用于集中存储本地区的所有油气业务数据资源元数据与业务数据，便于数据的快速汇聚和本地应用高效使用数据，同时，减少数据传输对网络资源的占用压力。各区域湖仓与主湖仓在元数据与共享数据方面通过数据同步技术进行更新，并形成一主多子（即区域）数据互备式的异地存储，从而提高数据存储的协同性、安全性、有效性和可靠性。

（3）"中台"：面向共享能力建设的数据与应用之间的数智能力汇聚平台（马涛等，2022），是基于主湖仓或区域湖仓构建面向专业、面向领域、面向场景和面向智能应用的共享能力单元的集合，这里的能力单元是指具有独立功能的、可调用的模块或组件，在云计算环境中通常需要按照微服务（Microservices）的标准对其进行开发（云原生）或封装（服务化集成），并通过业务中台、技术中台、数据中台、智能中台、场景中台等分类构建计算服务，支持功能组件持续汇聚、持续集成、能力沉淀、技术优化与提升，以微服务的形式提供使用。例如，数智化转型建设者可根据业务场景建设需求，利用场景中台中提供的场景装配服务功能，基于业务场景、业务流程及业务功能等，对业务中台、技术中台、数据中台及智能中台中已发布的功能组件或服务进行组合和装配，从而支持对企业业务的数智化再造和数智能力的高质量建设。其中，微服务是一种软件架构设计模式，它将应用程序分解为小型、自治的服务单元，以便对这些服务单元进行独立部署、扩展和维护，其中每一个服务单元即是一个微服务。

面向油气上游领域的业务中台，可基于油气田企业的核心业务进行共享资源和共享能力建设，例如，在勘探开发梦想云平台（杨剑锋等，2021）持续建设中，为技术中台建设了流程引擎、报表引擎、专业图形、专业算法、地图服务、软件云化集成等公共技术组件，以及运营计量、电子签章、文档、消息、日志、门户、监控、即时通信、视频会议等服务中心；为数据中台建设了面向油气上游领域共享模型建设的数据算法、数据共享、融合建模与模型应用等服务，面向业务洞察的知识图谱、数据标注与数据洞察等能力，面向大数据分析的流式数据处理、大数据计算、大数据可视化等，面向人工智能应用的人脸识别、油气领域自然语言识别、文字智能识别、智能算法、智能搜索、智能推荐以及面向数据生态运营的数据服务地图、数据生态管理等；为业务中台建设了面向业务主题对象的全周期、全数据要素的能力共享中心，如矿权储量、地质单元、物探、井筒、油气藏、采油气、地面工程、分析化验、集输净化、储运销售、水电供应及生产运行中心等，面向企业通用业务的组织机构、规划计划、项目、用户、财务、物资、设备、资产、安全环保、综合办公、矿区服务等管理与服务中心；为智能中台建设了大数据分析套件、知识工程套件、人工智能套件等数据科学算力和智能创新服务中心；为场景中台建设了模块画像、流程编排、场景定制和应用装配等"积木式"应用开发能力（图2-4-4）。

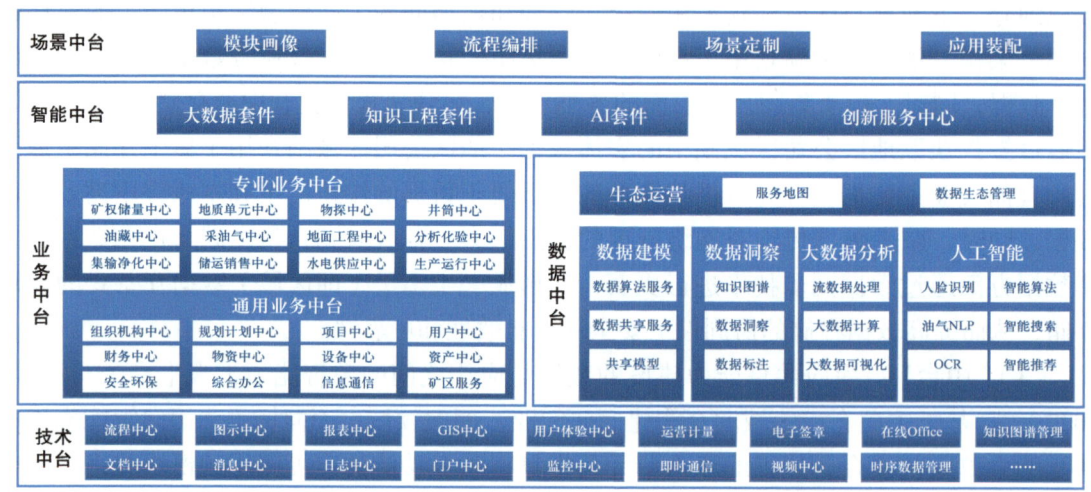

图2-4-4　油气上游领域数智中台能力中心建设案例

基于数智中台提供的共享能力，通过面向业务需求的场景和流程装配，结合个性化业务需求进行定制装配，可大幅度降低业务数据智能化建设的门槛，并快速赋能面向业务的数智化应用。因此，强大的中台共享能力建设，成为支撑企业数智化转型的"中台战略"。

（4）"服务"：中台能力的应用与输出是以服务方式提供的，即已建设完成的中台能力单元，可通过应用商店（App Store）和服务地图（Service Map）门户等，分门别类地注册、上架和发布，供数智化转型建设者将其应用于其所需的业务场景建设和新功能开发中。

三、数据要素生命周期及其能力设计

围绕数据要素生命周期开展各阶段能力建设，主要包括采集、摄取、存储、计算和消费五个阶段，如图2-4-5所示。

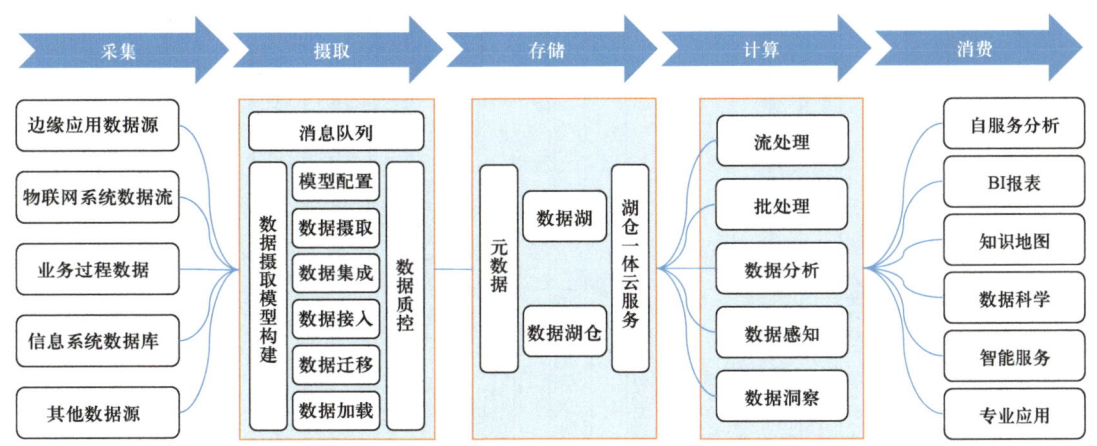

图 2-4-5　数据要素生命周期及其主要能力建设模型

1. 数据采集

数据采集是将源数据转变为目标数据的过程中，对数据进行识别、选择和映射过程的集合，包括源数据变化的检测、数据提取技术、数据提取的时间、数据转换技术、数据加载频率和数据汇总级别等，是为获取数据或在有限或无限使用权限下访问数据而进行的活动。

对分布于油气上游产业链的物化探、钻完井、录测井、试油试采、地质油藏、分析化验、地面工程、井下作业、油气注采、油气集输与储运、油气销售等核心业务数据进行归类，可划分为前端生产作业类数据、中端运营管理与监控类数据、后端规划计划与研究决策类数据等（马涛等，2022；李松泉等，2021）。

油气上游业务数据分类如图 2-4-6 所示，主要业务数据格式遵循中国石油发布的 Q/SY 01030.1《勘探与生产数据规格　第 1 部分：物探》、Q/SY 01030.2《勘探与生产数据规格　第 2 部分：钻井》、Q/SY 01018.3《勘探与生产数据规格　第 3 部分：录井》、Q/SY 01030.4《勘探与生产数据规格　第 4 部分：测井》、Q/SY 01030.5《勘探与生产数据规格　第 5 部分：试油试采》、Q/SY 01030.6《勘探与生产数据规格　第 6 部分：样品实验》、Q/SY 10547.1《油气勘探开发数据结构　第 1 部分：基础数据》、Q/SY 10547.2《油气勘探开发数据结构　第 2 部分：生产数据》、Q/SY 10547.3《油气勘探开发数据结构　第 3 部分：技术数据》等系列数据规格与规范。

（1）前端生产作业类数据。

主要涉及生产单元所属设备设施、仪器仪表等所产生的生产运行、工况与监测等各类实时数据和生产动态数据，主要来源于边缘生产层的设备应用管理系统，如可编程逻辑控制器 PLC（Programmable Logic Controller）、分布式控制系统 DCS（Distributed Control System）、数据采集与监视控制系统 SCADA（Supervisory Control and Data Acquisition）、钻井系统、录井仪、测井仪等，来源于各类生产过程的自动化感知与传感设备、各种生产工况的数字化监控设备或仪器仪表的监测设备产生的数据，经过作业现场的数据传输

基于数据湖仓的数据生态体系构建方法
——以油气上游业务为例

		油气勘探	油气藏评价	油气开发	油气生产
		探矿权			采矿权
区域地质研究与物化探工程	区域勘探	区域勘探：重力、磁力、电法、地化等测量采集数据、处理数据、解释成果		目标评价与开发地震勘探：原始采集数据、处理数据、解释成果	
	区带地震勘探与钻探	区带地震勘探：原始采集数据、处理数据、解释成果			
油气资源评价		区域地质：构造单元分区、资源评价，圈闭目标优选，单井地质，钻遇断层模层，以及地层沉积、地层温度压力、孔隙度、渗透率、饱和度、有效厚度等			
油气资源开发		预测储量→控制储量	探明储量	动用可采储量	剩余可采储量
地面工程建设		开发层系划分，采注，钻完井射孔数等方案，配产配注量测算等，油田地面建设方案编制			
井筒工程	钻完井	探井与评价井工程设计，实施与监测数据，开发井网地面工程设计与施工与监测数据施工与监测数据，施工与监测数据			
	录井	钻井与完井工程设计、钻前、作业计划、作业准备、作业过程（钻井液参数、钻具组合、井身结构、固井方法、完井作业等）、作业验收、测井评价、测井管理（含生产测井）			
	测井	岩屑、取心、气测、工程录井、特色录井、测井解释（仪器、放射源）、资料处理、录井成果、现场监督			
	试油试采	测井基础数据（仪器、放射源），测井解释（SP, GR, CNL, AC等），资料处理、测井成果、现场监督			
	井下作业	修井/增产措施设计，井下作业工序设计，射孔参数，修井作业参数，防砂控水参数，酸化压裂施工参数，故障原因分析，排液求产等			
油气生产	油藏监测		油藏地质建模、油藏生产监测数据、油藏动态监测等数据		
	生产测试		现场测试数据（动静液面测试、干扰试井、注水井分层测试、产能试井、探探砂面测试等、资料处理数据、站库运行数据		
	油气生产			举升采出注入数据、集输计量数据、锅炉运行数据、站库运行数据	
	采油气工艺			举升工艺设计数据、冲程、冲次、排量、电流、电压、采出维护监测与治理数据等	
	环境监测			环境监测、风险评估、风险管控、有害气体及碳排放监测与治理数据等	
样品分析化验		样品数据、生物地层、沉积岩矿、有机地化、物性分析、流体检测			
经营管理		水电供应：油田供水基础设施及生活用水、油田自备电及国家电网保障能力数据			
		土地矿权管理：土地征用基础数据、勘探开发环境评估数据、钻探环保护数据			
		应急指挥：自然地震预防数据、防洪防汛数据、重大事故应急方案数据、包括队伍、装备等			
		人力资源：专业学科投资、新区开发投资、管理技术操作人员构成数据等			
		财务管理：勘探项目投资、新区开发投资、专业分投资、单位编制、管理技术操作人员构成数据等			
		物资与设备管理：勘探评价投资（包括资产设备）、油田生产维护投资、单井维护成本、员工雇佣成本			
		项目管理：科研项目计划及执行数据、油田业务部门设计、油田生产运行维护设备、油田基础实施保障设备			
		规划计划：油田基本建设投资数据（包括勘探、评价、开发、油田开发）、生产计划及先行数据、信息等重大工程等）、油田业务部门生产任务计划数据			

图 2-4-6 油气上游业务数据分类示意图

单元 DTU（Data Transfer Unit）、远程终端单元 RTU（Remote Terminal Unit）和工业过程控制网络 PCN（Process Control Network）进行汇聚，然后接入物联网系统实现安全传输等；对不适合使用物联网等传输的地震、测井等业务产生的大块数据可通过存储介质进行传递。

（2）中端运营管理与监控类数据。

主要涉及项目管理、生产管理、质量管理、科研管理、综合管理、HSE 管理与监控、技术监督与生产决策等业务数据，以跟踪、记录或监测各项业务活动过程，通常表现为以日、周、月、季、年为计量单位的数据、文件、事件，以及相关的人、财、物的变化等，通过标准化采集入湖。

（3）后端规划与研究决策类数据。

主要涉及勘探开发方案论证、资源评价、经营管理、中长期规划、重大技术与投资决策等业务活动，以盆地级地质、物探、钻探等静态技术成果数据为基础，以油气藏地质研究、油气资源评价成果为依据，以钻井、录井、测井和试油等业务活动为手段，为油气地质认识、勘探开发决策、油气开发规划提供全场景、多方位、真实可靠的决策数据。该类数据除来源于对前端、中端数据处理和分析的成果外，很大一部分还会来源于长期使用的工业软件系统和已建并在用的历史信息系统数据库。

（4）前端、中端、后端数据采集方式。

对前端生产作业类数据的采集主要基于流式数据获取方式，部分作业过程动态数据可通过油气生产物联网获取，部分基于数据的原始格式，例如，地球物理原始数据多采用勘探地球物理学家协会 SEG 发布的地球物理数据标准 SEG-A/B/C/D/Y 等，井场作业、油气生产和油气藏数据等多采用国际开放组织成员 Energistics 等发布的 WITSML（Wellsite Information Transfer Standard Markup Language）、PRODML（Production Markup Language）、RESQML（An Open，Non-proprietary Data Exchange Standards for the Reservoir Life Cycle）及 ETP（Energistics Transfer Protocol）等标准组织并传输数据；中端运营管理与监控类数据和后端规划计划与决策类数据采集，可基于业务过程、在用的管理信息系统数据库或应用系统数据库等，通过数据库接口，采用批量迁移、增量同步等技术实现数据获取。

以地球物理勘探中的井中地震数据 VSP 为例，仅以 SEG-D 或 SEG-Y 格式存储的采集与处理类数据，就涉及 90 个以上的数据种类（李铁柱等，2012）。因此，在数据采集过程中，除要对数据存储格式加以严格识别外，还应对数据内容的种类加以区分，以保障自数据采集开始到数据摄取、存储、计算和消费的后续过程对数据实体内容具有明晰的标识，从而保障每个数据实体对象在数据生命周期中的有效性和可靠性。

2. 数据摄取

基于数据采集连接，为每个数据源中的每一数据类型定制并构建不同的数据摄取模型（包括：通道、方法、流程及技术实现等），该模型测试验证通过后，根据需要部署到数据湖仓的前端系统，并通过多源适配、规则引擎、流程编排和任务驱动等功能实现对各类数据源数据摄取的自动化过程。

为保障数据入湖的可靠性、安全性和及时性，实现对数据入湖的有效监管和治理，在图 2-4-3 所示的数据湖仓能力建设分层架构模式中，与数据源头衔接的统一数据采集框架使用了 DSB（Data Service Bus）数据服务总线技术，对数据摄取过程进行全程监管。其中，设计了数据采集模型构建、模型配置和数据摄取执行、多源数据集成、同构数据接入、批量数据迁移、大块数据加载等功能模块；为保障数据入湖的质量，在每一数据入口均设计了基于质量规则的数据质量检查与扫描、异常处理、质量审批、质量分析报表和断点恢复等功能。DSB 系统通过对消息队列和数据摄取进程的监控，实现对数据入湖全过程的监控和管理。

3. 数据存储

（1）元数据模型。

数据湖仓中的元数据模型构建应遵循国家标准 GB/T 25100—2010《信息与文献 都柏林核心元数据元素集》、GB/T 18391《信息技术 元数据注册系统（MDR）》系列，以及企业标准 Q/SY 10017—2023《元数据管理规范》、Q/SY 10075—2022《数据资源目录构建规范》等，基于油气上游领域主数据（如组织机构、项目、物探工区、地质单元、矿权、井/井筒、站库、集输管线、设备设施、财务核算等）及其油气勘探、油气开发、工程技术、综合研究、油气运销、生产运行、安全环保等业务活动，对各业务域进行一级、二级细化业务分级，在此基础上开展业务数据分类分级元模型设计，具体应参照企业数据资源目录、商业秘密等级保护目录等相关规定，按照"数据安全级别""数据管理级别"和"数据共享级别"三个维度对数据进行安全分级，按照"数据存储类型"和"业务数据类型"两个维度对数据进行分类，同时沿用业务主数据与业务域数据之间的自然逻辑关系（即业务关系），指导元数据模型设计，如图 2-4-7 所示。

其中，数据安全级别可依据企业管理规定进行设定，如：重要、内部、公开等；数据管理分级可依据数据所有权企业、参与数据生产的专业公司的范围进行设定，如：所属企业、专业公司；数据共享分级可依据数据的使用目的和范围对其进行规定，如：自然共享、授权共享、授权使用等。数据存储分类按照结构化、非结构化和时序数据进行划分；业务数据类型按照原始数据、过程数据和成果数据进行划分。

（2）数据湖数据存储与技术选型。

基于上述定义好的元数据模型，经数据摄取和质控后的数据，首先在元数据库中进行编目注册，然后按照数据类别及存储归类，将其加载到相应的数据湖数据存储空间。对包括结构化数据、非结构化数据、空间数据以及时序数据的业务对象实体数据，则将数据入湖过程分为多个串行或并行的数据存储过程，以确保入湖数据与原始数据内容的完整性和一致性。

数据入湖的存储过程及架构如图 2-4-8 所示。

图 2-4-8 中左侧与右侧下半部分为数据湖仓中的数据湖存储功能，面向油气上游业

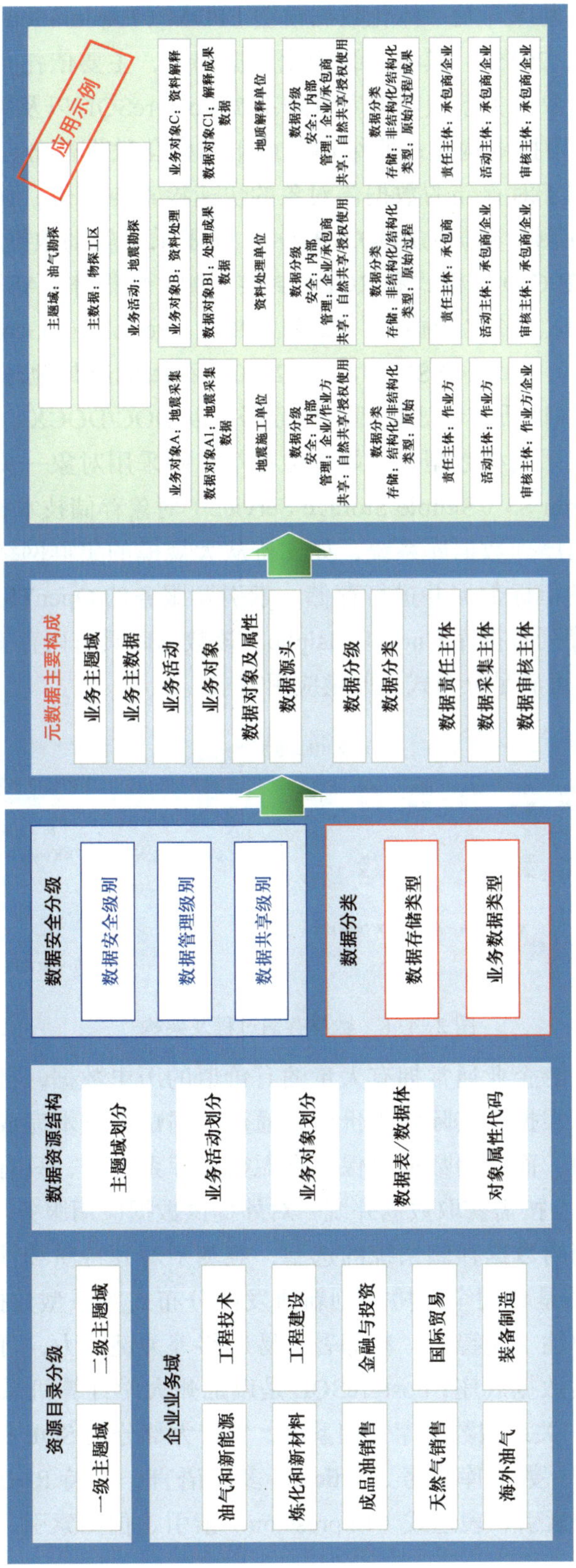

第二章 面向油气上游业务的数据湖仓技术应用

图 2-4-7 油气业务元数据模型设计

务数据对象，遵循油气勘探开发一体化数据模型 EPDM（Exploration and Production Data Model）标准（马涛等，2015），其中，结构化数据部分，主要依托企业级原生分布式数据库系统 GaussDB、对象—关系型数据库管理系统 PostgreSQL 以及关系型数据库管理系统 MySQL 等通用的适用技术构建；非结构化或半结构化数据部分，采用"索引+数据体"存储策略，索引用于对存储的数据体对象的快速检索与定位，而对以原始格式存储的数据体本身，如物探测量数据 UKOOA P1/90、地震采集辅助数据 SPS/SPS+、物探采集与处理数据 SEG-A/B/C/D/Y 格式和 RODE 封装，测井数据体 LAS、LIS、DLIS/RP66、WIS、TIF、BIT、LA716、3317 等格式，以及以 PCG（Petroleum Geology and Geophysics Common Graphics Data）格式（Q/SY 01833—2020《石油地质与地球物理图形数据 PCG 格式规范》）存储的石油地质与地球物理图形数据，以 DOC/DOCX、PPT/PPTX、PDF 等通用格式存储的各类成果文档数据、多媒体数据等，则采用对象—关系型数据库管理系统 PostgreSQL 或 Amazon S3（Simple Storage Service）对象存储技术和服务标准；时序数据部分，采用基于时间序列数据库系统，如支持从大规模的集群网络设备、操作系统和应用程序中获取相应的指标数据并进行存储、索引及服务的 OpenTSDB，或基于系统级编程语言 Rust 的时间序列数据库 CnosDB Isipho，该数据库具有内存安全、高性能、高压缩比、高可用等特点，可满足分布式云原生应用需求。

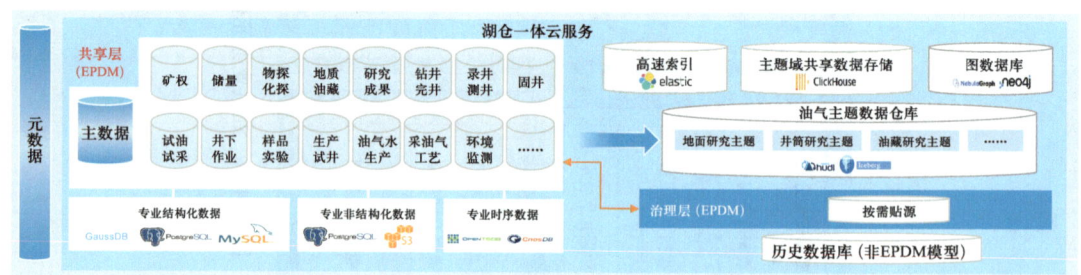

图 2-4-8　数据存储过程及架构

考虑到传统油气上游企业通常拥有大量的有价值的历史数据，且多以数据库方式存储保存，这部分数据可根据其实际使用价值，通过数据贴源技术完成在企业元数据库与数据资源目录中的注册，而原始数据仍保存在原数据库系统中，只有实际使用这部分数据时，数据湖仓系统才会按需获取数据并统一对外提供数据应用服务。

其中，对几个常用的数据存储系统的选型，应基于对其特质和性能方面的考量，例如，华为 GaussDB 产品是软硬全栈协同创新研发的分布式关系型数据库，具备高可用、高性能、高安全、高弹性、高智能、易部署、易迁移等关键能力，可作为企业核心业务数字化转型升级的坚实数据底座；PostgreSQL 是以加州大学计算机系开发的 POSTGRES 4.2 版本为基础的对象—关系型数据库管理系统，支持大部分的 SQL 标准、操作系统，支持 ACID、关联完整性、数据库事务、Unicode 多国语言，支持 R-/R+ tree 索引、哈希索引、反向索引、部分索引、表达式（Expression）索引、位图索引，以及用来加速全文检索的 GiST、GIN 等多种索引方法，提供了很多如复杂查询、外键、触发器、视图、事务完整性、多版本并发控制等现代特性，同时支持诸多方法扩展，如增加新的数据类型、函数、操作符、聚集函数、索引方法、过程语言等，并以其许可证的灵活、免费使用、可修改和可分发等特点受到使用者社区的欢迎；而由瑞典 MySQL AB 公司开发的 MySQL 作为最流行的关系型数据库管理系统之一，在 Web 应用方面具有最好的应用表现，无论是 MySQL 的社区版还是商业版，因其体积小、速度快、总体拥有成本低和开放源码等特点，成为大多数网站开发的首选数据库系统。

（3）数据仓数据存储与技术选型。

图 2-4-8 中右侧上半部分为数据湖仓中面向主题的数据仓存储及通用服务功能，可采用开源的数据湖框架 Apache Hudi 和用于跟踪超大规模表的对象存储格式 Apache Iceberg 解决方案。根据不同的研究或决策主题，湖仓系统按照预设的数据抽取方法和过程从左侧数据湖中抽取、传输和加载（ETL）数据到各自的数据仓中，并通过定时器或事件驱动等触发机制，实时或准实时地更新数据仓中的数据。其中：① Apache Hudi（Hadoop Upserts Deletes and Incrementals）是下一代流媒体数据湖平台，Apache Hudi 将核心仓库和数据库功能直接引入数据湖，支持对海量数据快速更新，提供表、事务、高效的追加/删除、高级索引、流接收服务、数据集群/压缩优化和并发性，并保持数据为开源文件格式；支持事务的存储层、一系列表服务、数据服务（如开箱即用的摄取工具）以及完善的运维监控工具，它可以以极低的延迟将数据快速存储到 HDFS（Hadoop Distributed File System，即 Hadoop 分布式文件系统）或云存储 S3 中，同时支持记录级别的插入更新（Upsert）、删除及增量查询；Apache Hudi 不仅非常适合流式工作负载，而且还允许创建高效的增量批处理管道；此外，Apache Hudi 可以被部署在任何云存储平台上并易于使用；Hudi 的高级性能优化，使流行的查询引擎（如 Apache Spark、Flink、Presto、Trino、Hive 等）的分析工作负载更快。② Apache Iceberg 是一种用于跟踪超大规模表的新格式，是专门为对象存储（如 S3）设计的，拥有构建于存储格式之上的数据组织方式，提供 ACID 能力、一定的事务特性、并发能力和行级别的数据修改能力，并为确保模式（Schema）的准确性，提供一定的对模式的扩展能力。

（4）数据仓数据服务与技术选型。

主题数据仓的服务功能通过分布式搜索和分析引擎 Elasticsearch（简称"ES"）、实时数据仓 ClickHouse，以及面向图的分布式数据库 NebulaGraph 及高性能图引擎 Neo4j 组合实现。其中：① ClickHouse 是一款高性能的实时、列式分布式存储的数据仓库系统，主要用于在线分析、数据观察（Observability）、机器学习与生成式人工智能、商业智能、金融服务、欺诈和网络安全等方面；它允许使用 SQL 查询并实时生成数据分析报告；具有写入吞吐量大、查询速度快、数据压缩比高等优势；在处理日志和分析查询等场景时表现出色；专注于高性能数据存储和分析，并基于其内置机制处理冷热数据分离等问题，因此特别擅长处理大规模数据集合的聚合查询问题；但在处理持续写入时的数据实时性方面性能表现欠佳。② Elasticsearch 则主要用于实时搜索和文本分析，有强大的全文搜索、近实时的索引更新及复杂查询能力，通过 ClickHouse 和 Elasticsearch 的联合应用，可满足不同的使用场景需求。③ NebulaGraph 是一款由国内企业研发的图数据库系统，作为一款高性能、高可靠且开源的分布式图数据库，擅长处理千亿个顶点和万亿条边的超大规模数据集，提供高吞吐量、低延时的读写能力，内置 ACL（Access Control List，即访问控制列表）机制和用户鉴权，为用户提供安全的数据库访问方式；NebulaGraph 产品提供了线性扩容的能力，支持快照方式实现数据恢复等功能；在应用方面，支持自研的 nGQL 查询语言（一种类 SQL 的声明型的文本查询语言），具有可扩展、支持图遍历、模式匹配、分布式事务等图数据库查询能力，兼容 Neo4j 发布的开源图形查询语言 openCypher，使得熟悉 Neo4j 图形数据库技术的用户可无缝衔接并使用 NebulaGraph 产品。④ Neo4j 是一个高性能、开源的 NoSQL（非关系型数据库）图数据库，也是一个嵌入式的、基于磁盘的、具备完全的事务特性的 Java 持久化引擎，它将结构化数据存储在网络图上而不是表中；Neo4j 高性能图引擎具有成熟数据库的所有特性，可以使开发者工作在一个面向对象的、灵活的网络结构下，而非严格、静态的表中，并使其可以享受到具备完全的事务特性、企业级的数据库的所有好处；Neo4j 因其嵌入式、高性能、轻量级等优势，越来越受到关注。

基于湖仓一体数据存储、分析、检索及服务能力等，构建统一的湖仓一体的云服务环境，对面向共享应用的能力单元建设提供全方位的数据应用服务支持，满足技术中台、数据中台、智能中台、业务中台等能力单元及其集合对数据访问、数据获取等方面的快速响应需求。

4. 数据计算

可以看到，数据湖仓除能够存储数据并对外提供服务之外，还具有一定的数据感知和在线分析等方面的能力，尤其是在湖仓一体设计与建设中，将面向油气研究主题的建设作为核心内容。因此，数据湖仓一体云服务环境还可对外提供面向油气主题的决策分析及人工智能等方面的应用能力。

为增强数据湖仓存储和数据应用能力建设的灵活性和扩展性，采用"存—算"分离方法，将数据湖仓主要定位于高效的数据存储和数据应用服务，而将数据湖仓之上的数智中台定位于支撑企业创新、数智能力复用、业务协同的计算性平台，用于企业通用共享能力建设，可汇聚企业、行业甚至社会中各项能力建设的成果，支持数智能力的持续优化与积累，为企业及行业数字化以及智能化提供强大的数智能力支撑平台。

技术中台汇聚了面向企业底层通用技术的能力，可有效支持企业管理业务数字化；数据中台汇聚了面向企业数据的基本数智技术的能力，能够支持基于数据驱动和面向目标的复杂数据建模、数据洞察、数据分析和人工智能等应用能力建设；业务中台则面向企业业务架构及组成，以业务单元为单位构建其共享能力中心；智能中台以打造数智协同创新能力中心为核心，集成大数据、人工智能、知识工程等各种能力套件，一方面可用于增强技术中台、数据中台和业务中台的智能化能力,另一方面用于降低智能创新的门槛,便于构建大众创新的智能生态环境。

基于湖仓一体的计算能力,如数据流处理、批处理、数据分析、数据感知与数据洞察等需要大量数据和算力的常态化计算环节,可通过"湖仓+数据中台"或"湖仓+智能中台"进行云原生开发与集成建设,打造大中台、小前台或厚能力、轻应用的企业"数据+智能"应用架构,支持企业数智化转型的敏捷式建设。

5. 数据消费

基于湖仓一体的云数据服务,结合数智中台中提供的基于数据驱动与面向目标的数据应用能力,支持数据服务分析、智能数据服务、BI报表及决策地图、专业应用服务,以及数据科学(如大数据分析、机器学习、生成式人工智能)等数据消费式应用。

第五节 数据建模关键技术

一、元数据建模技术

1. 元数据分类参考

参照《DAMA数据管理知识体系指南》[数据管理协会(DAMA国际),2020],根据数据的来源,将元数据分为业务元数据、技术元数据、操作元数据和管理元数据四种主要类型,如图2-5-1所示。

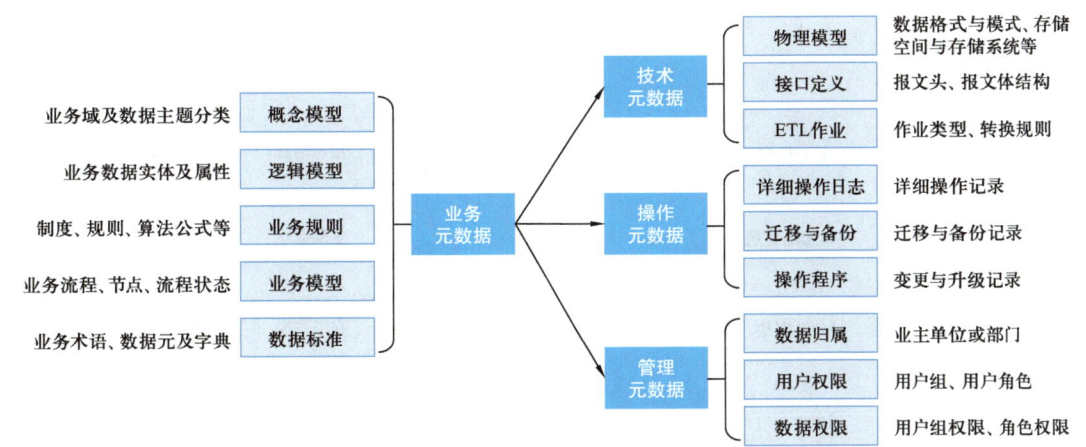

图 2-5-1 按数据来源分类的元数据类型
引自文献:数小据,2023

(1)业务元数据是指包含对业务域、业务概念及术语、业务定义、业务逻辑、业务规则、业务流程、数据模型等方面的描述性数据。

(2)技术元数据是指关于业务数据分类、数据存储分类,以及存储、处理、应用和数据转换等方面的描述性数据，数据存储模型、应用程序、数据映射关系、系统接口、数据接口等均属于技术元数据的范畴。

（3）操作元数据是指处理和访问数据的细节性、描述性数据，包括对数据操作的程序及变更和详细的数据操作记录，以及对数据备份、数据迁移、数据归档操作记录及规则等。

（4）管理元数据是指关于数据来源、数据归属、数据安全定义及设定、数据管理定义及设定、数据访问权限定义及设定等描述性数据。

在图2-5-1中，关于对技术元数据的接口定义，一般包括系统接口和数据接口。系统接口是指针对特定数据的采、存、管、用所使用的系统、软件或服务的调用方式和方法；数据接口是指在所使用或调用系统、软件或服务时，为其提供数据输入以及接收其数据输出时所使用的协议和规则定义。在计算机网络环境中，通常是以"报文"作为信息交换的基本单位（也即一种结构化数据格式），对上述接口信息进行封装，以便于在网络环境中传递信息及数据，然后在网络传输的目标设备中再对其进行解析和处理。报文通常由报文头和报文体两个部分组成，其中，报文头包含了一些关于报文的控制信息，如报文类型、源地址、目标地址、协议版本等，其长度通常是固定的；报文体中包含了具体的数据内容，如文本、图片、音频、视频等，报文体的长度不固定，而是随需变化的。

2. 元数据建模方法

国际对象管理组织协会OMG（Object Management Group）提出MOF（Meta Object Facility）元对象机制及元模型结构［参见MOF 1.4.1：ISO/IEC 19502：2005(E)，2005；MOF 2.4.2：ISO/IEC 19508：2014(E)，2014］。根据抽象程度不同，将数据模型分为四个层次，即信息层（M0）、模型层（M1）、元模型层（M2）和元元模型层（M3），如图2-5-2所示。

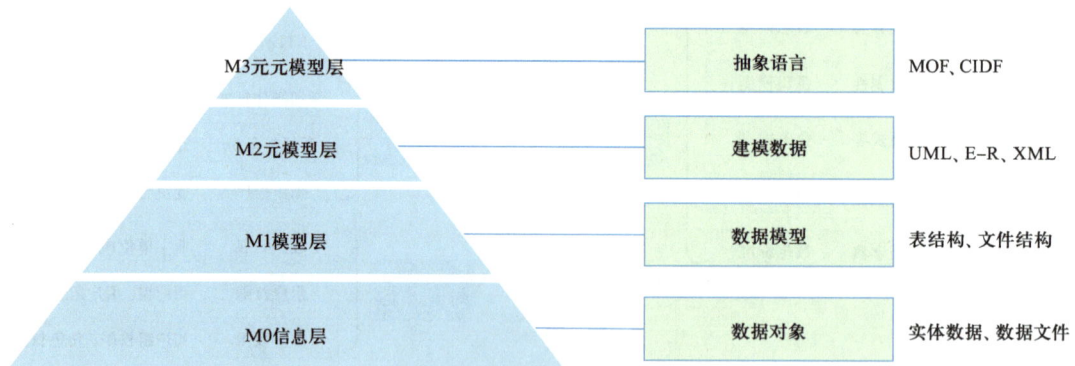

其中，MOF——Meta Object Facility，是由OMG定义的一组元元模型模式，包括元对象机制及元模型结构，使用"MOF :: Classes"进行定义。

CIDF——CASE Data Interchange Format，是由EIA（电子工业协会）定义的元元模型。

UML——Unified Modeling Language，即统一建模语言。

E-R——Entity-Relationship，即实体—关系模型。

XML——Extensible Markup Language，即可扩展标记语言。

图2-5-2 元数据体系结构图

（1）信息层（Information Layer）。由通常意义上的业务实体数据的集合组成，如数据表、数据文件、图像、文本及多媒体文件等。

（2）模型层（Model Layer）。其中的模型是对数据组织、结构及数据关系的抽象，由如图2-5-1中所有元数据类型的集合组成。各种模型可以有不同的语法结构和表现形式，如数据库表结构、文件标签结构等。通常的数据库表结构更适合关系型数据库模型，该模型以二维表方式表述关系型数据的基本结构，同时还需为其定义唯一数据标识符、静态性质、动态行为（数据操作）、数据关系等，其静态性质（属性）通常包括：数据项名称、数据项名称代码、数据类型、计量单位、主键、外键、非空、数据来源与描述等。另一种则是面向对象数据模型，该模型通过类来表达其基本数据结构，用具有全局唯一值的对象标识符OID（Object Identifier）来标识数据对象，同时，其静态性质仍用属性描述。与关系数据模型不同的是，在面向对象数据模型中，数据对象的动态行为用方法来表述，具有可封装性和抽象的数据类型，数据之间的关系用继承和组合来表达，因此，面向对象数据模型支持较强的模式演化能力。有关知识可参见《数据库系统概论》中的数据模型部分（王珊等，2023）。

（3）元模型层（Metamodel Layer），由元元数据集合组成，所谓元元数据是指基于元元模型所建立的元模型实例。元模型定义了元数据的抽象语法结构和语义，常用的元模型建模工具有UML（Unified Modeling Language，即统一建模语言）、E-R（Entity-Relationship，即实体—关系模型）、XML（Extensible Markup Language，即可扩展标记语言）等。

（4）元元模型层（Meta-Metamodel Layer），元元模型是为了描述元模型而定义的一种"抽象语言"，如MOF、CDIF（CASE Data Interchange Format）等，该语言抽象到足可以描述包括其自身在内的任何可想象到的元数据。元元模型定义了元模型的结构和语义，可将所有概念抽象为对象和对象间的关系。基于元元模型的规范和工具，有助于设计和实现更为优秀的元模型建模系统。

其中，实体（Entity）是指客观真实存在的、可相互区别的具体的事物，事物之间的差别可通过与之密切相关的属性来描述和区分；对象（Object）是指客观世界中存在的人、事、物等实体在计算机中的逻辑映射，换言之，是实体在数字世界中的成像。

基于元数据分层建模体系，可以帮助企业认识、分解和细化企业数据的层次关系，帮助企业识别自身数据需求，以便设计出更加符合企业战略的数据架构，并指导企业数据管理与治理体系的构建。

二、业务数据模型技术

1. 数据模型的基本概念

数据模型（Data Model）是对现实世界中系统、客观事物或物理对象的抽象，从抽象的层次上，它主要使用了数学语言来描述现实世界中系统或客观事物或物理对象的静态特征、动态行为和约束条件，数据模型为利用数据库系统对现实世界的信息表示与操作提供一个抽象的框架，包括：形式化的数据名称、全面的数据定义、适当的数据结构和精确的数据完整性规则。其中，约束条件也即对业务操作和结果数据的限制条件。对现实世界事物或客体的抽象过程即为数据建模。

数据建模时，要清晰定义数据的含义及数据之间的关系，以便于业务和数据人员按照业务规则更好地组织数据、更有效地保存数据和更便捷地理解及使用数据。

2. 数据模型的组成

数据模型包括三部分主要内容，即数据结构、数据操作和数据完整性约束。其中，数据结构描述了数据库中数据的组织结构、静态特征和数据之间的关联；数据操作定义了可以对数据库中的数据可执行的操作的行为集合，包括查询、更新及相关的操作规则等；数据完整性约束规定了数据及其联系必须遵循的规则，以确保数据的正确性、有效性和相容性。

袁满在对 POSC 数据模型与我国石油工业数据标准化的研究中（袁满，2021），将数据模型及其信息化问题归纳为"6W"模型，即通过"6W"模型，可将油气业务活动生命周期中所涉及的信息完全抽取出来，从而支持业务的数据建模和业务及其过程的信息化与数字化。"6W"模型的具体含义包括：（1）某个业务活动是由谁（Who）发起的；（2）是在什么时间（When）发起的；（3）是在哪里（Where）发起的；（4）为什么（Why）要发起这个活动；（5）在这个活动中都涉及了哪些（Which）对象；（6）这些对象的特性是什么（What）。

3. 油气上游领域数据模型的演进

国内对油气勘探开发数据模型的规模化研究可以追溯到 20 世纪 80 年代末，基于油气业务信息化建设的需求，由原中国石油天然气总公司组织，首次从勘探开发业务角度对油气钻探、物探、测井、测试、分析化验、储量、综合研究、生产动态和综合管理九大类业务数据存储格式（即数据结构）进行了规范，之后陆续发布了勘探/开发/钻井等数据库逻辑结构及填写规定（1991 年）、石油勘探数据库文件格式（1996 年）、油田开发数据库文件格式（1996 年）及气田开发数据库逻辑结构（1997 年），支持了同期的油气专业数据库建设。2000 年前后，随着国际石油技术开放软件组织 POSC 对勘探与生产中心数据模型 Epicentre V2.2/V3.0 版本的发布，以及公共石油数据模型协会对 PPDM 2/3 的发布，标志着油气行业数据库建设进入勘探开发一体化管理新阶段。

2002 年，中国石油发布了勘探开发数据库结构（简称 PCDM）。2004—2008 年，在中国石油勘探与生产技术数据管理系统（A1）和油气水井生产数据管理系统（A2）两个项目建设的过程中，将 Epicentre V3.0、EDM 与 PCDM 进行有机整合，形成了中国石油勘探开发一体化数据模型的初始版本 PCEDM，并在进一步整合工程技术生产运行管理系统（A7）数据库建设需求的基础上，经项目应用验证，于 2012 年发布了 Q/SY 1547—

2012《油气勘探开发数据结构》,即中国石油勘探开发数据模型 EPDM V1.0 版本。同期,在深度结合中国石油海外勘探开发一体化信息管理系统(EPIMS)建设需求及其实践的基础上,形成了海外勘探开发数据模型 EPDM Overseas 海外版(范春凤等,2017)。至今,EPDM 模型已发展到 3.0 版本,有效支持了中国石油海内外油气勘探开发业务的信息化和数字化建设,其发展历程如图 2-5-3 所示。

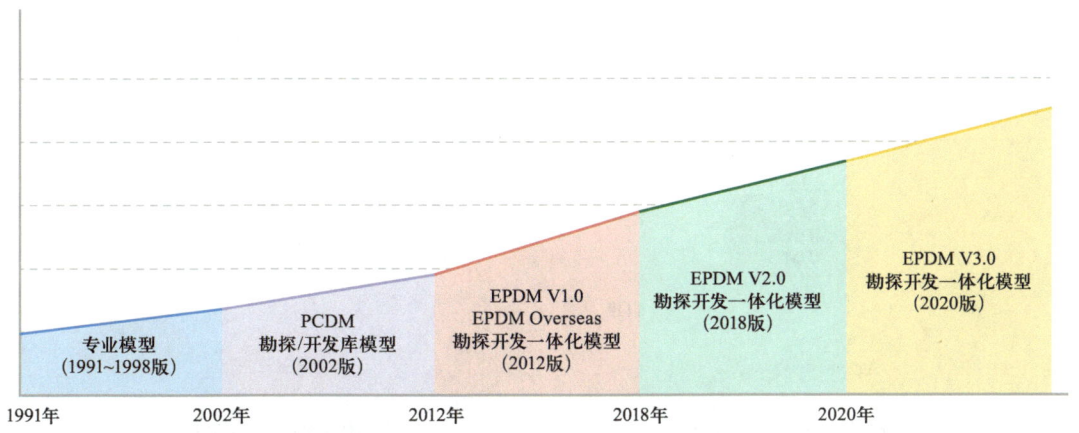

图 2-5-3　油气勘探开发一体化数据模型发展历程

自 EPDM V1.0 版本起,不再拘泥于油气勘探、评价、开发、生产等大的业务阶段划分,而是完全站在每项业务生命周期及其数据完整性的视角,构建了勘探开发生产一体化的数据模型,从而支持以矿权为基础的组织机构、地质单元、井、井筒、完井层段、项目、物探工区、人员、生产设施、设备等物理实体为核心的业务信息化、数字化建模。

EPDM V1.0 包含稀油、稠油和天然气生产模型;描述井的生命周期,实现了多井筒、多层段数据管理;采用面向对象设计,模型更科学,易扩展。

EPDM V2.0 进一步区分了技术实体与管理实体,通过技术实体与管理实体的连接提高模型一体化水平;优化了基本实体模型关系和管理范围,强化了井全生命周期管理,实现了井作业阶段和施工工序关联;完善了地球物理、地质油藏、样品实验、钻井等专业的数据模型,更加符合应用实际;根据勘探与生产业务与工程技术服务业务的业务流,构建了工程生产管理与技术数据一体化模型(马涛等,2015)。

EPDM V3.0 包括数据规格说明书、数据模型(结构化、非结构化、时序、空间)、属性规范值、数据质控标准等。基于上游业务生态建设目标,即开放数据生态、多云互联生态、互信运营生态、智能应用生态,按照"集团主数据+油田业务活动+专业技术数据+可定制应用"分层设计思想,支持数据模型的分级管控和体系化治理,支持业务数据的分级管控、有序扩展和安全应用;遵循业务流、业务逻辑或业务关系,融合采油与地面工程运行管理系统数据模型,在统一上游业务主数据、技术数据与生产数据等业务数据规范的基础上,进一步打通上游业务与工程技术服务之间的数据管控通道;通过集团经营管理主数据与油气上游业务数据对接和对油气生产与经营模型一体化设计

(图 2-5-4),进一步打通规划计划、经营管理、生产管理业务流及其数据流之间的技术壁垒,推进油气上游业务"计划—经营—生产—数据"四流合一(图 2-5-5)的生态建设;建立基本实体对象的四维描述模式,实现知识图谱化,为数字孪生做好准备,即充分利用物理模型、传感器更新、运行历史等数据,集成多学科、多物理量、多尺度、多状态的仿真过程,在数字虚拟空间中完成映射,从而模拟与之相对应的实体装备的全生命周期过程;支持数据模型的分级在线管理和数据湖仓建设。

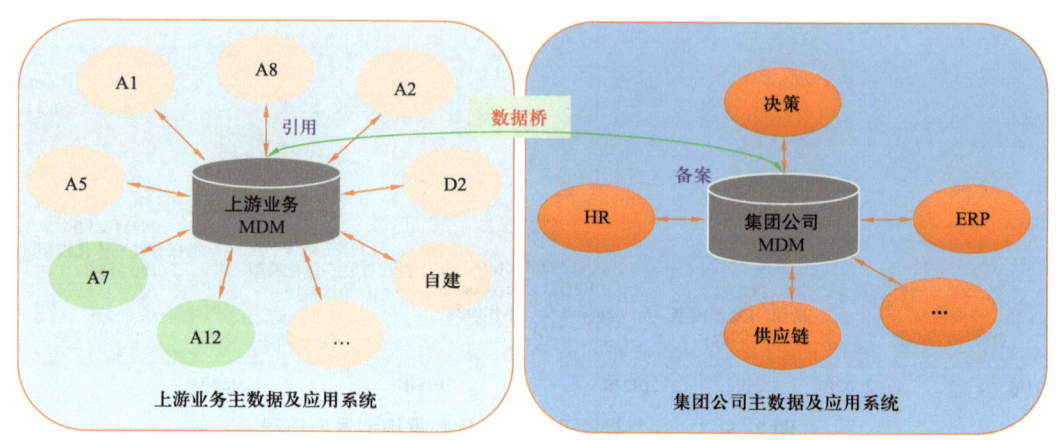

图 2-5-4　打通经营管理与油气上游业务之间的数据通道

基于油气上游业务主数据的业务数据模型设计,按照"主数据→业务活动→业务流程→业务环节→资源输入→业务处理→数据输出"逐层分解和逐级细化,直至完成对整个业务的数据建模过程。以井及井作业活动为例,在图 2-5-6 中给出了对业务活动及其流程的建模过程,以及基于数据采集后的业务数模示例。在业务数模所实现的业务场景呈现的基础上,整合实际业务活动中的各种动态数据,并基于数字孪生技术,可实现对业务活动的动态感知、数据在线分析、智能预警与报警,从而指导业务活动,保障安全生产、优质高效作业。

EPDM V3.0 模型支持井的完整生命周期管理,全面覆盖勘探开发业务活动;支持所有井状态历史变更及完整记录,支持井历史状态数据的查询和开发井月报历史数据回算等。

4. 油气上游领域数据模型体系

油气上游领域数据模型建设遵循体系化、生态化思想,在已有的油气上游业务数据模型建设成果的基础上,广泛参考并吸纳了 POSC Epicentre、PPDM、Landmark EDM 等国际油气业务数据模型的设计理念和最佳实践,构建了以勘探开发业务核心实体(或称基本实体)为主数据,以围绕核心实体所开展的地球物理、钻井、录井、测井、试油试采、样本实验、地质油藏、井下作业、地面工程、采油气工程等业务活动进行分类的专业技术、生产运行和经营管理等类动态和静态数据,业务范围覆盖了油气上游业务各专业学科,支持专业技术、生产运行等数据的统一存储与管理。

油气上游领域 EPDM 数据模型体系构成如图 2-5-7 所示。

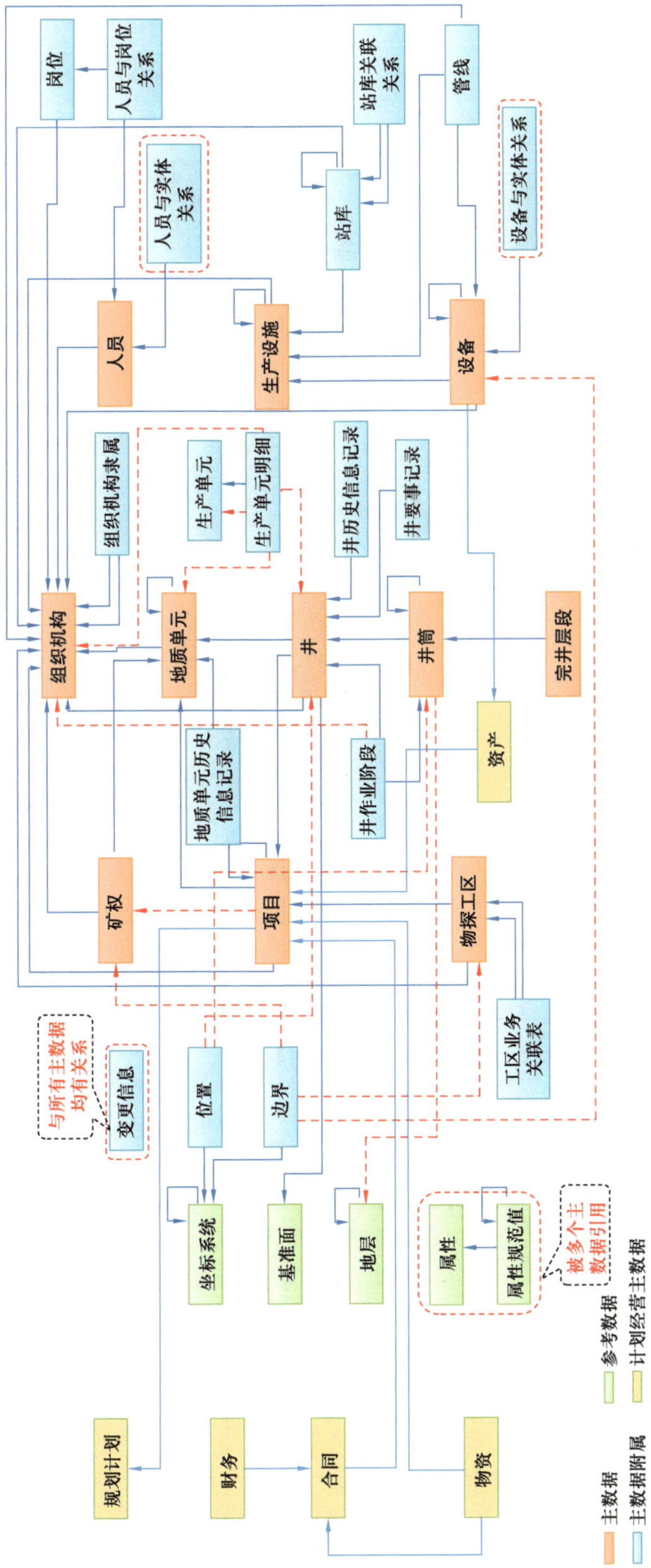

图 2-5-5 油气上游业务"计划—经营—生产—数据"四流合一之主数据模型设计

基于数据湖仓的数据生态体系构建方法
——以油气上游业务为例

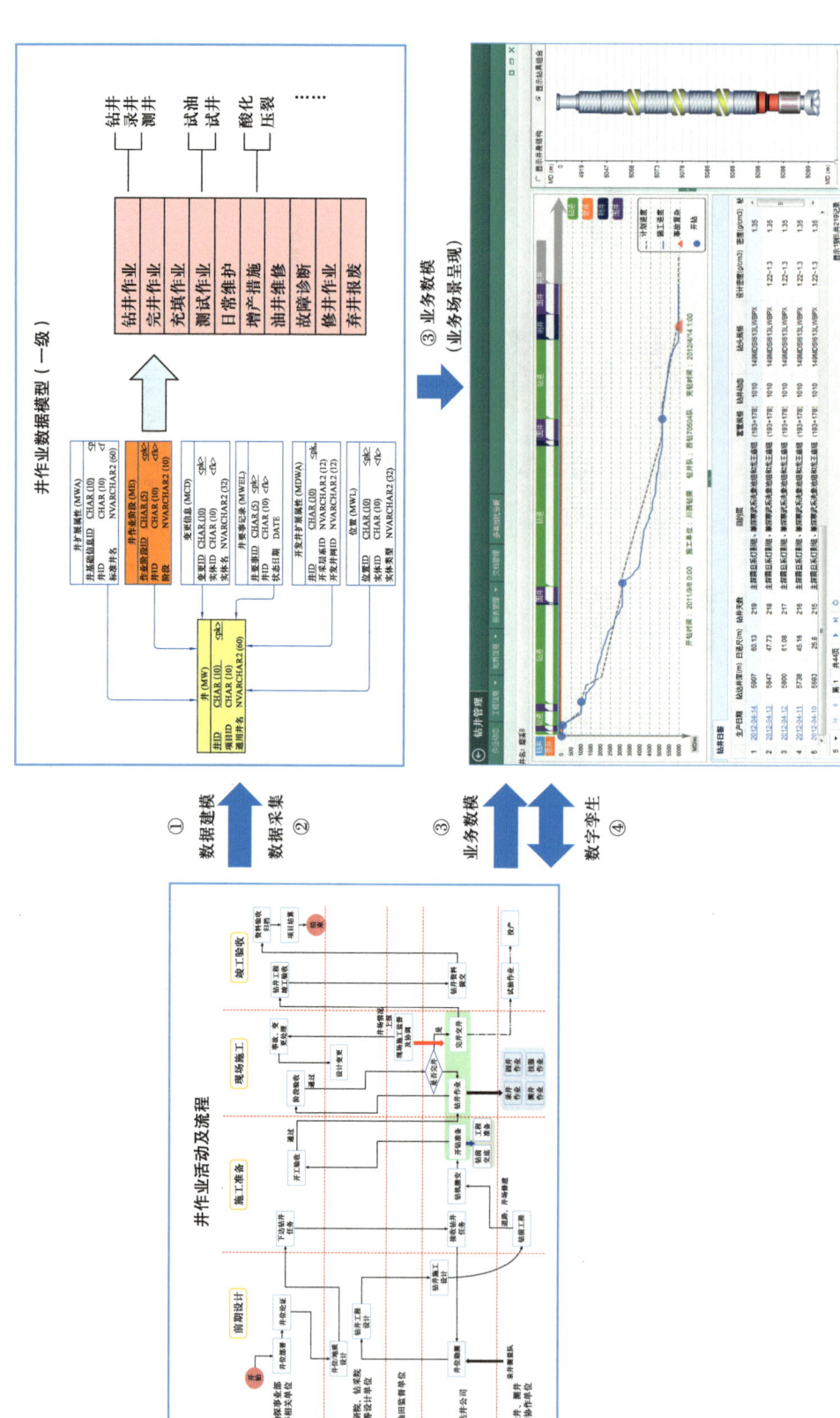

图 2-5-6 油气上游业务数据模型设计示例（以井作业活动为例）

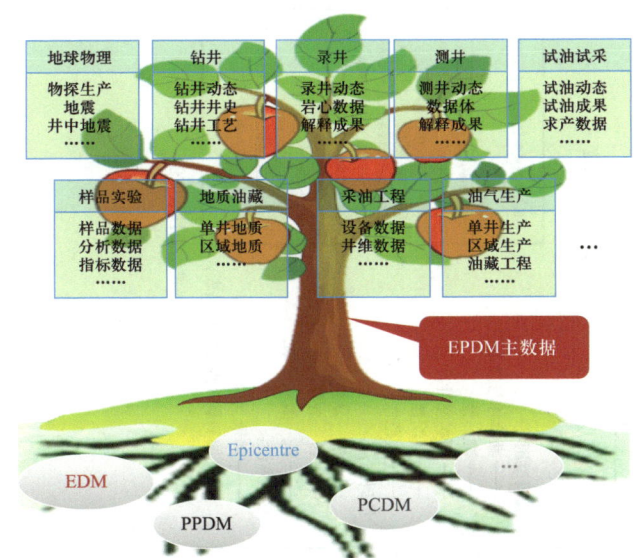

图 2-5-7　油气上游领域数据模型体系构成示例

三、数据模型管理与数据治理技术

为保障数据模型的有序建设、持续优化和有效应用，促进油气上游领域数据生态建设，对油气上游领域数据模型实施分级管控和体系化治理，包括由集团总部对主数据进行统一管控，由各地区公司（油气田分公司）对各自的业务数据进行统一管控并对其应用数据进行定制化管理，相应的管控措施通过油气上游业务数据模型管理配套技术（系统）进行落实，如图 2-5-8 和图 2-5-9 所示。

四、数据模型标准体系

数据模型标准化是保障油气上游业务信息化及数字化建设有效性的重要举措之一。结合油气上游业务数据模型 EPDM V2.0 的升级需求（马涛等，2015），进一步强化了数据模型标准体系化和数据生态化建设思想，并在实践的过程中加以研究、开发和验证。其中，油气上游业务数据模型标准体系架构如图 2-5-10 所示，数据模型标准体系大纲如图 2-5-11 所示，用于指导油气上游业务数据模型标准化建设工作。

五、数据交换模型技术

1. 数据交换

数据交换是指计算机软件系统之间传递与交换数据及中间文件的过程和方式。对于复杂的数据对象，其数据交换文件格式需要预先定义，以便使用统一的数据交换语言对其进行描述或封装，以进一步标准化数据的交换过程，提高数据交换的效率。

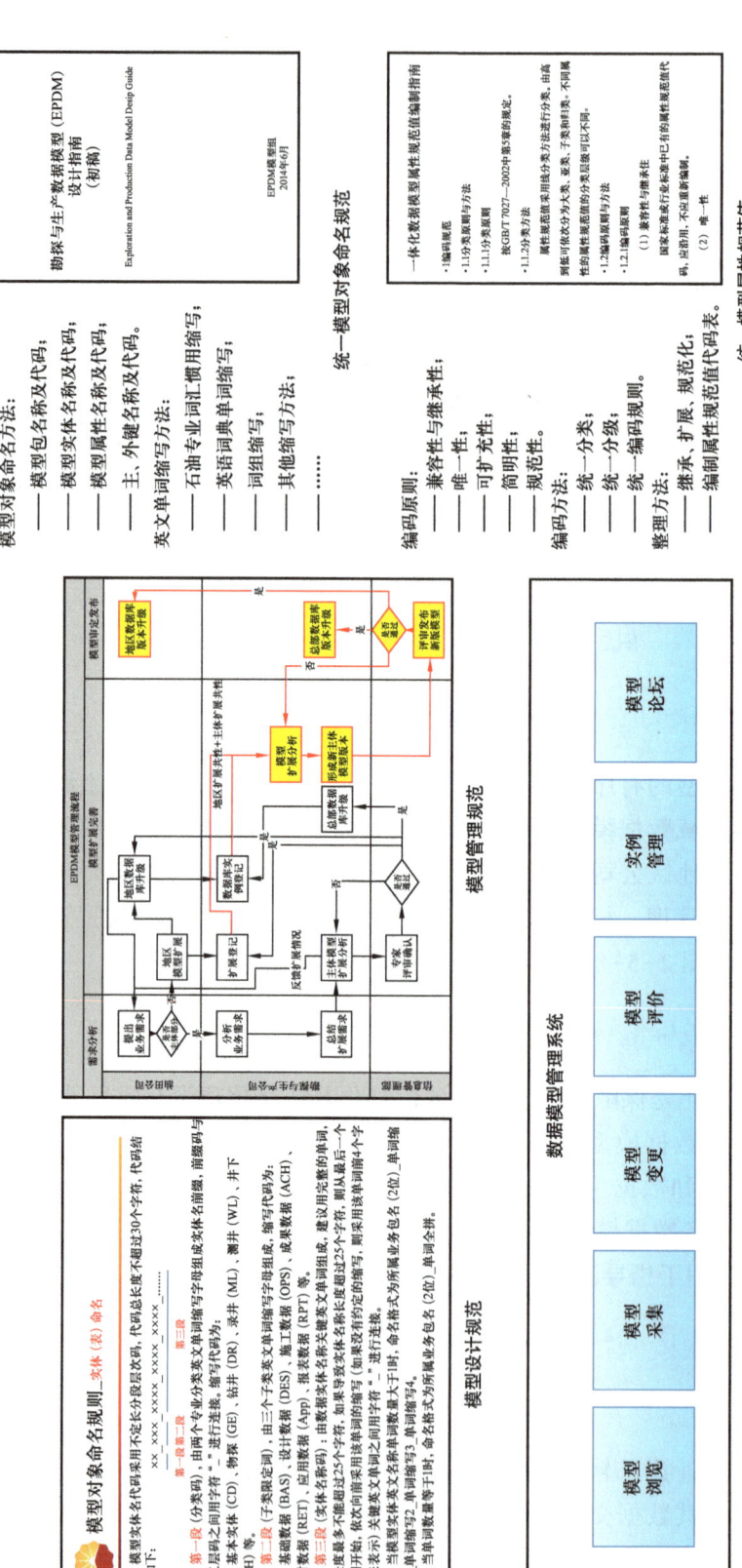

图 2-5-8 油气上游领域数据模型管理配套技术示例

第二章 面向油气上游业务的数据湖仓技术应用

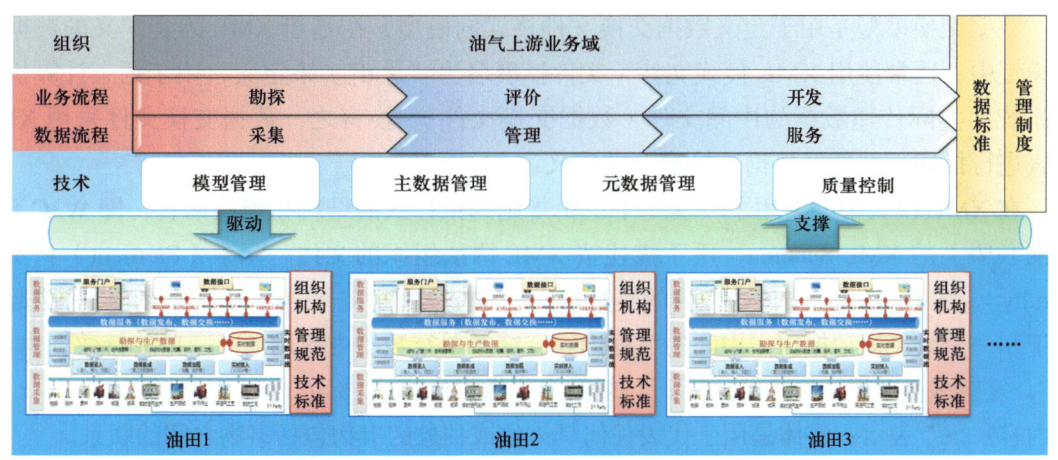

图 2-5-9 油气上游业务数据治理体系架构

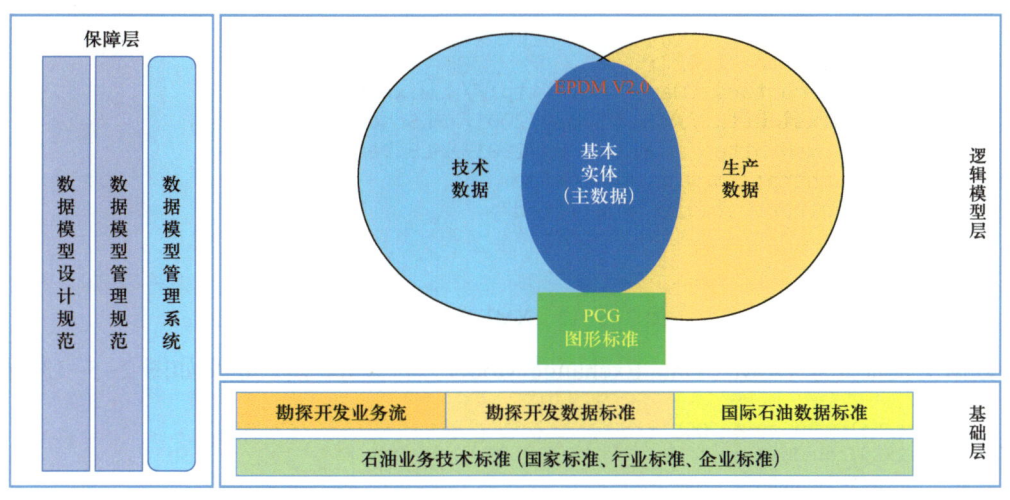

图 2-5-10 油气上游业务数据模型标准体系架构

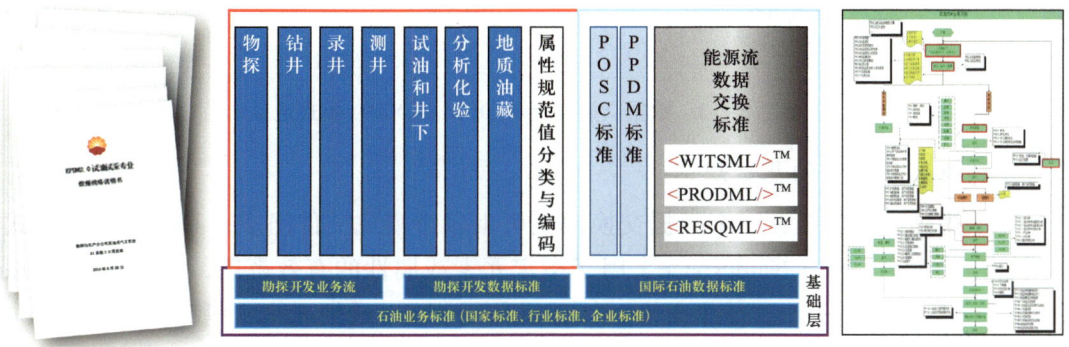

图 2-5-11 油气上游业务数据模型标准体系大纲

· 47 ·

2. 数据交换模型

数据交换模型是用于定义数据交换文件格式的模型，在基于 XML 语言定义的数据交换模型中，通常使用 XML 模式文件（文件扩展名为".xsd"）来定义，用于约束计算机软件系统间实际传递数据的中间文件（数据交换文件）。换言之，数据交换文件采用 XML 语言进行描述，并遵循数据交换模型的定义。

在 XML 模式中，采用了一套基于逻辑规则约束样式的结构化模式语言，即 W3C（万维网联盟）的 XML Schema，用于描述按 XML 语法组织的文件、元素（Element）和实体（Entity）。其中，XML 文件中包含的是数据；元素是 XML 文件中的基本单元，以一个起始标记和一个结束标记标识出中间的数据内容，简单单行数据内容用"<简单单行数据内容/>"，复杂多行数据内容用"<标记>复杂多行数据内容</标记>"，注释内容用"<？注释内容？>"表示；实体是用于代表任何具体的或抽象的事物包括事物之间的联系。

XML Schema 定义如图 2-5-12 所示，其中的"http://www.xxxxx.com/dem"代表为某个企业定义的命名空间。

```
1  <?xml version="1.0"?>
2  <xsd:schema targetNamespace=http://www.xxxxx.com/dem
3    xmlns:xsi=http://www.w3.org/2001/XMLSchema-instance
4    xmlns:xsd=http://www.w3.org/2001/XMLSchema
5    xmlns=http://www.xxxxx.com/dem
6    elementFormDefault="qualified">
7    ...
8  </xsd:schema>
```

图 2-5-12　XML Schema 定义

数据交换根元素 DEM（Data Exchange Model）的 XML 模式定义如图 2-5-13 所示。

```
1  <xsd:element name="DEM">
2    <xsd:complexType>
3      <xsd:sequence>
4        <xsd:element name="DataSet" type="DataSetType" minOccurs="0"/>
5        <xsd:element name="UOMBlock" type="UOMBlockType" minOccurs="0"/>
6        <xsd:element name="DEMObjects" type="DEMObjecsType" minOccurs="0"/>
7      </xsd:sequence>
8    </xsd:complexType>
9  </xsd:element>
```

图 2-5-13　数据交换根元素 DEM 的 XML 模式定义

3. 数据交换模型的基本规则

基本规则主要包括：一个数据交换模型可由多个模式文件组成；其中所有的模式文件用统一的命名空间（Namespace）用于指定元素或属性的有效范围，用 URI（Uniform Resource Identifier）表示；数据交换文件必须有一个唯一的根元素；模型中元素名称中对字母大小写敏感。

数据交换模型通常包括数据集、计量单位和交换对象等基本要素。其中，数据集用于定义要交换的数据，计量单位用于定义要交换的数据中使用的计量单位系统，交换对象用于描述与数据元相关的属性信息，如：数据源环境、数据源、创建人和数据模型等。这里的数据元即数据元素（Data Element），是通过一组属性来描述其定义、标识、表示和允许值的数据单元，也可以理解为数据的基本单元，将若干具有相关性的数据元按一定的规则组成一个整体结构即为数据模型。

4. 数据集与实例

数据集是数据交换的基本数据单元，由实例集、实例和实例属性等基本单位构成，如图 2-5-14 所示。

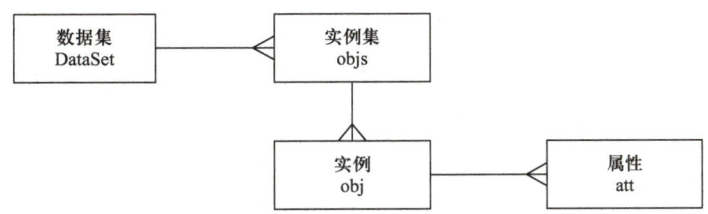

图 2-5-14　数据集的组成与结构

一个数据集中可定义不少于 0 个实例集，一个实例集可定义不少于 0 个实例，一个实例应包含至少一个属性。数据集元素用 DataSet 标识，其类型用 DataSetType 定义。

一个数据集由名称 name（可选）、创建时间 created_time（可选）、描述信息 description（可选）和实例集 objs（可选）构成。DataSet 的 XML 模式如图 2-5-15 所示，DataSetType 的 XML 模式如图 2-5-16 所示。

```xml
1  <DataSet>
2    <name>某数据集名</name>
3    <created_time>yyyy-mm-dd hh:mm:ss</created_time>
4    <? 建立时间    年 - 月 - 日 时:分:秒 ?>
5    <description>某年某月某日某数据集的描述信息</description>
6    <objs entity="某数据集中的实例集">
7      <obj>
8        <att name="属性1">属性1的值</att>
9        <att name="属性2">属性2的值</att>
10       <att name="属性3" uom="计量单位">属性3的值</att>
11       <att name="属性4" uom="计量单位">属性4的值</att>
12       ...
13     </obj>
14
15     <obj>
16       ...
17     </obj>
18
19   </objs>
20
21   <objs name="某数据类名">
22     <obj entity="某数据类实例1">
23       ...
24     </obj>
25
26     <obj entity="某数据类实例2">
27       ...
28     </obj>
29
30   </objs>
31   ...
32 </DataSet>
```

图 2-5-15　DataSet 的 XML 模式示例

```
1  <xsd:complexType name="DataSetType">
2    <xsd:sequence>
3      <xsd:element name="name" type="xsd:string" minOccurs="0"/>
4      <xsd:element name="created_time" type="xsd:dateTime" minOccurs="0"/>
5      <xsd:element name="description" type="xsd:string" minOccurs="0"/>
6      <xsd:element name="objs" type="objsType" minOccurs="0" maxOccurs="unbounded"/>
7    </xsd:sequence>
8  </xsd:complexType>
```

图 2-5-16 DataSetType 的 XML 模式

实例集用元素 objs 定义，objs 有两个属性：entity—用于指定实例集中的实例所属的实体名称，为可选项；name—用于指定实例集的名称并标识实例集的含义，为可选项。

在关系型数据库中，一个实体对应一个数据表，一个实例对应一行数据记录，属性则对应表中的字段（列）。

通常情况下，一个实例集由多个实例组成，一个实例包括多个属性值。

实例集 objs 定义为 objsType 类型，objsType 的 XML 模式如图 2-5-17 所示。

```
1  <xsd:complexType name="objsType">
2    <xsd:sequence minOccurs="0" maxOccurs="unbounded">
3      <xsd:element name="obj" type="objType"/>
4    </xsd:sequence>
5    <xsd:attribute name="entity" type="xsd:string" use="optional"/>
6    <xsd:attribute name="name" type="xsd:string" use="optional"/>
7  </xsd:complexType>
```

图 2-5-17 objsType 的 XML 模式

实例元素用 obj 表示，一个实例有不少于 0 个属性值，属性用子元素 att 表示；obj 有一个可选属性 entity，用于指定实例所属的实体名称。实例的属性可向上继承其所在实例集的属性。当实例集的属性 entity 不为空时，表示实例集中的实例均来自一个实体，此时，实例集中实例的属性 entity 可以省略；当实例集的属性 entity 为空时，此时，实例集中的实例可以来自不同的实体，但需为每个实例的 entity 指定不同的属性值。

实例元素 obj 定义为 objType 类型，objType 的 XML 模式如图 2-5-18 所示。

```
1  <xsd:complexType name="objType">
2    <xsd:sequence maxOccurs="unbounded">
3      <xsd:element name="att" type="xsd:string"/>
4    </xsd:sequence>
5    <xsd:attribute name="entity" type="xsd:string"/>
6  </xsd:complexType>
```

图 2-5-18 objType 的 XML 模式

一个实例由 0 个或多个属性值，属性值元素用 att 表示。属性值元素 att 只能作为实例元素 obj 的子元素出现。属性值对应的数据类型、数据长度等相关定义则由数据模型给出，属性元素 att 有两个属性：（1）name（必选）用于标识属性名称；（2）uom（可选）用于标识属性值的计量单位，不指定 uom 时，属性值采用数据模型中定义的计量单位或系统默认的计量单位。属性值的计量单位 uom 可以与数据模型中对应属性的计量单位不同，但此计量单位只在当前实例中有效，不会影响数据模型中对应属性的计量单位定义。

5. 交换对象与数据模型

数据交换文件中的交换对象用来描述关于数据集的源数据环境等基本信息，包括数据集的创建者、数据模型和数据来源。交换对象元素用 DEMObjects 定义和标识，其类型标识为 DEMObjectsType，DEMObjectsType 的 XML 模式如图 2-5-19 所示。其中的源数据是指来自数据源头的尚未经过加工、处理或分析的数据。

```
<xsd:complexType name="DEMObjecsType">
  <xsd:sequence minOccurs="0">
    <xsd:element name="creator" type="creatorType" minOccurs="0"/>
    <xsd:element name="dataModel" type="dataModelType" minOccurs="0" maxOccurs="unbounded"/>
    <xsd:element name="dataSource" type="dataSourceType" minOccurs="0" maxOccurs="unbounded"/>
  </xsd:sequence>
</xsd:complexType>
```

图 2-5-19　DEMObjectsType 的 XML 模式

DEMObjectsType 中有三个子元素：（1）creator 用于描述数据集的创建者；（2）dataModel 用于描述数据集所对应的数据模型；（3）dataSource 用于描述数据集所对应的数据源。

其中，数据集创建者 creator 的类型为 creatorType，creatorType 的 XML 模式如图 2-5-20 所示。

```
<xsd:complexType name="creatorType">
  <xsd:sequence>
    <xsd:element name="name"/>
    <xsd:element name="department" minOccurs = "0"/>
    <xsd:element name="description" minOccurs ="0"/>
  </xsd:sequence>
</xsd:complexType>
```

图 2-5-20　creatorType 的 XML 模式

数据模型元素 dataModel 用于描述所要交换数据对应的数据实体结构及实体之间的关系。一个 dataModel 由多个实体组成，一个实体由多个属性组成；实体之间的关系通过一个实体中的属性引用另外一个实体的属性来实现，如图 2-5-21 所示。

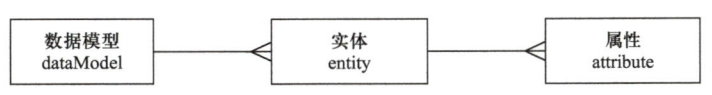

图 2-5-21　数据模型的组成与结构

数据模型元素 dataModel 的类型标识为 dataModelType，dataModelType 的 XML 模式如图 2-5-22 所示。

数据模型中的实体用元素 entity 标识和描述，实体元素 entity 有两个主属性，即实体名称 name（必选）和标识性说明 title（可选），title 通常用于实体的中文名称；entity 还有三个子元素，即 attribute—用于定义实体的一个或多个属性，pk—用于定义实体的唯一主关键字（primary key），可由一个或多个属性名组成；sid—用于定义实体的次关键字（second id），一个实体最多有一个 sid。实体元素 entity 的类型为 entityType，其 XML 模式如图 2-5-23 所示。

```xml
1 <xsd:complexType name="dataModelType">
2   <xsd:sequence minOccurs="0" maxOccurs="unbounded">
3     <xsd:element name="entity" type="entityType" maxOccurs="unbounded"/>
4   </xsd:sequence>
5   <xsd:attribute name="name" type="xsd:string" use="required"/>
6   <xsd:attribute name="version" type="xsd:string" use="optional"/>
7   <xsd:attribute name="title" type="xsd:string"/>
8 </xsd:complexType>
```

图 2-5-22　dataModelType 的 XML 模式

```xml
1 <xsd:complexType name="entityType">
2   <xsd:sequence>
3     <xsd:element name="attribute" type="attributeType" maxOccurs="unbounded"/>
4     <xsd:element name="pk" minOccurs="0"/>
5     <xsd:element name="sid" minOccurs="0"/>
6   </xsd:sequence>
7   <xsd:attribute name="name" type="xsd:string"/>
8   <xsd:attribute name="title" type="xsd:string"/>
9 </xsd:complexType>
```

图 2-5-23　entityType 的 XML 模式

属性元素的类型用 attributeType 表示，其 XML 模式如图 2-5-24 所示。

```xml
1  <xsd:complexType name="attributeType">
2    <xsd:sequence>
3      <xsd:element name="name" type="xsd:string"/>
4      <xsd:element name="title" minOccurs="0"/>
5      <xsd:element name="dataType">
6        <xsd:simpleType>
7          <xsd:restriction base="xsd:string">
8            <xsd:enumeration value="bool"/>
9            <xsd:enumeration value="int"/>
10           <xsd:enumeration value="real"/>
11           <xsd:enumeration value="string"/>
12           <xsd:enumeration value="date"/>
13           <xsd:enumeration value="time"/>
14           <xsd:enumeration value="enum"/>
15           <xsd:enumeration value="autovalue"/>
16           <xsd:enumeration value="fileURL"/>
17           <xsd:enumeration value="pathURL"/>
18           <xsd:enumeration value="binary"/>
19         </xsd:restriction>
20       </xsd:simpleType>
21     </xsd:element>
22
23     <xsd:element name="length" minOccurs="0">
24       <xsd:simpleType>
25         <xsd:restriction base="xsd:integer">
26           <xsd:minInclusive value="1"/>
27         </xsd:restriction>
28       </xsd:simpleType>
29     </xsd:element>
30
31     <xsd:element name="nillable" type="xsd:boolean" minOccurs="0"/>
32
33     <xsd:element name="dispOrder" minOccurs="0">
34       <xsd:simpleType>
35         <xsd:restriction base="xsd:integer">
36           <xsd:minInclusive value="1"/>
37         </xsd:restriction>
38       </xsd:simpleType>
39     </xsd:element>
40
41     <xsd:element name="default" type="xsd:string" minOccurs="0"/>
42     <xsd:element name="uom" type="xsd:string"/>
43     <xsd:element name="fk">
44       <xsd:complexType>
45         <xsd:sequence>
46           <xsd:element name="entity" type="xsd:string"/>
47           <xsd:element name="attribute" type="xsd:string"/>
48         </xsd:sequence>
49       </xsd:complexType>
50     </xsd:element>
51   </xsd:sequence>
52 </xsd:complexType>
```

图 2-5-24　attributeType 的 XML 模式

关于数据模型、数据源及计量单位等内容的 XML 模式化方法，可进一步参考 Q/SY 10116—2017《信息系统数据交换模型定义规范》中的定义。

6. 国际上油气领域开放数据交换标准研究进展

20 世纪 80 年代末，随着网络技术的蓬勃发展，数据集成与数据共享成为时代发展的重要共识。为推动油气领域技术与数据共享，促进石油勘探与生产领域的科学、工程和运营方面的开放标准开发与发展，由最初 BP、Chevron、Elf（后来合并到 Total）、Mobil（后来合并到 ExxonMobil）及 Texaco（后来合并到 Chevron）五家创始石油公司共同赞助成立了石油技术开放软件公司 POSC（Petrotechnical Open Software Corporation）。为提高油气勘探开发数据及其使用的质量，提高数据的一致性和集成性，POSC 交付了首个软件集成平台（SIP）规范成果。研究表明（1996），油公司通过将 SIP 用于提高数据质量、数据可访问性，以及更好地利用信息和知识等，可为油公司每桶石油节省 1~3 美元生产成本。

随着 2000 年到 2001 年间 SIP 2.3 版本的增量更新和业界对能源电子化标准的广泛关注，POSC 发布了第一个面向井基础数据（即井主数据）的 XML 数据模式规范（WellMasterML）和测井数据图形化显示参数规范（LogGraphicsML），并举办了一系列面向 XML 的公共研讨会，将该组织未来的发展方向由数据存储和中间件规范转向主题数据交换规范。2002 年，POSC 同意将 WITSML（Wellsite Information Transfer Standard Markup Language，即井场信息传输标准标记语言）纳入基于 XML 和 Web Services 双重技术监管体系，并从多个成员特别兴趣小组（SIGs）中组织了第一个作为用户社区的特定主题标准，首个 SIG 的主题即为 E&P（勘探与生产）数据存储及其使用。2004 年，该组织决定将 POSC 名称重新定义为石油技术开放标准联合会（Petrotechnical Open Standards Consortium），以此来改善其名称含义与其使命的一致性。2005 年，第二个 XML 和 Web 服务标准主题提案 PRODML（Production XML Markup Language，即产量数据超文本标记语言）启动，并形成了 PRODML SIG。2007 年，POSC 更名后的 Energistics 在与美国国家监管机构 API（美国石油学会）PIDX（石油信息数据交换中心）的 REGS EC 用户组多年合作后，发布了基于 WITSML 的电子许可 XML 模式规范。2009 年，为解决油气藏储层表征标准的开发问题，成立了 RESQML SIG。2011 年，Energistics 获得埃克森美孚授权对其开发的标准开发工具包 DevKit 的维护、支持和管理许可，该工具包支持最新版本的 WITSML、PRODML 和 RESQML。2015 年，一个新的数据传输标准发布——ETP v1.0（Energistics Transfer Protocol），实现了应用程序之间的有效数据传输，成为 WITSML、PRODML 和 RESQML 使用通用技术架构 CTA（Common Technical Architecture）的关键组件。2016 年，Energistics 发布了 WITSML、PRODML 和 RESQML 的 2.x 版本，这些版本共享一个 CTA 技术架构，使得创建来自两个或三个业务域的混合数据传输成为可能，这也是 Energistics 第一个使用扩展元数据的版本，该版本允许传输涉及测量是如何获得的、在处理或其他转换方面可能对测量做了什么等关键信息，以及它们是否符合给定的业务规则等。2018 年，Energistics 受邀参加 Open Group OSDU™ 论坛，并成为该论坛的第一家非运营商类参与单位；由主要运营商发起的构建参考数据平台项目，已由行业内数百个依赖于现有标准的其他参与者加入。WITSML 和 RESQML 在 2021 年初发布的第一个商业级版本中处于核心地位，作为对 OSDU Data Platform™ 的开源贡献，Energistics 的工作人员积极开发了数据加载程序和其他组件。2020 年，为了更好地满足 Energistics 成员的需求，持续提供强大的标准资源，Energistics 关闭了其在休斯顿的办事处，开始作为一个纯粹的虚拟组织开展工作。2022 年起，Energistics Consortium Inc. 转为 Open Group 的附属机构。

2003 年 Energistics 发布了 WITSML v1.2，2012 年完成 v1.4.1，2016 年推出了 v2.0 版本。自 v1.4.1 版本开始得到业界广泛应用。以 v1.4.1 版本的 WITSML 为例，共包括 9 大类 27 小类对象，如图 2-5-25 所示。

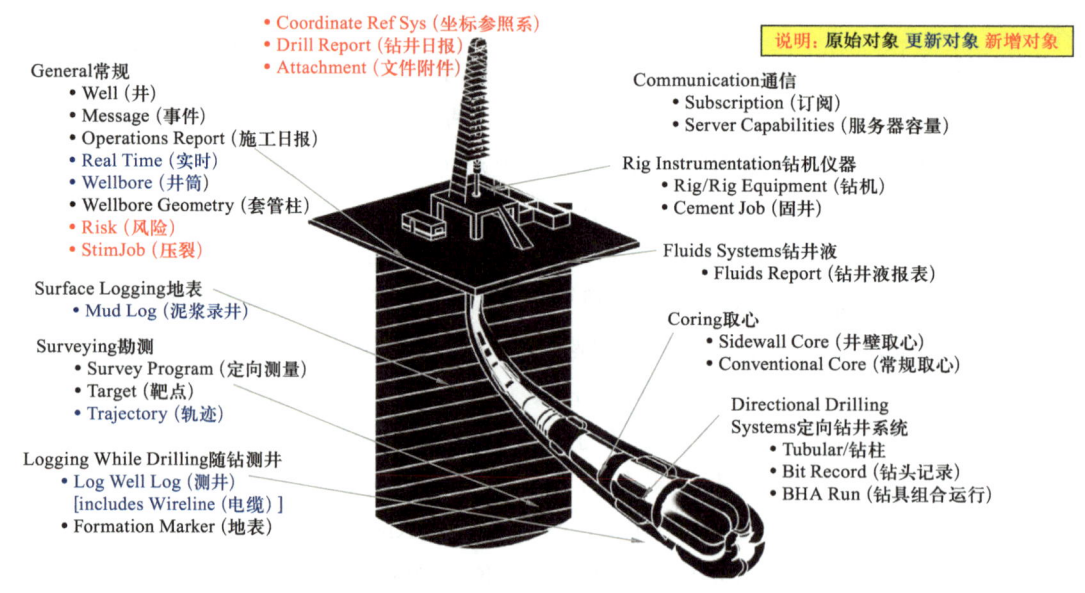

图 2-5-25　WITSML v1.4.1 业务范围

在基于 WITSML 与 PRODML 的应用系统架构设计中（图 2-5-26），井场工程作业与采油生产作业数据通过数据采集接口接入井场 WITSML 与 PRODML 服务器，然后再通过工业物联网传输到企业云数据中心 WITSML、PRODML 服务器进行汇聚、管理与服务，位于井场现场（前端）的应用系统，可通过井场 WITSML 与 PRODML 服务器直接获取所需数据进行实时分析和处理；位于远离井场现场的后端应用系统，可从企业云数据中心 WITSML、PRODML 服务器获取数据并进行深度分析与建模，从而对井场工程作业进行风险预警或指导采油生产优化调参。

总之，Energistics 为全球油气上游行业提供了一个开放的联盟来定义、开发和维护数据标准，并致力于向所有利益相关者提供信息、教育和支持，以确保快速有效地采用标准，追求互操作性、效率和数据完整性。

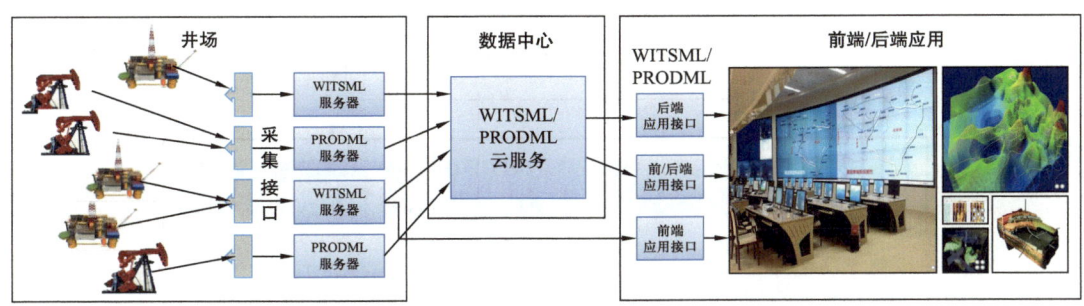

图 2-5-26 基于 WITSML 与 PRODML 的应用系统架构设计

有关 WITSML、PRODML 和 RESQML 的技术内容和标准等可参见文献（马涛等，2017；杨传书等，2011）或到 Energistics 网站（https://energistics.org）查阅或下载。

7. 油气上游领域数据交换模型

（1）什么是 EPDMX 模型。

国际能源流组织（Energistics）推荐的 WITSML、PRODML、RESQML 标准的广泛应用，为油公司与油服公司所共同关注的井场作业、采油气生产和油藏模拟等业务活动提供了信息传输和数据交换解决方案。勘探与生产数据模型 EPDM V3.0 为油气上游领域围绕"采、存、管、用"生命周期的数据管理平台与服务体系建设奠定了基础。

在新的数据湖仓一体架构中，为构建面向数据科学与数据运营等方面的新型共享能力，采用了开放、可扩展的能力建设架构方法，一方面可通过成熟的产品引进，增强或增加新型共享能力；另一方面可通过生态伙伴合作或自主研发，在中台中扩展所需能力。无论采用哪一种方式，都将面临能力实例（即功能模块或组件）与数据服务之间的接口与传输问题，为此，面向勘探与生产全场景数据的数据交换模型标准建设成为湖仓一体架构建设与实施中的重点问题之一。

油气上游业务数据交换模型（简称"EPDMX"）继承了上游业务数据模型 EPDM 的分类标准，面向勘探开发全生命周期，面向跨学科、跨机构数据共享，面向主题及专题的科学计算，面向场景的数据增值应用服务，以数据集为单位，提供数据集分类存储、管理以及数据交换服务接口，满足云计算环境中数据湖仓能力建设对数据交换与安全共享的需求。

数据集是面向应用所封装的最小数据单元，同时也是数据传输、权限控制与应用服务的基本单元，其中应包含数据所属业务的基本信息和逻辑关系。

（2）EPDMX 模型中的数据集规范。

EPDMX 模型中的数据集规范体系内容主要涉及数据集分类构成、数据集对象规范和数据集属性规范三方面的内容，如图 2-5-27 所示。

其中，上游业务数据交换模型的分类模式及构成如图 2-5-28 所示。

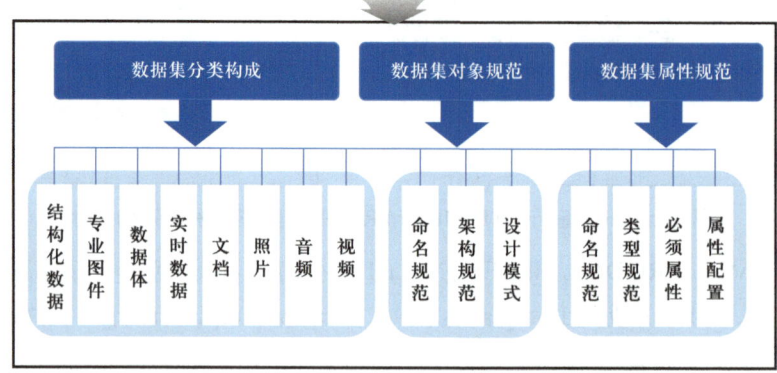

图 2-5-27 油气上游业务数据集规范体系构成

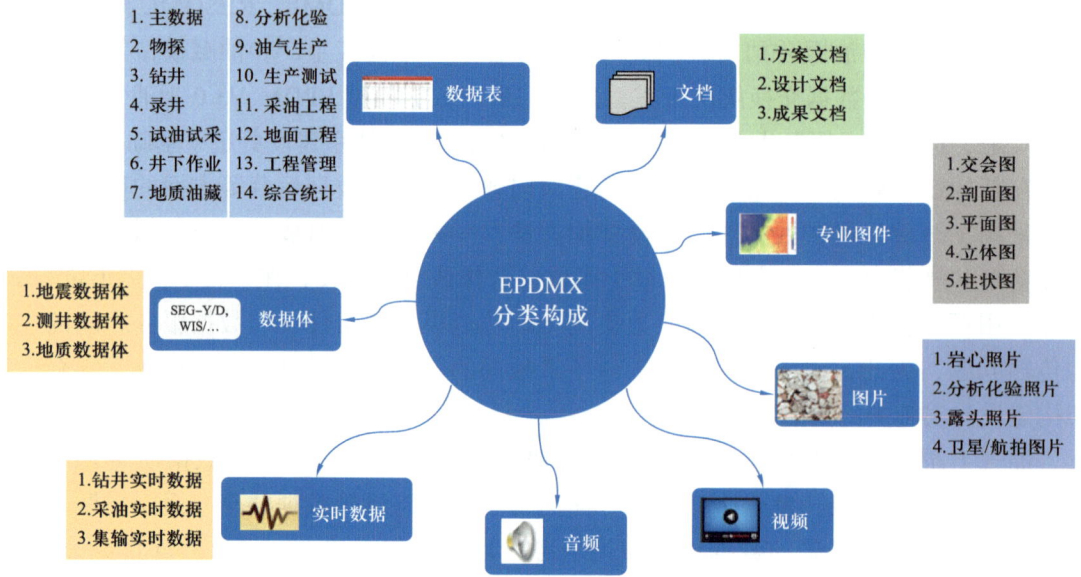

图 2-5-28 油气上游业务数据交换模型的分类模式及构成

（3）EPDMX 模型中数据集及字段的命名规则。

① 应包含中文名称、代码、数据类型、单位、是否展示、是否非空与备注；

② 数据集及字段的代码不能超过 32 个字符；

③ 名称及代码不能重复，代码应由专业的英文单词或缩略词组合而成；

④ 主键字段和关系型字段代码应以 ID 结束；

⑤ 不同数据集之间相同含义的字段代码、数据类型、单位等应保持一致；

⑥ 属性中不能出现 SOURCE，TREE_DATA_ID，IS_HIGHEST，AUDIT_STATE 字段，该字段是系统保留字段。

（4）EPDMX 模型中数据集的属性。

① 关键属性包括：主键 DSID、逻辑主键与业务主键。

a. 主键 DSID 为全局变量，由"数据集编码_油田标识_逻辑主键"拼接而成；

b. 逻辑主键用以标识数据集唯一性，由任意数字或英文大小写字母组成，不超过 45 个字符；

c. 业务主键由多个有业务意义的字段构成。

② 公共属性包括：DATA_REGION（油田标识）、DATA_GROUP（数据分组）、创建者、创建时间、更新者和更新时间。

③ 关联属性包括：具有关联关系的数据集，父子均保留关联字段。

（5）基于 EPDMX 模型的数据服务。

遵循 OData（Open Data Protocol）数据传输协议和数据服务应用接口标准，该标准描述了如何创建和访问 RESTful 服务的 OASIS 开放标准。其中：

① OData：作为一种查询和更新数据的 Web 协议，用于在各种平台之间进行更高效地传输数据。有关 OData 的详细技术信息可查阅百度百科"开放数据协议"条目。

② OASIS：结构化信息标准促进组织（Organization for the Advancement of Structured Information Standards），是世界上最受尊敬的非营利标准机构之一，旨在通过全球合作和社区的力量，推动开源软件和标准的公平、透明开发，推进网络安全、区块链、物联网、应急管理、云计算、法律数据交换等项目，为包括开源项目在内的项目提供了一条标准化和法律批准的途径，供国际政策和采购参考。关于 OASIS 的详细信息，可浏览 OASIS 网站（https://www.oasis-open.org/org/）。

③ RESTful：一种架构的规范、约束及原则，即：a. 统一接口；b. 网络上所有的资源都有一个资源标识符（URI），每个资源的资源标识可以用来唯一地标明该资源；c. 对资源的操作不会改变标识符；d. 同一资源有多种表现形式（XML、JSON）；e. 所有操作都是无状态的（Stateless）；f. 消息和资源具有自描述性；g. 超媒体作为应用状态引擎，即一个典型的 REST 服务不需要额外的文档来标示要通过哪些 URL 访问特定类型的资源，而是通过服务端返回的响应来标示到底能在该资源上执行什么样的操作。

RESTful 是一种常见的 REST（Representational State Transfer，具象状态传输）应用，是遵循 REST 风格的 Web 服务。REST 式的 Web 服务是一种 ROA（面向资源的架构），基于 HTTP、URI、XML、JSON 等标准和协议，支持轻量级、跨平台、跨语言的架构设计。

有关于 REST/RESTful 的详细知识，可查阅百度百科"RESTful"条目（https://baike.baidu.com/item/rest/6330506?fromtitle=RESTful&fromid=4406165）。

六、数据资产化及能力模型

1. 数据资产的概念

参考 2023 年发布的《数据资产管理实践白皮书（6.0 版）》（CCSA TC601，2023a）

中的定义,将数据资产(Data Asset)定义为由组织(政府机构、企业、事业单位等)合法拥有或控制的、以数据方式记录的、能为组织直接或间接带来经济效益和社会效益、可进行计量或交易的结构化或非结构化数据资源,例如:文本、图像、语音、视频、网页、数据库、传感信号等。

在组织或企业中,并非所有的数据资源都是数据资产,只有能够为组织或企业产生价值的数据资源才是数据资产,数据资产源于数据资源,是由组织或企业对数据资源进行主动式价值发掘、管理及有效控制形成的。

2. 数据资产的特质

与组织或企业所拥有的其他类型的资产不同的是,数据资产及由它所衍生出的资产具有非实体性、多样性、可加工性、价值易变性、依托性、可共享性、可增值性、可量化性、虚拟性、时效性、安全性、交换性、规模性,以及无形性、无消耗性、易用性、复用性和多次衍生性等属性。正是由于它所具有的诸多特性,导致对其价值和权属等方面的评估、确认和保护面临着较大的挑战。

3. 数据资产管理及意义

数据资产管理(Data Asset Management)是指对数据资产进行规划、控制和提供的一系列活动职能,包括开发、执行和监督有关数据的计划、政策、方案、项目、流程、方法和程序,从而控制、保护、交付和提高数据资产的价值。数据资产管理须充分融合政策、法规、制度、业务、技术和服务,确保数据资产保值增值。

对数据资产良好的管理是释放数据要素价值、推动数据要素市场发展的重要基础。通过构建数据资产全面、有效、切合实际的管理体系,一方面要规范数据资产的采集、加工和使用过程,提升数据资产品质,保持其应有的价值;另一方面要通过数据资产生态建设,持续丰富数据资产的应用场景,维护好数据资产的安全使用和运营环境,发挥数据资产价值的倍增作用,为组织或企业创造更多、更大的价值。

通过对数据资产的有效管理,可提高业务数据化效率,推动数据业务化,保障业务运转质量,降低业务运营的安全风险,加速企业数字化转型;有助于打通组织或企业内部的数据壁垒,加深数据与业务的融合,催生新的数据应用场景;通过对数据资产的应用分析和价值发掘,有利于赋能业务发展,推动企业精细化管理变革。

4. 数据资产化能力模型

数据资产管理包含数据资源化、数据资产化两个环节,首先需要将原始数据转变为数据资源,然后再从数据资源中提炼出高价值的数据资产,逐步提高数据的价值密度,为数据要素化奠定基础。数据资产能力模型如图2-5-29所示。

其中,数据资源化通过将原始数据转变为数据资源,使数据具备一定的潜在价值,是数据资产化的必要前提。数据资产化是通过将数据资源转变为数据资产,使数据资源的潜在价值得以充分释放。

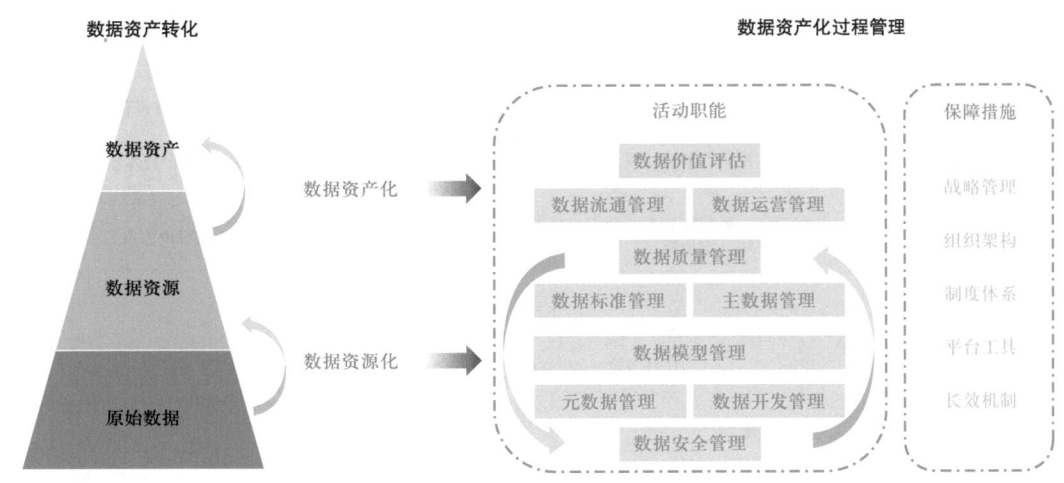

图 2-5-29　数据资产能力模型
引自文献：CCSA TC601，2023a

数据资产化应以扩大数据资产的应用范围、显性化数据资产的价值（包括成本和效益）为工作重点，并使数据供给端与数据消费端之间形成良性互动。数据资产化主要包括数据资产流通、数据资产运营、数据价值评估等活动职能。

数据作为一种特殊的资产，组织或企业应具备对该类资产进行识别、计量、评估和计价的能力，使其具有进入可信流通清单、拥有市场准入条件、具有流通模式及场所、可对流通结果进行审计、能够对公平竞争进行评判和将其置于有效监管范围等方面的市场化能力；具有对其保值、增值和安全保护的能力。

围绕当前企业数据资产管理可能存在的数据资产管理内驱动力不足、数据资产管理与业务发展存在割裂、数据孤岛阻碍数据内部共享、数据质量难以及时满足业务预期、数据开发效率和敏捷程度较低、数据资产无法持续运营、难以兼顾数据流通和数据安全的平衡等问题，文献（CCSA TC601，2023a）中均给出了问题分析和解决建议，此处不再重复赘述。

5. 数据资产化技术

数据资产化过程主要包括数据资源化、资源产品化和产品价值化三个关键步骤（亿信华辰，2023）。其中，数据资源化是指组织或企业将直接或间接采集或获取的原始数据进行必要的加工整理、归集和存储形成数据资源的过程；资源产品化是指数据资源持有方以数据使用方需求为导向，通过自己组织或授权给外部机构，对数据资源进行实质性的资源投入和再创造，形成可服务于内外部用户的、以数据为主要内容的可辨认的服务形态（例如：数据产品）的过程；产品价值化就是将数据产品持续服务于内部、外部使用者的经营决策，从而给企业带来持续性经济收益的过程。

数据资产化技术可归结为数据采集加工平台、管理工具和算法模型等，对应的数据产品包括但不限于 App（即应用）、算法和技术服务，如图 2-5-30 所示。

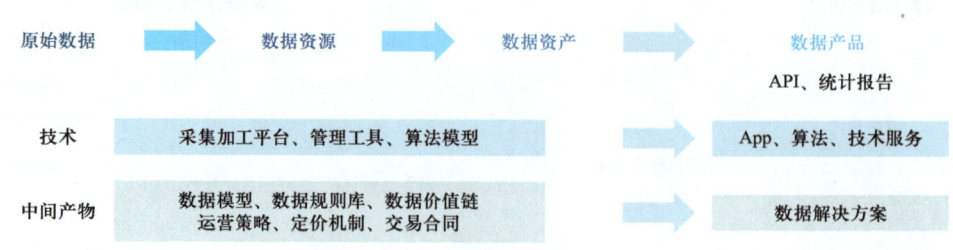

图 2-5-30 数据资产化过程、技术及产物
引自文献：CCSA TC601，2023a

6. 数据资产目录框架模型

通常情况下，数据资产目录也被称为数据目录或数据资源目录，是数据资源的分类组织清单，包括了数据资源的业务定义、存储位置、数据结构、各数据之间的关联关系等，使用户可以快速、精确地查找到自己关心的数据资产。数据资产目录为企业提供了数据资产的整体视图，使数据资源信息统一、详尽、透明，从而大大降低了数据查找成本，为数据的使用和价值挖掘提供了有力支撑。数据资产目录的设计模型是业务层级的数据标准，所以其本身也是一种元数据的应用，数据资产的梳理过程即是构建元数据的过程。包括：

（1）数据资产盘点：从数据的业务流、数据流及其组织边界、系统边界识别数据的生产者、管理者和消费者，基于对企业主数据和围绕主数据所开展业务活动的梳理和分析，甄别核心数据资产主体、客体和数据血缘关系等，形成数据资源清单。

（2）数据资产目录框架：参考行业数据模型，根据概念模型和业务流程，对数据资产进行多维度多层级主题模块划分，分为 L1—L5 五级：

L1——主题域分组，是企业顶层信息分类，通过数据视角体现企业最高层面关注的业务领域。

L2——主题域，是互不重叠数据的高层面的分类，用于管理其下一级的业务对象。

L3——业务对象，是业务领域重要的人、事、物，承载了业务运作和管理涉及的重要信息。

L4——逻辑数据实体，是指描述一个业务对象具有一定逻辑关系的数据属性集合。

L5——属性，是描述所属业务对象性质和特征，反映信息管理的最小粒度。

（3）数据标签设计：结合企业战略和企业商秘保护管理办法、商秘分级保护目录等，形成企业特色的数据安全等级、数据共享、数据属性、业务画像等数据标签。

（4）数据资产标签化：数据目录中的资产与数据标签形成多对多的网状关联体系，便于数据检索。

数据资产目录框架模型如图 2-5-31 所示。

7. 数据资产管理

数据资产管理的内容通常包括："统筹规划→管理实施→稽核检查→资产运营"四个主要步骤（图 2-5-32），企业应结合自身实际在各阶段制订合理的实施方案。

（1）统筹规划数据资产管理：首先是对企业数据资产进行盘点，评估数据资产管理能力；然后根据企业发展战略，结合对企业数据资产和管理现状的评估结果，制定和发布企业数字化战略，建立与企业数字化发展战略相匹配的组织架构和管理体系，为实施数据资产管理和运营明确方向并奠定组织制度保障基础。在盘点数据资产和评估数据资产管理能力的过程中，要充分利用现代数字化与智能化技术，从企业已建并在用的业务系统或大数据平台中抽取数据、采集元数据、识别数据关系，

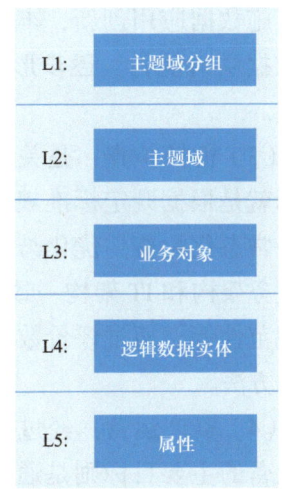

图 2-5-31　数据资产目录框架模型
引自文献：CCSA TC601，2023a

可视化元数据、业务数据字典及数据模型，并从业务流程和数据应用的视角出发，完善企业业务属性、管理属性的数据资产信息等，形成数据资产目录及地图。从制度、组织、活动、价值、技术等维度对组织的数据资产管理开展全面评估，并将评估结果与评估基线对比，充分了解管理现状与问题，以指导数据战略规划的制定。

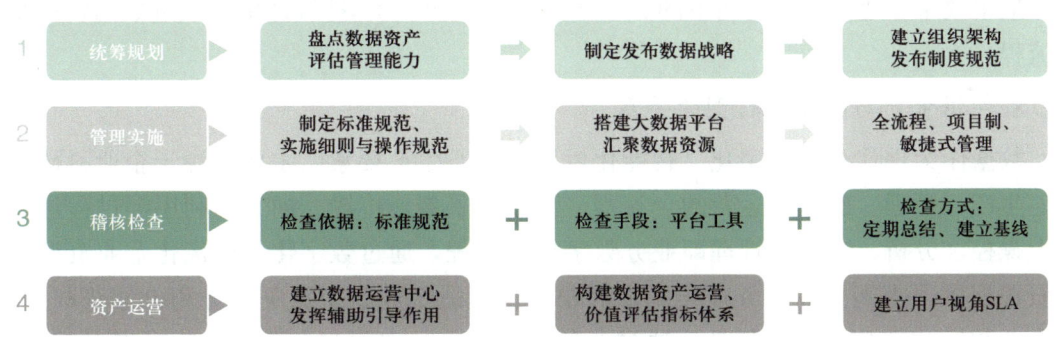

图 2-5-32　数据资产管理模型
引自文献：CCSA TC601，2023a

（2）数据资产管理实施：通过建立数据资产管理的规则体系，依托数据资产管理平台及工具，以数据要素生命周期为主线，组织开展数据资产管理各项活动，推进统筹规划阶段目标落地。主要内容包括建立规范体系、搭建管理平台、实施全流程管理、创新数据应用四个步骤。制定组织或企业级数据资产标准规范体系并配套各项管理活动的实施细则与操作规范，从数据标准管理、数据质量管理、数据模型管理、元数据管理、数据安全管理等维度对数据资产对象制定标准化的技术、管理与操作规则；搭建大数据管理平台，汇聚数据资源；依托统一的大数据管理平台，实施覆盖数据采集、流转、加工、使用等环节的全流程的数据管理，有序组织开展数据资源化活动；通过有计划地组

织实施数据应用创新，丰富数据服务能力，扩大数据服务范围，降低数据使用难度和增强数据供给能力，逐步形成数据"平民化""自助分析"和"众筹众享"等新能力、新模式。

（3）稽核检查：是关于评价数据资源化过程与成果、改进管理方法的实践活动。其目标就是根据既定标准规范是否适应业务和数据的变化，通过对数据资源化过程与成果开展常态化检查，优化与提升数据资产管理模式与方法。常态化检查主要包括数据模型与业务架构和IT架构一致性、数据标准落地情况、数据质量与数据安全合规性、数据开发规范性等。通过评价数据资源化效果，与利益相关方确定整改方案，持续改进管理模式与方法。

（4）资产运营：经过前三个步骤，企业数据资源具备了向数据资产转变的基础。资产运营的主要目标则是通过构建数据资产价值评估体系与运营策略，推动数据资源的资产化进程。建立数据运营管理中心，提升中心的技术与服务能力，并赋能业务部门，提升其数字技术应用能力；以数据赋能业务发展为主要目标，构建数据资产价值评估和数据运营指标体系；建立运营方与消费者之间的反馈与激励机制，为促进数据资产的内外部流通和数据资产价值释放保驾护航；站在业务侧视角，面向各业务线的数据应用场景、数据资产规模和数据资产质量等，对数据资产内在价值、经济价值、成本价值、市场价值、衍生价值等方面构建数据资产价值评估体系，通过数据资产生态图谱，显性化数据资产应用效果；建立用户视角下的SLA（服务等级协议），持续评估和改进数据资产服务的流程。

8. 数据资产与数字化转型的关系

数据作为现代企业数字化、智能化发展的核心生产要素，主要来源于企业科研、设计、生产、管理、服务和运营的全流程。将数据采集、传输、加工和利用等过程进行全线上操控、分析、处理与管理即业务数字化的过程。通过数字化手段优化企业资源获取与资源配置，重塑企业业务过程和发展模式，打造企业新型竞争优势和价值获取途径，是企业数字化转型的主要任务。通过业务数字化，一方面为企业智能化发展奠定基础，另一方面将驱动业务的持续创新。

数据资产管理与技术为企业数据资源持续优化、数据价值提升和数据资源资产化创造了条件，有效的数据资产管理能够提高业务数据化效率，推动数据业务化，加速企业数字化转型，如图2-5-33所示。

数据资产化是从业务的数据需求端出发，打通企业内部数据、引入企业外部数据，加深数据与业务线的融合，催生数据场景化；应用数据分析和人工智能等技术，助力数据智能技术赋能业务发展，推动企业精细化管理与变革。

9. 数据资产与新质生产力的关系

在国家最新提出的新质生产力概念中，其中的"新"是指新技术、新模式、新产业、新领域、新动能；其中的"质"是指物质、质量、本质、品质；其中的"生产力"是指推动社会进步的最活跃、最革命的要素。从上述解读可以看到，从数字技术、数据要素，再到智能技术、数据资产及数据资产化技术，均符合新质生产力的特征，是全球数字经济高速发展的核心驱动力。

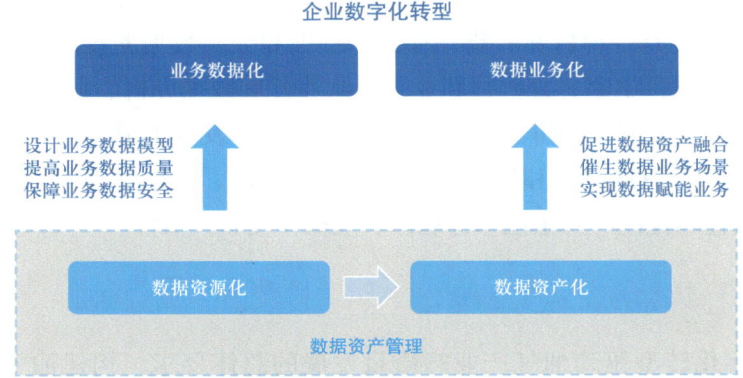

图 2-5-33　数据资产管理助力企业数字化转型
引自文献：CCSA TC601，2023a

10. 基于数据湖仓的数据资产化方法

数据湖仓技术一方面提供了以数据资源为核心的采集、摄取、质控、汇聚、传输、存储、管理、应用等一系列数据活动，同时也依托数据湖仓与数智中台能力，通过对数据的分析和处理，为用户提供数据感知、数据挖掘、数据洞察和机器学习等数据科学计算与应用服务环境，为数据价值提供增值服务；同时，逐步建立与数据价值评估、流通和运营相配套的技术及环境，支撑企业基于规模化的数据资源开展数据资产化管理与应用实践，推进数据资源的资产化过程，实现企业数据资产的保值、升值和治理，助力企业数字化战略和转型发展战略的落地。

第六节　油气上游领域数据平台

一、数据生态与数据平台基本概念

所谓"生态"，即按照生态学的物质循环再生、物种多样性、协调与平衡发展、整体性和系统工程学等原理，构建健康、协调和可持续发展的油气上游业务发展环境，借进化发展之力，行业态转型演化之道，通过开放、连接、融合与进化，形成开放、多样、竞争、自驱动和逐步完善的组织，从而提高企业在复杂市场生态中的生存和发展能力。

生态化发展，不仅仅是在本行业内的分工合作、风险共担、协作共赢、协同发展，更要充分利用好行业外部的社会资源，减少行业及企业整体内耗，避免低水平高额重复建设和投入；需要有更开放、更包容的企业文化，需要面向更为广阔的市场机会与发展环境，打造企业核心能力与市场竞争力；围绕自身能力、市场机会与发展方向，培育核心生态圈，争取建立最有利的战略生态系统，通过差异化竞争与创新性发展，形成优势化市场空间。

所谓"数据平台"是一组技术的集成框架，用以解决并满足组织（企业）内、外的端到端的数据需求，支持数据的获取、存储、准备、交付和治理，以及用户、数据和应用的安全。数据平台是一种旨在收集、存储、管理和分析数据的技术环境，能够从多源汇集数据并供给数据科学家、分析师和业务团队等开展数据分析、科学计算、知识发掘，以从中获取有价值的见解和知识，为决策提供信息或开发数据驱动的产品。组成数据平台的关键要素包括：数据收集和摄入、数据存储和管理、数据处理和转换、数据分析和可视化、可扩展性和性能、安全性和合规性、互操作性和灵活性。

二、油气上游领域数据生态链

面对以数字化转型驱动油气产业高质量发展的总体要求，构建油气物理世界与数字孪生体融合交互的闭环系统，推进实体业务与数字化世界的双向连接运行，形成内外部连接、共享、协同机制，实现降本增效、协同共享、持续创新、风险预控和智慧决策，不断提高全员劳动生产率和资产创效能力，是油气上游领域数据生态建设的主要目标。

依托油气上游领域数据湖仓技术体系平台，按照标准规范和数据质量要求，汇聚上游各领域各专业数据，完善企业业务数据化、数据资源化、资源资产化和数据业务化基础能力，构建质量可靠、源头可溯、持续积累、安全可控、敏捷共享的数据生态，发展数据挖掘、知识发现、工程智能、智慧决策等数智能力，锻造新质生产力。

针对油气上游业务经营管理决策体系与上游业务数字化系统独立建设、一体化应用的实际情况，以油气上游业务中的基本经营管理单元与生产计量单元共有主数据（如组织机构、项目、区块、油藏、井等）为桥梁，构建上下贯通、横向联通的数据生态链，支撑油气勘探、工程技术、工程建设、开发生产、油气运销、科学研究、生产运行、经营管理、安全环保、综合办公等上游业务与综合管理业务的一体化应用场景建设。

油气上游业务及数据生态链如图2-6-1所示。

基于数据湖仓的数智能力建设是构成油气上游业务数据生态与技术生态的核心，主要包括基础技术能力支撑的数据资源化、数据资源资产化和数据资产业务化三个阶段的场景建设内容，如图2-6-2所示。

（1）基础技术能力主要包括元数据、主数据、业务数据等数据治理核心工具集和物联网、大数据、云计算、科学计算、区块链、数据门户等开放技术生态工具集两方面的内容。

（2）针对企业海量数据汇聚和资源化管理需求，开展数据架构管控体系建设，重点包括数据架构体系（组织架构、技术架构、标准架构与应用架构等）研究与技术选型、数据架构基础设施建设、数据盘点与评估、数据资源目录建设和数据入湖等,以支撑企业数据资源化过程,形成具有数据采、存、管、用等能力的企业数据初级生态。

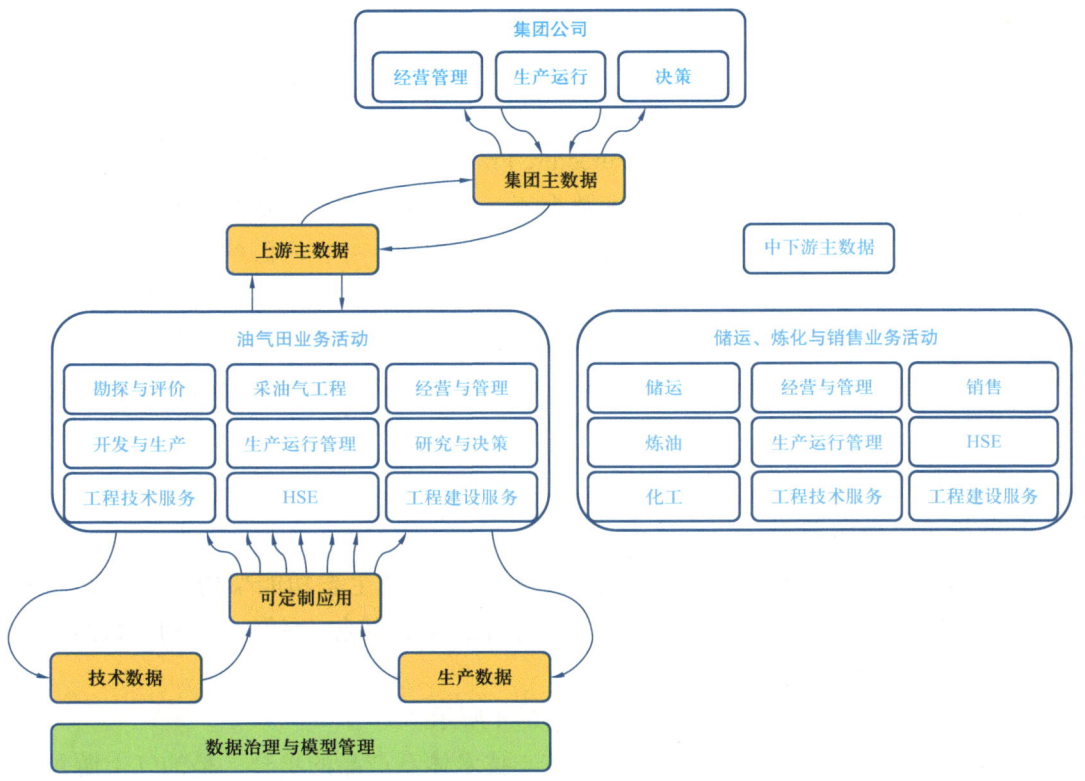

图 2-6-1　油气上游业务及数据生态链

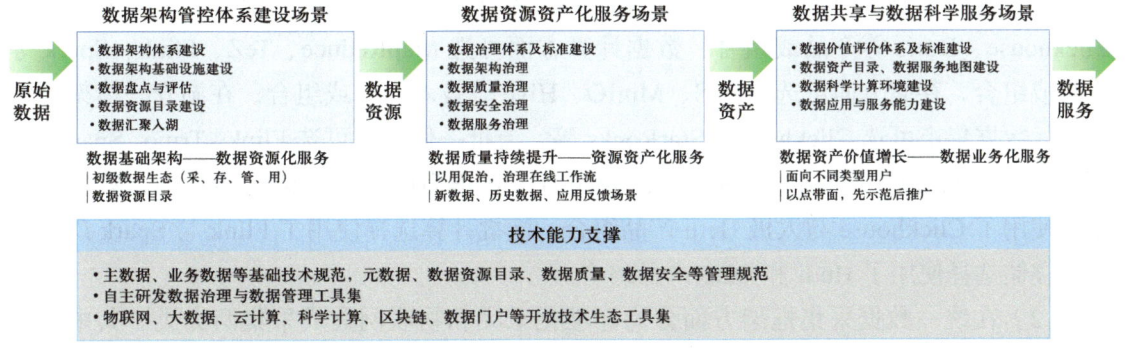

图 2-6-2　基于数据湖仓数据与技术生态的数智能力建设

（3）针对企业海量的新数据、历史数据和应用服务等治理需求,开展数据资源资产化服务体系建设,重点包括数据治理体系及标准建设、数据架构治理、数据质量治理、数据安全治理和数据服务治理,形成企业数据中级生态。

（4）针对数据湖仓中海量数据共享和价值挖掘需求,开展数据价值评价及定价标准研究建设、数据资产目录和数据服务地图建设、数据科学计算环境建设、数据应用与服务能力建设等，为数据资产价值增长和数据交易等数据业务化服务积蓄能力，逐步形成企业数据高级生态。

三、油气上游领域数据平台体系架构

1. 数据平台总体架构

以 TOGAF®（The Open Group Architecture Framework）企业架构标准为指导，基于油气上游业务数据生态链和实际业务流和数据流，油气上游业务领域数据平台总体架构包括数据采集层、数据存储层、数据分析层和数据应用层，并在匹配的数据管理工具和数据治理体系的协同保障下，以数据生态建设为目标，逐步完善数据架构、数据功能、数据技术、数据标准及数据治理体系，支撑业务与数据的纵向贯通和横向拉通，为数据资源化、数据资源资产化和数据资产业务化过程奠定基础，为数据资源与数据资产的保值升值创造条件。

油气上游领域数据平台总体架构如图 2-6-3 所示。

2. 数据平台功能架构

基于油气上游领域数据平台总体架构，数据平台及生态功能架构可分为五大方面（或层次）进行建设，包括技术栈、统一数据采集框架、湖仓一体技术架构、数据治理体系及架构、数据分析与应用。

油气上游领域数据生态功能架构如图 2-6-4 所示。

（1）技术栈是数据生态建设所采用的核心技术体系产品的集合，是油气上游领域数据总体架构建设的技术基础，决定着油气上游领域数据生态建设的发展前途和方向。推荐采用开源和开放技术，例如：在开源的架构体系中，数据集市方面可选 Elasticsearch、Clickhouse、Doris 等产品或组合，数据计算方面可选 MapReduce、TeZ、Flink、Spark 等产品或组合，存储方面可选 HDFS、MinIO、Hive 等技术产品或组合；在湖仓一体架构体系中，数据集市可选 Clickhouse、StarRocks 等，流批一体计算可选 Flink、Trino、Spark 等，湖仓一体存储可选 Iceberg、JFS 等产品及组合。在华为的大数据架构体系中，数据集市选择使用了 Clickhouse 与太极 Hetu 产品组合，流批计算选择使用了 Flink 与 Spark 产品组合，存储选择使用了 Hudi 和 OBS 产品组合。

（2）在统一数据采集框架方面分为标准化采集和物联网集成采集两大类。其中，标准化采集主要针对分散数据源、数据库、项目库等，通过采集表单配置、采集应用管理、采集流程管理等功能实现；物联网集成采集主要针对实时或时序数据采集，通过时序数据源管理和时序数据管理等功能完成。

（3）湖仓一体技术架构方面分为数据集成管理和智能存储与计算管理。其中，数据集成管理主要包括数据传输管理、集成组件管理、集成运维监控、集成资源管理等功能；智能存储与计算管理主要包括数据接入管理、工作空间管理、湖仓管理、存算设置管理、

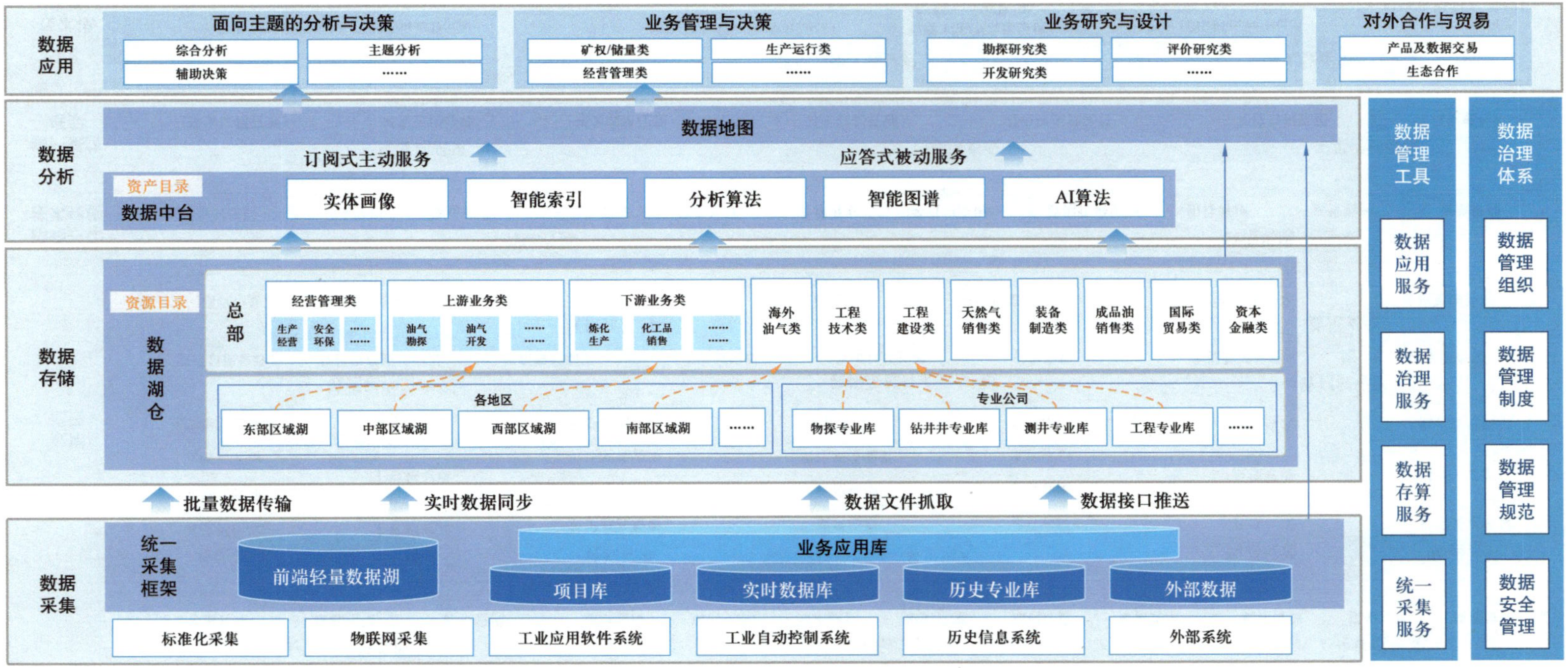

第二章 面向油气上游业务的数据湖仓技术应用

图 2-6-3 油气上游领域数据平台总体架构

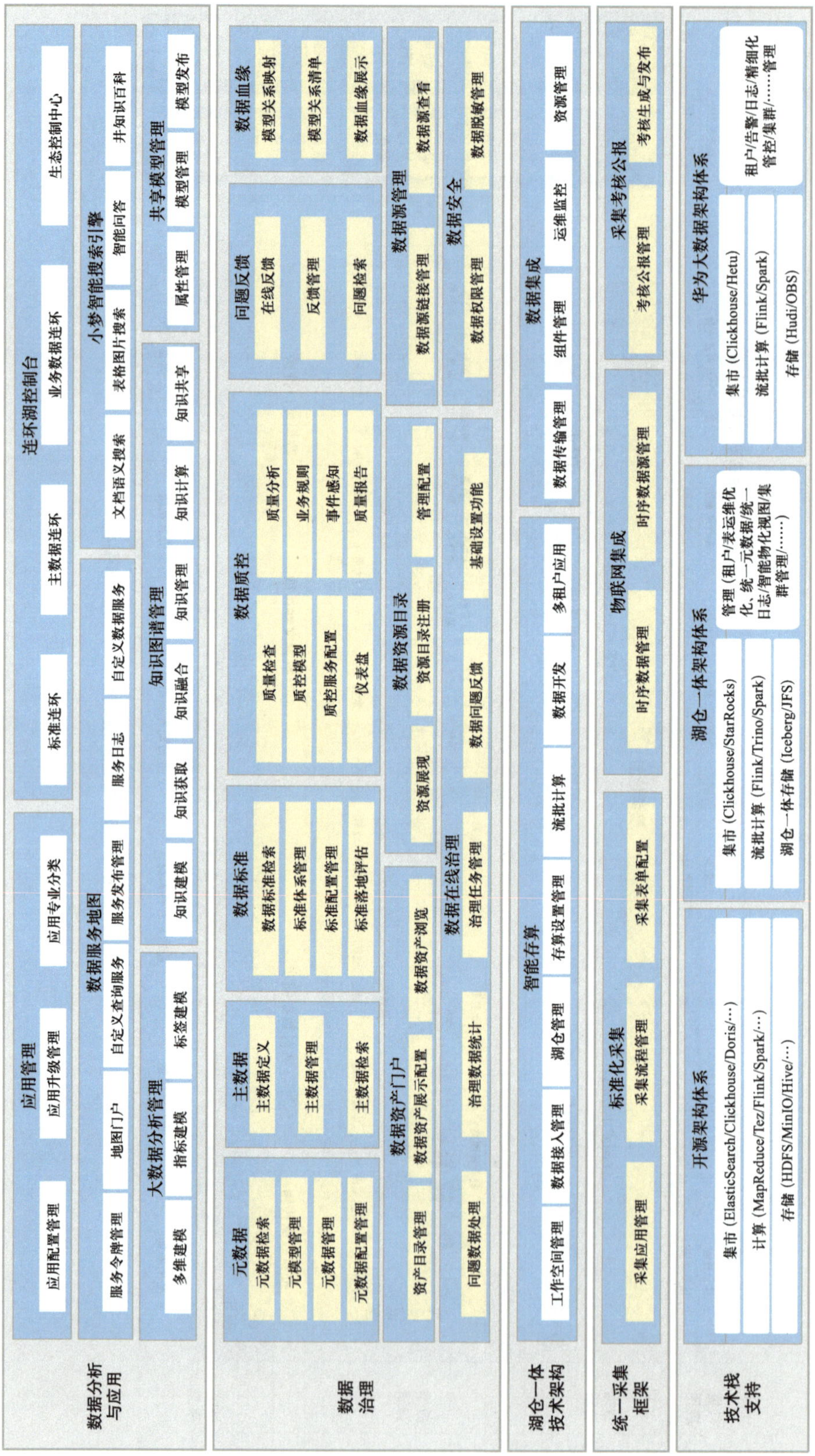

基于数据湖仓的数据生态体系构建方法
——以油气上游业务为例

图 2-6-4 油气上游领域数据生态功能架构

流批计算、数据开发、多租户应用等功能。

（4）数据治理体系及架构中，主要包括元数据、主数据、数据标准、数据质控、数据资源目录维护、数据资源管理、数据在线治理、数据安全管控、数据资产服务门户，以及数据血缘管理、用户问题反馈等辅助功能分类，详细内容如图2-6-4所示。

（5）在数据分析与应用架构中，主要包括共享模型管理、知识图谱管理、大数据分析管理、智能搜索引擎、数据服务地图，以及应用管理、连环数据湖仓控制管理等方面的功能构件，详细内容如图2-6-4所示。

3. 数据生态建设基础

（1）数据资源目录。

基于企业发展战略和数字化转型要求，开展数据资源目录建设工作。企业可根据当前的数字化工作进展，确定当期数据资源目录建设的业务覆盖范围。建议首期工作以核心业务全覆盖为起点，后期以查漏补缺为主，实现企业全场景数据资源目录建设目标。

企业数据资源目录建设中重点任务包括：盘点企业所属各业务数字化与数据资源现状，在此基础上分析制定业务资源分级目录，明确任何一类或一个数据资源的来源，确认其数据责任主体（提供人/岗、审核人/岗），具体工作方法如图2-6-5所示。

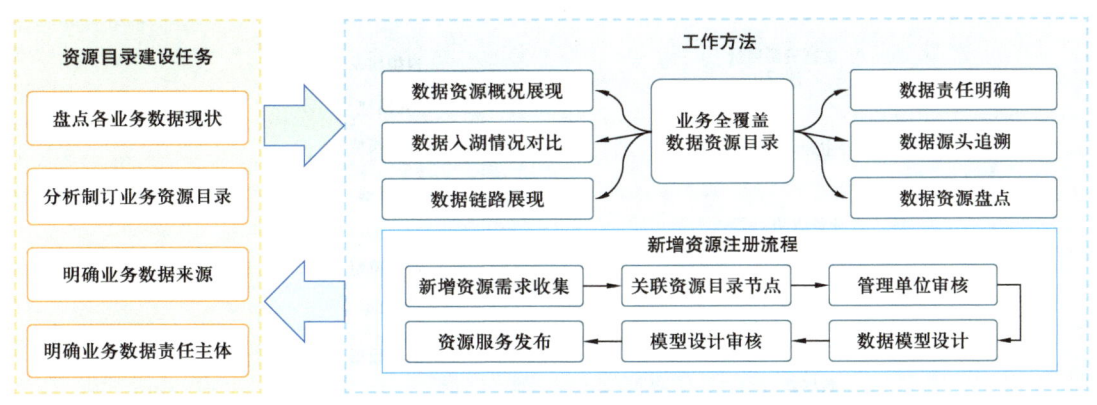

图2-6-5　数据资源目录建设方法

（2）数据模型建设。

企业数据资源目录为数据模型建设明确了业务范围和分类分级指导，数据模型建设为资源目录落地提供了技术保障。行业或企业应出台统一的数据资源目录、数据模型设计与管理规定和规范，以指导并约束企业数据资源目录和数据模型建设相关工作开展。

数据模型建设相关的工作内容及场景如图2-6-6所示。

基于数据资源目录的分级和分类设计，其与数据模型建设内容的映射关系如图2-6-7所示。例如，业务主题域（L1）是业务分类的最高级别，也是对业务活动分类的抽象，因此，在数据模型中，主要通过元元模型进行描述和定义；类似地，主题域之下的业务活动（L2）是围绕某些业务实体开展的，如组织机构、项目等管理实体单元和工区、井/井筒、油气藏、场/站/库等生产实体单元等，其实体单元主要用主数据模型进行定义和描述，活动类型、方式、业务逻辑等用元模型进行定义和描述，其下的业务对象（L3）定义、内容、过程、流程、数据与操作等需要用元模型、主数据模型和业务数据模型等进行详细描述。

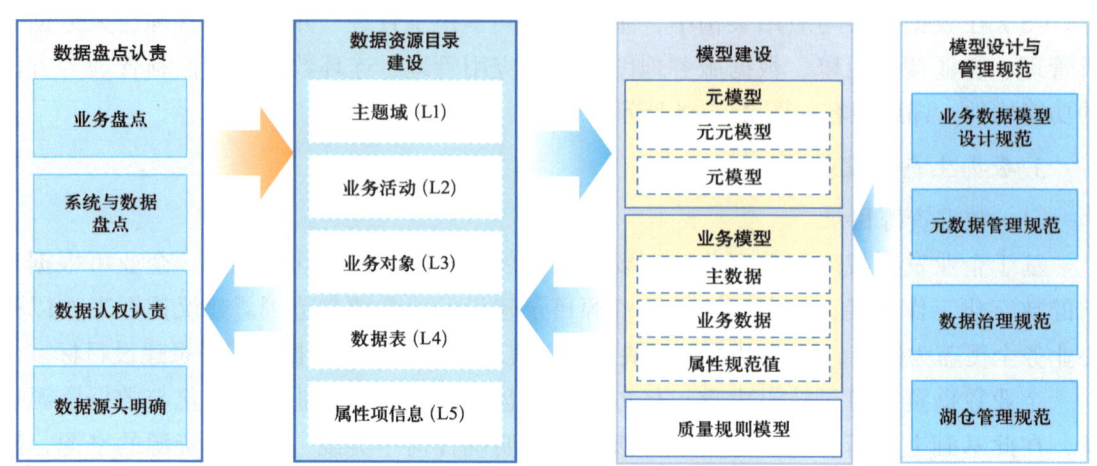

图 2-6-6　数据资源目录与模型建设场景

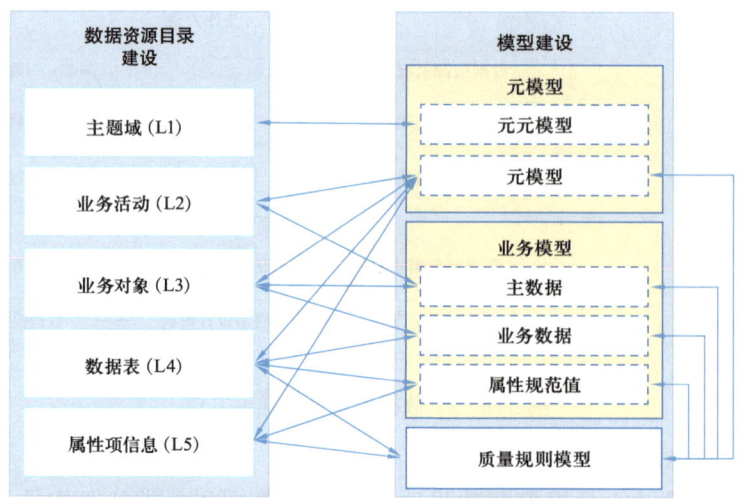

图 2-6-7　数据资源目录与数据模型映射关系

（3）数据源头采集管控与融合机制。

有了数据资源目录和数据模型，为数据湖仓建设奠定了数据注册、存储和发布的基础。

构建面向数据源的数据采集机制是数据正常化工作的重点，建立基于业务流的数据采集机制是保障数据一致性和及时性的前提。将数据采集流程与业务流程相融合，是业务实现数字化转型的主要标志之一。

基于业务数字化或业务场景建设需求驱动的原则，制定业务任务时，需首先确定任务所对应的业务目标和计划，然后根据业务内容确定业务流程、数据目标和数据计划。为规范面向业务流及业务节点的数据采集过程，引入PDCA（即P-Plan、D-Do、C-Check、A-Action）一体化数据质控机制和业务节点IPO（即Input数据输入—Process业务处理—Output数据输出）建模方法（简称：PDCA+IPO），为业务节点（或工作岗位）与数据之间建立起"业务—数据"融合机制。根据业务逻辑，构建业务流Workflow和数据流Dataflow与业务节点Worknodes之间的关联关系，其中，每一节点对应着简单或复杂的IPO；当其中的部分需要与人工进行交互的节点，这类节点可同时作为业务场景中的节点，如图2-6-8所示。

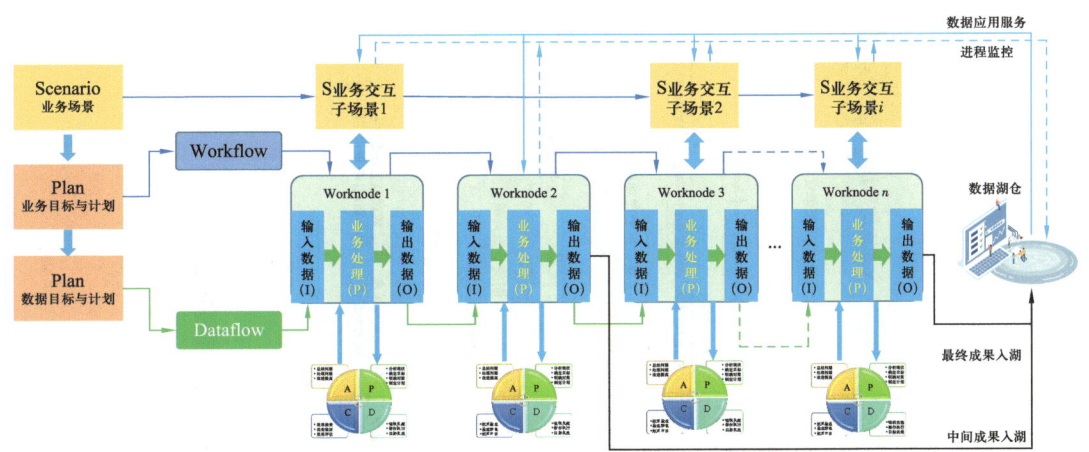

图2-6-8　基于PDCA+IPO机制的"业务 + 数据"数据管控与融合机制

其中，PDCA机制是一种可嵌套的结构，即大的业务单元对应大的PDCA循环，小的业务单元或业务节点对应小的PDCA循环。根据预定任务或计划，业务流程中产生的有价值的中间数据成果和最终成果，均可启动数据入湖接口进行入湖处理。随着数据湖仓中数据资源的逐渐丰富，可利用湖仓中的已有数据为湖仓前端业务流或工作流提供数据补充应用服务。随着业务场景、业务流与数据流融合工作的深入，业务场景建设和业务流程的执行过程可纳入数据湖仓前端应用管控范围中，从而为企业数据资源建设提供在线监控与跟踪。

（4）数据入湖流程。

数据入湖流程可分为数据入湖准备阶段和数据入湖实施阶段，如图2-6-9所示。

数据入湖准备阶段主要包括：业务梳理与数据盘点、数据分析与数据资源目录建设、数据标准规范与数据模型建设等主要内容。基于数据入湖准备阶段的成果，并在数据湖仓技术选型、数据湖仓基础设施与环境建设，以及元数据、主数据、业务数据等模型的实例化建设的基础上，适时启动数据入湖阶段的相关工作。

数据入湖实施阶段主要包括：数据采集例程（功能模块）参数定义数据源并做连通测试；数据源模型采集、映射与测试；数据源主数据映射、摄取或迁移或集成、测试与注册；数据源业务数据映射、测试、摄取或迁移或集成；数据资源目录更新与服务发布等。

基于数据湖仓的数据生态体系构建方法
——以油气上游业务为例

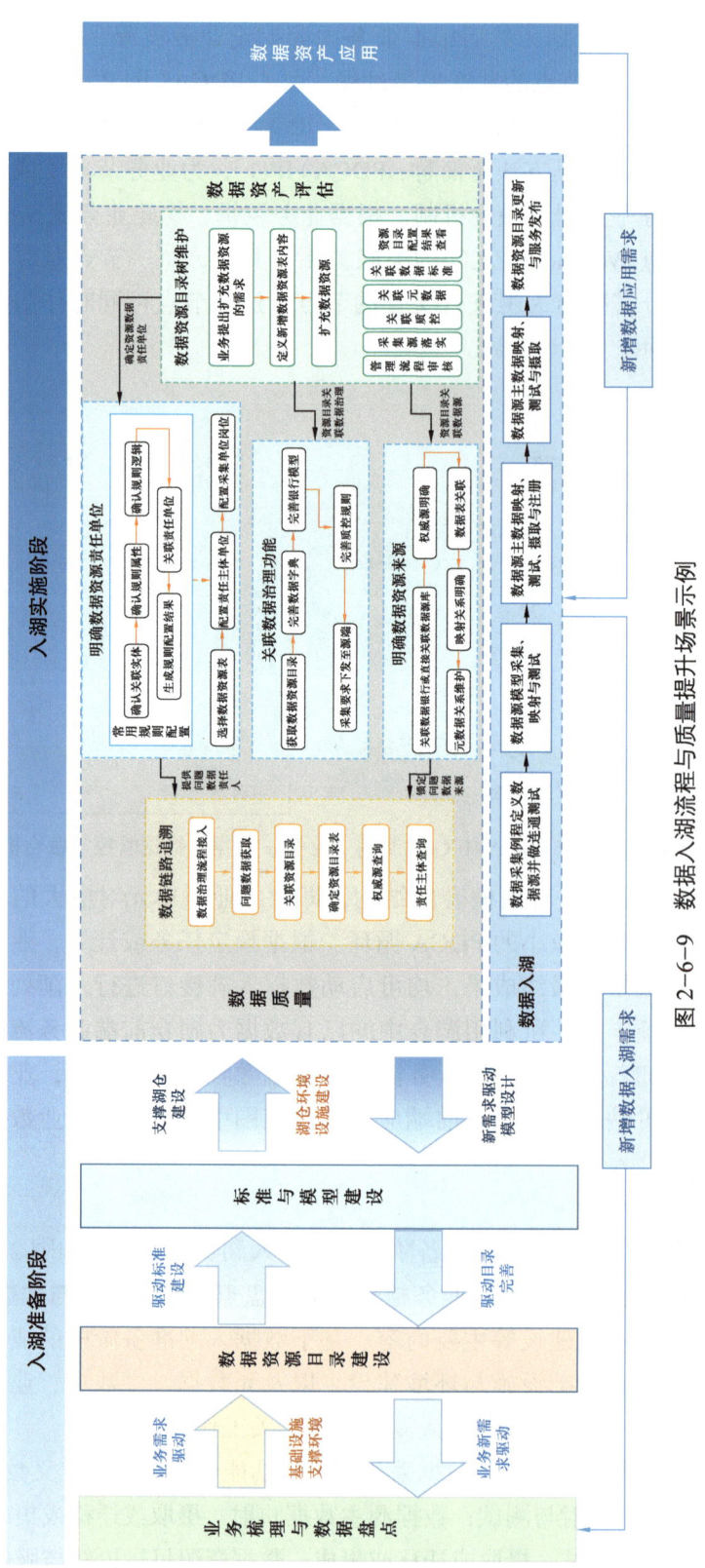

图 2-6-9 数据入湖流程与质量提升场景示例

4. 数据生态建设场景

（1）数据采集实施场景。

基于 PDCA+IPO 的业务数据一体化融合机制为业务数字化提供了流程化、规范化的解决方案。面对油气上游领域复杂的业务形态和多源、多类型的数据采集，需要为每类数据对象设计专用的采集流程和方法，包括采集例程（即程序或 Pipeline）定制开发、数据质量监控与审核，以及采集例程运行监控等。

通常情况下，数据源头是指数据最初产生的源点，由源头输出的数据称为源头数据，对源头数据的常态化采集称为数据正常化。鉴于源头数据常态化采集的重要性，需要为来自工业控制系统、物联网系统和工作流（或业务流）等方面的结构化、非结构化以及异构数据源等定制不同的可配置、可监控的采集例程，以保障数据采集过程的安全性、及时性和质量可靠性等，并将这种采集过程定义为标准化采集，如图 2-6-10 所示。在标准化采集中，业务流和数据流通常是基于业务驱动的，同时也可为此类数据采集过程设置按时间频率或按事件发生等作为自动触发条件，启动数据标准化采集例程，然后将数据提交到数据湖仓的数据入湖接口，完成数据采集过程。

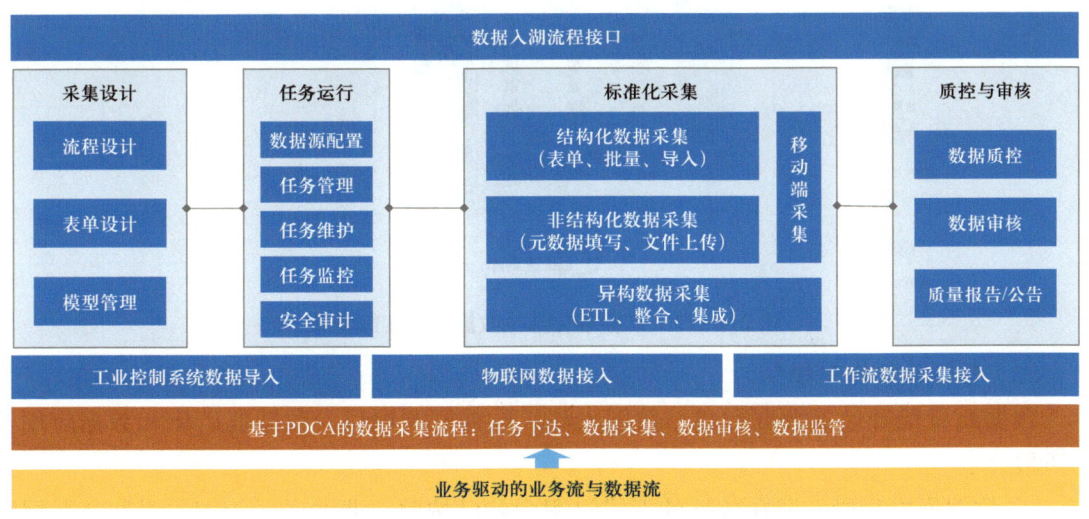

图 2-6-10 标准化源头数据采集实施场景

新数据入湖及质控例程的启动，可由动态感知、事件发布、需求定制、质量监测等触发。以井筒相关业务活动为例，可将具体业务活动中的某些关键时间点作为感知触发器，如：开钻日期、完钻日期、射孔作业时间、压裂作业时间等；可将业务活动中的重要里程碑作为事件触发器，如：设计批复、新井钻井、完井、录井、测井、试油、样品分析等；可根据业务需求，将重点项目、重点井的数据资源建设定制为重点监管对象，通过资源目录驱动其相关资料的入湖，可通过对监管对象的考核，监控数据的入湖进展与动态等，包括质量维度（完整性、规范性、准确性、一致性）和时间维度（按时入湖、超期入湖、未入湖）等，同时触发并启动相应的处理流程或例程。

相对于标准化采集,当要采集的数据来自在用的各种原有业务系统(信息系统或应用系统)数据库时,则将此类数据采集定义为非标准化源头数据采集,一方面用于解决已入库历史数据的入湖问题,另一方面用于解决基于数据湖仓的应用尚未建立或某些应用需要双模运行的情况,即应用既需要基于数据湖仓云化运行,也需要基于系统数据库独立运行。对非标准化源头数据,采用数据贴源的解决方案,首先将目标数据传输到目标数据库与数据湖仓之间一个预定的数据缓冲区中,即贴源数据区 ODS(Operational Data Store,即操作数据层或称为数据治理区),然后再根据数据入湖的质量规范化要求,在贴源数据区中对目标数据进行必要的处理和充实,然后转入数据入湖流程,如图 2-6-11 所示。

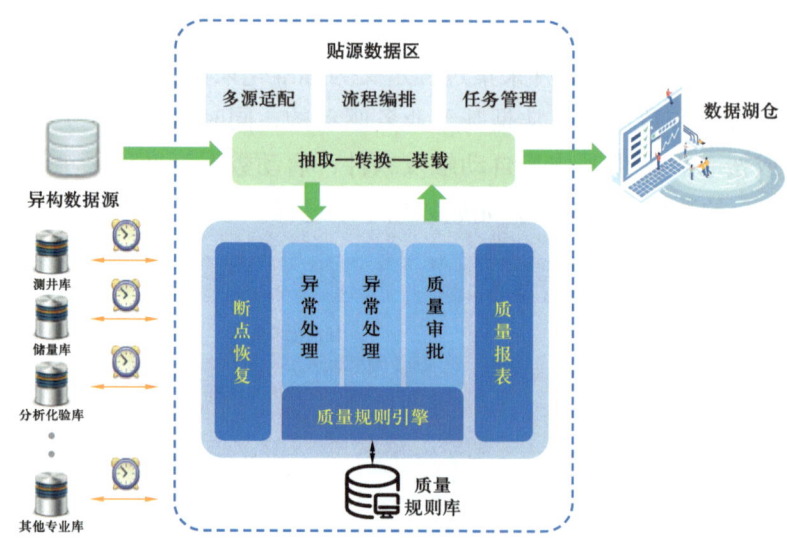

图 2-6-11 非标准化源头数据采集实施场景

(2)数据质量提升场景。

数据质量提升包括数据形成、数据入湖、数据资源编目、数据资产化和数据应用五个阶段。

① 数据形成阶段:即在数据的形成过程中就已按照企业的质量管理体系和"数据制品"(即"数据成果")的质量检验标准进行了质量控制,从而保证了数据制品的规范性、完整性、准确性、一致性和及时性。

② 数据入湖阶段:考虑到大量历史数据制品本身的易传输、易修改、难跟踪等特殊性,因此,需要在数据入湖阶段对所有入湖数据进行质量检测和质量控制,避免不真实、不完整、不准确及不一致的不良数据进入数据湖和数据仓。因此,需要在数据湖仓统一治理体系框架下,在数据湖仓的入口增加基于数据质量规则的数据质量扫描与审核功能,同时,须建立起基于数据制品(数据本身)的数据源(数据生产单位)与数据权属单位(数据所有权单位)之间的数据质量管控机制,即数据源单位负责"数据制品生产—质量检验—检验报告",数据权属单位负责"数据制品入湖—质量检测—质量公报—数据验收

或问题反馈",对有问题的数据制品则返回给数据源单位进行整改,形成对数据制品质量控制的闭环管理。

③ 数据资源编目阶段：基于数据资源目录的质量管理规则,对经过数据入湖阶段质量检测的数据制品的来源（血缘）、权属关系等进行完善和确认,以确保数据制品来源和版权的合规性、可靠性和有效性（如图 2-6-9 右侧中部所示）。

④ 数据资产化阶段：在数据资源资产化的过程中,通过数据价值评估、流通、运营以及资产应用反馈,发现劣质或不良数据资产,经分析后对其采取质量改进或资产废弃等处置措施。

⑤ 数据应用阶段：数据应用贯穿于数据生命周期的各个时期,应为基于业务活动的数据应用（简称业务应用）建立数据问题反馈和整改机制,以纠正"问题数据"对未来应用的影响,包括从源头到入湖后的全过程的彻底整改,并通过发布整改公告作为考核与警示。

图 2-6-12 给出了针对新数据、历史数据和数据资产化过程数据三类数据对象所进行的数据质量提升相关治理活动的场景。

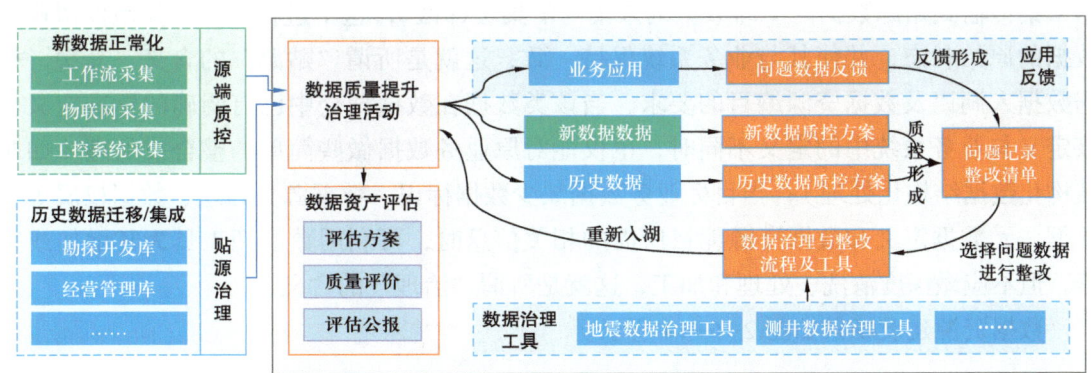

图 2-6-12 围绕数据质量提升的数据治理活动场景

其中,针对历史数据在业务应用中反馈的数据问题,其治理与质量提升联动场景如图 2-6-13 所示。

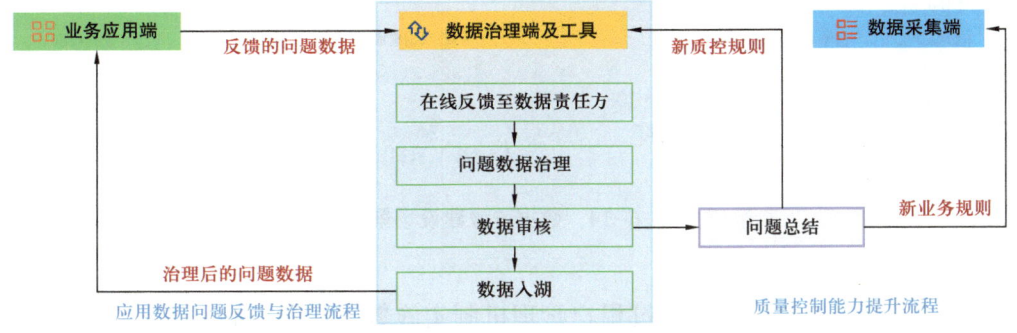

图 2-6-13 历史数据治理与质量提升联动场景

（3）数据资源建设场景。

以业务需求为驱动，完善数据资源目录，构建目标数据的标准、质量体系和采、存、管、用方法。其中，数据标准通常包括：数据规格、采集规范、模型标准、质控规则等。数据标准的完善是一个持续化过程。

如前对标准化和非标准化采集过程所述，数据资源建设重点针对这两大类采集类型的数据展开。对符合标准化源头采集的数据，按照数据正常化工作要求，经与数据源对接正常后，对已配置完成的数据采集/摄取/同步例程，按照预定的频次执行该例程，以扫描数据源中的数据更新，或通过数据更新智能感知触发数据采集/摄取/迁移例程，并将数据更新摄取到数据湖仓为其预定的数据存储区或存储单元中，而后更新数据资源目录和数据地图等；对已订阅该数据的应用，则将数据推送到该应用的数据工作区中，供应用场景使用，从而形成数据采、存、管、用的闭环。其中，数据质控机制则可在数据源端由数据生产者先进行一次质控，而后在采集获取后由湖仓系统再次进行质控（图2-6-12）。对定义为非标准化数据源且存在于各种原有业务系统（信息系统或应用系统）数据库中的海量历史数据，采用"贴源治理"的方式，首先将目标业务系统中的数据采集传输到贴源数据区（即数据的采集与汇集缓冲区），这个过程要尽可能地保留业务数据的原始状态，并使其与业务系统保持一致，这就是所谓"贴源"的含义。其次，根据数据入湖以及数据资源编目的要求，当该类数据在数据湖仓中已有明确的标准定义且该定义与业务系统中的定义不同时，也仅能对原业务数据做些简单的整合或处理（如非结构化数据结构化处理）；当目标业务数据缺少数据标识、数据源头描述、数据权属等主数据、元数据定义和数据资源编目所需的相关信息时，可利用数治理工具为其增加或完善，但不应做深度清洗、处理和加工，这就是所谓"治理"的含义。

数据资源建设场景如图2-6-14所示。

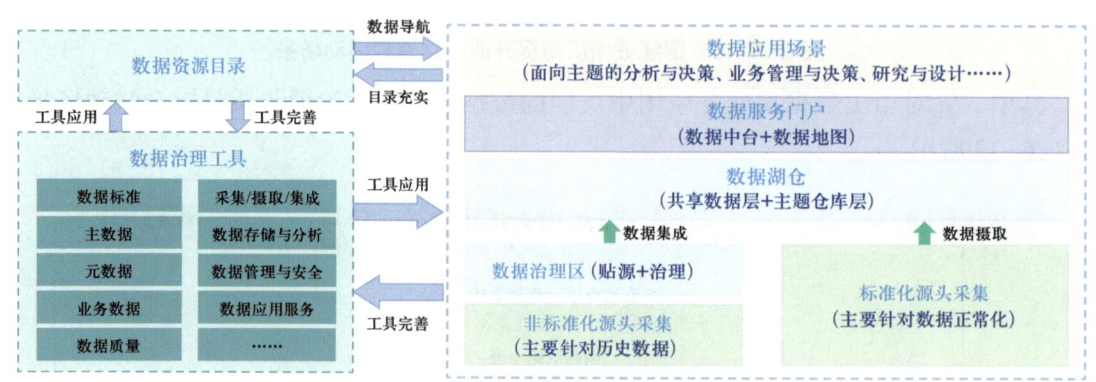

图2-6-14 数据资源建设场景示例

（4）数据资源应用场景。

基于数据湖仓的数据应用通过租户管理机制实施数据权限控制和数据服务管理，其中，租户管理是一种云计算环境下的多用户应用管理机制。图2-6-15中例举了两种自助式数据应用服务场景，即面向项目的数据应用服务和面向业务主题的数据分析应用服务。

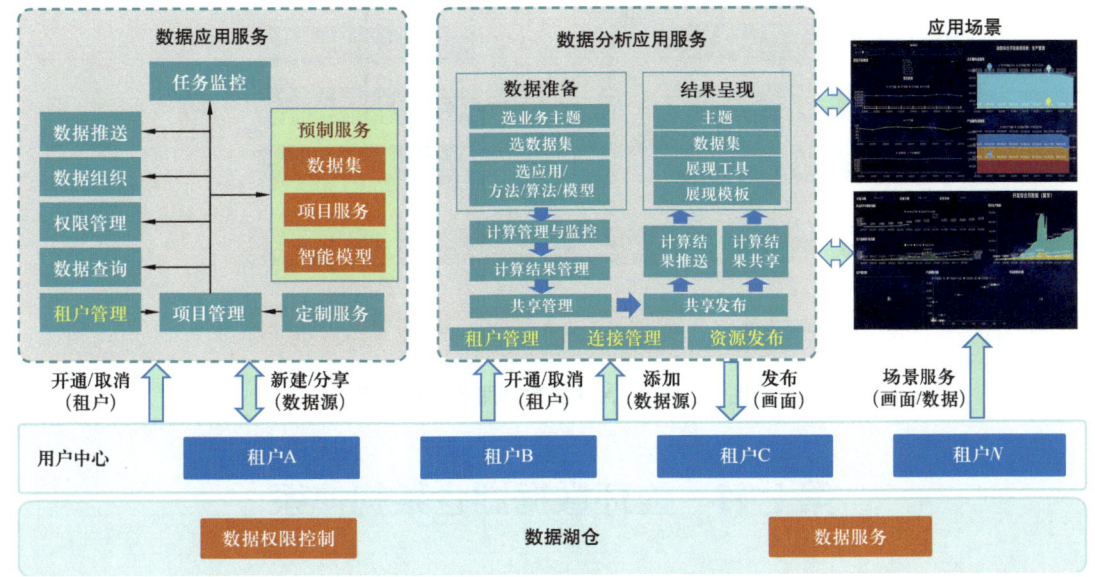

图 2-6-15　自助式数据应用服务场景

在面向项目的数据应用服务中，项目管理者需首先在用户中心中获得租户身份，然后根据项目情况选择项目预制服务、项目定制服务和项目自助服务等服务模式。其中，项目预制服务主要针对有固定数据需求的项目类型，为其推送预制服务中的数据集等；项目定制服务主要针对新项目且对数据需求相对确定的项目类型；项目自助服务则是为项目按需选择数据的服务模式。

在面向业务主题的数据分析应用服务中，数据消费者（或称数据应用者）同样需要首先在用户中心中获取租户身份，然后根据自身的需求，通过选择业务主题、数据集、应用或分析方法或算法或模型工具等，启动相应的例程进行计算处理，数据消费者通过数据共享管理工具对计算结果的共享模式进行定义，如完全共享、授权共享或不共享，而后数据消费者即可通过数据展现工具及模板等对计算结果进行可视化呈现，呈现的结果可集成到用户定义的应用场景中。对需要交互的应用场景，可通过动态数据服务方式为应用场景提供数据更新服务。

在图 2-6-16 中给出了使用 API 接口访问数据及其服务的模式及场景。首先数据消费者（或数据消费者代理人）通过数据服务地图或应用商店等方式查找所需的数据服务，然后对选定的需要授权的数据服务提交使用申请，使用申请获得授权后，数据消费者即可通过业务流程编排或低代码编程等方式使用共享和授权使用的数据。这种数据使用或消费模式可以为众多的数据消费者（或数据消费者代理人）或应用软件开发者提供更紧密和专业的数据应用服务。

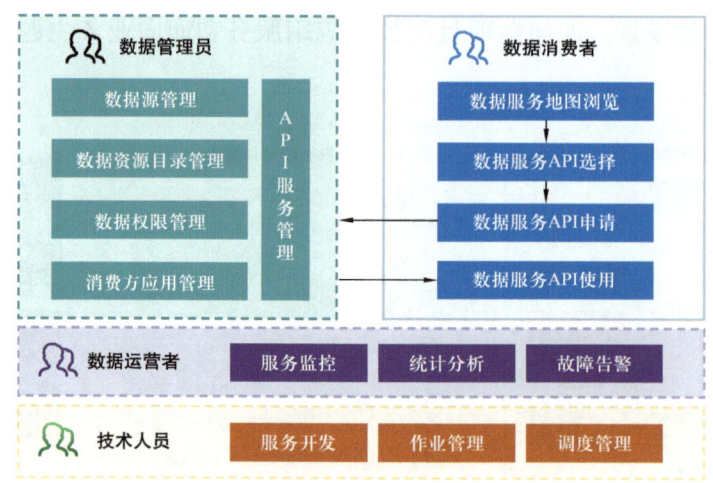

图 2-6-16 API 式数据服务应用场景

第七节 连环数据湖仓架构体系

连环数据湖仓完全是为满足企业分布式业务需求而提出的一种数据湖仓架构设计与部署模式。在企业分布式业务架构中，一方面企业业务活动是分散的，具有地理或区域上分布的特征，但活动的内容和目的以及所围绕开展活动的客观事物（或称业务实体）具有高度相似性；另一方面，企业业务管控是集中的，具有分散集中式管控特征，需要用统一的方法、制度、标准和架构等对业务活动进行统一管理和监控，需要构建统一的业务共享能力，以支撑企业低成本、高质量发展；再有就是来自企业集中与分散业务活动所产生的数据具有大数据特征（王宏琳等，2015），即巨量（Volume）、多样（Variety）、快速（Velocity）、真实（Veracity）、可变（Variability）和价值（Value），需要对企业数据的采集、存储、分析处理与应用具有快速响应能力等。

一、连环数据湖仓总体架构

连环数据湖仓（Data Inter-linked Lakehouse）是将各个分散的数据湖仓连成集中分布式主湖仓和区域湖仓的一种架构技术。其中，主湖仓负责面向企业主数据、业务数据标准、经营管理数据，以及核心业务数据、数据生态等的统一治理和集中管控，是形成企业级数据资产、数智能力和共享服务能力的核心；区域湖仓主要负责承载本区域内的企业数据治理、大块数据就近存储与高速访问、本区域内个性化业务数据管理与共享应用的扩展，是构成企业数据与应用生态的主体。通过一主（湖仓）多子（区域湖仓）、子—子关联的连环架构，形成了企业逻辑统一、互联互通、集中分布式存储、互为备份、分级管控、高效应用、技术共享、能力复用的数据生态和企业数据治理架构。

连环数据湖仓总体架构与数据生态体系设计如图 2-7-1 所示。

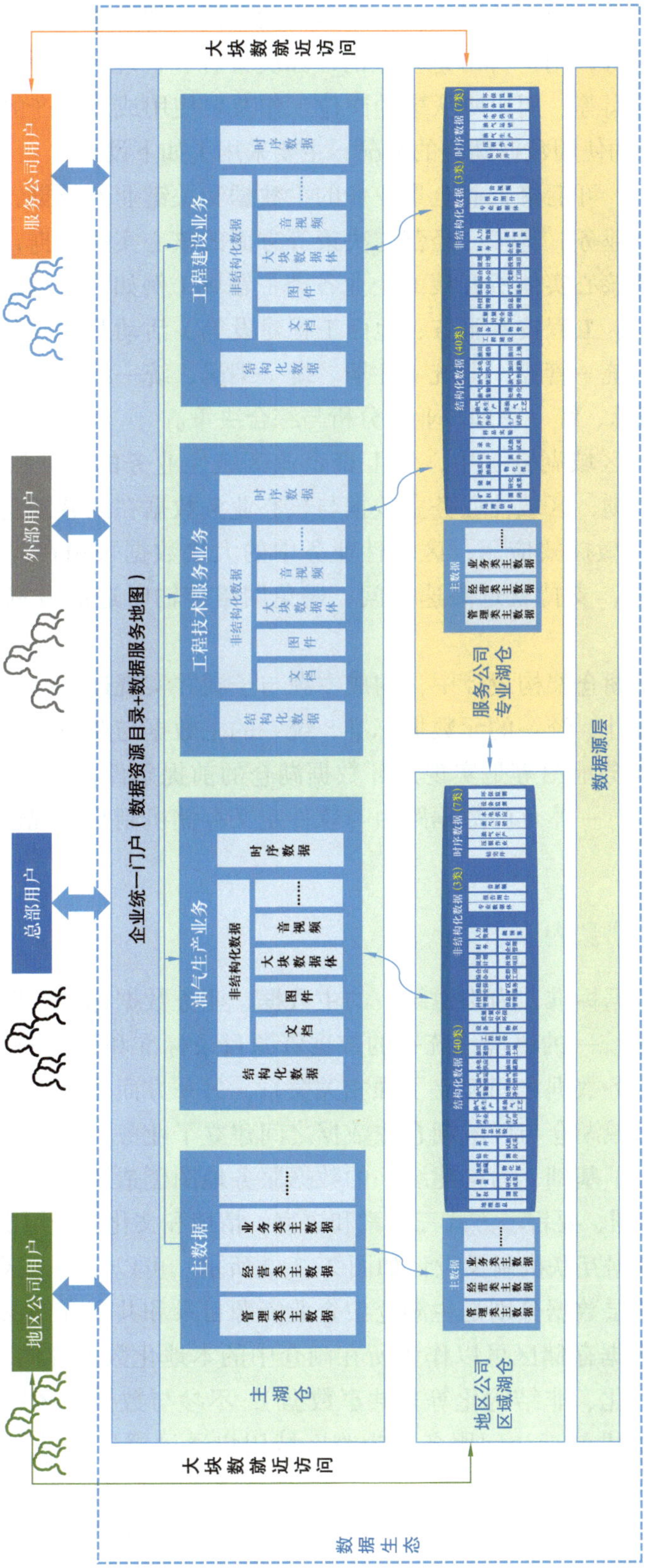

图 2-7-1 连环数据湖仓总体架构与数据生态体系设计

可以看到，连环数据湖仓的用户分布是多样的，如总部用户、地区公司用户、服务公司用户及外部用户等；用户身份是复杂的，如决策者、管理者、研究者、专业岗、数据岗、审核岗、运维岗等，用户所从事的岗位工作及要使用或所生产的数据是复杂多样的，为应对这种复杂的使用数据湖仓的情况，主要采用了如下设计：

（1）在主湖仓中，可汇聚企业全景业务的主数据和关键业务数据，涵盖了上游、中游、下游全产业链的业务、管理、经营与决策等方面的核心实体数据，同时，利用主数据可关联到所有围绕核心实体所开展的企业各类主题域（例如油气勘探、资源评价、油藏开发、采油气生产、工程技术服务、地面工程建设等）活动及其所对应的各类业务数据。通过对主数据的统一管控，即统一注册、统一编码、统一维护等，支持对业务活动的全面感知、动态跟踪、统一管理、业务分析与综合决策。

（2）在子湖仓（区域湖仓）中，可汇聚企业区域性业务的主数据和业务数据，并基于数据分级管控原则，区域性业务主数据与核心业务数据在区域湖仓与主湖仓双重存储，支持数据互备和敏捷式应用；区域性业务中的大块数据采用在线与近线或离线相结合的存储管理模式，支持就近高速访问，避免网络传输时造成带宽占用和数据多重备份。

（3）在连环数据湖仓架构设计中，构成主湖与子湖并实现连环结构的关键是标准和技术，统一的架构设计、统一的元数据标准、统一的主数据与业务数据标准、统一的数据资源目录和数据服务地图等是实现连环数据湖仓的前提条件；统一的云化存储管理、统一的数据服务接口、一体化的数据路由与软件定义存储机制是实现连环数据湖仓的技术保障。

二、连环数据湖仓内联机制

基于统一的元数据标准，为构建统一的主数据、业务数据标准，以及数据交换、数据服务接口等提供了统一的语境；统一的数据资源目录标准和数据分类分级管理机制，一方面为主数据与业务数据之间建立了强相关关系，另一方面也为主湖仓主数据与区域湖仓主数据，以及区域湖仓与区域湖仓主数据之间建立了业务关联性，从而为数据互联互通、就近访问奠定了基础，为构建统一的数据服务地图创造了条件。其中，语境即语言环境，通常包括范围、要旨、方式三要素和语言、情境和文化三个层次。

连环数据湖仓数据互联机制及设计如图2-7-2所示。可以看到，区域湖仓中的区域资源目录和共享存储层数据分别是主湖仓中企业资源目录和共享存储层数据的子集，而每个湖仓中的大块数据存储区可以作为所在湖仓中的本地化数据存储（包括大块数据、时序数据，以及结构化、非结构化等非共享数据），不参与数据跨区域湖仓的迁移或同步，为本区域用户提供就近访问服务，为跨区域用户通过授权许可方式提供远程访问服务。

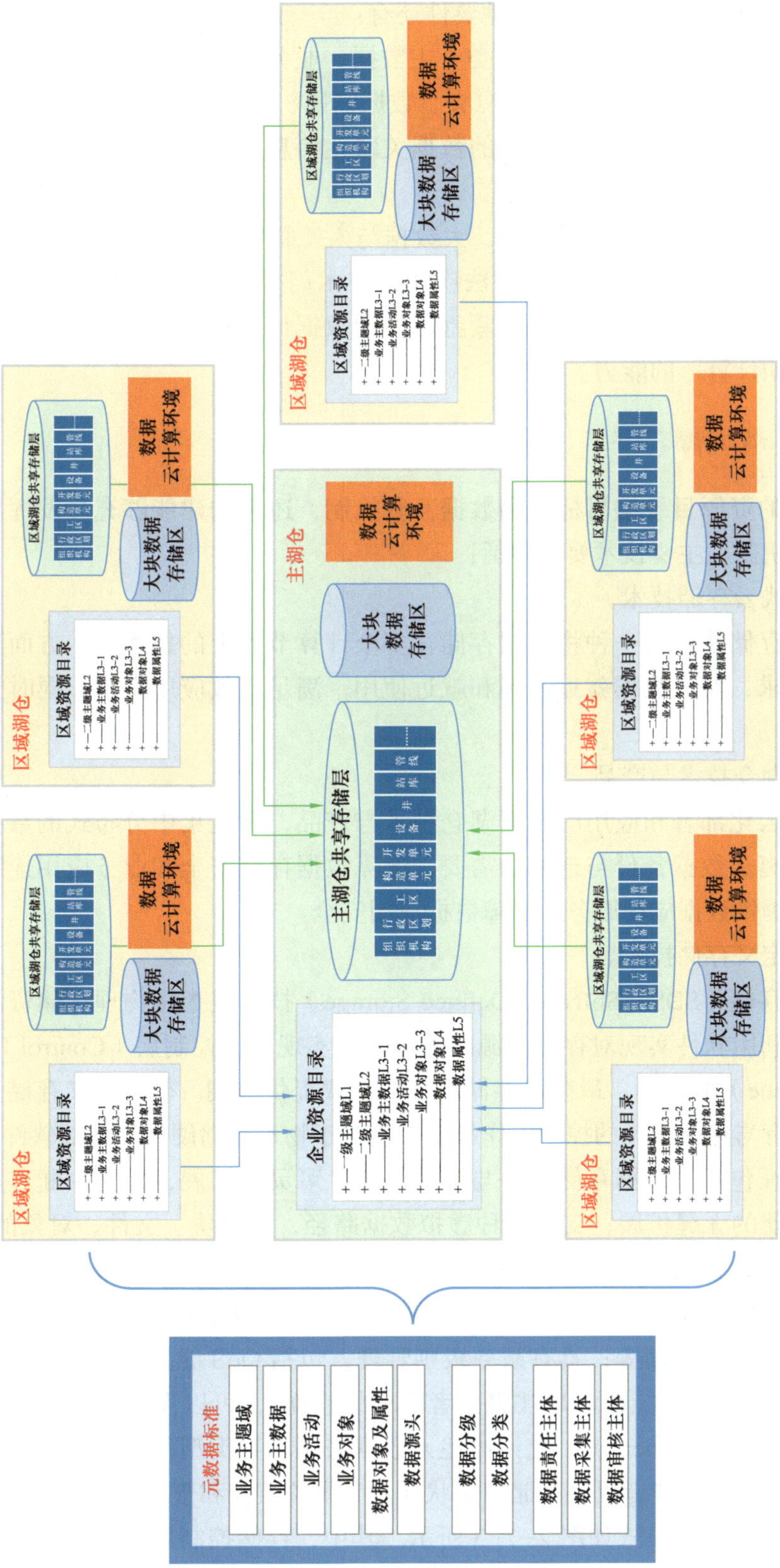

图 2-7-2 连环数据湖仓数据互联机制及设计

构成连环数据湖仓数据互联的其他要件还有：

（1）基于数据分级（L1—L5）分类（主数据、业务数据、共享数据、大块数据、时序数据等）与元数据管理机制（数据源头、数据归属、采集者、审核者），一方面为数据向上集成和数据向下溯源提供了全面的数据关联性信息，同时可以提高数据查询和使用效率，为数据获取提供快速索引地址。

（2）通过为多元分析、数据处理、大数据与人工智能算法应用等提供统一的计算框架、环境和工具，一方面降低智能算法应用的技术门槛，提高数据分析工具的易用性，同时有利于构建数据与数据分析工具紧密衔接的数据计算环境和一体化服务，为数据消费者提供"透明计算"的能力。

三、连环数据湖仓外联技术

有了统一的资源目录编目标准和数据互联机制，还需构建能够充分发挥数据互联效能的数据互通机制，主要技术要求包括：

（1）分布式云存储技术。

分布式云存储技术是一种将数据存储在多个计算节点上的技术，一方面满足高扩展和高可用性需求，便于数据就近入湖和就近使用，满足高效应用需求，同时支持远程的数据访问。

（2）数据湖仓技术与产品。

使用支持云化部署和应用的数据湖仓技术与产品，满足集中分布式的数据存储、租户数据安全隔离、数据备份与迁移的需要，保障数据存储安全和业务应用连续性；基于租户方式对外提供数据应用服务，保障数据应用安全。

（3）软件定义存储技术。

软件定义存储（SDS—Software Defined Storage）技术是指将物理存储资源进行抽象和池化整合，利用软件实现对存储资源的管理，以实现存储控制层（Control Plane）和数据层（Data Plane）的解耦，最终以存储服务的形式提供应用。软件定义存储是一种数据存储方式，所有与存储相关的控制工作都仅在相对于物理存储硬件的外部软件中进行。

其主要特征包括：数据存储服务与硬件解耦；可灵活扩展，无需中断应用，即可提供可靠性与性能的无缝扩展；支持多种虚拟数据路径，提供块、文件、对象的存储接口，并支持写入数据；提供自动化管理功能，可简化管理，降低维护存储资源的成本与复杂度；提供应用编程接口 API，用于管理、部署和维护存储设备和存储服务，可被云应用程序等调用并实现策略驱动等；具有服务级别管理，包括 QoS 能力［即服务质量（Service Quality），是指服务工作能够满足被服务者需求的程度］，可以设定 SLA［即服务等级协议（Service Level Agreement）］，允许标注元数据来驱动某类型的存储和数据服务等；具有透明性，可对存储消费者提供存储使用状况及成本的监控和管理。

软件定义存储构成模式如图 2-7-3 所示。其中，存储控制层负责存储资源的部署和管理，包括分发数据请求（也即存储策略驱动），控制数据流向，完成数据的部署、管理和保护，从而增加存储的灵活性、扩展性和自动化能力，主要产品有：基于存储策略的管理 VMware SPBM（Storage Policy Base Management）、基于云平台的块存储服务 OpenStack Cinder 组件、支持本地存储资源的虚拟化与互操作 EMC ViPR 及 ProphetStor Federator 等。控制层不需要知道数据具体的存储方式（如块、文件或者对象存储等），控制层的时间损耗（延迟）级别是在毫秒级。数据层负责读写硬件存储的方式（如块、文件或者对象），包括分级、快照、去重、压缩、处理与优化等，时间延迟一般是在微秒级。

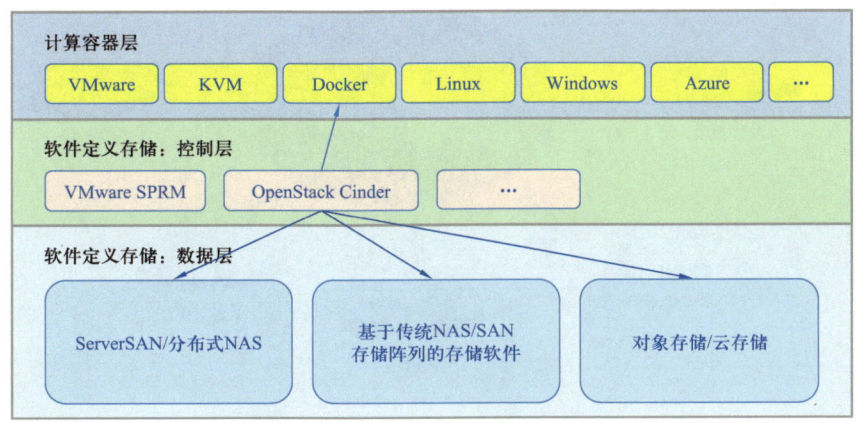

图 2-7-3　软件定义存储构成模式

软件定义存储技术的进步，推动了存储的"抽象—池化—虚拟化—自动化"管理，改变了传统的烟囱式资源管理模式，有效支撑了基础设施即服务（IaaS—Infrastructure as a Service）云化建设，促进了应用平台架构技术演进，如图 2-7-4 所示。

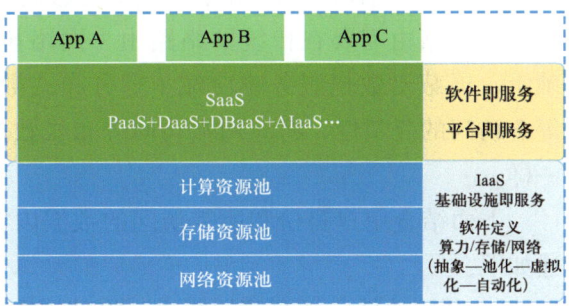

图 2-7-4　基于软件定义资源技术的平台化架构演进

（4）数据路由技术。

数据路由技术（Data Routing Technology）是指在连环数据湖仓体系中，以增强数据访问和数据服务响应"透明性"为原则，将复杂、多样、并发的用户数据访问，从客户应用端（或节点）引导至目标数据所在湖仓及节点的路径选择，为数据应用请求、数据服务响应及数据传输建立稳定路径的过程，如图 2-7-5 所示。

基于数据湖仓的数据生态体系构建方法
——以油气上游业务为例

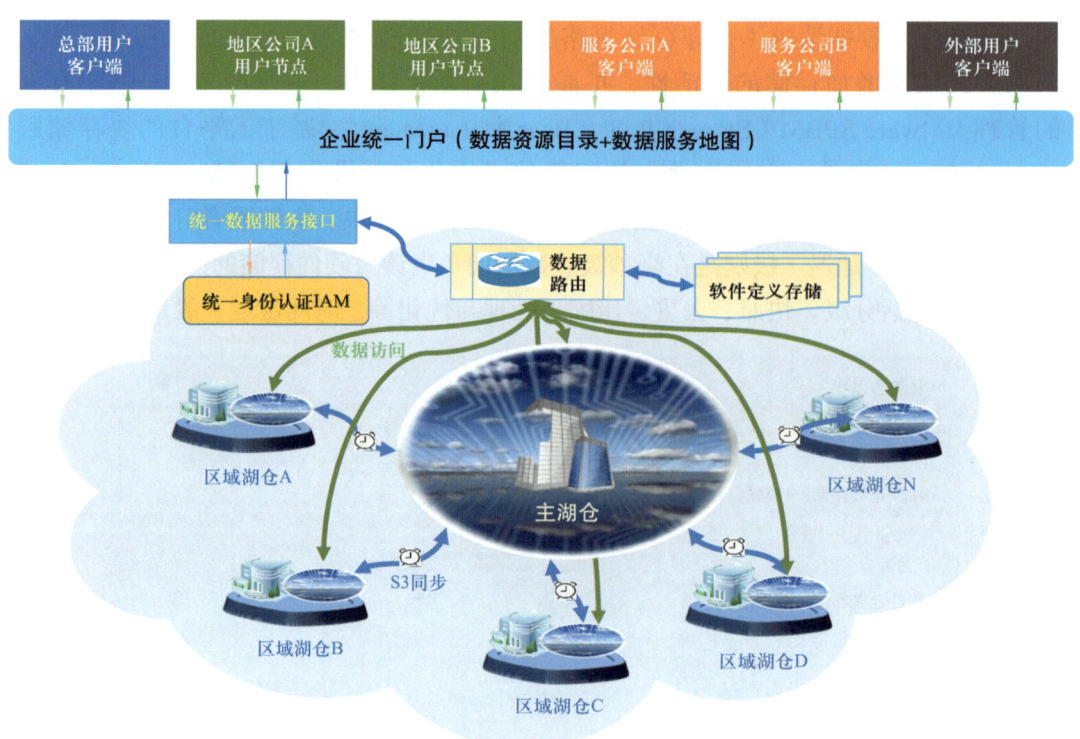

图 2-7-5　连环数据湖仓数据路由技术实现示意图

主要功能包括：

① 客户端数据应用请求到达目标数据所在湖仓及节点，以及数据传输的最佳路径的确定；

② 数据应用请求与数据服务响应能够高效、准确、安全、稳定地传输。

数据路由需要在传统网络路由（网络拓扑结构、链路状态、路由协议等因素）基础上，屏蔽对数据服务响应端（即分布式数据存储节点、多态数据库、复杂数据模式等）访问的复杂性，将应用端访问分布式数据湖仓系统的过程简化为像访问单机数据库一样。

下面结合用户身份和所需访问的数据内容及范围，对数据路由的原理及使用场景简述如下：

① 利用软件定义存储的能力，将部署在云数据中心中的主湖仓或区域湖仓所属的网络、存储、计算和数据库应用等资源信息（如：网络地址、存储节点、计算节点、连接方式、访问方法等）和存储策略、数据流向等控制信息在软件定义存储控制层进行定义，而后对其进行测试。测试成功后，将主湖仓及区域湖仓中的资源状况进行检查、定义或修复，使之能够覆盖主湖仓及区域湖仓中的所有可用资源，形成资源映射关系表，以备数据路由使用。

② 未注册用户，即事先未在企业身份认证系统 IAM［身份识别与访问管理（Identity

and Access Management）]进行过身份注册和认证的用户，仅能浏览企业统一门户中发布的数据资源目录和数据服务地图中的内容，这种浏览无需数据路由的支持。

③ 已注册的总部用户，以真实身份登录企业门户并通过身份认证系统认证后，即在企业门户中获得了合法使用企业数据湖仓中共享数据和用户私有数据的权限。当用户需要访问实际数据时，则转入统一数据服务接口，通过用户身份获得用户可使用的数据权限和范围，数据路由会根据用户IP地址，首先将数据请求分发至与用户IP地址最近网段中的数据湖仓中进行查询，或根据数据服务地图详细定义的目标数据地址进行检索，然后获取目标数据所在湖仓提供的与用户身份及权限相符的数据服务（浏览/下载、分析/处理、订阅/推送、新数据质控/提交入湖等）。当用户需要访问地区公司或服务公司非共享数据时，数据路由会根据用户对其所需数据查询信息的解析，定位并路由到目标数据所在湖仓，然后触发目标数据湖仓管理系统中提供的数据使用授权审批例程及流程，将用户身份和数据使用目的等辅助信息作为申请的一部分，向目标数据权限管理者发出数据使用授权许可申请，获批后，由目标数据湖仓提供相应的数据服务（浏览/下载、分析/处理、订阅/推送等）。

④ 已注册的地区公司用户登录企业门户后，可选择留在企业门户页面，或进入用户已定制过的业务工作页面，或进入自己关注的热点事项。当用户需要访问实际数据时，数据路由会根据用户IP地址，将数据请求分发至与用户IP地址相同或相近网段中的本地数据湖仓中进行查询，或根据数据服务地图详细定义的目标数据地址进行检索，然后获取湖仓提供的与用户身份及权限相符的数据服务（浏览/下载、分析/处理、订阅/推送、新数据质控/提交入湖等）。当用户要访问的数据属于本地区域湖仓中的非共享数据时，将触发本地数据湖仓中的数据使用授权审批例程及流程；当用户要访问的数据不属于本地区域湖仓及共享数据时，数据路由将用户数据应用请求重新定位并分发至目标数据所在区域湖仓，并在取得数据使用授权后，获得目标数据湖仓提供的数据服务（浏览/下载、分析/处理、订阅/推送等）。

⑤ 已注册的服务公司用户，这里的服务公司是指为本企业或油公司提供工程技术和工程建设服务的企业内部或外部公司。由于服务公司与油公司有着密切的业务合作，虽然工作内容不同，但都可被视为油气上游领域数据生态体系的参与者与贡献者，甚至是数据生态的数据源头。因此，长期为油公司提供稳定技术服务的专业服务公司中的部分员工，有可能以数据提供者和消费者身份被注册为连环数据湖仓的合法用户，且往往被限定为对某个区域湖仓中的某些数据类拥有使用权限，即使该用户被注册为具有数据提供者职责，但在数据入湖过程中，也需数据主责单位对数据进行严格的质量评审，评审通过后由数据主责单位主岗人员启动实质性数据入湖流程。

基于上述原因，当这类用户登录企业统一门户系统后，可能会被门户系统直接转入为该类用户预先定制的工作页面，开展与其身份相符的业务活动。在其业务工作中，当需要参考其他区域的相关资料时，可通过模糊查询或智能查询功能检索所需资料，数据检索系统将通过数据路由为其定位相关资料所在的湖仓及数据访问地址，当用户本身不具有对目标数据的使用权限时，用户可自行决定是否启动目标数据使用许可申请审批流程，申请获批后即可获得目标数据湖仓所提供的数据服务。

⑥ 已注册的外部用户，这里的外部是指本企业之外的第三方公司，其用户使用数据的方式通常是因项目合作及协同工作需要，通过开通特别用户通道或注册为企业临时用户等方式提交或获取限定范围的数据，此时的外部用户在需要额外的参考数据时，可能会通过使用数据查询检索功能触发数据路由帮助用户定位所用数据的位置和地址，若用户确认并发出数据使用申请时，数据路由则为其数据获取建立稳定的数据访问和数据传输通道。未注册的外部用户，通常由企业内部合作人员为其接收或推送项目合作所需数据。

（5）统一数据服务接口。

统一数据服务接口（Unified Data Services Interface）是用户访问连环数据湖仓中数据资源的统一入口，也是对用户进行身份验证、使其获取数据访问与操作权限的安全入口，这些权限是根据用户在企业业务活动中的角色和在企业数据生态中承担的职责确定的，包括但不限于：热点数据跟踪、数据质控、提交审核、质量审查、数据分析、数据考核等管理类操作功能和数据查询/检索、数据定位/使用申请、数据可视化、数据验证、订阅/推送、数据分析、数据建模等应用类功能。通过统一数据服务接口，可以屏蔽用户访问数据湖仓的复杂性，增强数据湖仓中数据的"透明性"，提升用户"简单、便捷、快速、准确"查找和使用数据的体验。

统一数据服务接口主要以三种形式为用户提供使用服务：一是通过网页上的数据资源目录或数据服务地图，以及数据查询检索功能查找并选择目标数据对象，然后选择服务方式，包括浏览/下载、分析/处理、订阅/推送、新数据质控/提交入湖等；二是面向用户数据的批量使用，通过自助式选择，为用户的数据处理与分析等应用软件定制数据推送服务；三是面向数据科学与应用开发提供更为专业的 API 数据接口服务（参见 SY/T 7672—2022《油气勘探开发专业软件接口规范》），为数据科学家及决策用户构建分析模型与决策驾驶舱等。

连环数据湖仓应用服务场景如图 2-7-6 所示。

四、连环数据湖仓部署模式

企业连环数据湖仓系统总体应采用集中—分布式部署方式。

在实施部署之前，应在对企业数据资源及应用情况充分调研了解的基础上，结合数据和用户的分布与密度，以及企业已有区域云数据中心布局，以经济、实用为原则，按照企业数字化发展趋势和规模，配套适量的、具备云计算能力的基础设施（网络、存储和算力），以满足主湖仓和区域湖仓 5～10 年的应用需求为宜。

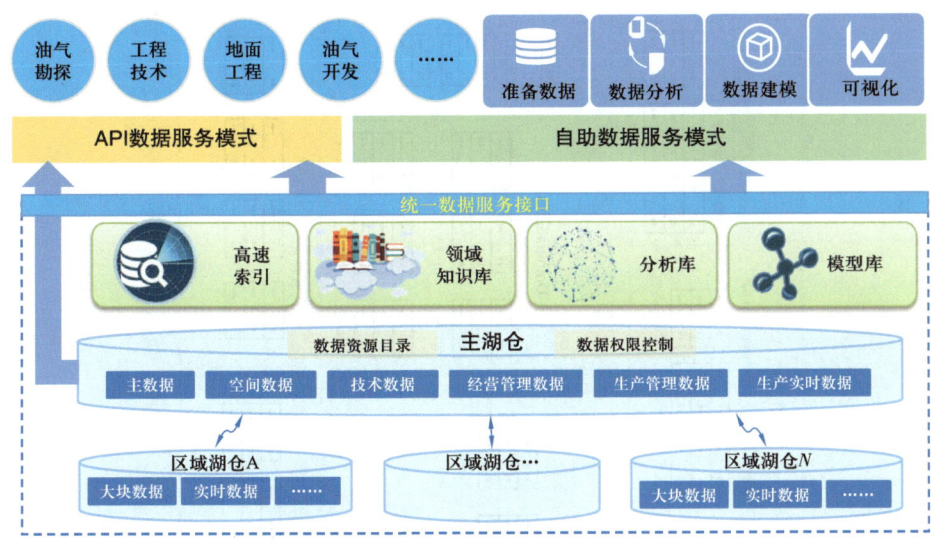

图 2-7-6　连环数据湖仓应用服务场景

在具体部署过程中，要根据企业业务布局，结合企业区域云数据中心和地区公司数据中心可供使用的资源容量等，确定采用独立部署还是多租户部署模式。

其中，独立部署模式及多租户部署模式中对单租户的部署，均对应单湖仓部署方案及模式；在一个数据中心中部署多个湖仓的多租户部署模式中，除要充分考虑用户或租户数据隔离外，还应尽量将计算类资源与应用类资源进行共享，以提高高价值资源的利用率。

1. 单湖仓部署模式

单湖仓部署是连环数据湖仓部署模式中的基本部署模式。

基于"存—算"分离原则，在存储层，采用支持模型演进的存储管理方案以及对象存储管理技术，将基础存储资源划分为管理节点、数据节点及块存储节点。在计算层，使用支持大数据计算架构的相关技术管理应用资源和计算用容器等，使用具有管理云平台中多主机上容器化应用能力的任务容器编排引擎，支持自动化部署、大规模可伸缩和负载均衡；对不宜分割，需"存—算"一体的部分计算功能，如流式数据处理等，则使用具有计算编排能力的技术对其管理节点和工作节点进行管理和维护。在应用库层，部署对结构化、非结构化、主数据、空间数据、全文/文件索引、数据交换、图形数据及分析、时序数据等适用的数据库管理技术及产品，如图 2-7-7 所示。

2. 连环数据湖仓部署模式

利用数据湖仓管理工具，将各种部署模式的区域湖仓与企业主湖仓整合为一个整体，即为连环数据湖仓的形成过程，该过程不是一蹴而就的，而是一个循序渐进的过程。

企业主湖仓与区域湖仓既可单独建设，也可同步建设。但在主湖仓的设计上要充分考虑主湖仓所承担的企业数据资源门户的职能，一方面在基础设施的容量和性能等方面

基于数据湖仓的数据生态体系构建方法
——以油气上游业务为例

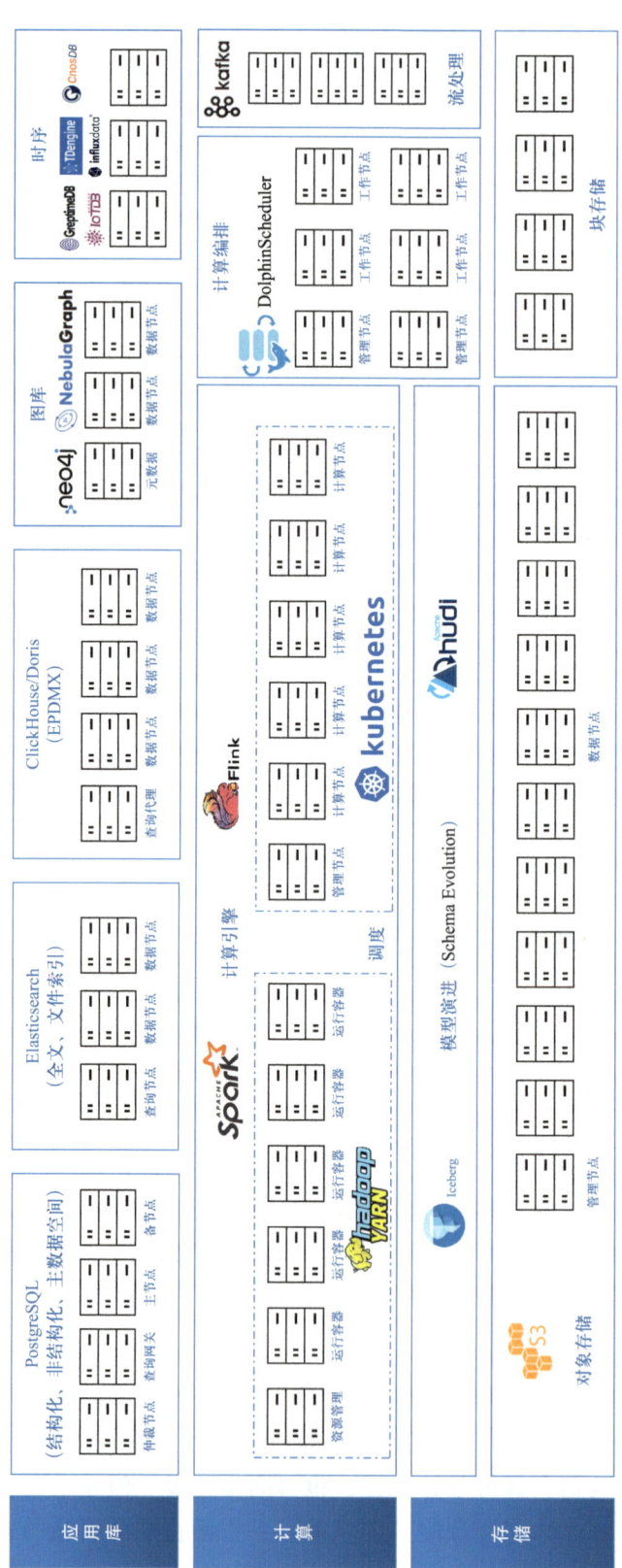

图 2-7-7 单湖仓部署模式示意图

要提前做好规划设计，另一方面，要选择好支持集中—分布式部署和统一协调运行的数据湖仓管理工具，事先做好企业数据资源门户的设计、技术规范的制定、各类资源的拉通，以及企业及区域数据资源目录、数据服务地图的详细设计、开发和测试，同时做好软件定义存储、数据路由、统一数据服务接口，以及连环数据湖仓应用服务模式设计和开发等工作。

连环数据湖仓的部署模式如图 2-7-8 和图 2-7-9 所示。

图 2-7-8　连环数据湖仓部署模式外部拓扑关系图

五、连环数据湖仓应用模式

通过连环数据湖仓建设，可以为所有数据消费者（数据使用者）提供数据及其服务的可及性、便利性、安全性和超值体验，同时，也为数据类生产要素的管理与治理提供了完整的解决方案，为数据要素的价值发掘和数智生产力的创新提供了平台化的应用环境，成为企业数字化、智能化转型发展的压舱石。

数据作为继土地、劳动力、资本、技术之后的第五大生产要素，对其他传统生产要素的整合能力使其成为最重要和最难以替代的关键要素（张平文等，2022）。以油气生产中的时序数据应用为例，该类数据通常来自油气生产过程中的生产设备（如生产井：自喷、气井、抽油机、螺杆泵、电潜泵、注水、注聚、注蒸汽、注气、注采等）、生产设施（如井场：采油树、投球清管、电加热装置、丛式井集油汇管、管道监控阀室、集油阀组、油气水分离器、计量装置、掺稀油阀组、掺水阀组、配水阀间、配汽阀间；配气阀间等）、设备运行状态（如温度、压力、流量、频率、速率、功率、位移等）以及生产单元（井、间、站、库等）的能源使用与能耗、生产环境监测（有毒有害气体监测、碳排

基于数据湖仓的数据生态体系构建方法
——以油气上游业务为例

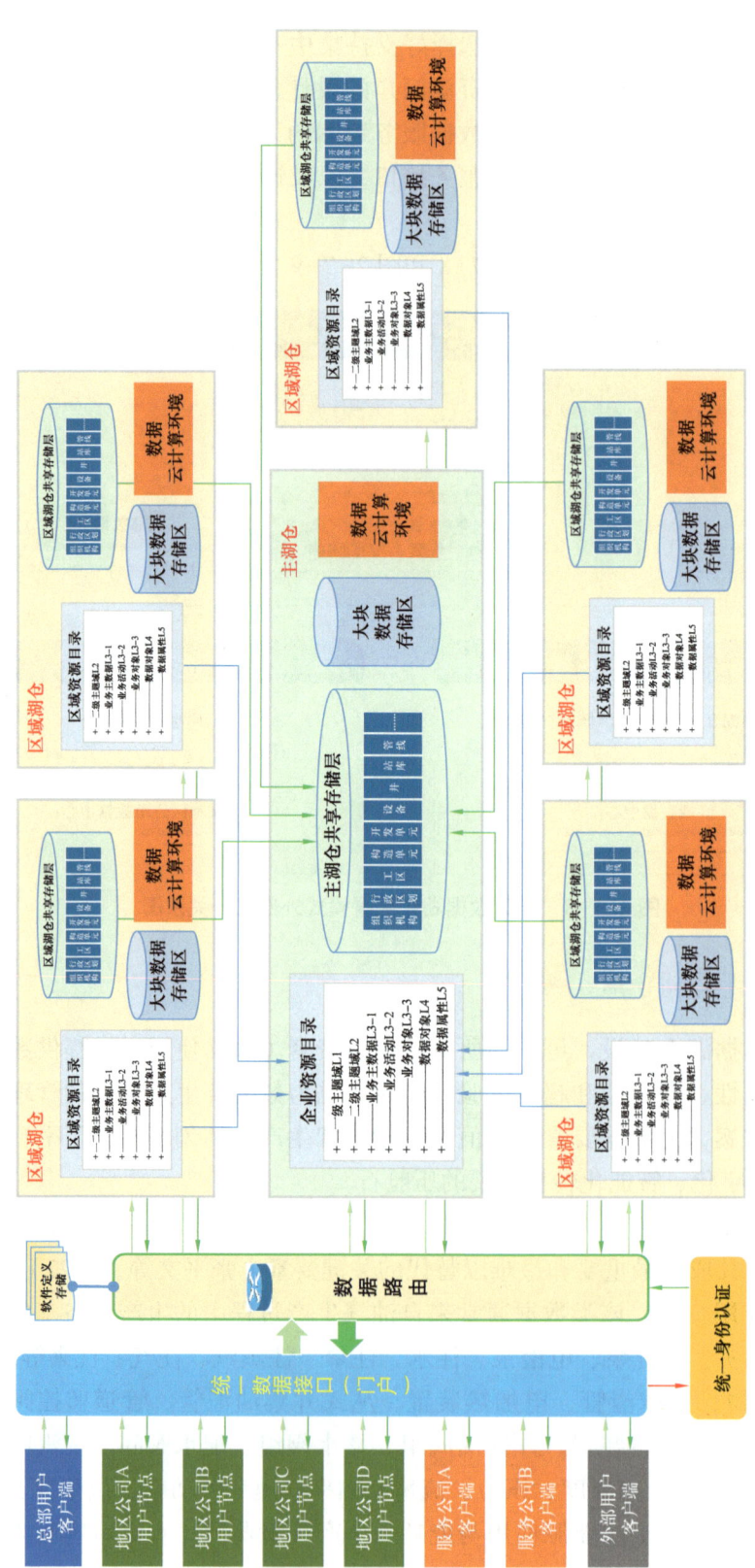

图 2-7-9 连环数据湖仓部署模式内部逻辑关系图

放监测与计量等）、音/视频安全监控等。此外，在钻井、录井、测井、试油作业过程中产生的时序数据主要来自钻参仪、录井仪、测井仪、地质导向系统、MWD（随钻测量）、LWD（随钻测井）和井下、井口等位置对温度、压力、流量等参数的感知测量等。

通过对时序数据的应用分析，可快速、有效地感知生产设备与设施的运行状态，从而预测设备工况；对复杂原因可能造成的事故进行预警和报警，如钻井中的遇阻遇卡、憋跳、井漏、井涌和处理井下复杂情况时因措施不当等可能造成的钻具折断、顿钻、卡钻、井喷、失火等事故，从而减少事故发生的可能性，提高应急响应能力；对油气生产中设备设施的状态监控，有助于安全生产、优化生产参数、提高采收率和开展能源管控等。

基于连环数据湖仓的时序数据应用模式如图 2-7-10 所示，主要分为三级应用，一是生产作业现场对时序数据的实时分析应用，主要是结合生产模型和预警模型，感知和应对突发情况，如安全报警等；二是作业区与采油气厂对时序数据的规律性分析应用，主要用于监测油藏生产动态，开展生产参数优化，如调整注采井关系、优化关井、躺井与开井时间频率等；三是采油气厂以上组织对时序数据进行历史性的综合分析应用，以构建更加稳定、合理、可靠的油气藏生产与优化模型、事件预测与事故预警模型等，以提升油气藏及以上级别油气生产单元的智能化安全生产水平。

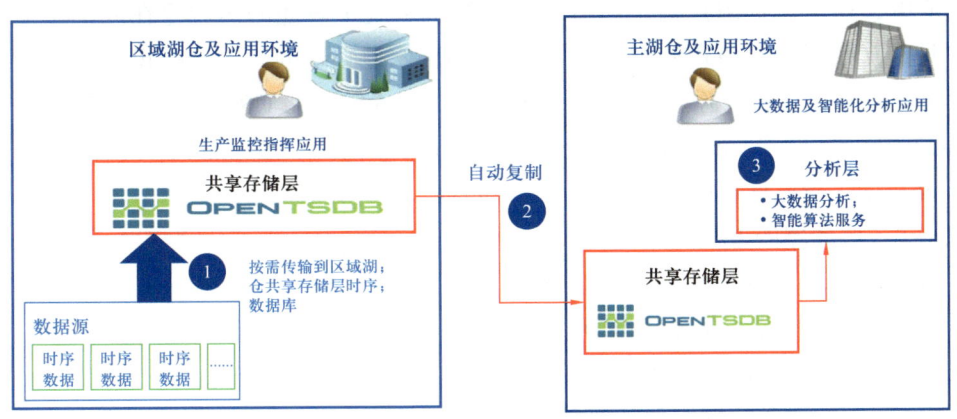

图 2-7-10　连环数据湖仓应用模式示意图

六、数据应用服务接口

连环数据湖仓中的数据应用通常是通过服务接口完成。有关数据应用服务与接口的概念、方法及规范简述如下：

1. 应用服务与接口的相关概念

（1）应用（Application 或 App）：应用程序（Application Program）或应用软件（Application Software）的统称，通常是指那些用以完成特定目标或任务的、在特定平台空间或环境中（如各种操作系统、数据库、云计算等）可独立运行的计算机软件或程序。

（2）模块（Module）：一种可以完成指定目标或任务的、在应用内核空间运行的程序，是一种仅能通过访问接口调用并执行的目标对象文件。

（3）应用服务（Application Service）：将应用或模块服务化，使其在计算机系统、网络或云计算环境中呈现为一种通用性应用资源的状态，并可通过 Web 服务方式或远程方法调用和执行。

（4）应用接口（Application Interface）：用于实现服务功能编程中的一种规范定义，用于规定类与类、模块与模块等应用之间的交互方式。

（5）服务接口（Service Interface）：一个系统与另一个系统或人之间的共享边界，在云计算环境中，是指由数据管理平台提供给客户端或其他系统或应用进行交互的一组访问应用与数据的方法和规则。服务接口应包括服务的 URL（Uniform Resource Locator）地址和接口版本标识；服务地址 URL 应符合 RFC 3986 的要求（参见 https://www.rfc-editor.org/rfc/rfc3986），且必须为 HTTP（Hypertext Transfer Protocol）协议。

其中，RFC 3986 将 URL 与相对 URL 结合在一起，形成统一资源标识符 URI（Uniform Resource Identifier），即用一个紧凑的字符序列标识抽象的或物理的资源，并为其定义了通用的 URI 语法。解析可能以相对形式出现的 URI 引用的过程，及其在互联网上使用 URI 的准则和安全关切。URI 提供了一种简单、可扩展的方式标识资源的方法，且不限制资源的范围，这里的资源是指任何可以在计算机系统中表述的客观存在或抽象概念，但只有需要在互联网访问该资源时，该资源的 URI 才是必要的。一个标识符包含特定的信息，以便对需要标识的资源内容进行区分。RFC 3986 定义的 URI 语法为：

URI=scheme "://" authority "/" path ["?" query] ["#" fragment]

- scheme：指底层用的协议，如 http、https、ftp；
- host：服务器的 IP 地址或域名；
- port：端口，http 中默认端口为 80；
- path：访问资源的路径，也即 Web 框架中定义的路由 route；
- query：发送给服务端参数；
- fragment：锚点，即定位到页面中资源的 id。

（6）远程调用方式：采用 RESTful 风格的 HTTP 协议，即遵循 RFC 3986 对 URI 所定义的语法，而底层协议仅为 http 及 https。RESTful 是指遵循 REST（Representational State Transfer）资源表现层状态转移架构的远程调用方式，包括：① 通过 URI 定位资源；② 用 HTTP 请求的 Content-Type 字段来描述资源的表现形式；③ 用 HTTP 动词来描述对资源的具体操作，以实现与互联网上资源的互动。

与 HTTP 接口相比较，RESTful 风格的接口提供了可读性、易用性、可维护性、可扩展性和灵活性更强的标准化通信方式，而受到广泛欢迎。此外，RESTful 接口风格还有如下特点：

① 资源标准化：RESTful 是基于 HTTP 协议的，HTTP 协议定义的 URL 必须是符

合 URI 标准的标识符。URI 由协议、主机、资源路径、查询字符串和锚点组成。故而 RESTful 要求每个资源都有一个唯一的 URI 标识符。

② 无状态：因为 HTTP 是一种无状态协议，所以 RESTful 也是"无状态"的。即服务器不会保存任何客户端请求的历史信息。每个请求都是独立的，服务器不会在请求之间保留会话状态以便将来使用，而不像 TCP（Transmission Control Protocol，即传输控制协议）那样的有状态连接，即在使用 WebSocket 连接中，当连接断开就不能使用。

③ 缓存机制：由于 RESTful 是基于 HTTP 标准定义的，因此具有 HTTP 缓存机制。客户端可以在收到数据后将其存储在本地缓存中，在下一次请求相同资源时可以减少网络传输，提高性能。

（7）RESTful 风格的接口设计。

服务地址 URL 格式为：[协议]://[域名]/[模块名称]/[版本]/[资源路径]

（8）远程调用方法，RESTful API 主要采用了 HTTP 的 GET、POST、PUT、DELETE 四种方法的标准语义来实现 CRUD（即增删改查）操作：

① GET：获取资源；

② POST：新建资源；

③ PUT：更新服务端资源（向客户端提供改变后的所有资源）；

④ DELETE：删除服务端资源。

（9）服务端返回的数据格式，尽量采用 JSON（JavaScript Object Notation，即 JavaScript 对象表示法），并避免使用 XML。JSON 有可读性强，结构紧凑，支持的语言种类多等特点。因此，JSON 是 RESTful API 最常用的请求响应返回格式。

2. 应用服务接口规则

（1）请求参数：包括 query、path、header、body 四种。

① query 参数：应出现在服务地址后部，参数列表以"?"开始，中间以"&"进行分隔；每个参数名不可超过 32 字符；参数不宜过多，整体服务地址 URL 的总长度不可超过 2083 字节。

② path 参数：在服务地址中以"/"进行分隔，长度不超过 32 个字符。

③ header 参数：HTTP 消息头，以明文的字符串格式传送，并以冒号分隔的键:值对，例如：Accept-Charset:UTF-8，每一个消息头最后以回车符 CR 和换行符 LF 结尾；HTTP 消息头结束后，应使用一个空白的字段来标识，以避免出现两个连续的 CR-LF。

④ body 参数：在消息体中进行传输的参数，包括：form-data、x-www-from-urlencoded 与 raw 三种。

（2）请求编码：采用 UTF-8 格式编码，例如：Content-Type:application/json;charset=utf-8。

（3）请求方法：主要是 GET、POST、PUT、DELETE，每种请求方法都有自己的特点和用途。但为提高安全性，推荐使用 GET 和 POST 方法，并禁用掉不需要的方法。

当特别需要使用 DELETE 请求时，DELETE 请求也是幂等的、安全的，即无论对同一个资源发送多少次 DELETE 请求，结果都是一样的，即服务端中资源被删除。这与 POST 请求不同，POST 请求是不幂等的，每次请求都会创建一个新的资源；DELETE 请求只是删除指定的资源，而不会对服务端中的其他资源产生影响，这与 PUT 请求不同，PUT 请求是对资源进行替换或创建操作，因此可能会对其他资源产生影响。

① GET 请求：HTTP 协议中用于从服务端获取单项或多项资源的方法，请求参数放入 URL 中，参数使用小驼峰命名法，敏感数据应在 HTTP 消息头 header 中传输。

```
1  //HTTP GET 方法
2  // 获取资源详情
3  http://www.example.com/customers/v1/resource/{id}
4  // 获取资源列表
5  http://www.example.com/customers/v1/resource?pageNum=1&pageSize=10
```

② POST 请求：HTTP 协议中用于在服务端创建资源的方法，参数放在 body 中，推荐使用 JSON 编码方式，参数使用小驼峰命名法。如果参数少于等于三个，可采用 form-data 形式发起请求，而敏感数据应在 HTTP 消息头中传输。

```
1  //HTTP POST 方法（示例1）
2  POST http://www.example.com HTTP/1.1
3  Content-Type:application/json;charset=utf-8
4
5  {"title":"test", "subValue":[1, 2, 3]}
6
```

```
1  //HTTP POST 方法（示例2）
2  POST http://www.example.com HTTP/1.1
3  Content-Type:application/x-www-form-urlencoded;charset=utf-8
4
5  title=test&sub%5B%5D=1&sub%5B%5D=2
```

③ PUT 请求：HTTP 协议中用于更新服务端目标资源的方法，如果资源不存在则创建新的资源。请求参数可分别放入 URL 或 body 中，参数规则与 POST 请求的相同。

```
1   //HTTP PUT 方法（示例）
2   http://www.example.com/customers/12345
3
4   // 请求头
5   PUT/users/123 HTTP/1.1
6   Host:example.com
7   Content-Type:application/json
8
9   // 请求体
10  {
11      "name":"John Doe",
12      "email":"johndoe@example.com",
13      "age":30
14  }
```

④ DELETE 请求：HTTP 协议中用于删除服务端指定资源的方法。它允许客户端向服务端发送请求，以删除服务端指定的资源。DELETE 请求在 Web 开发中起到至关重要的作用，它使得我们能够通过 HTTP 协议对服务器上的资源进行删除操作，从而实现数据的动态管理和维护。

具有资源 DELETE 权限且经过验证的用户，才能使用 DELETE 请求进行相关操作。

```
1   //HTTP DELETE 方法（示例）
2
3   // 请求头
4   DELETE /path/to/resource HTTP/1.1
5   Host:example.com
6   Authorization:Bearer<token>
```

其中：DELETE 请求中的路径指定了要删除服务端资源的位置，Host 字段指定了请求的目标服务器/端，Authorization 字段用于身份验证，可以是基于令牌的身份验证。

DELETE 请求的"请求—响应"过程的接口示例如下：

```
1   //HTTP DELETE 请求接口（删除服务端目标资源示例）
2   import requests
3
4   url="http://example.com/path/to/resource"
5   headers={
6       "Authorization":"Bearer<token>"
7   }
8
```

```
9    response=requests.delete(url,headers=headers)
10
11   if response.status_code==200:
12       print("资源删除成功")
13   else:
14       print("资源删除失败")
```

a. 客户端发送 DELETE 请求到服务端；

b. 服务端接收到 DELETE 请求，根据请求中的路径找到要删除的资源；

c. 服务端删除指定的资源，并返回相应的响应；

d. 客户端接收到服务端的响应，根据响应的状态码判断删除操作是否成功。

3. 服务响应

（1）服务响应编码，采用 UTF-8 格式编码，例如：Content-Type:application/json;charset=utf-8。

（2）服务响应体，基于 JSON 语法，建立统一服务响应格式，包含正常响应及异常响应。

例如：

```
1   {
2       "code":"xxx",
3       "msg":"查询成功",
4       "flag":true,
5       "result":{},
6       "jumpUrl":null
    }
```

其中，各参数的类型及说明如下：

① code：类型为 String（字符串），用于错误码；

② msg：类型为 String，用于提示信息；

③ flag：类型 Boolean（布尔），用于标识是否为正常响应；

④ result：类型 Object（对象），用于返回查询结果；

⑤ jumpUrl：类型 String，用于响应返回后要跳转的地址。

4. 应用服务接口安全

（1）身份认证。

① 说明类内容或静态页面可不进行鉴权。

② 凡涉及调用服务接口的，均须进行身份认证，且在租户所授权限范围内访问服务性应用资源。通常用户登录采用 OAuth 2.0 标准及机制进行认证，认证通过后用户端获得一个身份令牌 token 作为用户正常登录的凭证。

（2）数据加密。

确定为敏感级的数据应进行加密传输，至少应采用对称加密方法（如 SM4），如有更高的安全要求，可采用非对称加密方法（如 SM2）。

（3）加签/验签。

为防止参数传输过程中被篡改，应采用 utf-8 编码方式，通过加签/验签机制保证参数传输的安全。

（4）超时机制。

为防御 DoS（拒绝服务）攻击，可采用时间戳超时机制。

（5）限流机制。

若接口服务处理数据的能力有限，且为避免出现响应崩溃，应采用限流机制保护系统，结合时间戳超时机制，可防御 DDoS（分布式拒绝服务）攻击。

（6）黑、白名单机制。

对恶意用户的异常访问行为，应采用黑名单机制进行访问限制；对正常的定向服务访问，可选用白名单机制。

第三章 基于数据湖仓的数据治理体系

数据治理与数据管理是不同的概念。

首先，管理（Management）是一种以绩效、责任为基础的专业职能（Peter. F. Druck，1954）；管理就是决策（Herbert A. Simon，1978）；管理就是根据一个系统所固有的客观规律，施加影响于这个系统，从而使这个系统呈现出一种新状态的过程；管理是社会组织中，为了实现预期的目标，以人为中心进行的协调活动。

数据管理是利用网络和计算机系统技术对数据进行收集、存储、处理和应用的过程，其目标是充分有效地发挥数据的作用。

通常情况下，数据管理包括以下职能：

（1）数据治理职能：即在企业管理层面上对企业数据资源及数据资产生命周期进行规划、监督和控制。

（2）数据架构管理职能：即定义和设计符合企业数据资产化管理的发展蓝图。

（3）数据应用与服务开发：即围绕数据价值的发掘，开展数据分析、设计、实施、测试、部署、维护等工作。

（4）数据操作管理职能：即围绕数据生命周期，提供对数据操作管理方面的技术支持。

（5）数据安全管理职能：即围绕数据生命周期，确保数据隐私、保密性和适当的访问权限等。

（6）数据质量管理职能：即围绕数据生命周期活动，定义、监控和改进数据质量。

（7）主数据和参考数据管理职能：即根据企业业务活动，抽提主数据，分离参考数据，管理数据的黄金版本及副本。其中，主数据是指关于业务实体的、系统间共享的、非交易性核心数据；参考数据是指用于描述或分类其他数据的、将数据与组织外部的信息联系起来的任何数据。

（8）数据仓库和商业智能管理职能：基于企业管理需要，构建多主题数据仓库和商业智能环境，为决策提供报告和分析能力。

（9）文档和内容管理职能：管理除结构化数据之外的非结构化文档和内容，使之可用于数据挖掘和知识发现。

（10）元数据管理职能：为企业数智化发展，提供统一的元数据标准，支持企业级数据集成和管控。

（11）数据组织管理职能：建立配套的数据管理组织和制度体系，是实现数据有效管理的关键。

其次,治理(Governance)一词在政治学领域,通常指国家治理,即政府如何运用治权来管理国家和人民;是以维持政治秩序为目标,以公共事务为对象的综合性的政治行动。

数据治理(Data Governance)是组织中涉及数据使用的一整套管理行为,是由组织中的数据治理部门发起、制定、推行和实施的针对整个企业内部数据的商业应用和技术管理的一系列政策和流程(引自百度百科 baike.baidu.com);数据治理是对数据资产管理行使权力和控制的活动集合(国际数据管理协会 DAMA);数据治理是一个通过一系列信息相关的过程来实现决策权和职责分工的系统(国际数据治理研究所 DGI),这些过程按照达成共识的模型来执行,该模型描述了谁(Who)能根据什么信息,在什么时间(When)和情况(Where)下,用什么方法(How),采取什么行动(What)。

数据治理是以实现企业数字化战略为目标,以保障数据及其应用活动中的运营合规、风险可控、数据价值实现为重点的管理体系,治理的对象通常包括:数据战略、数据架构、主数据、元数据、参考数据、数据标准、数据模型、数据指标、数据质量、数据安全、数据交换、数据共享、数据能力、数据服务等,治理的主要内容主要是组织、制度、流程、工具等。

第一节 数据治理体系参考模型

数据治理的基础是确立数据的资产地位,明确数据权属的主体资格,明晰数据的收集、管理和使用权限,平衡数据共享、数据利用与数据保护之间的安全关系;通过对与数据相关的组织、制度、标准、技术等体系的建设与规则设计,实现多元协同治理,确保数据资产的安全、有序积累、合理流通与价值释放,促进人才、技术与数据全要素的优化配置与重组,激活数据要素创新潜能,释放数据要素多元潜在价值,形成共建、共治、共享、共创、共赢的数智创新生态。数据治理以保障国家、企业和个人信息数据安全为前提,通过完善的数据安全防护,严格的管理与管控机制,有效组织和技术监督,防范数据安全危机发生(米可维大数据,2023)。

一、数据治理体系参考模型

数据治理体系应在企业发展战略框架下,以企业数智发展战略为指导,开展规划、设计和持续完善工作。站在企业治理视角,数据治理体系包括管控、治理、技术、过程和价值五个域,即"数据治理五域模型"(CIO 发展中心,2023)。结合油气工业互联网平台实践,改进的企业数据治理体系参考模型如图 3-1-1 所示。

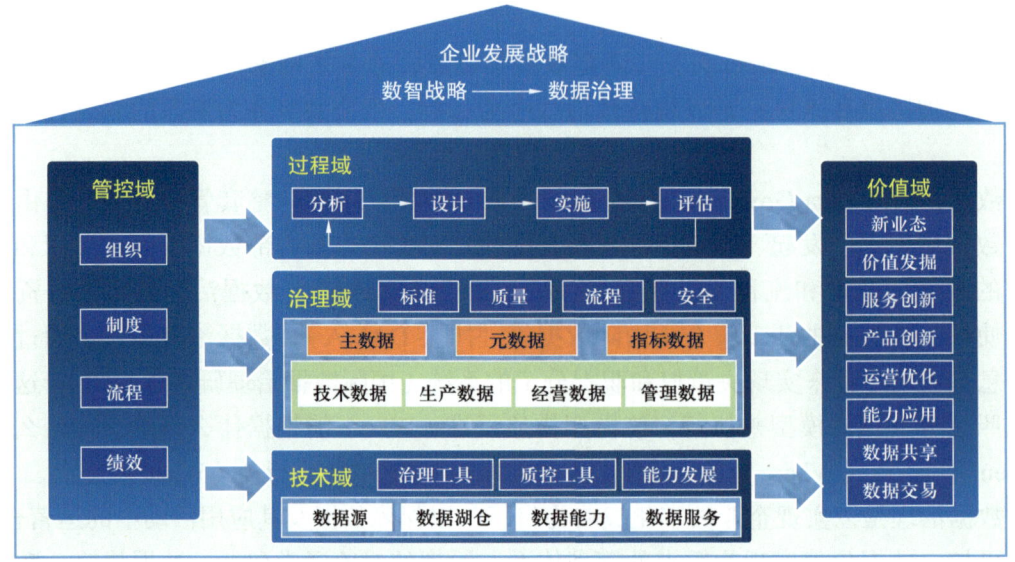

图 3-1-1　企业数据治理体系参考模型

（1）管控域。

管控域是企业数据治理的基础，涉及数据治理组织架构与分工、管理制度与管理办法、管理流程与业务协同、绩效指标与考核评价等。各项内容的制定需结合业务现状和未来发展愿景，遵循业务主导、统筹推进原则，落实每一项工作的主体责任和协同责任，使企业数据治理组织管理工作明晰化、制度化、流程化和指标化。

（2）治理域。

治理域是企业数据治理的主体，重点涉及数据标准、质量、流程和安全等方面，治理的对象包括但不限于企业主数据、元数据和指标数据等，针对油气业务数据治理的内容分类包括技术数据、生产数据、经营数据和管理数据等。

（3）技术域。

技术域是企业数据治理的配套技术集合，重点涉及数据治理工具、数据质控工具和数据能力建设与发展等方面，对象包括数据源、数据湖、数据能力、数据服务及数据平台等。

（4）过程域。

过程域是企业数据治理的全过程，包括但不限于数据治理现状分析、方案规划与设计、方案实施、效果评估与评价等。

（5）价值域。

价值域是企业数据治理的目标，即通过对数据的有效治理，实现或提升数据的资产价值，发掘数据要素作为新型生产力的倍增作用。包括但不限于数据交易、数据共享、数据能力应用与输出、产业链及运营优化、产品创新、服务创新及催生新的业态形成等。

其中，治理域中的数据标准、数据质量、数据流程和数据安全可进一步按照治理域中的数据对象进行体系化设计，例如数据标准体系可进一步细分为主数据标准、元数据标准、指标数据规范、技术数据规范、生产数据规范、经营数据规范等。与之类似，上述治理对象在数据质量、数据流程及数据安全等方面也应具有相应的统一规定和要求。在数据质量方面，主要围绕数据的规范性、准确性、完整性、及时性和一致性开展规则制定和质量管理活动；在数据流程方面，应围绕数据的生命周期展开；在数据的安全方面，应基于数据本身的等级保护级别采取相应的安全防护措施，如分类分级保护、加密传输、授权使用，以及基于区块链智能合约技术的数字身份验证、版权和知识产权管理等。有关数据质量、数据安全等方面的体系化方法与设计，详见后续章节。

可以看到，数据治理是围绕企业数据全生命周期展开的，而数据湖仓作为企业数据的全流程管控中心，为企业数据治理提供了依托环境。

二、数据治理与数据管理

在 2018 年颁发的数据管理领域首个国家标准 GB/T 36073—2018《数据管理能力成熟度评估模型》（Data management Capability Maturity assessment Model，简称 DCMM）中，为数据管理能力成熟度评估模型定义了数据战略、数据治理、数据架构、数据应用、数据安全、数据质量、数据标准和数据生存周期等八个核心能力域（图 3-1-2），并细分为 28 个过程域和 445 条能力等级标准，旨在帮助企业利用先进的数据管理理念和方法，建立和评价自身数据管理能力，持续完善数据管理组织、程序和制度，促进企业向信息化、数字化、智能化发展。

数据战略能力包括：数据战略规划、数据战略实施、数据战略评估。

数据治理能力包括：数据治理组织、数据制度建设、数据治理沟通。

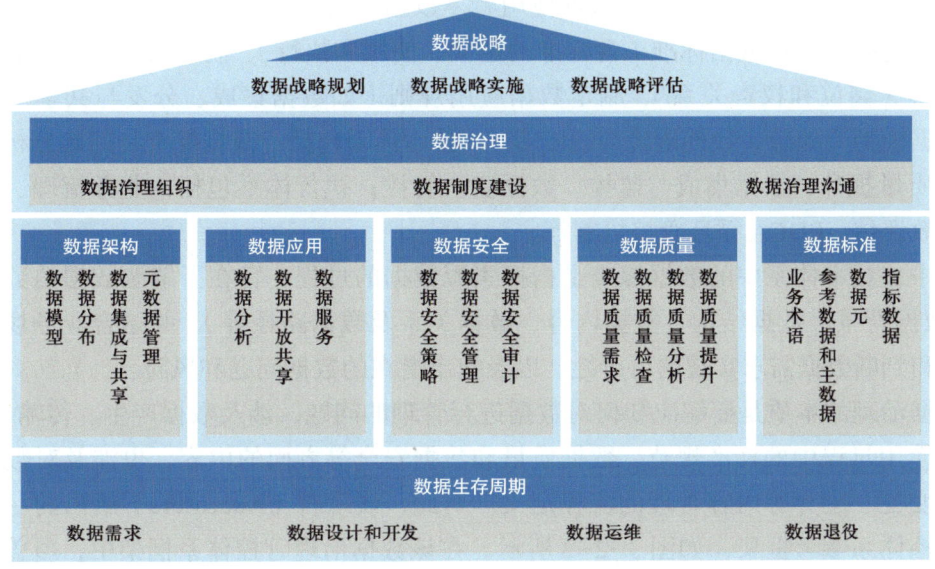

图 3-1-2　DCMM 数据管理能力成熟度评估模型中的八个核心能力域

数据架构能力包括：数据模型、数据分布、数据集成与共享、元数据管理。
数据应用能力包括：数据分析、数据开放共享、数据服务。
数据安全能力包括：数据安全策略、数据安全管理、数据安全审计。
数据质量能力包括：数据质量需求、数据质量检查、数据质量分析、数据质量提升。
数据标准能力包括：业务术语、参考数据和主数据、数据元、指标数据。
数据生存周期包括：数据需求、数据设计和开发、数据运维、数据退役。

可以看到，数据治理是支撑企业数据战略实现的重要手段，同时也是数据架构、数据应用、数据安全、数据质量管理、数据标准、数据生命周期等六项能力建设的关键保障，是站在"行政管理"的角度对数据管理的组织、制度、流程、工具等行使权力和控制的过程。

第二节　数据治理体系架构

数据治理核心是首先要建立数据治理管控体系，确定基于数据的责权利，其次才是确定数据产生的时候基于什么标准和流程，最后才是这些标准、流程是否通过 IT 系统来固化。这一思想的基本出发点是出于数据治理需要明确数据治理组织架构、岗位设置、团队建设和数据责任，才能保障数据治理各项职能工作的开展，只有对数据治理组织在数据管理和数据应用活动中行使的职责进行规划和控制，并指导各项数据职能的执行，才能确保数据治理组织能有效落实企业的数据战略目标（何明璐，2023）。

一、数据治理管控体系参考

数据治理管控体系构成如图 3-2-1 所示，分为组织体系、管理体系、技术体系和执行体系。其中，组织体系包括：数据使用者（数据消费者）、数据管理者和数据生产者；管理体系包括：制定数据标准（含标准的定义、使用和执行）、制定数据管理机制（明确管理流程、岗位和权责关系）、制定数据应用规则（如数据集成、分发与共享规则等）、制定数据模型（如统一数据语境与视图等）；技术体系包括：数据探查与问题分析、数据清洗与质量提升、数据集成与监控、数据安全管控；执行体系包括：业务梳理、数据分析、绩效评估、PDCA 循环管控机制等。

其中，技术体系中的数据探查是指探索源数据的过程，旨在了解源数据的数据形态（如：数据背景、数据结构、数据内容、数据关系及数据路径等），并结合业务场景，帮助分析和判断数据需求实现的可行性，以及找出潜在的数据问题和风险。

数据治理的本质是要解决如何对数据进行管理的问题，涉及数据产生、传输与汇集、存储与使用过程中的标准规范、数据质量和数据安全等方面的内容，也涉及对数据进行创建、变更、废弃等内容管理的流程定义。对此，埃森哲（Accenture）给出的一个数据治理管控体系参考框架，如图 3-2-2 所示。在该数据治理管控体系框架中，覆盖了工具域、组织域、流程域、标准域、质量域、安全域、评价指标和考核体系等各方面的内容。

第三章 基于数据湖仓的数据治理体系

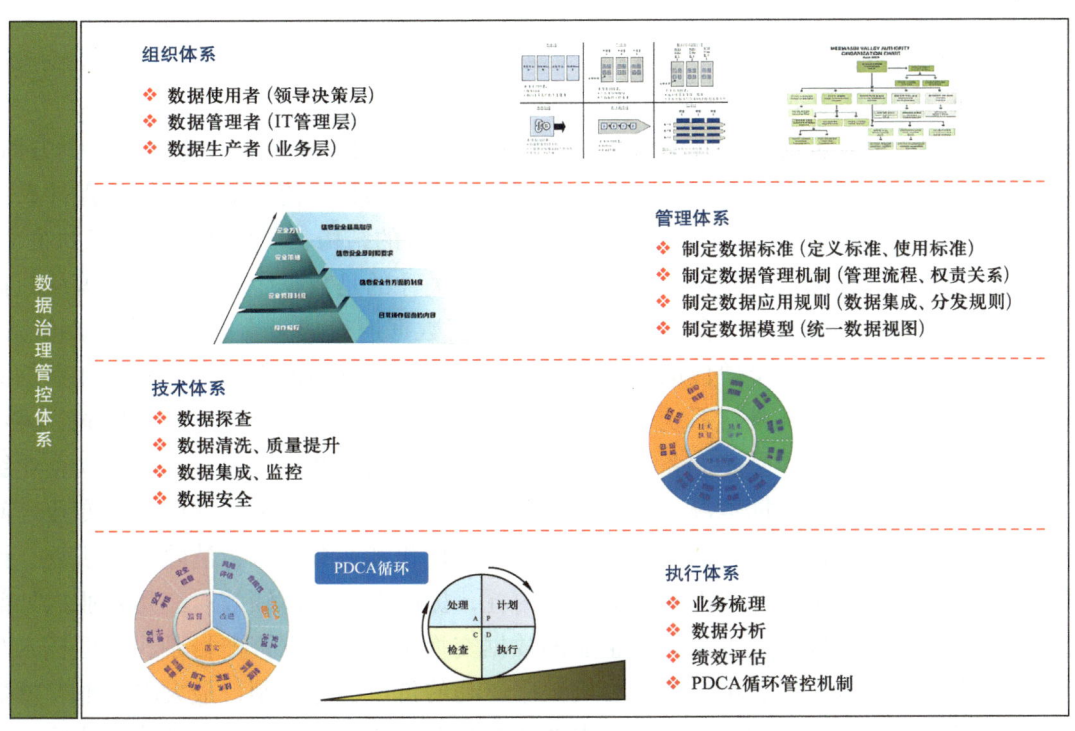

图 3-2-1 数据治理管控体系构成

引自文献：何明璐，2023

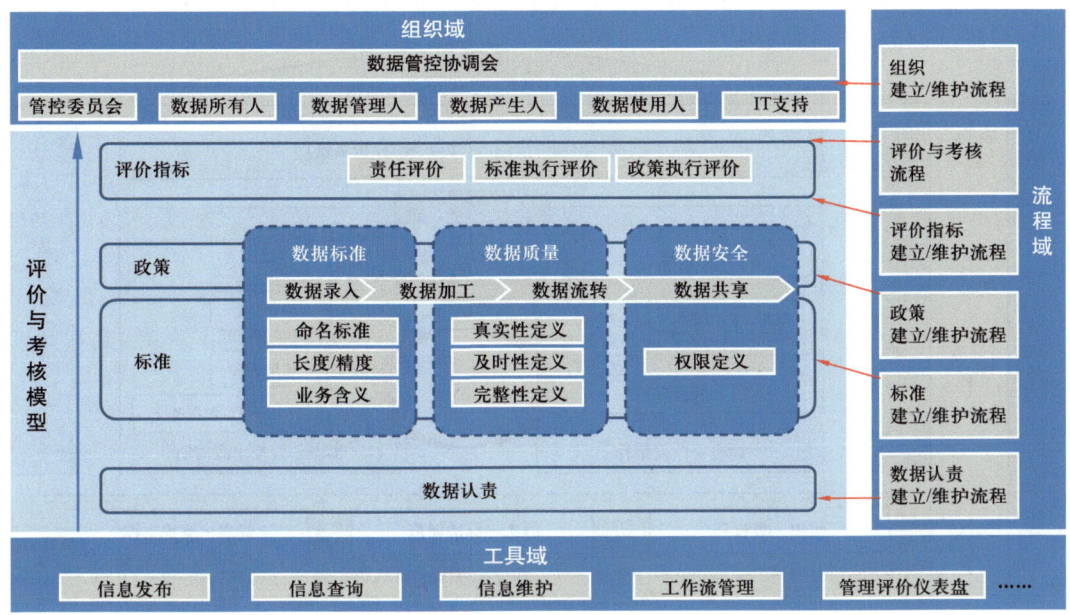

图 3-2-2 Accenture 数据治理管控体系参考框架

引自文献：何明璐，2023

二、数据治理参考架构

通过前面的数据治理管控体系介绍，已经回答了数据治理谁来管的组织与管控机制问题，下面重点阐述数据治理怎么管的方法问题。

数据治理的重点包括对数据支撑体系、数据管理体系和数据价值创造体系三大方面。其中，数据支撑体系主要涉及组织管理、数据标准规范和数据流程等；数据管理体系涉及两个维度，一是静态维度，关注的是数据本身所具有的结构、层次和数据之间的关系，并通过数据模型或模式进行定义；二是动态维度，关注的是数据生命周期，覆盖从数据生产、存储管理、应用开发、数据运维与运营直至数据退役或废弃的全生命周期管理。数据价值创造体系包括三个阶段的价值创造，一是单业务域内的数据纵向贯通和数据共享阶段，通过建立标准、搭建系统等方法，实现业务信息化，支持业务高效协同、降本增效等基本价值创造；二是多业务域的数据横向打通和数据共享阶段，通过建立企业级数据标准、数据平台、数据资源目录和数据服务门户等方法，打破跨部门、跨专业之间壁垒，支持更大范围的业务协同、业务建模、业务优化和业务变革，消除企业规划、计划、生产、管理与决策等环节内在的低效与内耗，提高企业整体绩效；三是企业内外部打通的数据资产化阶段，通过建立跨企业的数据交换标准、数据资产目录、数据技术与智能化生态、数智能力服务平台等，形成数据驱动的价值创造机制，最大限度地发掘数据价值，进一步提升企业运营效率，助力企业数据业务化发展，推动行业业务优化、重组与变革。

文献（何明璐，2023）提出的数据治理体系参考架构如图3-2-3所示。

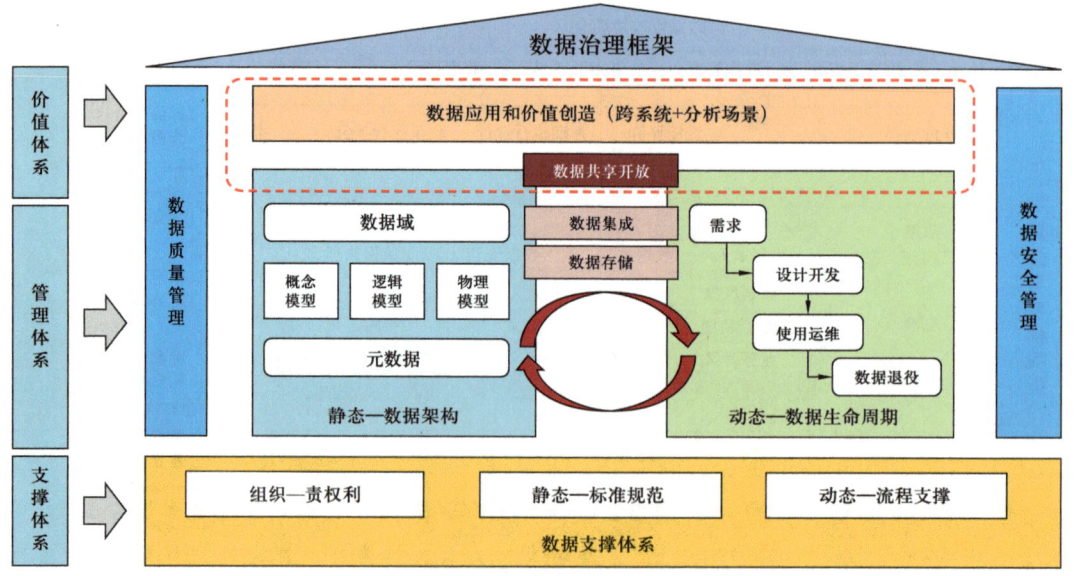

图 3-2-3 数据治理体系参考架构

引自文献：何明璐，2023

在数据支撑体系中，提出了数据治理的驱动原则，即数据治理组织体系、管理制度、考核评价和责权利建设，以及技术体系、标准体系、规范体系、流程执行体系和数据绩效评估体系等。

在数据管理执行体系中，提出了要从静态和动态两个维度入手，其中，静态维度的核心是数据架构，包括数据模型和元数据等内容；动态维度的核心是数据生命周期管理，包括数据创建、变更、废弃等流程管理。贯穿数据静态和动态维度的建设过程，还需做好数据质量管理和数据安全管理两个维度的配套建设。

数据价值创造体系基于支撑体系和管理执行体系，重点打造数据的集成和共享能力，建设数据共享服务能力，只有将数据应用于更多的场景和领域，才能最大化地发挥数据原有的价值，促进数据价值的增值。

第三节　基于数据湖仓的企业数据治理

数据治理价值体系体现了治理驱动的原则，数据支撑体系与数据管理体系体现了技术保障的原则，数据资源目录、数据服务地图以及配套的应用服务能力的建设体现了服务驱动的原则，而数据开放共享生态建设体现了价值驱动的原则。

围绕企业发展战略，以最新的数据治理理念、方法、模型和架构体系为指导，结合企业数据管理与应用体系现状，构建目标明确、责权清晰、架构合理、制度完善、体系完备、技术全面、安全可控、质量可靠、服务到位的企业数据资源和数据资产管理体系，助力企业数字化、智能化发展战略落地，是企业数据治理的核心任务。

一、企业数据架构治理

企业数据架构治理的目标是理清企业当前的数据管理现状，找出当前数据治理架构中存在的不足，基于新的数据湖仓技术体系，规划和设计企业适用的数据架构治理模型，如图3-3-1所示。

（1）在该数据架构治理模型中，从数据视角出发，体现了三定位、三驱动、三支撑的治理思想，即：

① 三定位：一是将传统的工业控制系统、工业物联网系统、专业应用系统、信息管理系统及专业数据库等定位于数据源和数据集市，不大规模改变原有的数字化基础结构，仅对数据采集、传输不通畅的部分进行优化和改造，以保护企业多年的持续建设投资，疏通数据渠道。二是将数据湖仓定位于企业数字化转型智能化发展稳定的数据底座，通过业务全覆盖、全场景式建设，形成新的数据生态。三是将基于数据湖仓的新型应用体系建设定位于企业新业态的发展模式，是以业务流、数据流统一为基础，以企业战略为指导，以价值创造为核心的新业态创新。

基于数据湖仓的数据生态体系构建方法
——以油气上游业务为例

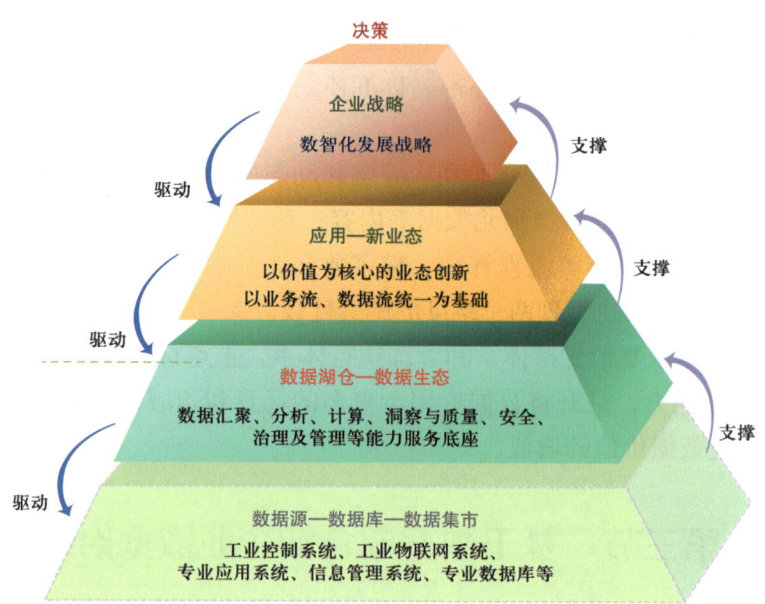

图 3-3-1　企业总体数据架构治理模型

其中，数据集市是指在有限的主题领域范围内支持业务决策的小型、特定的数据库。数据集市从一个或多个数据源获取数据，并针对特定的业务部门或用户群体，以易于分析和报告的形式为其提供定制化的数据解决方案。

② 三驱动：一是以企业发展战略为驱动，以数字化转型发展为契机，构建企业新型的数字化与智能化应用体系，打造企业数智化新业态。二是以企业新型数智化应用体系建设需求为驱动，构建和完善数据湖仓体系，强化数据湖仓应用服务能力。三是以完善数据湖仓生态体系为驱动，推动数据源和数据集市的规范化、有序化建设，形成数据源、数据集市与数据湖仓之间的良性互动。

③ 三支撑：即数据源、数据集市支撑数据湖仓建设，数据湖仓支撑新型的数智化应用体系建设，数智化应用体系新业态支撑企业数智化发展战略落地。

（2）基于该数据架构治理模型，从技术视角，存在四个方面的需求和挑战。

第一是数据源与数据集市的规范化需求和挑战，应对方案是"业务应用＋数据治理＋技术手段"三轮驱动，以满足业务应用需求为前提，通过治理和技术辅助，持续完善数据源与数据集市的布局。

第二是企业数据架构由什么技术来承载方面的需求和挑战，应对方案是采用"多层云架构"，即边缘计算云（Edge Computing）＋智能物联网 AIoT、基础设施云 IaaS、平台服务云 PaaS、应用服务云 SaaS，相关内容参见文献（马涛等，2022；马涛等，2019a；马涛等，2020a；杜金虎等，2020；杨剑锋等，2021；马涛等；2019b）。

其中，平台服务云 PaaS 可进一步细化为：业务服务能力——业务中台 bPaaS、数据服务能力——数据中台 dPaaS、技术应用能力——技术中台 tPaaS、智能分析能力——智能中台 aiPaaS 和场景装配能力——场景中台 sPaaS 等。

第三是传统应用如何处置的挑战，解决方案是按"三步走"的处置方法。第一步：应用整体云化，即保持应用的原始状态，其应用的场景、功能、数据不解耦，缺点是应用及其功能是独立的，不易集成（组装）和被集成（组装），不符合新业态发展要求。第二步：对原应用进行组件化封装和微服务化改造，即对原应用进行部分改造，拆分大应用为多个小应用，或将原应用拆分为多个功能模块，并调整其数据输入和输出方式，使其场景、功能、数据部分解耦，再对小应用或功能模块进行组件化封装，形成多个微服务组件，使其便于在业务编排和场景装配中使用。第三步：云原生重构，即完全按照云原生开发规范对原应用功能进行重构，使其场景、功能、数据完全解耦，支持业务功能和业务场景的敏捷式构建。

第四是对新应用构建技术的需求和挑战，解决方案是直接采用云原生开发技术，实现模块化、组件化和微服务化开发，支持持续迭代（Continuous Iteration）、持续交付（Continuous Delivery）和持续集成（Continuous Integration）。

其中，云原生（Cloud-native）是指基于分布式部署和统一运维和管理的分布式云应用开发技术，是以容器、微服务、DevOps（敏捷开发）等技术为基础的一套云技术产品体系。

二、企业数据治理体系

遵循企业总体数据架构，构建以企业战略为导向、以数据资产化为中心、以价值创造为目标的企业数据治理体系，支撑企业数字化转型、智能化发展，以及企业新业态、新生态体系建设。

基于企业数据生产要素的生命周期，构建或完善数据的技术支撑体系（工具）、流程管控体系（流程）和安全保障体系（安全）；完善并提升基于数据湖仓的数据管理、应用服务与数据资产治理能力（能力）；健全数据组织和工作机制（组织、制度），包括组织架构、工作制度、岗位职责与岗位评测等；以常态化的运营管理（管理、运营），包括数据任务规划与计划、任务工作组织、任务计划实施、任务执行过程管控和组织绩效考核等，保障数据治理体系中各项工作及任务的持续有效开展和企业数智化价值的实现。

基于数据湖仓的企业数据治理体系可以概括为以能力建设为重心、以体系及工作机制建设为保障、以运营管理为驱动的"两能力""三体系""一机制"与"一管理"，如图 3-3-2 所示。

其中，"两能力"即基于数据湖仓的数据纳管与服务能力和数据资产治理能力；"三体系"即数据技术支撑体系、数据安全保障体系和数据流程管控体系；"一机制"即数据治理组织工作机制；"一管理"即数据治理运营管理。

基于数据湖仓的数据生态体系构建方法
——以油气上游业务为例

图 3-3-2　企业数据治理体系构成

三、企业数据治理组织

强有力的数据治理组织架构是保障企业数字化战略落地的关键要素，参考华为《数据治理中心：数据治理方法论》（华为，2022），扩展后的数据治理工作组织架构参考模型如图 3-3-3 所示，其中，涉及三层组织，人员组成和职责简述如下：

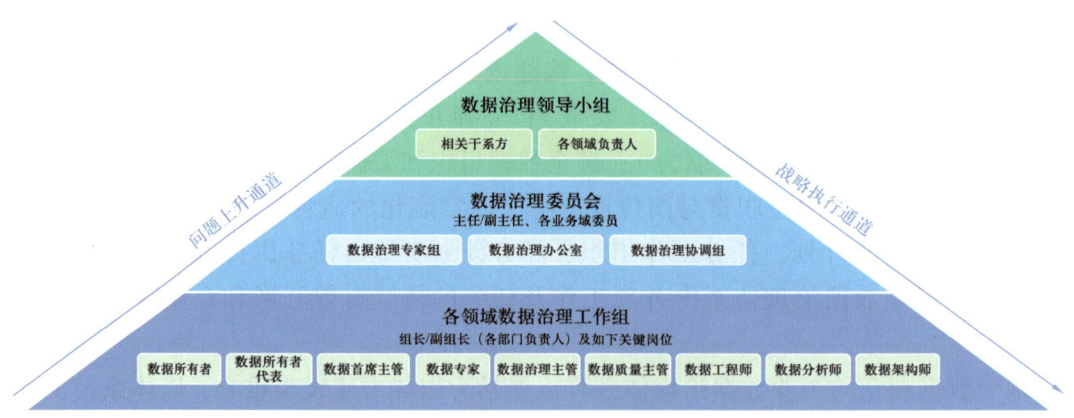

图 3-3-3　数据治理工作组织架构参考模型
引自文献：华为，2022

第一层为数据治理领导小组，由负责企业改革的主管领导牵头，成员由参与企业改革的相关干系人和各领域负责人构成。负责在企业战略发展的框架下，制定数据治理的战略和政策，以构建数字化、智能化企业文化为宗旨，指导数据治理工作目标、任务的规划、设计和审查，组织、监督重大数据治理事项的开展和执行；作为数据治理重大问题的最终决策者，负责组织解决争议，监控和监督数据治理工作的整体绩效，并确保数据治理工作预算投资到位。

第二层为数据治理委员会，设主任和副主任，委员由各领域主管数据治理工作的负责人构成，是实施企业数据治理战略的常设机构。下设数据治理办公室、数据治理专家组、数据治理协调组。其中：数据治理委员会负责面向企业数据治理总体工作进行规划和报审；对规划任务、计划、费用进行统筹；对计划执行提供工作指导、协调和检查；组织定期沟通交流，及时发现问题和不足，组织专家给予帮助和指导；组织落实数据治理领导小组对重点工作的要求；建立和管理数据治理流程、阶段目标和计划；组织设计、开发和维护数据治理中的关键方法、技术/工具、数据平台环境（数据湖仓）和相关体系；指导并审查各领域编制的数据管理相关的管理办法、规章制度和标准规范性文件；指导并检查各领域数据治理工作组数据治理实施工作，对各领域数据治理工作进行度量、评测、考核和汇总；对跨领域的数据治理问题和争议进行解决、决策或升级上报。

第三层为各领域数据治理工作组，由领域负责人任组长，工作组岗位设置应包含但不限于以下关键岗位人员：数据所有者或数据所有者代表、数据首席主管、数据专家、数据治理主管、数据质量主管、数据工程师、数据分析师和数据架构师等。负责各自领域内的数据治理工作，包括：制定本领域数据治理工作目标、计划和报批；利用数据治理委员会制定的数据治理方法和数据平台，负责本领域数据资源的日常管理、质量监控、主数据/元数据/资源目录的维护，数据使用许可审批与授权；数据资源资产化设计与实施，数据资产甄别、分类、价值评估；本领域数据度量指标和质量规则设计，监测本领域数据质量、数据应用服务问题并持续改进提升；结合本领域业务开展计划和进度，合理设计数据考核、验收、入湖计划，适时完成或监督完成数据质控和入湖工作，对施工作业单位形成的源数据进行质量检查和考核，形成对问题数据进行跟踪、发回、整改、审核、再提交入湖的闭环管控机制，对不能整改的问题数据进行升级上报。最终实现对本领域数据的有效管理和治理。

四、企业数据治理运行机制

企业总体数据架构治理模型明确了企业数据治理的目标和方向，之后的企业数据治理体系阐明了企业数据治理体系的构成，数据治理组织则为数据治理工作的实施提供了人力资源保障。下面将站在企业数据治理运行的视角，介绍企业数据治理体系运行的机制与场景。

面向企业数据治理任务管控与运行，遵循PDCA原则，采用目标驱动的企业数据治理运行机制（即 Goal → PDCA），其场景如图3-3-4所示，包括以下步骤：（1）目标驱动任务制定；（2）根据任务内容，明确任务执行的前置条件和预期输出成果；（3）根据任务分解，确定参与的人员构成及使用的技术和工具；（4）任务执行；（5）用可度量的指标检验任务执行效果；（6）成果应用。

基于数据湖仓的数据生态体系构建方法
——以油气上游业务为例

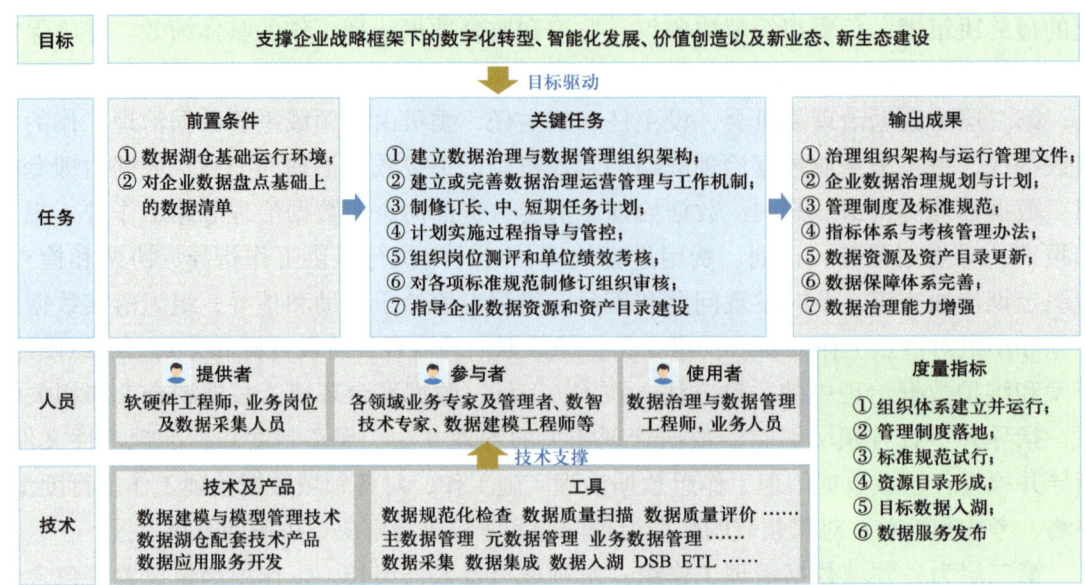

图 3-3-4　企业数据治理任务管控与运行场景语境

第四章　基于数据湖仓的数据质量管理体系

数据质量是指在业务环境中，数据符合数据消费者的使用目的，能满足业务场景应用需求的程度，或数据与所有需求和业务规则一致并与给定用途相关的程度。数据质量是数据的重要特性，它决定了数据能否被正确地使用和解释；使用有质量问题的数据可能导致错误的决策或操作，从而影响组织的绩效或成功。

数据质量管理是一种系统的、持续的、预防性的方法，用于确保数据的准确性、一致性、完整性、时效性和可用性，从而提高数据的可靠性，保护数据应有的价值。数据质量管理是通过对数据生命周期中（图4-0-1）每个阶段可能发生的数据质量问题进行识别、度量、监控、预警等一系列管理活动，来改善和提高组织的管理水平，并使得数据质量得到进一步提升。

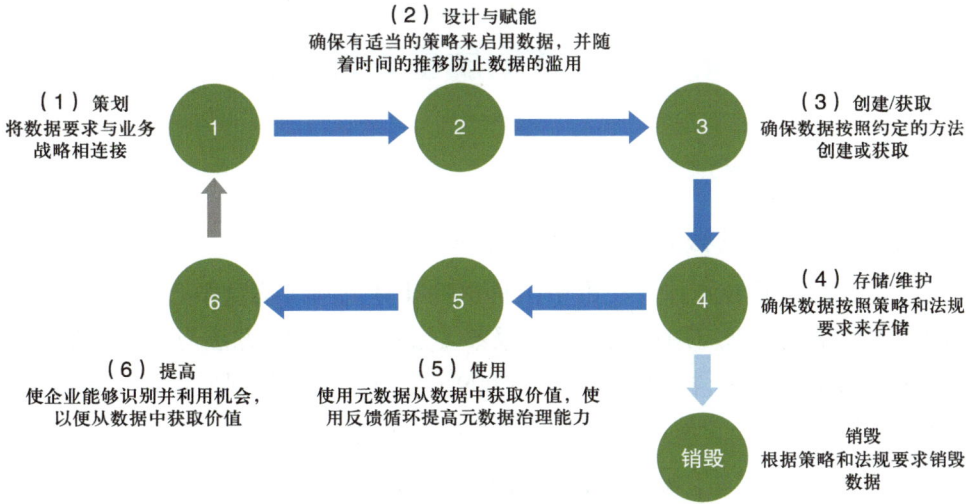

图4-0-1　DAMA中给出的数据生命周期示意图
引自文献：DAMA International，2022

数据管理是开发和执行获取、控制、保护、交付和增强数据价值的计划、政策、实践和项目的业务功能。数据质量管理是数据管理体系的子集，数据管理体系通常包括：数据标准管理、数据模型管理、元数据管理、主数据管理、数据质量管理、数据安全管理、数据共享管理、数据服务管理以及数据管理能力建设等。

随着新兴数字与智能技术的进步，利用对高质量数据的分析能够为用户提供更精准的业务洞察力，帮助企业做出更科学的决策。但是伴随着企业数据量的爆炸式增长，如何确保数据质量，并使基于高质量数据要素的数智生产力发挥出倍增效益，成为亟待解决的问题。数据质量评价指标作为衡量数据可靠性、准确性和有效性的重要标志，对数据质量的影响意义深远，而有效的数据治理和严格的质量管理是产生高质量数据的重要保障。

数据质量管理方法（中国科学院计算机网络信息中心科学数据中心，2009）包括：数据清洗、数据验证、数据审计、数据质量评价和数据质量改进。这些方法可以帮助组织确保数据的准确性、一致性、完整性、时效性和可用性。

数据质量管理工具（禅与计算机程序设计艺术，2024）包括：数据清洗工具、数据验证工具、数据审计工具、数据质量评价工具和数据质量改进工具。这些工具可以帮助组织确保数据的准确性、一致性、完整性、时效性和可用性。

在油气上游领域数据治理实践中，首先要落实数据组织、流程、岗位、人员、任务及标准，明确各自的责任主体；建立符合业务需求的质量评价标准和质量规则，为数据质量评价提供依据和保障；基于质量评价标准、质控流程、质控工具和考核管理等手段，对数据质量进行全程管控和问题追溯，并通过"以用促治"，在数据使用中发现问题、反馈问题，使数据质量得到持续提升，助力数据资源有效应用和数据资产价值增值。

第一节　数据质量管理体系

一、数据质量评价指标体系

1. 面向科学数据的数据质量评价指标体系

面向科学数据的质量测评，在由中国科学院计算机网络信息中心科学数据中心提出并制定的中国科学院数据应用环境建设与服务《数据质量评测方法与指标体系》（中国科学院计算机网络信息中心科学数据中心，2009）规范中，将数据质量评价要素划分为基本层、准则层和指标层三个层次，具体含义见表4-1-1。

表4-1-1　数据质量评价要素的分层

分层	评价要素说明
基本层（要求性）	该层提出适用于对所有科学数据进行评价的通用指标。通用指标是归纳大部分科学数据共有的本质特征，以及普遍的技术特征，是数据质量评价的基本指标
准则层（参考性）	该层是根据科学数据的学科内容特性提出的适用于特定学科领域范围的质量指标。准则层是对基本层质量指标面向特定学科领域的细化指标，要求根据领域特点细化质量评价指标并分配权重
指标层	该层是根据科学数据的资源类型不同提出适用于特定数据类型的质量指标，是对准则层提出的质量指标，根据资源类型不同提出的具体质量评测执行方法，要求根据资源特点指定评价指标评测方法

将科学数据的主要数据质量评价指标进行如下分类，如图4-1-1所示。

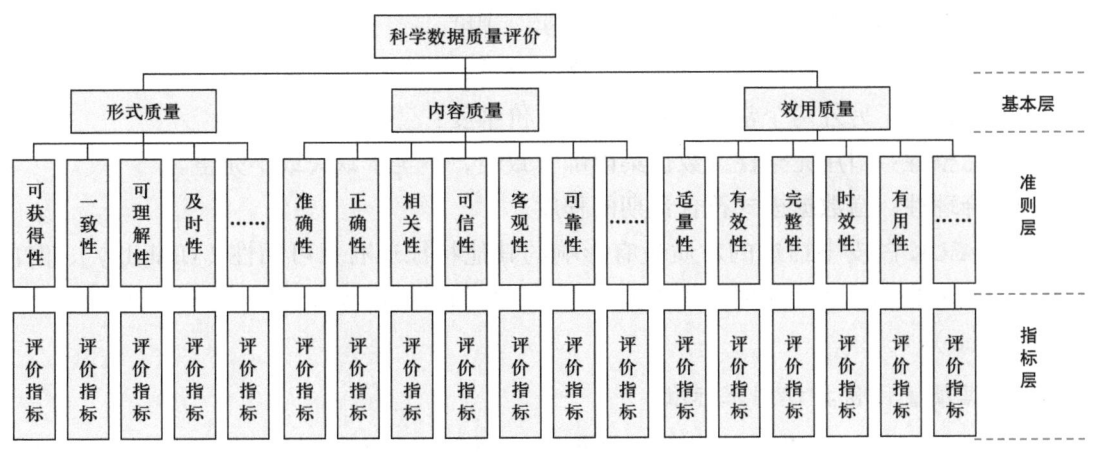

图 4-1-1 科学数据的主要数据质量评价指标分类
引自文献：中国科学院计算机网络信息中心科学数据中心，2009

其中：

（1）形式质量是语法层次（即从数据的组织与结构的视角）的数据质量，包括：可获得性、一致性、可理解性、及时性、完整性等及其评价指标。

（2）内容质量是语义层次（即从数据所表达的涵义的视角）的数据质量，包括：准确性、正确性、相关性、可信性、客观性、可靠性等及其评价指标。

（3）效用质量是语用层次（即数据使用的视角）的数据质量，包括：相关性、背景性、完整性、适量性、有用性、时效性、重要性、精确度、时限性、有效性等及其评价指标。

2. DAMA 中的数据质量评价指标

DAMA（Data Management Association）是数据管理协会的简称，DAMA International 是一个由全球性数据资源管理专业人员组成的非营利协会和全球领先的数据管理专业组织，致力于数据管理的研究和实践并推进将数据、信息和知识作为企业资产管理的进程。

DAMA 认为（Listen Rain，2023；醉酒的戈多，2023），数据质量管理是组织变革管理中一项关键的支撑流程。数据质量可以通过定义好的数据质量维度来度量数据是否符合需求，并生成数据质量指标的报告。数据质量维度体现了高层次的指标度量要求，可以据此对业务规则进行分类。此外，根据实施的需要，可对度量的颗粒度进行细化。

在 DAMA UK 白皮书中，给出了数据质量的 6 个核心维度：

（1）完备性：是否存在所有必要的数据，如存储数据量与潜在数据量的百分比。

（2）唯一性：在满足对象识别的基础上，不应多次记录实体实例（事物）。

（3）及时性：数据从要求的时间点起代表现实的程度，是衡量数据价值是否符合最新版本信息的指标。

（4）有效性：数据值与定义的值域一致，如数据符合其定义的语法（格式、类型、范围），则数据有效。

（5）准确性：数据正确表示实体的"真实"程度。

（6）一致性：比较事物多种表述与定义的差异，例如两个数据集间比较是否一致。

同时也指出了另外两个常见的数据质量评价维度：

（1）完整性：引用完整性或数据集内部一致性，不至于缺失或不完整。

（2）合理性：指数据模式符合预期的程度。

DAMA UK 白皮书描述的对质量有影响的其他特征还有：可用性（Usability）、时间问题（Timing Issues）（超出时效性本身）、灵活性（Flexibility）、置信度（Confidence）和价值（Value）。

3. 数据质量评价指标国家标准

由全国信息技术标准化技术委员会提出并制定的国家标准 GB/T 36344—2018《信息技术　数据质量评价指标》中，对数据生存周期各个阶段的数据质量评价指标框架给出了权威的定义，包括：规范性、完整性、准确性、一致性、时效性和可访问性，如图 4-1-2 所示。

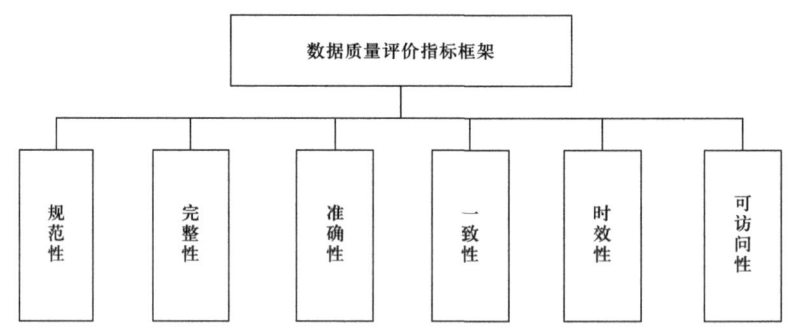

图 4-1-2　数据质量评价指标
引自文献：GB/T 36344—2018

其中：

（1）规范性：数据符合数据标准、数据模型、元数据、业务规则、权威参考数据以及安全规范的程度。

（2）完整性：按照数据规则要求，数据元素被赋予数值的程度，包括数据元素完整性和数据记录完整性。

（3）准确性：数据准确表示其所描述的真实实体（实际对象）真实值的程度，包括数据内容正确性、数据格式合规性、数据重复率、数据唯一性、脏数据出现率等。

（4）一致性：数据与其他特定上下文中使用的数据无矛盾的程度，包括相同数据一致性、关联数据一致性。

（5）时效性：数据在时间变化中的正确程度，包括基于时间段的正确性、基于时间点的及时性和时序性（数据集中同一实体的数据元素之间的相对时序关系）。

（6）可访问性：数据能被访问并使用的程度，包括可访问和可用性。

此外，在数据质量管理工作实践中，可对行业内公认的指标进行补充和扩展，例如：

（1）唯一性：数据是否存在重复记录（GB/T 36344—2018《信息技术　数据质量评价指标》已将其归在准确性指标中）。

（2）稳定性：数据的波动是否稳定，是否在其有效范围内。

（3）可信性：数据来源的权威性、数据的真实性，数据产生的时间近、鲜活度高。

4. 数据质量评价指标石油天然气行业标准

在由国家能源局发布的石油天然气行业标准 SY/T 7005—2014《数据质量控制与评估原则》中，对石油行业信息系统关系数据库中的数据质量规定了两种质量控制方法，即技术角度的质量控制和管理角度的质量控制，两种方法相辅相成，缺一不可。其中，从技术角度为数据质量定义了 7 个数据质量评价指标，即完整性、准确性、及时性、一致性、关联性、深度性和冗余性。

通常情况下，一个数据集的数据质量是由一个或者多个数据质量评价指标来描述的，同时，一个数据质量评价指标需要一个或者多个约束规则来描述，如图 4-1-3 所示。

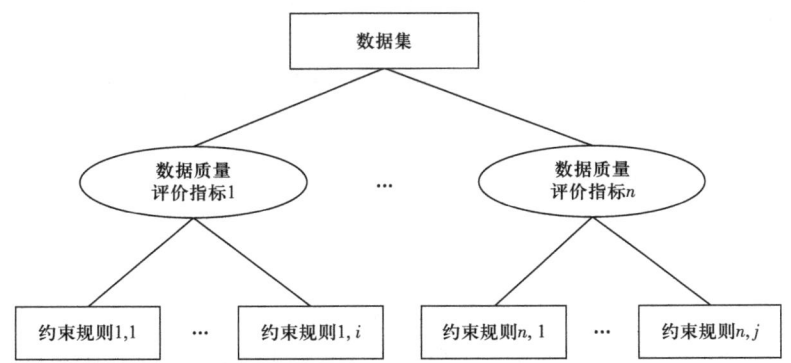

图 4-1-3　数据集、数据质量评价指标与约束规则之间的关系
引自文献：SY/T 7005—2014

部分约束规则（如"非空"）也可用于描述不同的数据质量评价指标，如图 4-1-4 所示。

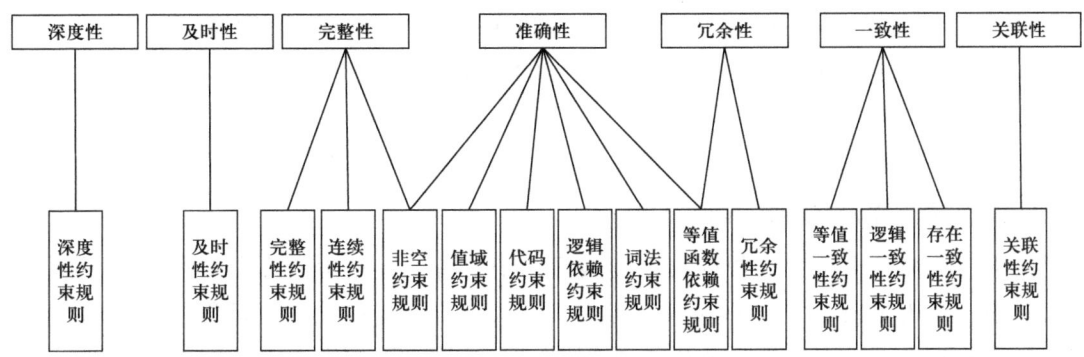

图 4-1-4　数据质量评价指标与约束规则之间的关系
引自文献：SY/T 7005—2014

对数据质量评价指标及其约束规则的定义如下：

（1）完整性：用于描述数据信息的完整程度。其约束规则包括完整性、非空和连续性约束规则。

（2）准确性：用于描述待测数据与真实数据的符合程度。数据的准确性体现在数据内容和形式上两个方面，一是数据的类型、格式；二是数据的精度和值域范围。在实际应用中，准确性是指在对数据操作过程中采集的数据与真实值之间的差异，误差越小，准确性越高。其约束规则有值域、代码、逻辑依赖、词法、非空、等值函数依赖等六个维度的约束规则。

（3）及时性：用于描述数据对于它所应用的业务领域的更新程度，及时性数据质量元素由及时性约束规则一个维度的规则来描述以实现对数据质量及时性元素的控制。

（4）一致性：用于描述同一元组（Tuple，即数据库中的记录 Row）在多个数据集上存储的同一个属性值的一致程度。其约束规则包括等值一致性依赖、存在一致性依赖和逻辑一致性依赖三个维度的约束规则，例如以下三种情况：

① 数据集间一致性：数据集中的某些属性与其他数据集的部分属性存在等值一致性关系或逻辑一致性关系。

② 数据集内部一致性：某个数据集内的属性之间存在等值一致性关系或逻辑一致性关系。

③ 数据集之间存在的关系一致性：如父子引用关系。

（5）关联性——用于描述实体之间依赖关系，其约束规则仅有关联性约束规则一个维度。

（6）深度性——用于测量实体或事件的历史量，其约束规则是基于历史数据的数据质量控制约束类型，仅有深度性约束规则一个维度。例如，在井下作业施工数据表中的作业结束时间字段，它的值要满足大于最小的期望值，小于当前日期；如果在采集数据时，操作人员填写的日期大于了当前日期或小于了最小的期望值，则认为它违反了深度性约束规则。

（7）冗余性——用于描述在数据集中数据存在重复的元组（数据记录）或属性。其约束规则有冗余性和等值函数依赖两个维度的约束规则，例如下面两种情况：

① 元组重复：本应表示的是同一个现实的实体，但由于书写错误等导致被认为是不同实体的情况。

② 属性冗余：数据集中的某一属性可以由其他属性计算获得的情况。

5. 数据质量评价指标的其他情况

在长期的油气上游业务数据管理实践活动中，有关数据生命周期全过程的数据质量管控问题，经历了较为漫长的认识、实践、再认识、再实践的发展过程。鉴于油气业务数据对象的复杂性、多样性及历史沿革等原因，通常采用如下"五性"作为数据质量标准评价中的通用评价指标，如图 4-1-5 所示。其中：

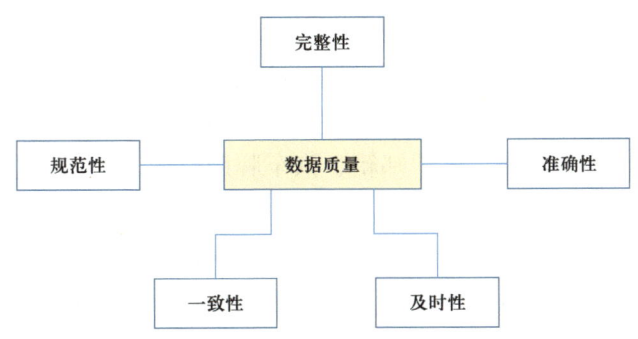

图 4-1-5　油气上游业务数据质量评价"五性"指标

（1）规范性：数据遵循既定格式及标准的程度。包括该类数据对象及其属性的命名、类型、结构、编码、量纲和任何其他预定义的规则，符合规范的数据更容易被理解、交换和处理，有助于数据的互操作性和兼容性。

（2）完整性：数据实例中描述数据本身所必需的元素（名称、类型、隶属关系、属性、量纲、含义及规则等）都存在，没有遗漏。数据完整性对于确保数据能否完整全面地描述客观世界至关重要，不完整的数据其使用价值就会大大降低。

完整性指标针对的数据对象可大可小，当面对单一业务活动所产生的数据时，其数据完整性仅限于单一活动全过程所产生的数据对象及元素，如录井作业；当面对复杂业务活动时，其数据完整性用于评价全部业务活动所产生的数据对象及元素，如井筒工程，包括钻井、录井、测井、固井、完井、修井、井下作业（射孔、压裂）、测试等作业过程产生的全过程数据。

（3）准确性：要求数据能够正确描述客观世界且正确反映客观世界实体或事件的程度。准确的数据应能够正确地表示其所代表的客观对象。数据准确性对于确保数据分析和决策的有效性至关重要，不准确的数据其使用价值也会大打折扣。

（4）及时性：要求数据"保鲜"并满足业务急需的程度。及时性涉及数据是否在需要时可用，并且是最新的。及时性对数据分析本身要求并不高，但对急于从该数据中获取有价值的决策信息的应用而言其意义就极为关键。因此，数据应及时采集、更新和使用，以便利益相关者能够基于最新的数据做出符合现实的决策。

（5）一致性：数据是否遵循了统一的规范，在数据定义、属性命名、编码规则、质量规则及量纲等方面保持一致，使其在不同时间点和不同系统中，来自同一业务对象的描述数据应保持相同的命名规则和含义等，即同一业务的数据对象在各个数据集中应表现出相同的格式、结构、内容和含义，确保数据在整合和关联分析时不出现歧义。

对某些特定的业务或数据对象，如下两项评价指标也是经常使用的。

（1）有效性——对描述特定业务对象的数据，其有效性包括格式有效性和内容有效性两个方面。

① 格式有效性是指数据格式符合业务相关规定的程度，例如电话号码编码格式、电子邮箱地址格式、汽车牌照号码及居民身份证号码信息等。

② 内容有效性是指数据内容是否真实存在且有效的情况，例如只有在相应系统中登记注册并在使用中的电话号码、电子邮箱、汽车牌照及用户身份信息等才是有效的，否则就是无效的。

（2）唯一性：某些数据对象、数据项或一组数据，在特定的系统或体系范围内不能出现重复的情况。例如移动通信系统中注册的手机号码，某些井数据管理系统中唯一井标识 UWI（Unique Well Identifier）等。

综上所述，数据质量评价指标的选择应在充分了解业务及过程和由此产生的数据对象的特征前提下，以国标为指导，以行标为参考，对其使用恰如其分的评价指标和约束规则，使数据能够在"保真""保鲜"的情况下，能够客观、真实、准确、充分、完整地反映其所描述或映射的客观事物与事件过程。

二、数据质量评价过程

1. 通用数据质量评价与改进过程

（1）参考文献（中国科学院计算机网络信息中心科学数据中心，2009）中给出的数据质量评测一般流程为：

① 数据质量需求分析；

② 确定评价对象及范围；

③ 选取数据质量维度（即层次）及评价指标；

④ 确定质量维度（即层次）及评价方法；

⑤ 运用评价方法进行评价；

⑥ 结果分析及评级；

⑦ 质量结果及报告。

（2）参照 GB/T 36344—2018《信息技术　数据质量评价指标》中给出的数据质量评价过程，结合油气上游业务数据管理实践和数据质量管理标准体系建设要求，提出的数据质量评价与改进活动如图 4-1-6 所示。

其中，在数据质量评价与改进活动主流程中增加了"确定数据管理范围""制定数据质量管理制度"和"编制数据质量改进计划"三个执行过程。将"制/修订数据质量管理规范"调整为数据质量评价与改进活动的辅助流程，并增加了"数据质量评价指标及约束规则改进"和"数据质量问题反馈"两个需要持续改进的极为关键的辅助流程。

从图中可以看到，"制/修订数据质量管理规范"的内容和需求来自：① 确定的数据管理范围；② 制定的数据质量管理制度；③ 研制的数据质量评价指标及约束规则。同时，形成的数据管理规范又作用于后续的数据质量评价、数据质量改进和数据交付使用等过程，由此形成了对数据质量管理规范的持续改进提升闭环。对来源于数据质量评价、数据质量改进计划和数据交付使用过程中发现的数据质量问题，确认为非评价指标和约束规则导致的数据质量问题，则直接提交"实施数据质量改进"过程处理；对确认为因评价指标和约束规则不足所导致的数据质量方面的问题，则进入"数据质量评价指标及约束规则改进"流程，通过改进提升评价指标及约束规则甚至数据质量管理规范来彻底解决数据质量问题。

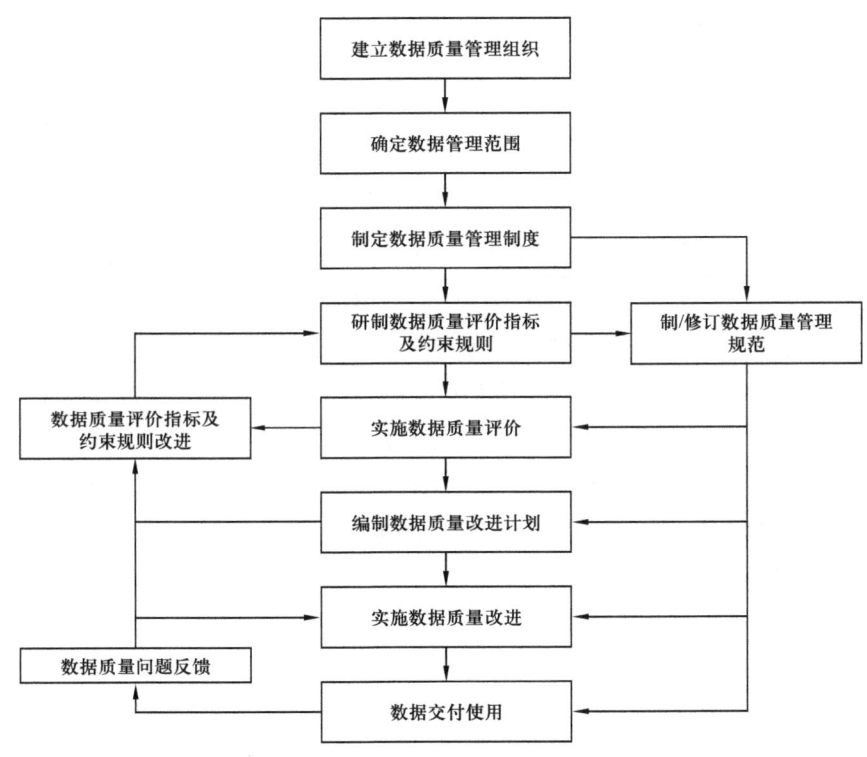

图4-1-6 通用数据质量评价与改进活动

2. 油气上游业务数据质量评价过程

在油气上游业务数据质量管理活动中，数据质量评价和质控过程是围绕数据生命周期的采集、存储、管理、应用各阶段分别展开的，由于各阶段所面向的数据对象、评价重点及执行评价/质控的人员均不相同。因此，所形成的质检或质控结果的报告名称和所起的作用也会不同。

基于油气上游业务（项目）全过程的数据质量评价与质控过程如图4-1-7所示，其中，将基于数据湖仓的数据管理、质量评价与质控过程分为三个大的阶段，即数据入湖前的数据生产与采集阶段、数据入湖中的数据加载与质控扫描阶段、数据入湖后的数据验收质控和数据应用质量问题反馈阶段。基于数据采集过程的数据分类质控业务场景参见图2-6-9至图2-6-13。

基于数据湖仓的数据生态体系构建方法
——以油气上游业务为例

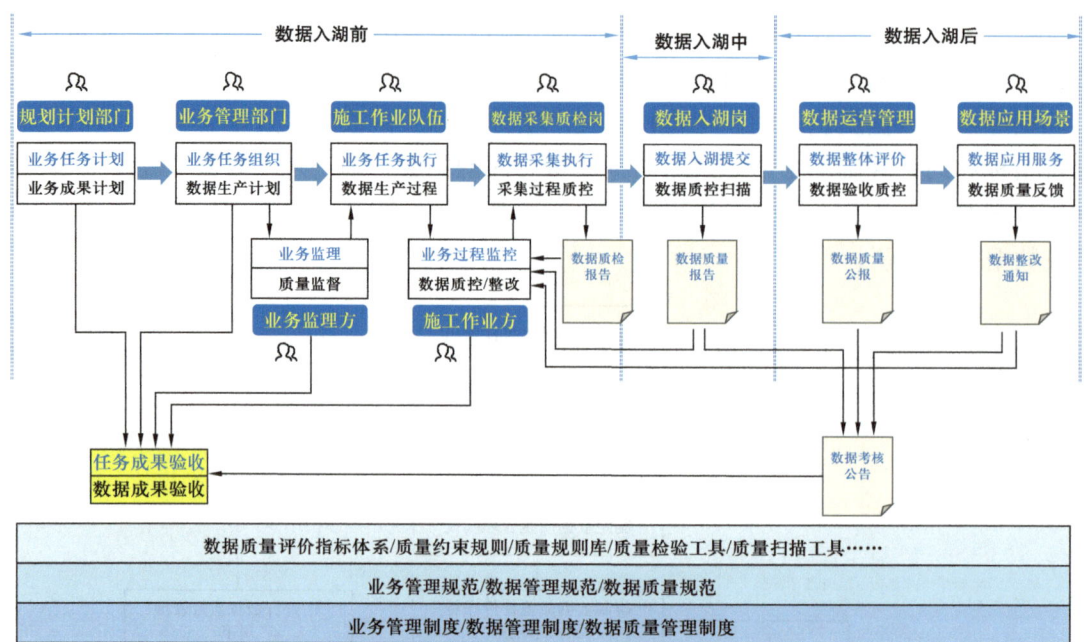

图 4-1-7　基于数据湖仓的油气上游业务数据质量评价过程

（1）在数据入湖前的数据生产与采集阶段，数据质量评价与质控的重点为：

① 结构化数据：数据集的规范性、完整性、及时性、一致性、有效性，数据记录的有效性、唯一性，数据项的规范性、完整性、准确性和一致性等。

② 非结构化数据：数据文件提交/采集的及时性，数据文件命名与数据分类的规范性、完整性，数据格式、内容描述及关键信息的准确性、完整性，数据结构、存储格式定义的准确性，内容组织的规范性、有序性及对数据内容的专业质检。

③ 按照一定的时间周期或数据采集活动节点，形成数据质检报告，反馈给数据生产源单位质量管理方组织核实并整改。

（2）在数据入湖中的数据加载与质控扫描阶段，数据质量评价与质控的重点为：

① 结构化数据：数据集名称/命名、类型定义，以及数据结构定义的规范性、完整性、一致性、有效性，数据集分级、分类、隶属关系、权属关系，共享定义的完整性、有效性、一致性，数据项类型、量纲与数据模型定义的一致性等，数据集、数据项与已入湖数据的关联性、唯一性等。

② 非结构化数据：数据文件提交/采集的及时性，数据文件命名与数据分类的规范性、完整性，数据格式、内容描述及关键信息的准确性、完整性，数据结构、存储格式定义的准确性，数据分级、分类、隶属关系、权属关系及共享定义的完整性、有效性、一致性，内容组织的规范性、有序性等。

③ 按照数据提交入湖的批次，形成数据质量报告，反馈给数据生产源单位的质量管理方组织核实并整改。

（3）在数据入湖后的数据验收质控和数据应用质量问题反馈阶段，数据质量评价与质控的重点为：

① 结构化数据和非结构化数据：结合项目的数据生产计划，检验数据的完备性、完整性、及时性、可用性，核查数据的隶属、权属、关联关系，为数据资源资产化及数据智能、价值挖掘奠定基础。

② 接受数据相关各方参与对项目数据的质量复检、评价与审核，为形成项目数据考核公报做准备。

③ 将数据推送给预定的数据使用方的应用场景中，并通知数据使用者（数据消费者）使用，对数据使用中发现的问题及时反馈给数据生产源单位质量管理方组织核实或整改。

④ 为项目验收提供最新状态的项目数据质量公报和数据考核公告，完成项目数据的全生命周期质量管理。

三、数据质量管理体系

1. 数据质量管理的有关概念

数据的本质是对客观事物的抽象和表示，是一种客观存在。因此，可以作为特殊的实体（即客观存在又可相互区别的事物）加以对待，例如：生产、加工、销售、服务等，其中的数据生产或数据获得过程可能是测量、记录和发现等方式。同时，数据实体与其他类型实体相比较具有特殊性，对此，闫德利总结出数据的五个特征（闫德利，2023）：

（1）无限性：即数据实体与实物不同，它不会因使用而耗尽，反而是因使用而产生新的数据。

（2）易复制性：即数据可以被快速地复制，可多人同时使用，也可多次循环使用，但并不是所有数据可被免费使用。

（3）非均质性：即不同数据具有不同的价值，也会因使用对象、使用场景、使用的质量标准而呈现出不同的价值。

（4）易腐性：即数据会随着时间的流逝而贬值。

（5）原始性：即数据本身并没有意义，只有对它进行加工、处理和分析，才能转变为对人们有价值的信息（Information）、知识（Knowledge）和智慧（Wisdom）。

数据质量管理（Data Quality Management）是指对数据从策划/计划、设计/生产、采集/获取、存储/维护、共享/应用、质量提高/销毁生命周期的每个阶段里，对可能引发的各类数据质量问题进行识别、度量、监控、预警等一系列管理活动，并通过改善和提高组织的管理水平使得数据质量得到进一步提高。

数据质量管理体系（Data Quality Management System）是指在数据质量方面指挥和控制组织的管理体系。数据质量管理体系是组织内部建立的、为实现质量目标所必需的、系统的质量管理模式，是组织的一项战略决策。数据质量管理体系的建立需要组织寻求理解内部和外部环境，识别有关的相关方的需求和期望，并通过建立恰当的质量管理体系实现组织的可持续性。数据质量管理体系是随着时间的推移而进化的动态系统，它应准确地反映组织对数据质量的要求并以此来约束并指导全部的数据质量管理活动。质量管理体系包括制定数据质量方针和质量目标，并通过质量策划、质量保证、质量控制和质量改进等活动实现组织的数据质量目标。

基于数据的实体特性，数据质量管理应参照 GB/T 19000—2016（ISO 9000：2015）《质量管理体系　基础和术语》、GB/T 19001—2016（ISO 9001：2015）《质量管理体系　要求》等标准，建立质量管理体系，形成体系化文件，加以实施和保持，并持续改进其有效性。

2. 数据质量管理体系参考架构

以 GB/T 19001—2016（ISO 9001：2015）《质量管理体系　要求》为指导，结合数据实体的特殊性，数据质量管理体系架构模型如图 4-1-8 所示。总体分为指导层、执行层与保障层，即上层、中层、下层三大层。

上层为数据质量管理指导层，其中：最高层为组织（或企业）战略，包括业务发展战略和数字化支撑战略等，其下为组织战略指导下的组织（或企业）发展愿景和使命，再下为组织（或企业）的数据管理原则和数据质量宗旨、方针和政策，以及在组织（或企业）的数据质量方针框架下制定的数据质量目标和数据质量策划，包括质量计划、行动过程和资源计划等。

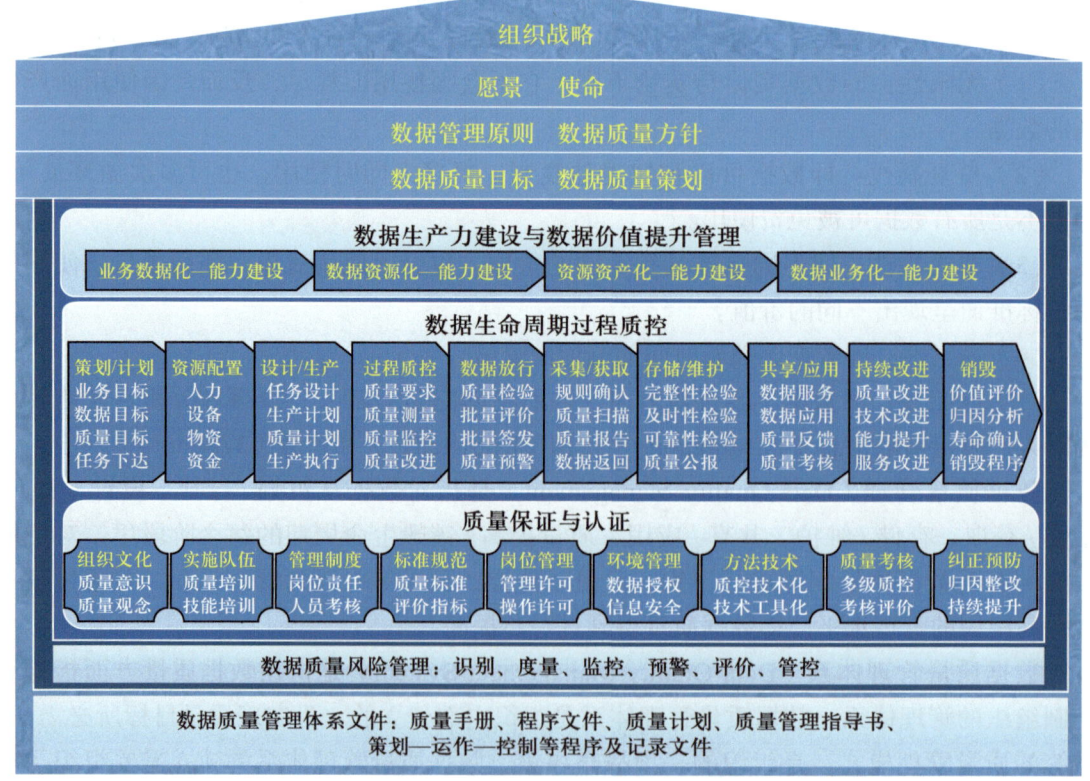

图 4-1-8　数据质量管理体系架构模型

下层为数据质量管理保障层，即数据质量管理体系文件，包括：质量手册、程序文件、质量计划、质量管理指导书、质量管理策划—运作—控制等程序及记录文件。一方面用于落实与组织战略、愿景和使命，以及组织的质量管理原则、方针和目标等相匹配的数据质量管理要求，同时用于指导、支撑、规范和提升执行层的数据质量管理实践。

中层为数据质量管理执行层，主要包括四个方面的内容：

一是围绕数据生命周期所开展的数据质量控制和持续改进活动，包括但不限于：（1）基于业务活动目标所策划或计划的数据工作目标、数据质量目标的任务下达；（2）为执行业务和数据任务所需的资源配置；（3）任务执行所需的任务设计、生产计划、质量计划及生产执行；（4）按照质量目标制定并细化质量要求，然后执行数据生产过程中的质控（如：质量测量、质量监控、质量改进等）；（5）随着生产的进展，数据成果陆续产出，需要专业质量检验人员对产出的数据成果进行检验、评价，生成数据质检报告，对符合质量要求的数据成果签发放行许可，对检出质量问题的数据进行生产预警和组织整改；（6）对生产阶段已签发质量合格的数据成果，则进入数据集中管理阶段的采集与获取环节（或程序），需要首先与数据生产单位的目标数据质量标准对接，细化和核实质量评价指标及规则，并为目标数据建立质量规则库，方便后续的应用，以及持续优化和改进，基于该质量规则对全量目标数据进行质量扫描和复查，生成质量报告，将质量报告和问题数据返回到数据生产单位，质量复查通过的数据存入数据集中管理系统（如数据湖仓中）；（7）按照业务活动策划或计划中对数据工作目标和数据质量目标下达的任务计划，以项目为单位对项目成果数据进行完整性、及时性、可靠性检验，形成项目质量公报，供任务下达方、数据生产方、数据运营管理方等多方跟踪、监督和查验，问题数据由数据责任方领回并组织整改；（8）项目数据按计划完成采集存储后，数据管理系统通过数据服务提供给用户进行数据应用，用户及时将数据使用中发现的数据质量问题反馈到数据管理系统进行汇总，并更新到数据质量公报中，并可作为项目验收中的数据成果验收的依据，同时为数据生产单位的质量考核提供参考；（9）各方针对前述的质量管理、质量指标、质量控制等工作进行总结和回顾，提出质量改进、技术改进、能力提升或服务改进计划和措施，并组织实施，包括对数据质量管理体系文件的改进与升级等；（10）对长期闲置不用的数据，定期地组织开展价值评价，对当前和以后长期不再具有任何使用价值的数据，经归因分析、专家确认以及与专业管理制度或规范核实后，启动数据销毁程序，并宣告数据寿命终结。

二是组织开展数据质量保证机制与体系建设，并获取权威机构评测认证，包括但不限于开展：（1）提升全员质量意识、质量观念的组织文化建设；（2）对从事数据生产的实施队伍进行深入的质量培训和技能培训；（3）建立质量管理制度，明确岗位责任，开展岗位测评和考核；（4）建立明确的、有针对性的质量评价标准和管理规范；（5）采用持证上岗制，对不同岗位，通过考核与技能测试，发放有期限的上岗许可；（6）数据生产和质量检验环境方面，要求在安全的网络、系统和可靠的信息安全环境下开展工作，对所接触和操作的数据要首先获取相应的数据授权；（7）对数据操作与质控的方法和技术尽可能地程序化、工具化、标准化，形成可共享的技术能力；（8）采用多级的质量控制措施，可对来自不同数据源单位的数据类型和数据集质量进行考核和评价；（9）通过对所有数据质量问题汇总、回顾和重点问题分析，查找问题原因，并进行归因整改和根治，纠正并预防质量问题的发生，使数据生产和数据质量得到持续提升；（10）条件成熟时，应组织申办权威评测机构的质量认证，获取质量及能力成熟度等方面的认证证明。

三是基于数据实体价值特征，组织开展数据生产力和数据价值提升管理活动，包括：（1）业务数据化（或称数字化）方面的能力建设，提升数据的使用价值、协同创新应用能力，促进数据新业态形成；（2）数据资源化方面的能力建设，提升数据的共享价值、多元分析、智能技术应用能力，促进数据新生态建设；（3）资源资产化方面的能力建设，提升数据资产作为新质生产力优质生产要素的价值创造能力，助力数据价值升值；（4）数据业务化方面的能力建设，提升数据资产运营和新产业再造能力。

其中，数据生产力是指利用大数据和人工智能等技术，通过构建"算力＋数据＋算法"的能力创新环境，使用户能够充分运用新兴数字技术与数据这一新型生产要素，为企业创造高质量、高价值的财富的能力。新型数据生产力的建设对重构产业与行业分工，推动企业与行业新业态、新生态、新产业形成具有重要战略意义。

四是从数据生产到数据应用，直至数据销毁，对数据全生命周期进行质量风险监控和管理，包括：风险识别、度量、监控、预警、评价和管控等，使数据质量风险一直保持在可控的最小范围内。

四、数据质量管理流程

1. 数据质量管理参考流程

基于数据治理和质量管理组织体系，围绕数据质量管理问题发现、问题提交、问题受理、问题分析、问题解决、问题修复验证和问题解决、审核确认全流程开展工作，文献（数据科学家 V5，2020）给出的数据质量管理参考流程如图 4-1-9 所示。其中：

（1）数据使用者：企业内或企业外任何可以获取数据使用许可权限的人员。

（2）数据质量管理员：来自数据治理办公室、数据生产单位及业务管理单位的专门负责对某类数据质量进行管理的人员。

（3）数据所有者或数据所有者代表：数据所有者是业务活动的投资者，而业务管理单位或业务主管单位是业务活动的组织者和管理者，通常情况也作为数据所有者代表，负责对各自主营业务域业务活动所产生的数据所有权进行管理，也包括所属数据相关制度和标准规范的编审修、数据业务规则和含义的最终解释等。

（4）数据提供者：通常为数据源生产单位或业务管理单位，负责按相关的数据制度、标准、规则和操作流程生产或录入数据，并对生产数据的质量负责。

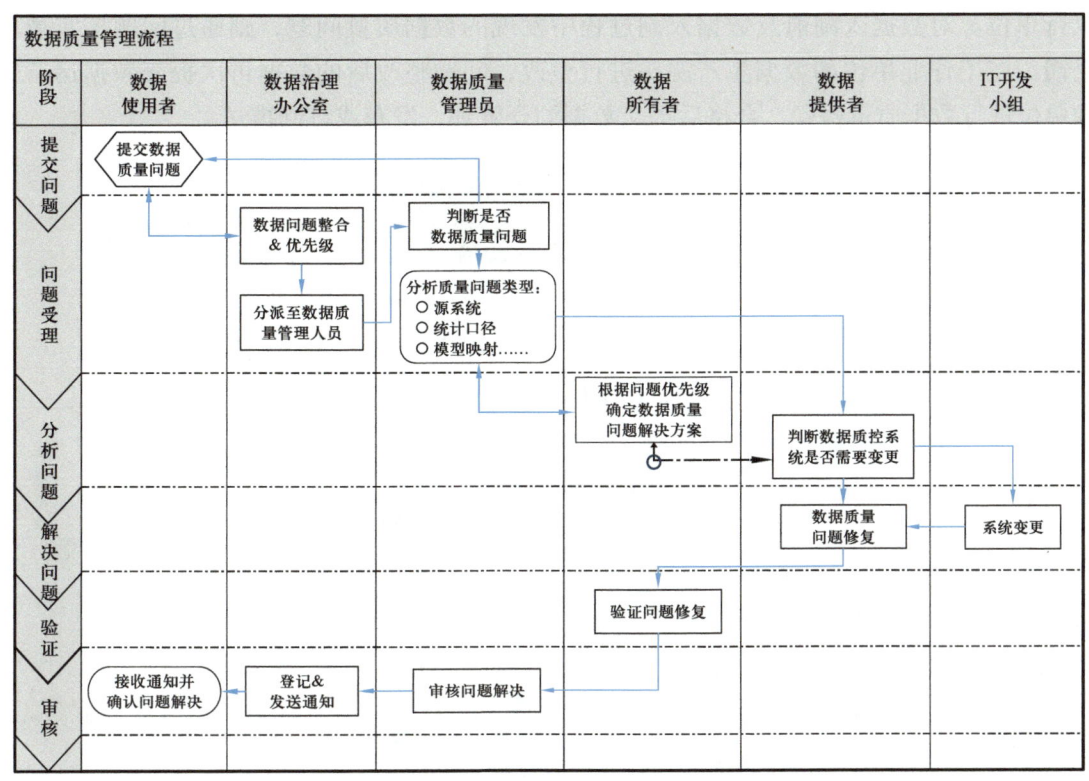

图 4-1-9　数据质量管理参考流程
引自文献：数据科学家 V5，2020

2. 油气田企业数据质量管理工作流程

下面以某一油气田企业整体数据质量管理的视角，介绍其数据质量管理的工作流程，如图 4-1-10 所示。其中，基于数据的生命周期，将数据干系单位划分为四个部分，即业务管理单位、施工作业单位、数据运营管理单位和数据应用场景。

第一部分为业务管理单位或业务主管单位，也是数据所有者代表，代表企业负责各自主营业务域的业务管理和数据所有权管理，包括但不限于：任务规划计划，任务计划的执行组织、管理与监控，任务验收与质量考核，是各自业务域内数据的主责管理单位和数据质量的监督管理单位或第二责任单位，也是各自业务域内数据管理制度、标准规范的组织编制单位。

第二部分为施工作业单位，也是数据源单位，主要承担物探工程、井筒工程、井下作业、采油气工程、分析化验等相关业务域内的专业化作业与施工工作，是各自专业范围内的数据生产和数据质量第一责任单位，也是本专业范围内数据管理制度、标准规范、质量标准的主要编制单位。

第三部分为企业数据运营管理单位，负责对企业全域全量数据进行安全管理、质量检测与监控、应用服务管理、运营管理及应用服务能力建设等，是企业数据治理的主要执行单位。对数据入湖前及数据入湖过程中发现的数据质量问题，则通过问题核实清单反馈给施工作业单位的数据生产源头进行整改，问题整改后的数据再次提交数据运营管理单位进行数据质量检验，合格后提交数据湖仓管理、发布或订阅推送。

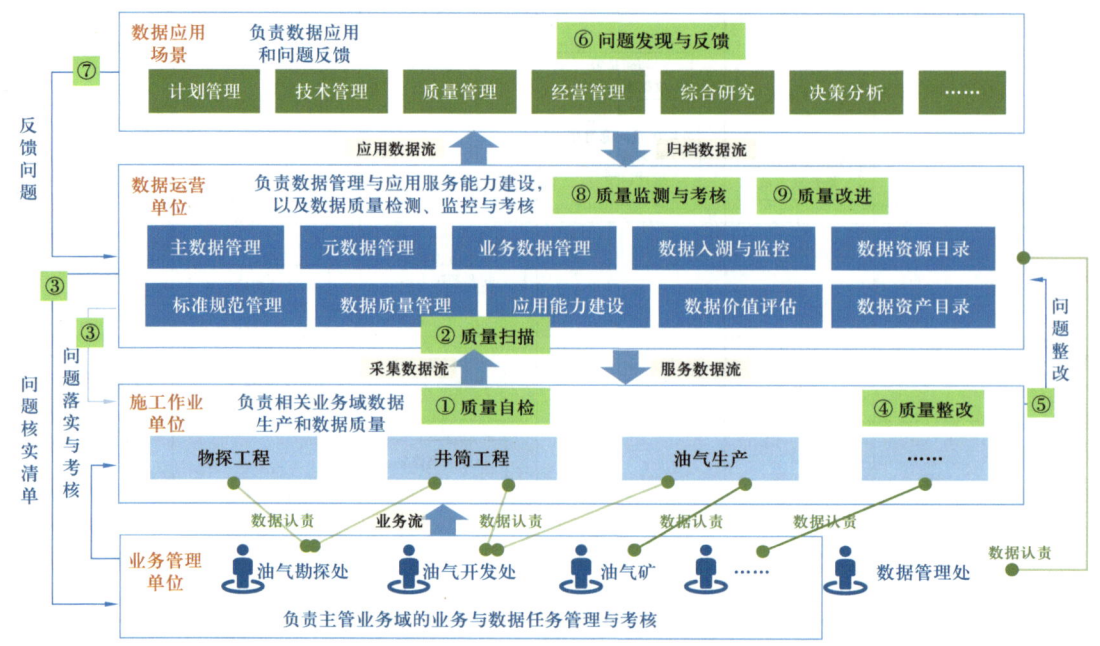

图 4-1-10　油气田企业数据质量管理工作流程

第四部分为面向所有企业用户的数据应用场景，数据使用者（或数据消费者）在使用数据完成各自定制的业务过程中，对发现的数据质量问题、数据服务缺陷等，应及时反馈到提供数据服务的数据运营单位进行核实和改进，对源数据存在的质量问题或缺陷需将问题核实清单发给源数据主管单位（也是源数据质量监管单位）进行再次核实，然后将核实后的问题报告发送给源数据生产单位，即施工作业单位对数据生产源头进行整改，问题整改后的数据再次提交数据运营管理单位进行复检，合格后提交数据湖仓管理，数据湖仓将数据更新通知通过正常数据发布渠道或数据订阅机制通知给数据使用者，以便数据使用者快速获取，从而实现数据质量的整个闭环管理。

第二节　数据质量保证体系

一、质量保证体系的概念与内涵

质量保证体系（QAS—Quality Assurance System）指组织（企业）以提高和保证产品质量为目标，运用系统方法，把组织（企业）内各部门、各环节的质量管理活动有机组织起来，将产品设计、研制、制造、销售、服务和客户反馈等整个过程中对产品质量与服务能力产生影响的因素进行有效管控，形成分工明确、职责清晰、工作协同、相互促进的质量管控体系，能够确保产品与服务质量保持在较高水平，并使组织（企业）外的监管方和用户确信其所生产或输出的产品及服务能满足共同认可的质量标准和相关的生产要求的技术以及管理体系，是通过将与质量保证相关的组织（企业）文化、政策、制度、标准、方法、程序和组织等加以系统化、规范化、标准化、制度化和常态化的结果，体现为一系列执行中的管理手册、指导书、标准、流程、图表等制度化文件。

质量保证体系是组织（企业）获取高品质产品与服务能力的一种系统性的技术与管理保障手段，是组织（企业）为达到质量监督和认证工作的要求，切实提升组织（企业）核心竞争力，围绕打造和输出高品质产品与服务能力而有计划、系统地组织开展的、全面的质量活动。除高品质的产品与服务本身之外，还包括对外（如：市场监管部门、质量监督部门、安全环保部门、最终用户和代销代售环节等）提供必要的保证质量的管理、技术与安全、环保等方面的证明。这种证明，通常是以限定权限的"证照"与产品"质保"相结合的形式提供的，这些"证照"的取得，不仅反映了组织（企业）内开展了扎实、深入、系统、全面、常态化的质量管理与质量保证活动，同时也是对基于该活动所取得的产品质量、服务质量、客户满意度，以及与之配套的组织管理、方法流程、制度规范、体系文件的有效运用等各方面得到了权威机构的评估、评级认定，代表了组织（企业）对产品及服务质量在管理和技术等方面的保证能力。

二、数据质量保证体系建设

数据作为新时代业务生产经营管理活动的新型生产资料和产品，在数据质量保证体系建设方面，除需要兼顾数据本身的特质以外，在构建组织（企业）的质量战略、文化、政策、制度、标准、方法、程序和组织等方面均可借鉴传统的实物性产品及其服务的质量标准体系方法，可参照的体系标准主要有GB/T 19001—2016（ISO 9001：2015）《质量管理体系　要求》、GB/T 36073—2018《数据管理能力成熟度评估模型》等。对照上述标准对组织（企业）的数据质量保证体系进行改进、完善与实践，适时邀请有审查资质的权威机构对其进行审查与测评，以获取该机构颁发的数据质量管理体系认证和数据管理能力成熟度等级认证证书，为开展数据生产和数据管理与服务活动提供有效保障。

三、数据质量保证体系运行

数据质量保证体系的运行应以过程管理为核心，以质量目标、计划为主线，通过"策划与计划（Plan）—实施与运行（Do）—检查与评价（Check）—处置与改进（Action）"的PDCA管理循环展开管理与控制，PDCA大循环中的各个环节可由小的PDCA循环构成，形成相互衔接、相互促进、螺旋式上升、不断推进的工作机制，保障数据质量管理与质量保证体系的持续有效运行。

数据质量管理与质量保证体系运行机制如图4-2-1所示。

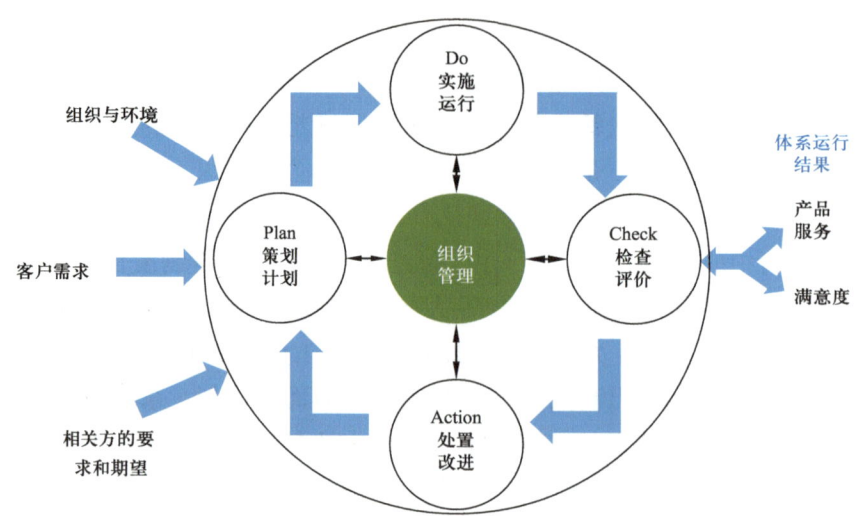

图 4-2-1 数据质量管理与保证体系运行机制——PDCA 循环

（1）策划与计划（Plan）：在具备一定的组织与环境基础的条件下，充分了解掌握客户对产品和服务的需求，结合产品与服务相关各方的要求和期望，以企业战略为导向，制定针对产品与服务的质量管理方针和目标，并为实现目标而制订相应的措施和计划。主要包括：明确质量目标、编制行动计划、配置相应的资源、制订措施方案、细化过程管理、明晰职责分工，并结合组织（企业）的实际情况确定具体的工作方法。

（2）实施与运行（Do）：根据行动计划、措施方案、工作方法等，按实施方案和计划组织开展相应的生产活动，管理工作围绕计划、资源、岗位、制度、措施、方法、流程、执行、考核等各环节逐一落实到位，保障生产过程有序进行并生产出质量合格的产品。

（3）检查与评价（Check）：根据生产计划和质量管理目标，对照产品质量标准，检查计划执行的情况和效果，包括是否严格执行了行动计划、措施方案、岗位职责和产品质量标准等，分为事中检查和事后评价。事中检查即在计划执行的生产过程中，检查核实岗位制度、措施方法、质量标准等是否执行到位，及时发现问题并给予纠正，对不符合计划要求的生产环节及时停工整改；事后评价是对生产出的产品，按照质量标准进行抽检或全检，按批次对产品质量进行审核与评价，保证最终交付的每一产品都达到预期的质量标准。

（4）处置与改进（Action）：依据检查与评价的结果，结合用户反馈，分析并查找问题及原因，对发生的各种质量问题要制定不同的改进与预防措施，限时组织整改落实，保证下期生产不再重复出现。同时，积极总结经验教训，对生产、流程、管理和质控等方面出现的漏洞进行补充，对质量保障体系存在的不足进行完善和提升，从而有效指导后续生产。

第三节 基于数据湖仓的数据质量管理

如前所述，数据质量管理是一个以企业战略为引领，以提高数据可靠性、保护和提升数据价值为主要目标的、持续的、预防性及体系化的过程和方法，是通过对数据生命周期进行质量管控的工程化实践。

在第三章中第三节所提出的基于数据湖仓的企业总体数据架构治理模型中（图3-3-1），从数据视角阐述了数据治理的三定位、三驱动、三支撑思想，同时也明确了数据湖仓在企业数据新生态建设中的核心地位。可以看到，数据湖仓既是企业数据生产资料（数据资源或数据资产）的汇聚和管理中心，也是企业数字化、智能化能力的构建、增长和创造中心，是企业数字化转型、智能化发展及其新型工业业态创新发展的基础。

在基于企业数据湖仓构建的新型数据生态体系中，数据生命周期已从传统的、简单的采集、存储、管理、应用扩展为业务建模、数据生产、数据汇聚、数据运营、生产力创新、业务重构、新业态再造等新型数据产业链，相应的数据质量管理体系建设也应基于这样的新型数据产业链进行适应性改进与提升，包括为数据产业链中的主要阶段设置质量目标与计划、方案与方法、标准与指标、自动化的技术与工具等，支撑并服务于数据质量管理总体目标的实现。

一、面向数据产业链的全场景数据质量管理

基于数据湖仓的新型数据产业链的全场景数据质量管理架构（参考模型）如图4-3-1所示，其中：

（1）数据湖仓作为新型数据产业链的基础性支撑平台和企业级数字化新基建，通过在数据湖仓中扩展数据质量规则库，并与湖仓中的主数据、元数据、业务数据等管理体系有机融合，形成统一的数据指标及规则API服务和质量扫描服务，从而实现对全场景数据质量管理的应用支撑能力。

（2）新型数据产业链应贯穿整个企业产业链，通过构建基于数据要素的新型数智生产力创新体系，承载企业业务数智化转型发展和新价值创造，支撑企业数字化战略落地。站在数据视角，其发展路径为：业务数据化（或数字化）、数据资源化、数据资源资产化、数据资产价值化以及数据资产价值最大化。其发展过程所对应的表现形态大致为：从最初的数字化新形态、业务新模式，到数据新要素及其数据生产力的逐步形成，数据价值得到初步释放，最终发展形成新产业、新生态和新业态。

（3）针对新型数据产业链的数据质量管理，应基于产业链各个节点不同的业务目标设定不同的数据质量管理目标或数据质量管理重点，列举如下：

① 业务建模阶段，即业务模型数字化阶段，其质量管理的目标是保证业务建模的质量，包括但不限于：规范性、完整性、准确性、一致性和通用性等方面，以保证基于业

务建模所形成的数据模型能够全面、客观、准确、完整、规范、动态和通用地表达物理现实世界中的业务状态为目标，并可利用数字孪生（Digital Twin）、虚拟现实与增强现实（Virtual Reality/Augmented Reality）等技术，在数字世界中完整呈现现实世界的业务过程，从而进一步支持业务的协同、优化与再造等。

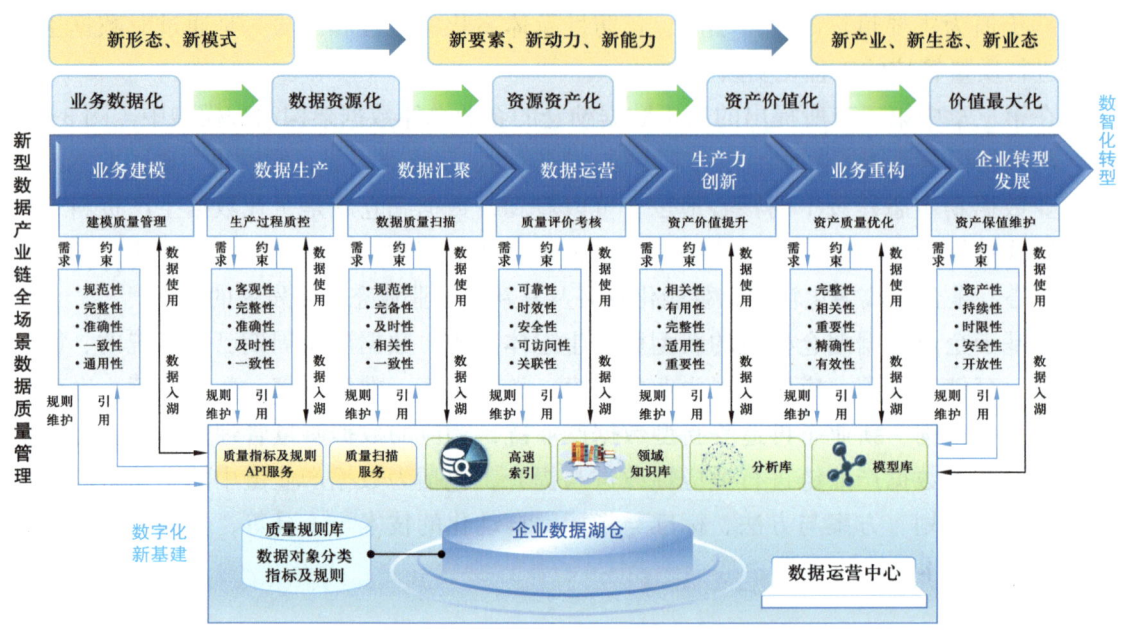

图 4-3-1　面向新型数据产业链的全场景数据质量管理架构（参考模型）

② 数据生产阶段，即业务生产过程，同时也是生产合格数据的核心过程，其质量管理的重点为生产过程质控，保证数据生产过程规范、合规、有效及释放的数据成果质量合格，包括但不限于：客观性、完整性、准确性、及时性和一致性等方面。

③ 数据汇聚阶段，即数据由生产环节提交到数据湖仓进行集中管理的过程，其质量管理的重点是严格管控入湖数据的质量，避免垃圾数据、重复数据的入湖，减少湖仓中的数据冗余，提高数据的权威性、可信性和溯源性，主要手段是基于数据对象类型及其质量规则对入湖数据进行质量扫描，包括但不限于：规范性、完备性、及时性、相关性和一致性等方面。

④ 数据运营阶段，其质量管理的重点是站在数据所有者委托代理的角度，以合同任务或项目为单位，协助数据所有者完成对入湖数据质量的评价与考核，包括但不限于：可靠性、时效性、安全性、可访问性和关联性等方面。

⑤ 生产力创新阶段，是利用大数据（Big Data Analysis）、商业智能（Business Intelligence）、数据挖掘（Data Mining）、知识发现（Knowledge Discovery）和人工智能（Artificial Intelligence）等数据科学技术对数据进行分析或建模，支持数据感知（Data Awareness）、数据洞察（Data Insight）、业务优化（Business Optimization）、流程再造

（Process Reengineering）和科学决策（Scientific Decision-making）等新型生产力创新，其质量管理的重点是保证数据生产资料的客观性、真实性、全面性，数据分析方法的可靠性和有效性，分析结果的有用性、通用性和重要性等方面。

⑥ 业务重构阶段，其质量管理的重点是在大量的数据分析和实践的基础上，找出影响业务运作效率低下的流程和问题，对其进行优化、改进；对影响数据质量的主要因素或环节进行改造或提升，包括但不限于：完整性、相关性、重要性、精确性和有效性等方面。

⑦ 新业态再造阶段，是数字化发展的高级阶段，也是企业转型发展目标达成的关键阶段，其质量管理的目标是围绕数据资产质量优化和数据资产的保值、增值开展工作，包括但不限于：资产性、持续性、时限性、安全性和开放性等方面。

二、面向应用的数据质量管理场景设计示例

下面以数据汇聚和数据运营两个阶段的质量管理与提升场景设计语境为例进行说明。类似地，其他阶段的质量管理场景可参照这两个示例并结合阶段目标及业务实际需求进行设计。

其中，场景设计语境意为在目标应用场景设计中所使用的设计环境、设计目的及内容和设计风格（包括所使用的技术、资源和语言形式等）。

1. 数据汇聚阶段的质量管理与提升场景设计

数据汇聚阶段的质量管理，以全量数据高质量入湖为主要目标，其质量管理及提升场景设计语境如图 4-3-2 所示。

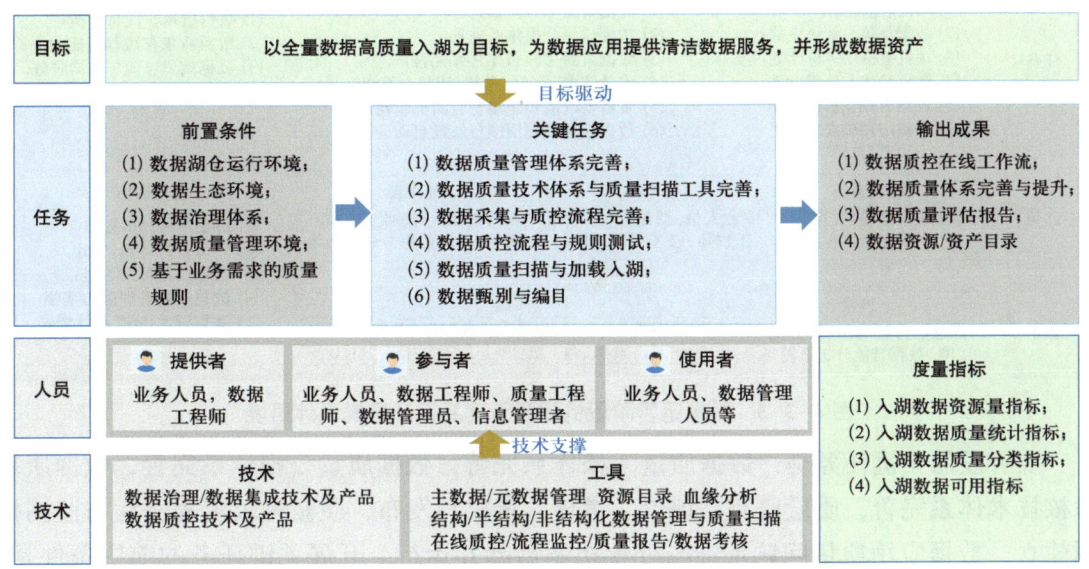

图 4-3-2 数据汇聚阶段的质量管理及提升场景设计语境

该阶段的关键任务是：数据质量管理体系完善、数据质量技术体系与质量扫描工具完善、数据采集与质控流程完善、数据质控流程与规则测试、数据质量扫描与加载入湖和数据甄别与编目。

开展关键任务的前置条件是：已具备或是初步具备了数据湖仓运行环境、数据生态环境、数据治理体系、数据质量管理环境和部分基于业务需求的质量评价指标及规则等。关键任务完成后的主要输出成果包括：数据质控在线工作流、数据质量体系完善与提升、数据质量评价（或评估）报告、正常入湖数据的数据资源/资产目录明晰等。其中的数据质量管理环境是指数据质量指标与规则库及其 API 应用服务接口、质量扫描与质量控制工具等配套环境和能力。

该阶段任务完成的标志性度量指标包括：入湖数据资源量指标、数据质量指标、数据质量监测指标和数据质量考核指标等。同时，图中也列举了该阶段的数据提供者、任务参与者、数据及功能使用者等人员构成，以及要使用的技术产品和工具类型等。

上述场景设计可为开发面向数据汇聚阶段的质量管理与提升 App 应用，形成对数据汇聚入湖阶段的质量管理与服务能力提供设计参考。

2. 数据运营阶段的质量管理及提升场景设计

数据运营阶段的质量管理，以保证数据质量、辅助数据验收、提升数据品质、保障数据应用为主要目标，其数据质量管理及提升场景设计语境如图 4-3-3 所示。

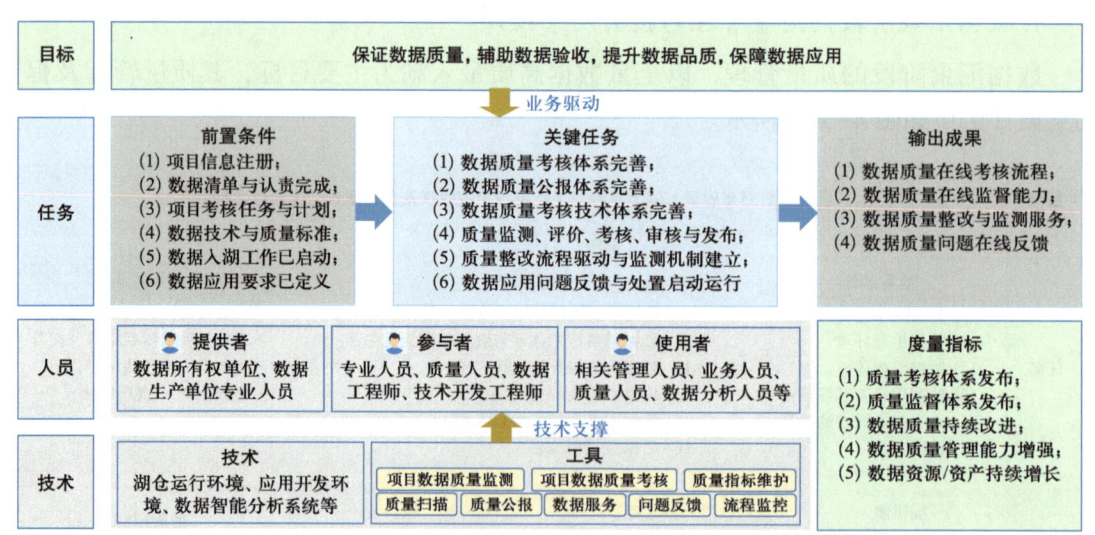

图 4-3-3 数据运营阶段的质量管理及提升场景设计语境

该阶段的关键任务是：数据质量考核体系完善，数据质量公报体系完善，数据质量考核技术体系完善，质量监测、评价、考核、审核与发布，质量整改流程驱动与监测机制建立，数据应用质量问题反馈与处置机制启动并运行。开展关键任务的前置条件是：项目相关信息已在湖仓中进行了登记注册，已针对项目类型和项目任务形成了入湖数据清单，项目数据的所有权已经明确，数据生产、数据提交、数据质量责任认责完成，项目数据考核任务与计划已经形成，各项数据应遵循的技术标准与质量标准已经备案并录入数据湖仓中的质量评价指标及规则库，项目数据入湖工作已启动，入湖数据的使用单位、数据许可权限和应用要求已定义。关键任务完成后的主要输出成果包括：数据质量在线考核流程有效运行，数据质量在线监督能力形成，数据质量整改与监测服务机制建立，数据质量问题可在线反馈，问题处置流程可追踪监测等。

该阶段任务完成的标志性度量指标包括：项目数据质量考核体系和质量监督体系发布并运行，数据质量得到持续改进，数据质量管理能力得到增强，湖仓中的数据资源／资产持续增长等。同时，图中也列举了该阶段的数据提供者、任务参与者和数据及应用使用者的人员构成，以及需要使用的技术、环境和工具等。

上述场景设计可为开发面向数据运营阶段的质量管理与提升 App 应用，形成对数据运营阶段的质量管理与服务能力提供设计参考。

第五章　面向数据湖仓的数据安全保障体系

随着数字经济的高速发展，数据作为数字经济时代的新型生产要素，通过数字化、网络化、智能化的发展过程，已深度融入生产、分配、流通、消费和社会服务管理等各个领域，成为促进数字经济新业态发展的重要基础，推动了产业创新和转型升级；以数据要素为核心所形成的新型生产力，在拉动我国经济高质量发展中成效显著，使之成为关键性生产要素和基础性战略资源。

数据作为新型生产要素，对传统的土地、劳动力、资本、技术等生产要素具有放大、叠加、倍增作用，正在推动生产方式、生活方式和治理方式深刻变革。要充分发挥数据生产要素的作用，需构建配套的数据基础制度，包括以促进数据合规高效流通使用并赋能实体经济为主线的数据产权制度、流通交易制度、收益分配制度和安全治理制度等❶，从而为数字经济时代新型数据价值观和安全发展观的建立奠定基础。

《中华人民共和国数据安全法》❷中的数据安全是指通过采取必要措施，确保数据处于有效保护和合法利用的状态，以及具备保障持续安全状态的能力。

数据安全是以确保数据机密性、完整性和可用性为目的，防止未经授权的访问、使用、泄露、丢失以及恶意修改或破坏的过程，应坚持总体国家安全观，建立健全数据安全治理体系，提高数据安全保障能力，包括一系列的措施、策略、技术和程序。

数据作为当前数字经济深化发展的核心引擎，数据安全也成为事关经济社会发展和国家安全的重大战略问题。如何做好数据安全防护能力建设，合规处理并利用数据，成为数字经济时代各行业及企业数据安全治理的重要议题。

由中国信息通信研究院牵头发起的"数据安全推进计划❸"公益性合作项目，将数据安全治理定义为：在组织数据安全战略的指导下，为确保组织数据处于有效保护和合法利用的状态，以及具备保障持续安全状态的能力，内外部相关方协作实施的一系列活动

---

❶《关于构建数据基础制度更好发挥数据要素作用的意见》，中共中央 国务院，2022年12月2日。
❷《中华人民共和国数据安全法》，第十三届全国人民代表大会常务委员会通过，2021年6月10日。
❸ "数据安全推进计划"是中国信息通信研究院联合三十余家单位于2021年9月1日正式发起的公益性合作项目计划。该计划依托大数据协同安全技术国家工程实验室、中国通信标准化协会大数据技术标准推进委员会、中国互联网协会数据治理工作委员会开展具体工作，致力于促进数据安全技术交流，打造健康规范的数据安全生态体系，帮助企业了解监管要求，全方位提升企业数据安全能力。其主要工作内容包括：搭建交流平台，开展最新政策法规解读；开展数据安全方法论和技术体系研究；建立健全数据安全标准体系；依托标准打造数据安全咨询与评估评测解决方案；开展数据安全人才培训等。

集合，包括建立数据安全治理组织架构，制定数据安全制度规范，构建数据安全技术体系，建设数据安全人才梯队等。

第一节　数据安全治理体系

一、数据安全治理的概念

国际咨询机构 Gartner 认为，"数据安全治理不仅仅是一套用工具组合的产品级解决方案，而是从决策层到技术层，从管理制度到工具支撑，自上而下贯穿整个组织架构的完整链条。组织内的各个层级之间需要对数据安全治理的目标和宗旨取得共识，确保采取合理和适当的措施，以最有效的方式保护信息资源。"即在顶层数据安全战略指导下，以确保数据安全为目的，从组织、人员、制度、工具等方面与内外部相关方协作实施的一系列治理活动的集合。

中关村网络安全与信息化产业联盟数据安全治理专业委员会《数据安全治理白皮书 5.0》（中关村网络安全与信息化产业联盟数据安全治理专业委员会，2023）分别从广义的社会和狭义的组织两个层面对数据安全治理进行了定义：

广义层面，数据安全治理是指在国家整体数据安全战略指导下，依法、依规整合多方相关单位共同参与、协同实施的一系列为实现既定目标活动的集合。其中涉及的相关组织包括国家、行业、研究机构、组织及个人等多元实体。其中的核心活动包括持续建立健全相关法律法规、政策标准体系，创新数据安全关键技术，贯彻落实政策法规，培养专业人才，营造数据安全产业生态等。数据安全治理是以"让数据使用有序而安全"为愿景，构建形成全社会共同维护数据安全、促进数据开发利用和产业发展的良好环境，探索在我国易于落地的数据安全建设体系的过程。

狭义层面，数据安全治理是指从自身视角出发，多部门协作，推动合法、合规使用数据的一系列活动的集合。其核心活动包括明确数据安全治理工作的团队及职责，规划制定相关制度规范，构建数据安全技术体系等。

数据安全治理是一种制度化、体系化的过程（华清信安，2023），数据安全治理应包括明确的价值目标、必须遵从的规范和落实治理责任的组织机构。数据安全治理以"人"和"数据"为中心，通过评估与平衡业务需求与风险，制定数据安全策略，对数据进行分类分级，对数据的全生命周期进行安全管理，从技术到产品，从策略到管理，形成完整的、体系化的数据安全保障与服务支撑。

数据安全治理的核心内涵包括从战略层面形成由上而下贯穿组织（企业）总体架构的对数据安全治理目标的共识，关注数据处理全生命周期安全，重视管理与技术措施并举，并能够根据安全形势、技术发展和演进趋势等的动态变化，对数据安全治理体系进行持续优化。组织（企业）在规划和开展数据安全治理工作时，需要依据数据安全治理的核心理念，从数据安全战略、管理机制和技术手段等多方面建设和提升数据安全治理能力。

数据安全治理需要关注数据在整个生命周期中的机密性（Confidentiality）、完整性（Integrity）与可用性（Availability）。以数据业务属性为始，以数据分类分级等安全管控为手段，建立以数据为中心的安全架构体系。数据安全治理的输出包括数据的分类分级管控目录、安全使用规范、数据安全监控与风险防控要求等，最终通过技术手段推动数据安全人员、组织与流程的落地。因此，数据安全治理能力建设需要从决策到技术、从制度到工具、从组织架构到安全技术进行通盘考虑，既要注重"硬实力"的锻造，也要聚焦"软实力"的提升。

二、数据安全参考模型与架构

面对"互联网+"时代复杂多变的业务系统需求，以及物联网、大数据、云计算、人工智能等新兴技术的应用所带来的庞大数据量的增长，为数据安全治理带来了新的挑战，包括如何快速识别、监控、检测、处置和响应数据安全风险，提升数据安全防护能力，满足合规性要求的同时，使数据使用更加安全等。

根据 GB/T 43697—2024《数据安全技术 数据分类分级规则》中的附录 D，常见的数据安全风险有：

（1）数据泄露：数据窃取、未授权访问数据、违规导出数据等破坏数据保密性风险。

（2）数据篡改：未授权修改、注入、仿冒、伪造数据等破坏数据完整性风险。

（3）数据损毁：也称数据破坏，数据被损毁、数据质量下降、数据访问或使用中断等破坏数据可用性风险。

（4）非法获取数据：违反法律、行政法规等有关规定，超范围收集、强制授权、非法获取公民个人信息等违法违规收集数据风险。

（5）非法使用数据：也称非法利用数据，违反法律、行政法规等有关规定使用、加工、委托处理数据。

（6）非法共享数据：违反法律、行政法规等有关规定向他人提供、交换、转移、交易、出境、公开数据。

以数据为中心的数据安全需要，包括宏观层面要满足合规要求、设立合理的组织架构、采取适当的技术手段和配套的管理措施等，在执行层面，采取识别、保护、监视、检测、响应和恢复等安全功能，保证数据全生命周期的安全。

数据安全参考模型如图 5-1-1 所示，数据安全参考架构如图 5-1-2 所示。

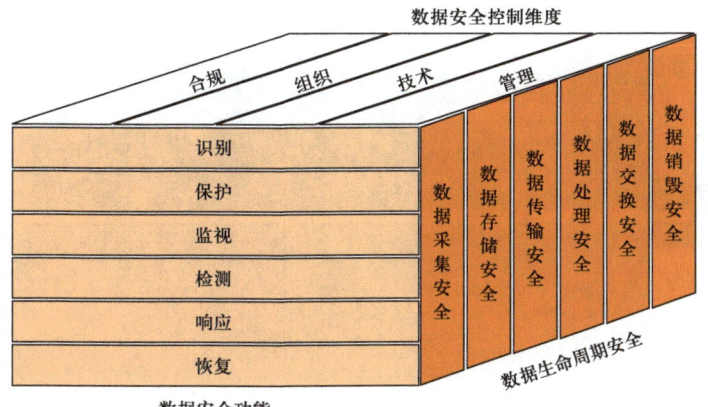

图 5-1-1　数据安全参考模型

引自文献：Mark2019，2020

图 5-1-2　数据安全参考架构

引自文献：高级互联网专家，2023

三、数据安全治理参考架构

1. Microsoft 数据隐私、保密和合规治理框架

Microsoft 提出的隐私、保密和合规治理 DGPC（Data Governance for Privacy，Confidentiality and Compliance）框架（Javier Salido，et al.，2010）围绕组织（企业）的人员、流程和技术三个核心能力域的具体控制要求展开（图 5-1-3），并与已有的安全框架体系或标准协同合作，以更好地实现数据安全风险控制和治理目标。

其中：

（1）人员能力域是指首先需要获取高级管理层的支持，然后组建专门的 DGPC 管理

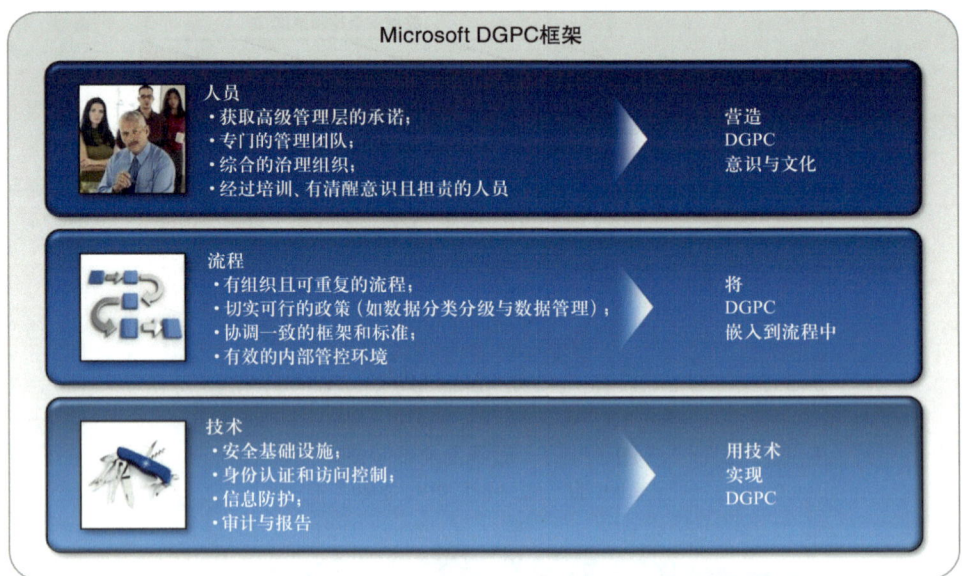

图 5-1-3　Microsoft 隐私、保密和合规治理 DGPC 框架
引自文献：Javier Salido，et，al.，2010a；谷雨之际，2023

团队和综合治理组织，经过培训使之具备 DGPC 意识；有效的治理需要一个适当的组织结构和明确定义的角色及责任，足够的资源来履行所需的职责，通过分工明确的人员角色与职责，负责对数据分类、保护、使用和管理过程中的原则、策略和流程步骤等进行定义、维护和管理，以营造团队与组织（企业）的 DGPC 意识和文化。

（2）流程能力域是指组织（企业）需要依赖 DGPC 团队对流程及过程进行清晰地定义，并将 DGPC 管控嵌入到流程中，使之适应每个组织的独特情况和需求。首先，需要从各类权威文件（如法律、法规、标准、组织政策与战略文件等）中梳理分析出组织必须满足的各类要求，形成合规要求集合；然后，定义相应的指导原则和策略以满足这些合规要求；最后，识别和分析数据流转中的数据隐私、保密和合规风险，并根据风险控制目标采取必要的管控措施。

DGPC 四项核心流程如下：

① 管理 DGPC 组织，这一过程确保适当的 DGPC 组织结构到位，以支持其他核心过程。

② 管理 DGPC 要求，该流程检查各种 GRC（Governance，Risk Management and Compliance）授权文件，以合理化业务数据要求（包括数据质量指标和业务规则）和数据合规性要求，并创建综合 GRC 指南，综合后的 GRC 要求将纳入管理 DGPC 战略和政策。

③ 管理 DGPC 战略和政策，该过程制定了符合综合 GRC 要求和授权文件的 DGPC 战略、原则和政策。输出结果作为管理 DGPC 控制环境的输入。

④ 管理 DGPC 控制环境，该过程应用 DGPC 工具和技术为实施工作找到适当的控制

和技术,它包括一个反馈回路,用于根据控制的执行情况调整 DGPC 的战略和政策。

(3)技术能力域是指用于评估风险的分析工具和减轻风险的技术、人工控制的技术等。包括构建安全的基础设施,进行身份认证和访问控制、信息防护、审计与报告等,旨在通过技术手段实现 DGPC 的管控目标,如图 5-1-4 所示。

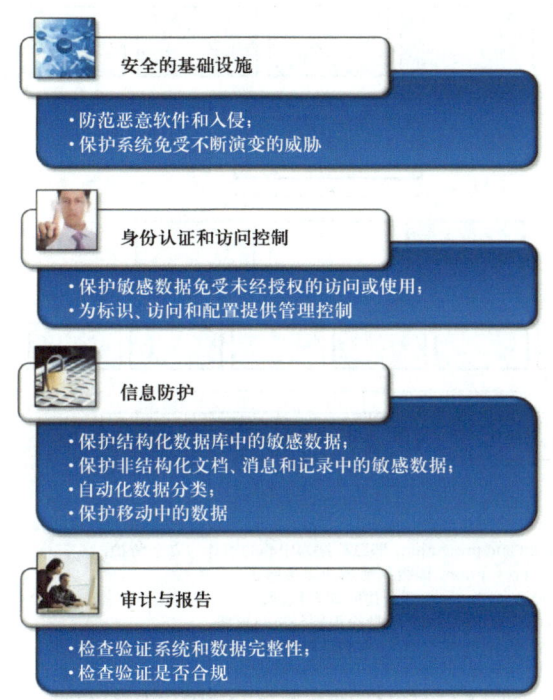

图 5-1-4 Microsoft 隐私、保密和合规治理 DGPC 的四个技术域
引自文献:Javier Salido/Microsoft, et, al., 2010b

DGPC 框架提供了一种以数据隐私保护、保密和合规为目标的数据安全治理框架,以数据生命周期和核心技术领域为关注重点,基于威胁建模与风险评估的方法,对组织如何实施数据安全治理进行了概要阐述,并从方法论层面明确了数据安全治理的目标。

2. Gartner 数据安全治理框架

Gartner 提出的数据安全治理 DSG(Data Security Governance)框架(Lowans B, et al., 2018;谷雨之际,2022;天空卫士 SkyGuard, 2021)如图 5-1-5 所示。该框架主要包括五个层次,从上到下依次为:平衡业务需求与风险分析,标识、优先级排序和管理数据集的生命周期,定义数据安全策略,部署使用安全技术产品和为所有产品编排统一政策等。

(1)平衡业务需求与风险是指要从组织(企业)的业务策略、治理、合规、IT 策略和风险容忍度或承受力五个关键域出发,经综合分析、评估,制定符合组织(企业)业务发展与风险管控需求的、平衡的数据安全治理策略。

(2)标识、优先级排序和管理数据集的生命周期是指对数据的获取、存储、分析、演化、归档、销毁等全生命周期进行识别、梳理、分类与分级，关注所有环节的数据安全风险点。

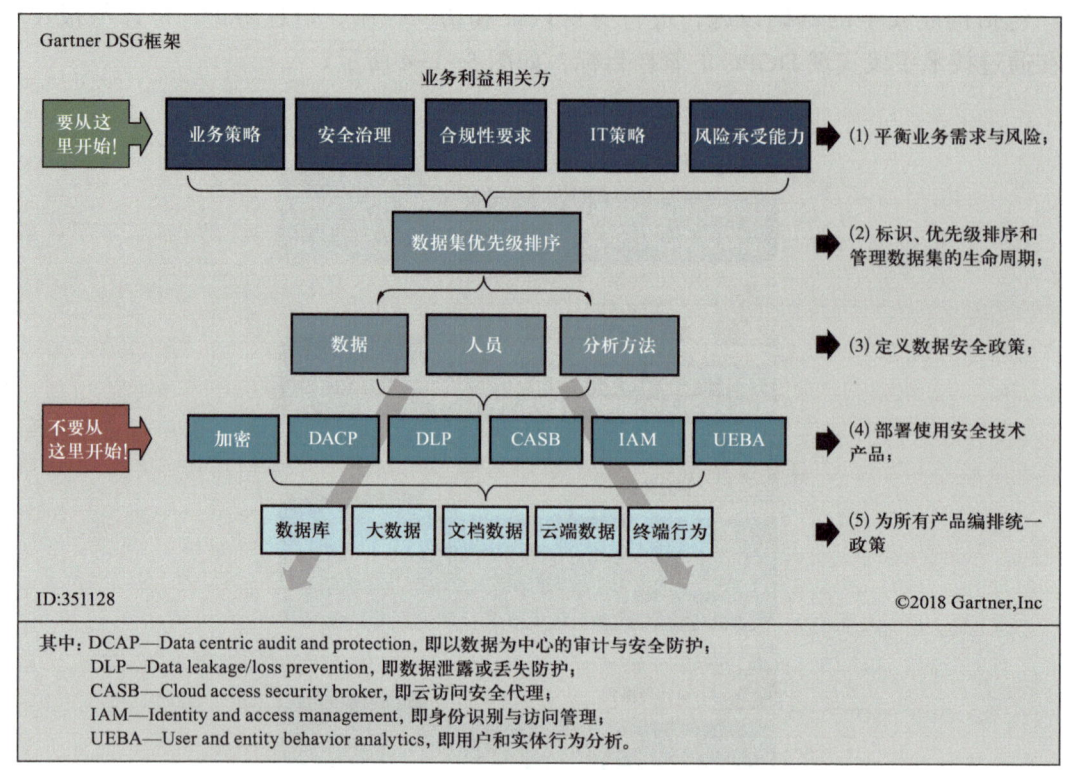

图 5-1-5　Gartner 数据安全治理 DSG 框架
引自文献：Lowans B, et al., 2018；谷雨之际, 2022；天空卫士 SkyGuard, 2021

（3）定义数据安全策略是指从两个方面定义组织的数据安全策略，一是明确数据保护的对象、所涉及人员与访问行为，二是基于数据分类、分级的结果制定针对性的数据安全策略。

（4）部署使用安全技术产品是指采用和部署多种安全工具以支撑数据安全策略的实施，包括密码系统 Crypto、以数据为中心的审计和保护系统 DCAP（Data Centric Audit and Protection）、数据泄露与丢失防护系统 DLP（Data Leakage / Loss Prevention）、云访问安全代理系统 CASB（Cloud Access Security Brokers）、身份识别与访问管理系统 IAM（Identity and Access Management）、用户与实体行为分析系统 UEBA（User and Entity Behavior Analytics）等。

（5）为所有产品编排统一政策是指为所有安全能力与产品配置策略并保持政策的一致性，或是通过调整政策的细节使之适应所有产品、数据和操作行为的需求，确保数据与产品之间能够相互协作，形成一体化协同的安全体系，策略执行对象包括数据库、大数据系统、文档类数据、云端数据、终端行为等。

DSG 框架从方法论的角度阐述了数据保护治理的思路、基本框架和步骤，并从宏观层面给出了数据保护能力与产品的部署建议。组织（企业）在开展数据保护治理实践过程中，可根据治理对象和场景的不同采取差异化的部署方式并按需要组合使用。

Gartner DSG 流程如图 5-1-6 所示，包括：

（1）建立管理问责制和决策权，其中包含了企业安全章程建立、政策框架与组织保障，这决定了数据安全治理对于企业的重要性和地位，以此为后续的数据安全治理奠定基础。

（2）确定可接受的安全风险，组织架构建立后，评估企业自身面临的安全风险，对不同等级的风险设定不同的管理政策，如有疑义，则通过内部仲裁解决。

（3）针对安全风险控制，制定相应的策略，并进行资源匹配，包括具体的技术产品和工具。

（4）风险控制有效性评估，数据安全治理必须是一个完整的闭环，并通过安全评估及具体指标来衡量，以确保风险得到了有效管理，否则，需要回到第一个步骤重新纠偏。

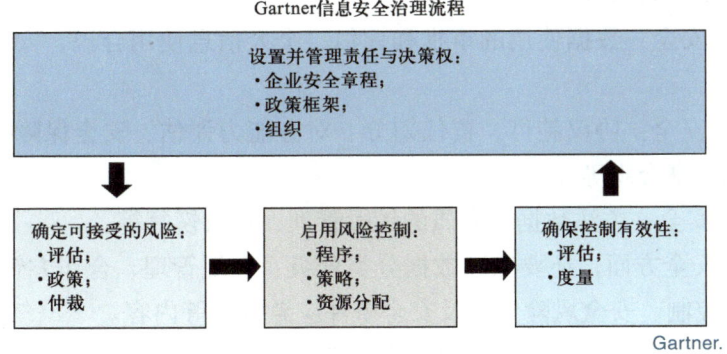

图 5-1-6　Gartner DSG 流程
引自文献：沈雪峰，2017

3. 华清信安数据安全治理框架

华清信安认为，组织（企业）建设数据安全治理体系至少需要涵盖数据安全战略、数据全生命周期安全及基础安全等三个方面，如图 5-1-7 所示。

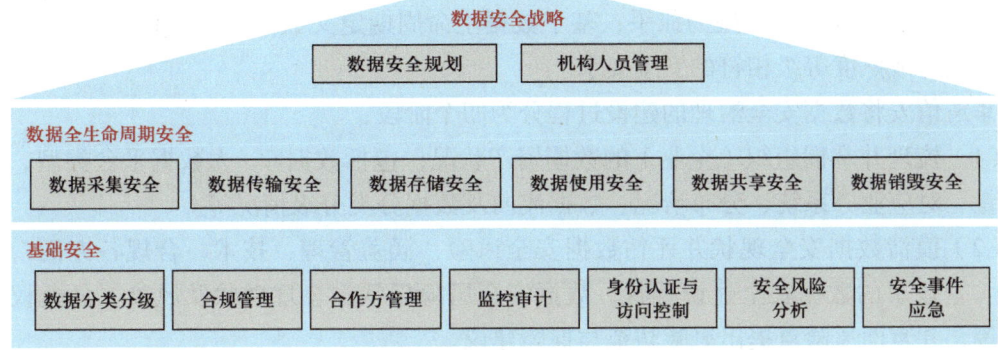

图 5-1-7　华清信安数据安全治理框架
引自文献：华清信安，2023

（1）在安全战略规划层面，组织需要至少完成四方面的工作：
① 组织建设：数据安全组织的设立、职责分配和沟通协作。
② 制度流程：组织数据安全领域的制度和流程执行。
③ 技术工具：通过技术手段和产品工具落实安全要求或自动化实现安全工作。
④ 人员能力：执行数据安全工作的人员的安全意识及相关专业能力。
（2）在数据全生命周期安全建设层面，企业需要在以下方面进行安全建设和提升：
① 数据采集安全：数据源管理，合法、正当、必要和诚信，采集合规评审，隐私政策和用户协议，安全保障技术等。
② 数据传输安全：数据加密、传输加密通道、身份认证、防泄露、完整性验证、接口的管理、跨境传输合规等。
③ 数据存储安全：数据加密存储方案、存储介质管理、备份与恢复的安全性和可用性、系统平台的安全要求等。
④ 数据使用安全：数据使用的审批和评估、个人信息使用合规、安全保障技术、环境安全等。
⑤ 数据共享安全：协议签订、责任划分、对方能力评估、安全保障技术、平台接口管理、个人信息共享合规等。
⑥ 数据销毁安全：关注数据及介质的销毁管理、不可恢复等。
（3）在基础安全方面，还要兼顾数据分类分级、合规管理、合作方管理、监控审计、身份认证与访问控制、安全风险分析及安全事件应急响应等内容。

华清信安数据安全治理体系建设的总体思路是：
（1）以数据为中心：综合考虑数据属性、存储分布、流转、使用等状况，掌握并厘清数据与业务的关系。
（2）以组织为单位：提升整个组织的数据安全能力，使数据安全管理更加合理规范、完善和可持续。
（3）以合规为驱动：充分了解合规及行业监管要求，满足合规性要求的同时，兼顾业务实际发展状况。
（4）以能力成熟度模型为抓手：基于数据生命周期定义数据安全过程域和基本实践，满足与能力成熟度等级相符的安全要求。

华清信安将数据安全治理的建设过程分为四个阶段：
（1）梳理并掌握组织（企业）的数据资产状况，包括数据库/大数据平台类型、数据库数量、对应业务系统、分布情况、数据流向及数据分类分级情况等。
（2）摸清数据安全现状并评估数据安全风险，涵盖管理、技术、合规各方面，包括组织（企业）的数据安全建设现状、数据安全风险现状、合规现状及风险、角色权限风险点等，并直面风险点提出风险防范与保障建议。
（3）完成数据安全制度与管控流程建设，对目前组织（企业）的管理制度进行补充和完善，健全符合实际情况的数据安全相关制度，包括数据安全管理制度、数据安全人员管理规范、数据安全应急响应等制度和流程。

（4）规划数据安全架构和建设路径，基于前期的数据梳理、风险评估结果等，统筹规划符合组织（企业）战略发展的数据安全体系建设方案，并根据组织（企业）的实际情况分阶段建设，补齐短板，在实现短期数据安全规划目标的同时进行常态化数据安全监管，逐步实现安全合规、全域可管、全局风险可控、数据安全可信等目标要求，通过持续有效地开展数据安全治理，"让数据更安全，更有价值"。

4. 数据安全推进计划数据安全治理体系化方法

数据安全推进计划项目依据中国通信标准化协会大数据技术标准推进委员会发布的团体标准《数据安全治理能力评估方法》，基于大量的调研和数据安全治理能力评估实践，提炼出的数据安全治理总体框架视图如图5-1-8所示，全面描绘了数据安全的治理目标、治理体系、治理维度和治理实践方法等。

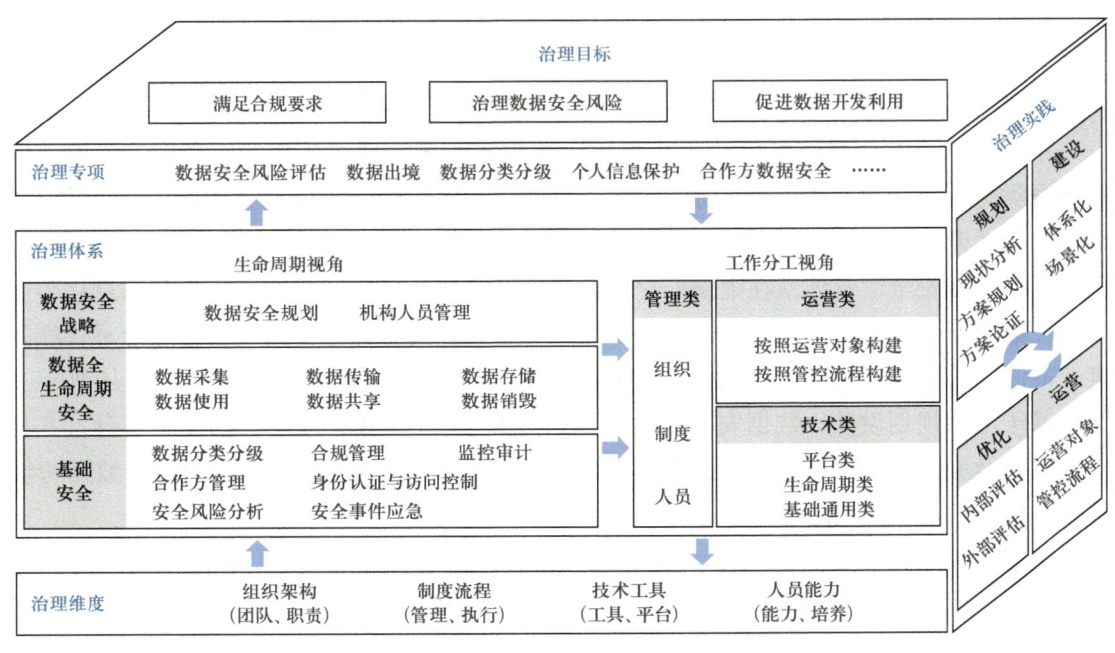

图 5-1-8　数据安全治理总体框架视图
引自文献：数据安全推进计划，2023

（1）将数据安全治理的目标定位于满足合规要求、治理数据安全风险、促进数据开发利用三个方面。

（2）数据安全治理体系建设围绕达成数据安全治理目标所需具备的能力体系进行，基于数据全生命周期视角提出了数据安全战略、数据全生命周期安全、基础安全三层架构，同时基于该三层架构演化出实践中的管理、技术、运营三类工作内容。其中，数据安全战略包括数据安全规划（含任务、目标）和机构人员管理（含治理团队和人员能力）；数据全生命周期安全包括数据采集、数据传输、数据存储、数据使用、数据共享和数据销毁等环节的合规及风险管理，通过设置管控点和管理流程，保障数据安全；基础安全包括数据分类分级、合规管理、合作方管理、身份认证访问控制、监控审计、安全风险分析和安全事件应急等。

（3）将数据安全治理的维度划分为组织架构（含团队与职责等）、制度流程（含管理和执行等）、技术工具（如工具和平台等）和人员能力（如能力和培养等）四个方面。

（4）数据安全专项治理工作是落实多元化主体（含数据、安全、合规、业务等部门）共同参与，协同开展数据分类分级、数据安全风险评估、数据出境安全评估、合作方数据安全管理等各专项治理工作的有效组织方式。

（5）数据安全治理实践包括安全方案规划、安全体系建设、安全运营管控、安全评估优化四方面的协同持续化流程。

整套框架体现了"全局体系规划，场景有序落地，运营持续加强，评估助力优化"的数据安全治理实践理念，形成了"规划—建设—运营—优化"的管理闭环和可持续发展路径。

5. 中关村网络安全与信息化产业联盟数据安全治理框架

中关村网络安全与信息化产业联盟提出的数据安全治理，从数据安全战略出发，以数据分类分级与敏感个人信息识别为支撑，构筑数据安全管理体系、数据安全技术体系、数据安全运营体系与数据安全监督评价体系的整体数据安全治理体系，如图5-1-9所示。

鉴于数据安全运营体系在数据安全治理中的轴心作用，中关村网络安全与信息化产业联盟在数据安全运营体系设计上，参照PDCA模型，围绕数据生命周期，通过上承管理制度，下依技术体系，实现对流动性数据安全的持续、动态、闭环管理，如图5-1-10所示。

基于上述规划设计，数据安全运营体系如图5-1-11所示，主要分为两个部分，一是面向常态化持续运营工作；二是面向定期或特定数据处理场景（如数据交易、数据跨境等）触发的数据安全风险评估。

常态化持续运营工作，围绕"数据资产、安全策略、安全事件、安全风险"等关键因素，开展识别（I）、防护（P）、监测（D）、响应与优化（R）等一系列治理活动，通过发现不足、改进优化等，不断地丰富和提升数据安全治理的完整性和成熟度。

四、数据安全治理活动

1. 识别数据安全需求

组织（企业）开展数据安全活动的主要动因是保护组织（企业）的合法权益、促进数据合规安全地开发利用、避免数据安全风险、助力业务增长等。确保组织（企业）数据安全，可降低组织（企业）的经营管理风险，增强组织（企业）的竞争优势。数据安全需求主要来自业务需求和监管要求两个方面：

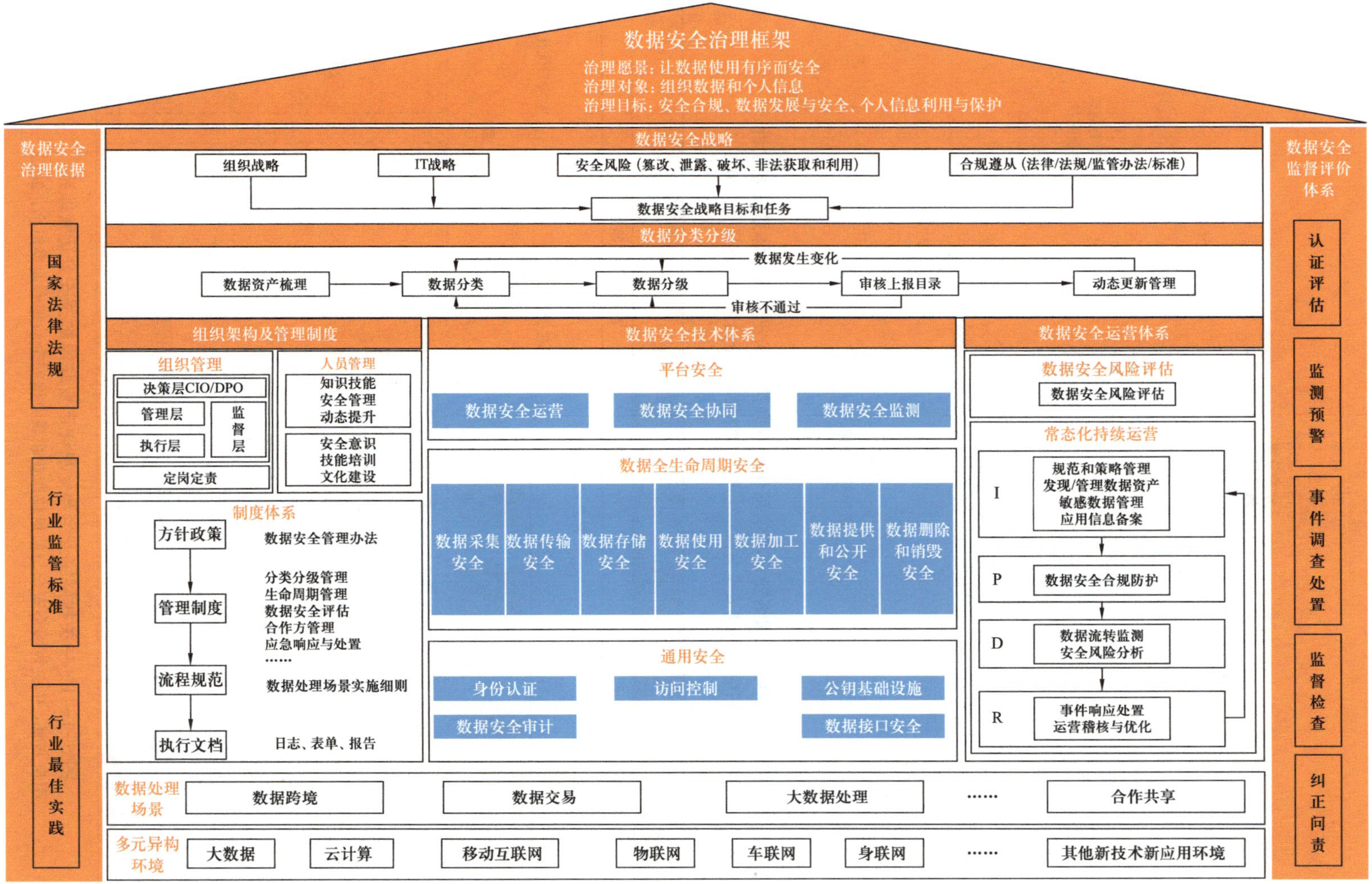

第五章 面向数据湖仓的数据安全保障体系

图 5-1-9 中关村网络安全与信息化产业联盟数据安全治理框架
引自文献：中关村网络安全与信息化产业联盟数据安全治理专业委员会，2023

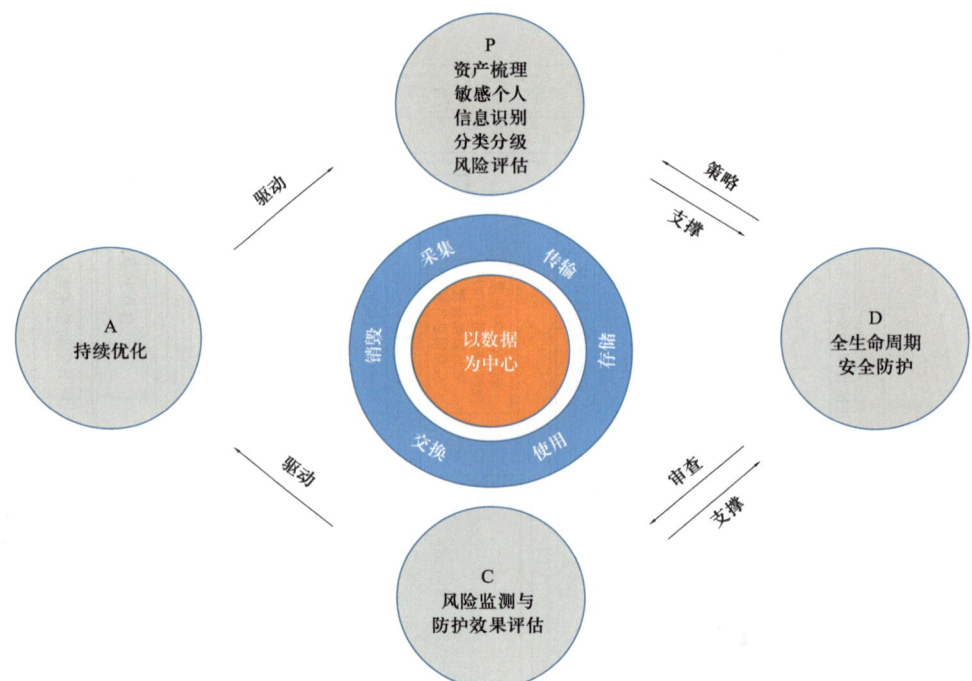

图 5-1-10 中关村网络安全与信息化产业联盟数据安全运营体系规划设计
引自文献：中关村网络安全与信息化产业联盟数据安全治理专业委员会，2023

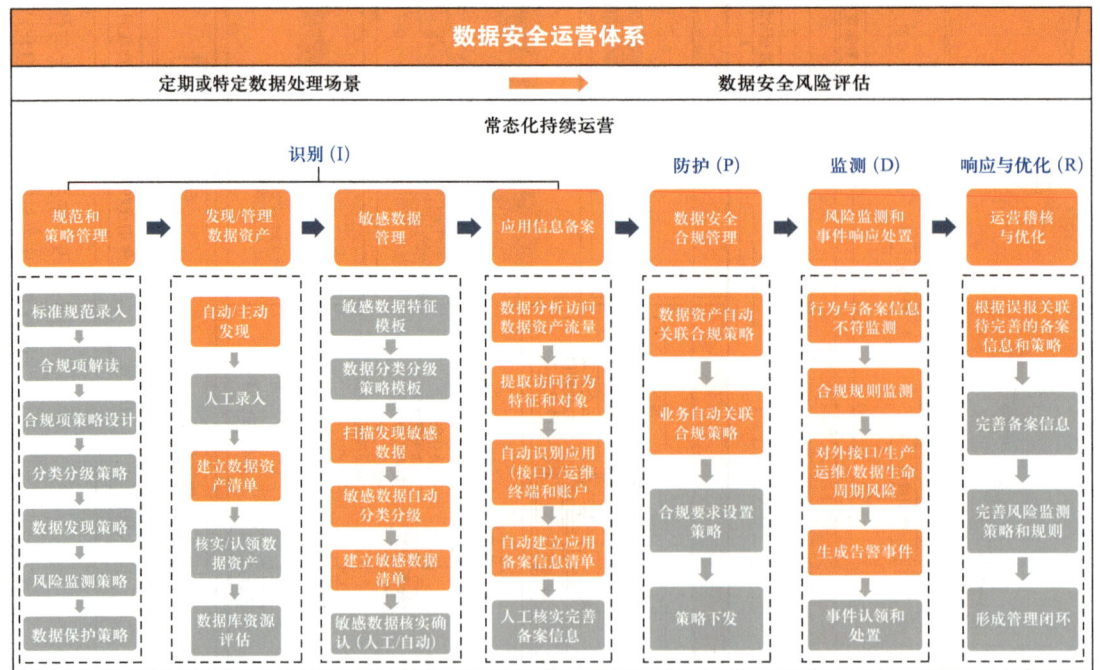

图 5-1-11 中关村网络安全与信息化产业联盟数据安全运营体系
引自文献：中关村网络安全与信息化产业联盟数据安全治理专业委员会，2023

（1）业务需求方面，在组织（企业）内实施数据安全治理的第一步就是全面了解组织（企业）的业务需求。组织（企业）的业务需求、使命、战略和规模以及所属行业，决定了所需数据安全的严格或严重程度。应关注的重点需求包括：必要的业务访问需求，即适当、适量、适度的数据安全管控与设置；利益相关方及其所关注的问题，如与客户有关的信息的隐私和保密、客户商业秘密、业务合作伙伴活动、业务兼并与收购等；组织（企业）合法的商业问题，如本组织（企业）的商业秘密、对竞争对手的知识产权研究、合法使用合作伙伴的知识产权产品、与业务合作伙伴的关系及其即将发生的交易等。

（2）监管要求方面，组织（企业）须遵从数字经济时代政府围绕数据安全及其道德、法律问题所制定的新法律、法规和标准，并在其严格的管理和监控下合法、合规地开展各项工作。应关注的重点要求包括：法规所限制获取的某些信息，允许公开和明确问责的行为内容，提供试用／使用访问权的责任等。

2. 明确数据安全原则

（1）《中华人民共和国数据安全法》中倡导的数据安全原则包括：

① 积极开展数据安全治理和数据开发利用等领域的对外交流与合作。

② 保护企业与数据有关的权益，鼓励数据依法合理有效利用，保障数据依法有序自由流动，促进以数据为关键要素的数字经济发展。

③ 组织开展数据处理活动时，应遵守法律、法规，尊重社会公德和伦理，遵守商业道德和职业道德，诚实守信，履行数据安全保护义务，承担社会责任，不得危害国家安全、公共利益，不得损害个人、组织的合法权益。

④ 开展数据安全知识宣传普及，提高全社会的数据安全保护意识和水平，推动有关部门、行业组织、科研机构、企业、个人等共同参与数据安全保护工作，形成全社会共同维护数据安全和促进发展的良好环境。

（2）数据管理协会 DAMA 基于管理视角，给出的数据安全原则包括以下六个方面：

① 协同合作。数据安全是一项需要多部门多团队协同的工作。

② 企业统筹。制定和运用数据安全标准和策略时，必须保证组织的一致性。

③ 主动管理。数据安全管理的成功取决于：主动性和动态性、所有利益相关方的关注、管理变更以及克服组织或文化瓶颈等。

④ 明确责任。必须明确界定角色和职责，包括跨组织和角色的数据安全"监管链"。

⑤ 元数据驱动。数据安全分类分级是数据定义的重要组成部分。

⑥ 减少接触以降低风险。通过减少接触来最大限度地减少敏感数据／机密数据的扩散，尤其是在非生产环境中。

（3）数据安全推进计划提出的数据安全治理原则：

① 以数据为中心。围绕数据的高效开发和利用，包括数据的采集、传输、存储、使用、共享、销毁等全生命周期的各个环节，其面临的数据安全威胁与风险各不相同。因

此，须根据具体的业务场景和各生命周期环节的安全风险，构建以数据为中心的数据安全治理体系，有针对性地识别并解决其中存在的数据安全问题，防范数据安全风险。

② 多元化主体共同参与。数据安全治理不是仅仅依靠一方力量就可以开展的工作。面对数据安全领域的诸多挑战，政府、企业、行业组织、甚至个人都需要发挥各自优势，紧密配合，承担数据安全治理主体责任，共同营造适应数字经济时代要求的协同治理模式。数据安全治理需要从组织（企业）的战略层面出发，协调管理层、执行层等相关方，打通不同部门之间的沟通障碍，统一内部数据安全共识，实现数据安全防护建设一盘棋。因此，数据安全治理必然是涉及多元化主体共同参与的工作。

③ 兼顾发展与安全。在数字经济时代的应用场景下，数据只有在流动中才能充分发挥其价值，而数据流动又必须以保障数据安全为前提。因此，数据安全治理不是强调数据的绝对安全，而是需要兼顾发展与安全的平衡，必须要辩证地看待数据安全治理。要"坚持以数据开发利用和产业发展促进数据安全，以数据安全保障数据开发利用和产业发展"（引自《中华人民共和国数据安全法》）。

3. 制定数据安全政策

遵循《中华人民共和国数据安全法》，以保护组织（企业）、个人与数据有关的权益，鼓励数据依法合理有效利用，保障数据依法有序自由流动，促进以数据为关键要素的数字经济发展为重点，依法制定数据处理活动行为规范和标准，指导企业加强数据安全，提高数据安全保护水平，促进组织（企业）健康发展。

数据安全政策的载体是组织（企业）为保护其数据安全而制定的一系列政策文件。这些政策文件规定了组织（企业）如何管理、保护和处理数据，包括对员工的行为规范、技术控制措施以及对违反政策行为的处理方式（傅一平，2024）。

数据安全政策制定的参考步骤如下：

（1）评估风险和需求：了解组织面临的具体安全威胁和业务需求，包括考虑法律、法规和合同义务。

（2）确定目标和范围：明确政策的目标和适用范围，确保覆盖所有相关的数据和系统。

（3）制定政策的内容：

① 数据分类和处理：定义不同类别的数据以及对应的处理和保护措施。

② 访问控制：规定如何管理对数据的访问，包括授权、身份验证和权限管理。

③ 物理和技术安全：确定必要的物理和技术控制措施，如加密、防火墙和安全监控。

④ 数据备份和恢复：制定数据备份和灾难恢复的策略和程序。

⑤ 员工培训和意识提升：要求定期对员工进行数据安全培训和意识提升。

⑥ 监控和审计：设定监控和审计的机制，以监测和记录安全事件。

⑦ 应急响应：制定应对数据泄露或其他安全事件的响应计划。

⑧政策审查和更新：规定定期审查和更新政策的流程，以应对变化的风险和技术。

（4）审议和批准：政策草案应由相关的利益相关者审议，并由高级管理层批准。

（5）宣传和培训：确保所有相关员工了解政策内容，并接受必要的培训。

（6）实施和执行：将政策转化为具体的程序和控制措施，并确保得到有效执行。

（7）监控和审计：定期监控政策的执行情况，并进行审计以评估其有效性。

4. 编制数据安全标准

政策是指导行为的准则，但不可能覆盖所有细节。因此，标准作为政策的补充，为如何达成政策宗旨、目的和意图提供了更具体的规范。例如，政策中要求密码必须符合强密码指南，那么具体的强密码标准会在另外的文档中详细阐述，并且会通过"标准 + 技术"手段确保该政策被有效执行。

数据安全是当今社会信息化发展中的重要课题，各企业和组织都需要建立起严格的数据安全标准，以保护其重要数据不受到泄露、篡改或破坏。数据安全标准是企业和组织在数据处理和管理过程中所需遵循的一系列规范和要求，其制定和执行对于保障数据安全具有重要意义。

安全标准的制定和实施，对于保护个人隐私、企业商业机密、国家安全等方面都具有重要意义。数据安全标准可以有效地保护数据的机密性，防止数据被非法获取或篡改。同时，它也可以保障数据的完整性，确保数据在传输和存储过程中不会被损坏或丢失。另外，数据安全标准还可以保证数据的可用性和可靠性，确保数据能够在需要的时候被及时地访问和使用。在企业层面，数据安全标准可以保护企业的商业机密，防止竞争对手获取企业的核心技术和商业机密。在国家层面，数据安全标准可以保护国家的重要数据，防止敌对势力获取敏感信息，损害国家安全（引自：百度文库《数据安全标准》）。

数据安全标准体系是指数据在全生命周期过程中的安全管控标准的集合，包括：数据分类分级管控、数据生产安全（指设计、录入、加工数据过程中的安全）、数据存储安全（指数据存储过程中的安全）、数据交换安全（指数据对外交换过程中的安全）、数据访问安全（指数据被访问过程中的安全）等（山东中翰软件，2022）。

（1）数据安全标准需要包括对数据的分类和等级划分。不同类型的数据在安全性上具有不同的要求，因此需要根据其重要性和敏感程度进行分类和等级划分。这样可以有针对性地制定相应的安全措施，保障重要数据的安全性。

（2）数据安全标准应当明确规定数据的采集、存储、传输和处理的安全要求。在数据采集过程中，需要确保数据来源的可靠性和真实性；在数据存储过程中，需要采取加密、备份等措施，防止数据丢失或被盗；在数据传输过程中，需要采用安全的通信协议和加密技术，防止数据在传输过程中被窃取或篡改；在数据处理过程中，需要建立严格的权限管理和审计机制，防止数据被非法访问或篡改。

（3）数据安全标准应当规定数据安全意识和培训的要求。企业和组织需要加强对员工的数据安全意识培训，使其了解数据安全的重要性和相关规定，提高其对数据安全的责任意识和风险意识。此外，还需要建立健全的数据安全管理制度，明确数据安全管理的责任部门和人员，确保数据安全工作得到有效执行。

（4）数据安全标准还应当包括数据安全事件的处理和应急预案。即使做好了各项安全措施，也无法完全消除数据安全事件的发生可能。因此，需要制定完善的数据安全事件处理和应急预案，明确数据安全事件的报告和处理流程，及时有效地应对各类数据安全事件，最大限度地减小数据安全事件对企业和组织的损失。

综上所述，数据安全标准是企业和组织保障数据安全的重要基础，其制定和执行对于保护重要数据不受到泄露、篡改或破坏具有重要意义。只有建立起严格的数据安全标准，才能有效保障数据的安全性，促进信息化建设的健康发展。因此，各企业和组织应当高度重视数据安全标准的制定和执行，不断完善和提升数据安全管理水平，确保数据安全工作得到有效落实。

工业和信息化部与国家标准化管理委员会联合组织编制并印发了《工业领域数据安全标准体系建设指南（2023版）》，为工业领域基础共性、安全管理、技术和产品、安全评估与产业评价、新兴融合领域、工业领域细分行业六大门类的数据安全标准建设提供了纲领性指导文件，其标准体系框架如图5-1-12所示。

鉴于国际安全竞争形势和国家发展战略，一方面，数据安全被纳入总体国家安全观进行顶层设计和合规监管；另一方面，国内外针对高价值数据的勒索攻击日渐猖獗，不断威胁各领域的机构运营，数据安全亦成为各领域机构运营安全的内生需求。因此，新时期的数据安全治理以"让数据使用自由而安全"为愿景，旨在安全有序推动数据流动，平衡数据发展与数据安全之间的矛盾关系，满足数据安全保护（Protection）、合规性（Compliance）、敏感数据管理（Sensitive Data Management）等目标需求。为此，全国信息安全标准化技术委员会（SAC/TC260，简称"信安标委"）已组织开展多项数据安全标准的研制（图5-1-13），对促进数据应用规范化和提升数据活动安全性均具有重要意义。

5. 建立数据安全组织

数据安全组织架构是数据安全治理体系建设的前提条件。通过建立专门的数据安全组织，落实数据安全管理责任，确保数据安全相关工作能够持续稳定地贯彻执行。同时，因数据安全治理是一项多元化主体共同参与的复杂工作，明确的组织架构有助于划分各参与主体的数据安全权责边界，促进协同机制的建立，实现组织数据安全治理一盘棋。

在一个组织（企业）内部，安全部门、合规部门、风控部门、内审部门、业务部门、人力部门等都需要参与数据安全治理的具体工作中，共同保障组织（企业）的数据安全。一种较为典型的数据安全治理组织架构一般由决策层、管理层、执行层与监督层构成，如图5-1-14所示，各层之间通过定期会议沟通等工作机制实现紧密合作、相互协同。

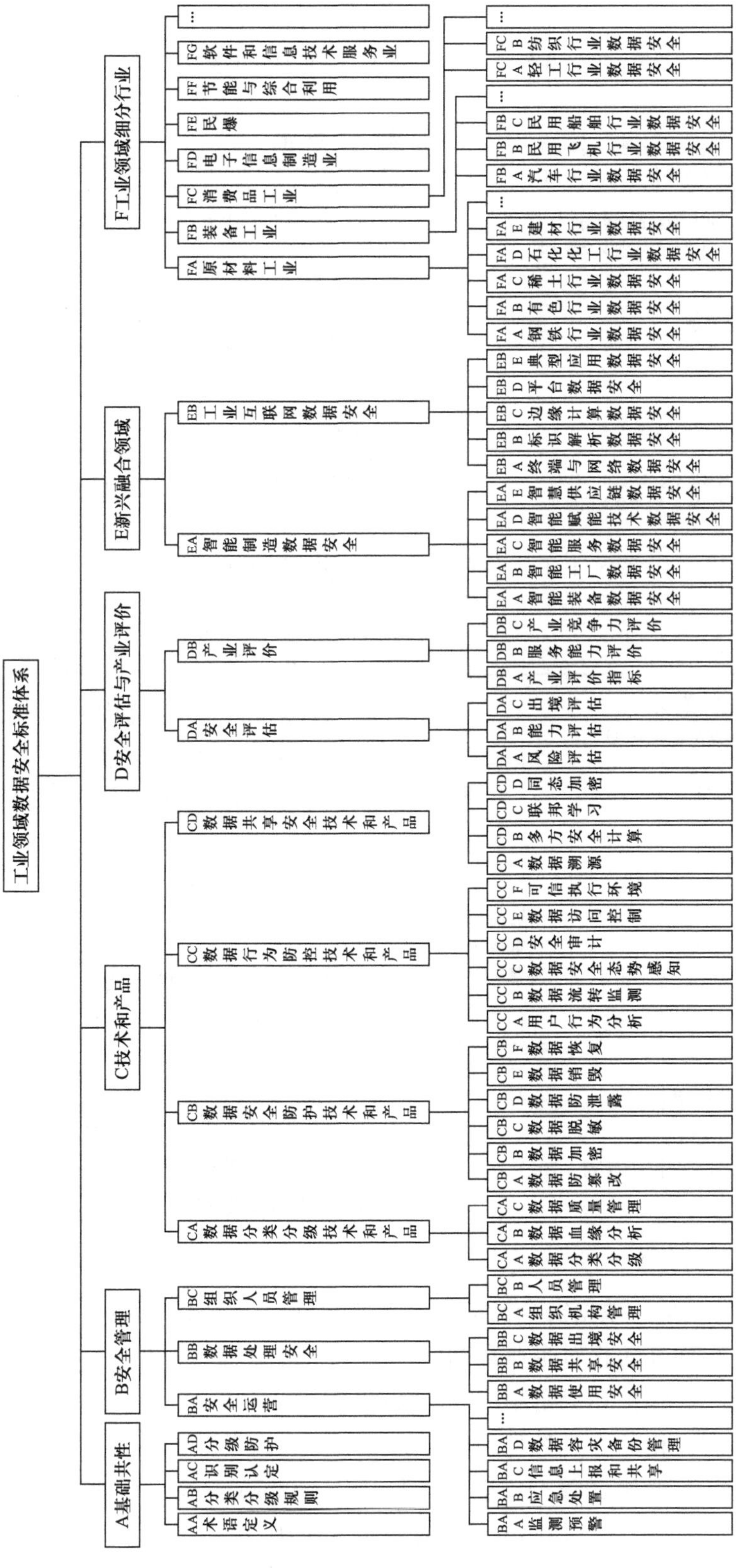

第五章 面向数据湖仓的数据安全保障体系

图 5-1-12 工业领域数据安全标准体系框架
引自文献：工业和信息化部、国家标准化管理委员，2023

数据安全系列国家标准

全国信息安全标准化技术委员会（SAC/TC260，简称"信安标委"）

分类分级保护
《信息安全技术　网络数据分类分级要求》
GB/T 43697—2024《数据安全技术　数据分类分级规则》
《信息安全技术　重要数据识别指南》
《信息安全技术　重要数据处理安全要求》

全流程数据安全治理

个人信息保护
GB/T 35273—2020《信息安全技术　个人信息安全规范》
GB/T 41391—2022《信息安全技术　移动互联网应用程序（App）收集个人信息基本要求》

安全要求类标准
GB/T 35274—2023《信息安全技术　大数据服务安全能力要求》
GB/T 37932—2019《信息安全技术　数据交易服务安全要求》
GB/T 39477—2020《信息安全技术　政务信息共享　数据安全技术要求》

实施指南类标准
GB/T 37973—2019《信息安全技术　大数据安全管理指南》
GB/T 39725—2020《信息安全技术　健康医疗数据安全指南》
《信息安全技术电信领域大数据安全防护实现指南》

安全要求类标准
GB/T 37988—2019《信息安全技术　数据安全能力成熟度模型》
GB/T 41479—2022《信息安全技术　网络数据处理安全要求》

图 5-1-13　信安标委数据安全系列国家标准
引自文献：ISC，2024

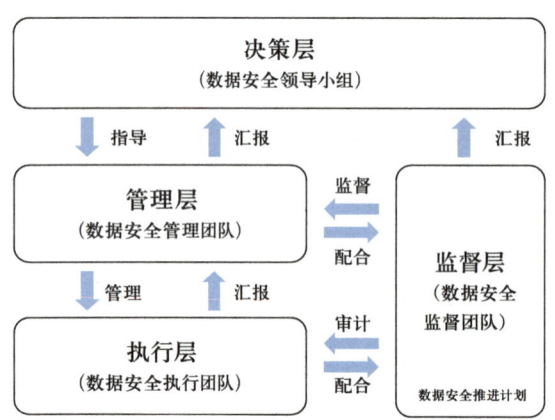

图 5-1-14　数据安全推进计划数据安全组织架构示例
引自文献：数据安全推进计划，2023

6. 制定数据安全制度流程与体系文件

数据安全制度流程一般会从组织（企业）的业务数据安全需求、数据安全风险控制需要，以及法律、法规等合规性要求几个方面进行梳理，最终确定数据安全防护的目标、管理策略及具体的标准、规范、程序等。

数据安全管理制度文件可分为四个层面，一、二级文件作为上层的管理要求，应具备科学性、合理性、完备性及普适性。三、四级文件则是对上层管理要求的细化解读，用于指导具体业务场景的具体工作。常见的制度体系如图 5-1-15 所示。

7. 开展数据安全活动

根据 DAMA 的定义，数据安全活动目标主要包括以下三个方面：

（1）支持适当访问并防止对企业数据资产的不当访问。

（2）支持对隐私、保护和保密制度、法规的遵从。

（3）确保满足利益相关方对隐私和保密的要求。

在"数据治理：一文讲透数据安全"（傅一平，2024）一文中，将数据安全活动划分为 6 个阶段和 34 项活动内容，如图 5-1-16 所示。其中，

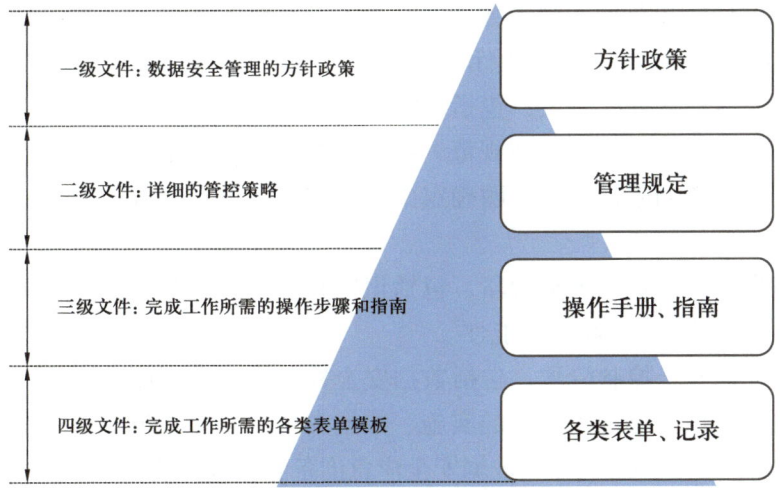

图 5-1-15 数据安全制度体系文件示例
引自文献：数据安全推进计划，2023

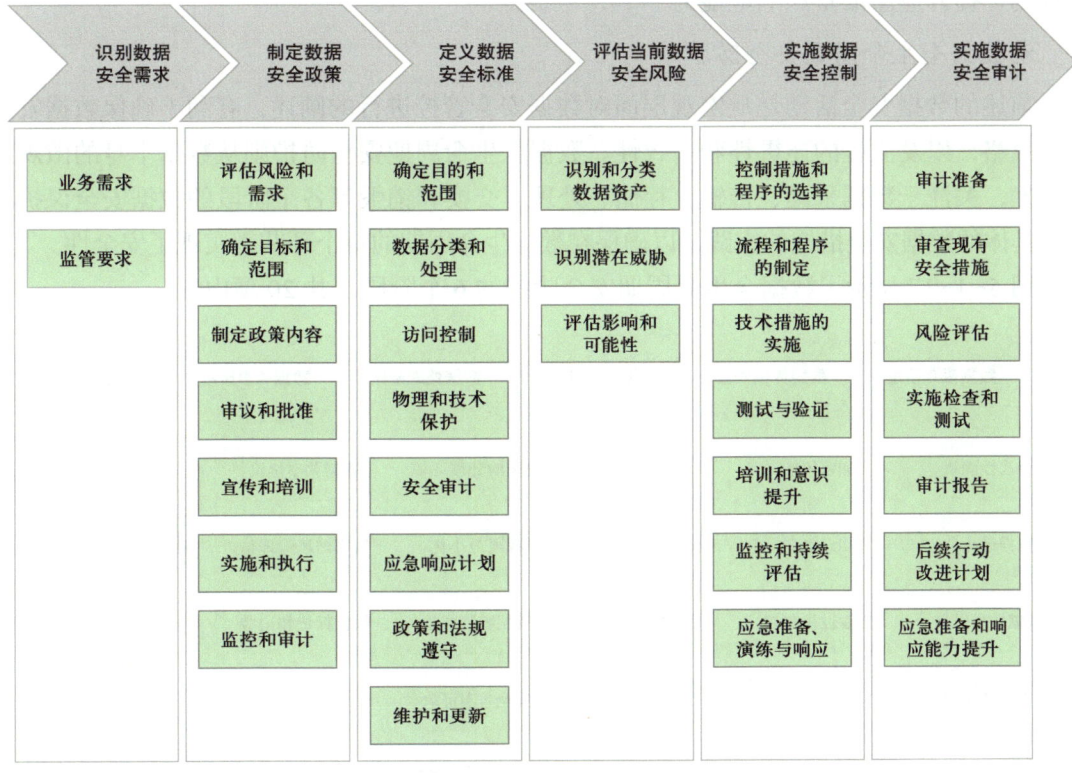

图 5-1-16 数据安全活动阶段划分与活动内容
引自文献：傅一平，2024

（1）识别数据安全需求阶段：包括来自组织（企业）内的业务需求和外部环境的监管要求。

（2）制定数据安全政策阶段：包括在识别数据安全的基础上对风险和需求进行评估、

确定数据安全的目标和范围、制定数据安全政策、政策的审议和批准、政策的宣贯与培训、政策的实施和执行、政策的监控和审计。

（3）定义数据安全标准阶段，包括确定数据安全的目的和范围，定义并编制数据分类和处理标准、数据安全访问控制规范、数据安全物理和技术保护规范、数据安全审计规范、数据安全应急响应计划等，明确定义数据安全政策和法规的遵守，数据安全标准的持续维护与更新。

（4）评估当前数据安全风险阶段，包括识别数据资产并分类，识别潜在数据安全威胁，评估数据安全风险的影响和可能性。

（5）实施数据安全控制阶段，包括数据安全控制措施和程序的选择、数据安全流程和程序的制定、数据安全技术措施的实施、数据安全测试与验证、数据安全培训和意识提升、数据安全监控和持续评估、数据安全应急准备和演练与响应。

（6）实施数据安全审计阶段，包括数据安全审计准备、现有数据安全措施审查、数据安全风险评估、数据安全检查与测试、编制数据安全审计报告、编制数据安全行动改进计划、提升应急准备和响应能力。

8. 数据全生命周期安全防护

前述的数据安全活动是从宏观层面对数据安全管控进行的阐述，有利于确保数据安全整体策略，以及流程的连贯性和一致性。数据全生命周期安全防护则从数据本身的微观层面出发，关注于数据采集、传输、存储、处理、交换和销毁等各个阶段的数据安全保护和更加具体的数据安全措施的实践，以确保在数据生命周期的每个环节都实现了安全性。

图5-1-17显示了数据全生命周期安全防护的6个阶段，共20项内容。

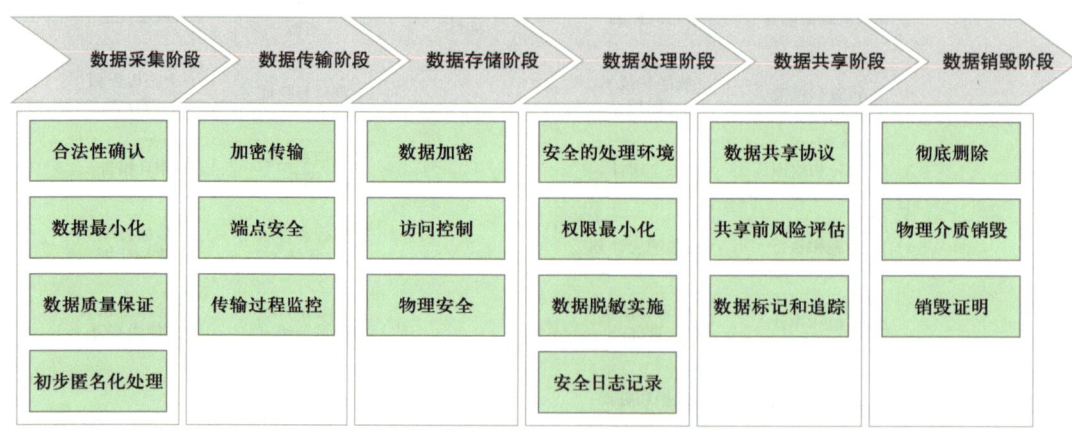

图5-1-17　数据全生命周期安全防护示例
引自文献：傅一平，2024

（1）数据采集阶段。

① 合法性确认：确保所有采集的数据都符合法律法规要求。

② 数据最小化：只收集完成任务所必需的数据。

③数据质量保证：实施数据质量验证，确保采集的数据准确无误。

④初步匿名化处理：对敏感信息进行代码化替代处理（脱敏），减少敏感数据暴露的风险。

（2）数据传输阶段。

①加密传输：使用SSL/TLS或其他安全协议，结合对称加密AES和非对称加密RSA、ECC及端到端加密E2EE等，确保数据在传输过程中的加密和完整性。

②端点安全：确保所有参与数据传输的设备和网络都是安全的，防止数据在传出或进入时被窃取或篡改。

③传输过程监控：监控数据传输过程，及时发现并响应异常传输行为。

（3）数据存储阶段。

①数据加密：对敏感的数据进行加密，确保未经授权的用户即使访问到数据也无法解读。

②访问控制：实施严格的访问控制，确保只有授权用户才能访问数据。

③物理安全：确保数据存储的物理位置安全，防止非法访问或环境灾害造成的风险和损失。

（4）数据处理阶段。

①安全的处理环境：确保处理数据的系统和应用都经过安全检测和加固，减少环境漏洞及风险。

②权限最小化：在处理数据时使用最小权限原则，确保用户和程序只能访问他们处理所需的数据。

③数据脱敏实施：在处理敏感数据之前，采用适当的脱敏措施，确保敏感信息在使用、分析或测试过程中不被泄露。选择合适的脱敏技术，如数据掩码、数据置换或数据哈希，以满足不同数据类型和用例的需求。

④安全日志记录：记录所有对数据的处理活动和操作，包括访问、修改、删除和脱敏等，以便于事后审计，确保对敏感数据的任何操作都有迹可循。

（5）数据共享阶段。

①数据共享协议：与数据接收方签订明确的数据共享协议，规定数据的使用范围和保护责任。

②共享前风险评估：在共享前对数据进行风险评估，确定是否需要进行额外的保护措施。

③数据标记和追踪：对共享的数据进行标记，以便于追踪数据流向和使用情况。

（6）数据销毁阶段。

①彻底删除：确保数据被彻底删除，无法恢复，使用符合标准的数据销毁工具和方法。

②物理介质销毁：对于存储在物理介质上的数据，如硬盘和光盘，在丢弃前应进行

物理销毁。

③ 销毁证明：记录数据销毁的详细过程和结果，作为后续审计的依据。

9. 组织的数据安全治理能力评估

组织（企业）数据安全治理的能力水平，体现了组织（企业）的数据安全治理水平，通过适时组织开展能力评估工作，可帮助组织（企业）及时发现数据安全治理工作的短板或不足，为组织（企业）数据安全治理工作的持续改进和能力提升明确方向。

在中国互联网协会2021发布的团体标准T/ISC-0011—2021（ICS 35.030，CCS：L80）《数据安全治理能力评估方法》中，将数据安全治理能力分为数据安全战略、数据全生命周期安全、基础安全三个部分。其中，数据安全战略能力包括数据安全规划和机构人员管理；数据全生命周期安全能力包括数据采集安全、数据传输安全、数据存储安全、数据使用安全、数据共享安全和数据销毁安全；基础安全能力包括数据分类分级、合规管理、合作方管理、监控审计、身份鉴别与访问控制、安全风险分析和安全事件应急等。

在工业和信息化部2023年发布的通信行业标准YD/T 4558—2023（ICS 35.030，CCS：L70）《数据安全治理能力通用评估方法》中，给出了数据安全治理能力评估框架，包括数据安全战略、数据全生命周期安全、基础安全三层安全治理体系，涉及15项能力，每个能力项都包含组织建设、制度流程、技术工具、人员能力四个评估维度，每个维度设置了初始级、重点执行级、全面治理级、量化评估级和持续优化级五个评估等级（图5-1-18），并将数据安全治理能力评估域划分为S1~S4四个评估域（图5-1-19），数据安全治理能力体系构成及与评估域的对应关系见表5-1-1，表中的数据安全治理能力评估域代码为S，其中数据安全管理为S1、数据分类分级为S2、数据全生命周期安全保护为S3、数据安全运营为S4。

上述标准为组织（企业）开展数据安全治理能力评估工作提供了可操作的评估方法。

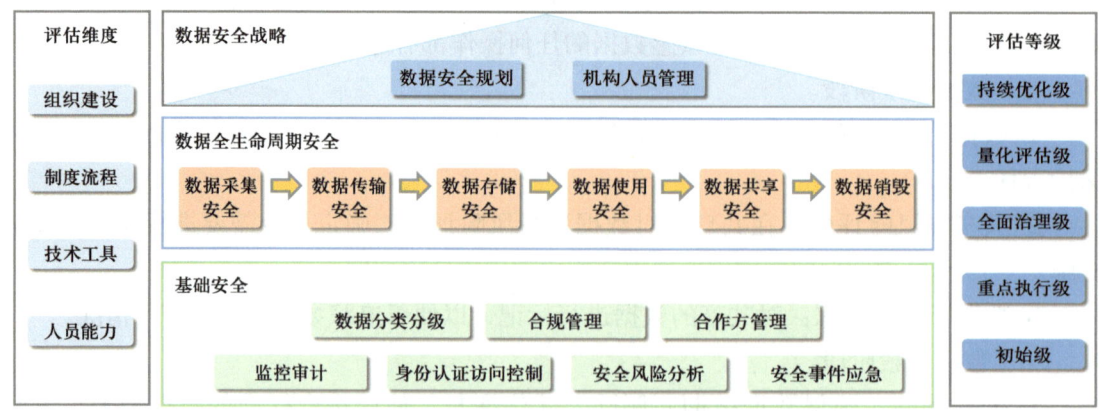

图5-1-18　数据安全治理能力评估框架2.0
引自文献：数据安全推进计划，2022

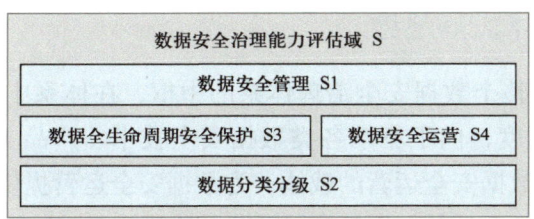

图 5-1-19　数据安全治理能力评估域划分

引自文献：YD/T 4558—2023

表 5-1-1　数据安全治理能力体系，引自文献（YD/T 4558—2023）

评估维度	安全战略		数据全生命周期安全						基础安全						
	数据安全规划	机构人员管理	数据采集安全	数据传输安全	数据存储安全	数据使用安全	数据共享安全	数据销毁安全	数据分类分级	合规管理	合作方管理	监控审计	身份认证与访问控制	安全风险分析	安全事件应急
组织建设	S1	S1	S1	S1	S1	S1	S1	S1	S1	S1	S1	S1	S1	S1	S1
制度流程	S1	S1	S1	S1	S1	S1	S1	S1	S1	S1	S1	S1	S1	S1	S1
技术工具	S3	S3	S3	S3	S3	S3	S3	S3	S2	S1	S1	S4	S4	S4	S4
人员能力	S1	S1	S3	S3	S3	S3	S3	S3	S2	S1	S1	S4	S4	S4	S4

第二节　数据安全技术体系

随着数字经济的快速发展，数据规模不断扩大，数据价值不断提高，数据应用场景和参与主体日益多样化，数据安全的外延不断扩展，数据泄露、数据篡改、数据滥用、数据伪造、隐私保护和合规等安全威胁或安全风险也与日俱增，建立以数据安全为中心的集成化技术体系，为组织（企业）的数据安全提供技术保障能力成为数据安全体系建设中特别重要的一环。其中，数据泄露是指未经授权的数据访问、披露、复制、使用或破坏等，可能导致敏感信息泄露或侵害到数据所有者的权益等；数据篡改是指未经授权的数据修改或破坏，导致数据完整性、真实性、可靠性、可用性等受损；数据滥用是指数据的使用超出了其预先约定的场景或目的，可能会导致隐私侵犯、合规问题和数据所有者权益受损等；数据伪造是指编造或虚构数据与事实的行为。

针对数据安全威胁和安全风险，组织（企业）一方面须在《中华人民共和国数据安全法》及其相关规定的指导下，建立健全的数据安全体系和管理制度，全面提升全员的数据安全意识和管理能力；另一方面就是要重点强化数据安全精准防控，建立以数据安全为中心的数据安全平台，集成配套多种安全技术与产品，形成从风险识别、风险评估、到安全施策、动态监测、快速处置以及持续改进的闭环技术能力，确保数据的机密性、完整性、可用性以及合规性得到保护，为组织（企业）的数字化、智能化数据生态建设和数据安全保驾护航。

基于数据湖仓的数据生态体系构建方法
——以油气上游业务为例

一、数据安全技术发展趋势

数据安全平台作为整个数据安全治理体系的中枢，在体系中起到承上启下的关键作用，上承管理流程和制度，向下驱动各类数据安全技术（产品）执行数据识别、防护、检测和响应，同时作为数据安全运营的载体，为数据安全运营提供技术和能力支撑。

《数据安全治理，信息安全的基石》（芝能－烟烟，2024）一文将数据安全治理技术划分为三类（图5-2-1），即：

（1）基础通用类，包括：数据分类分级、身份认证、访问控制和监控审计。

（2）生命周期类，包括：数据采集阶段的数字摘要、数字签名、敏感数据识别；数据传输阶段的数据加密、数据脱敏、区块链（确权、防伪、存证、溯源、链式存储、点对点传输）技术应用及AI流量识别等；数据存储阶段的整体存储、备份技术、数据冗余及区块链（去中心化存储、可追溯性、不可篡改性）技术应用；数据使用阶段的隐私计算、数据水印及区块链（可追溯性、透明性、不可篡改性、点对点传输）技术应用；数据共享阶段的区块链（开放性、匿名性、可追溯性、透明性、不可篡改性、点对点传输）技术应用、隐私计算、数据脱敏及数据安全网关；数据销毁阶段的物理介质销毁和数据删除。

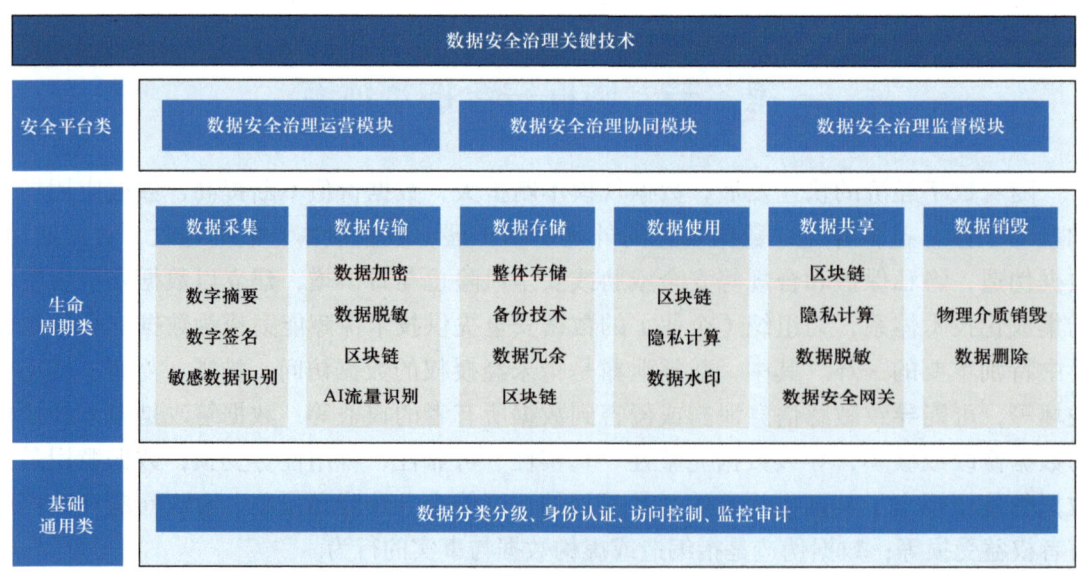

图 5-2-1　数据安全治理关键技术示例
引自文献：芝能－烟烟，2024

（3）安全平台类，包括：数据安全治理运营、数据安全治理协同及数据安全治理监督等技术。

在Gartner发布的《2024年技术采用路线图：安全与风险管理》（lurenjia404，et al.，2024）中识别了全球企业正在采用的44种与安全相关的技术，并从企业价值、部署风险和采用阶段三个维度对其在路线图中进行了映射，如图5-2-2所示。在该路线

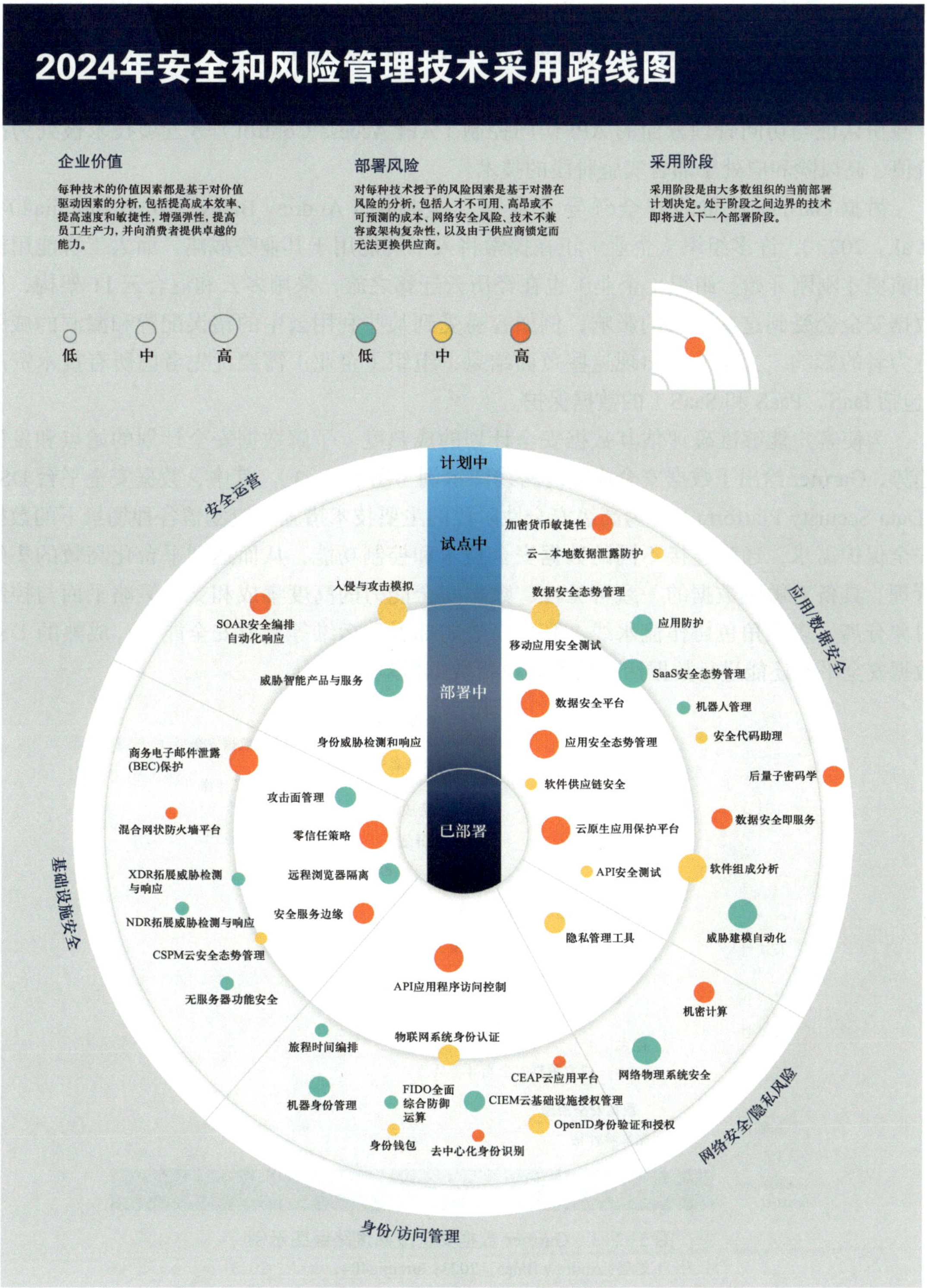

第五章 面向数据湖仓的数据安全保障体系

图 5-2-2　Gartner 2024 年安全与风险管理技术采用路线图
引自文献：lurenjia404，et al.，2024

图中，基础安全方面的零信任策略（Zero Trust Strategy），应用与数据安全方面的云原生应用保护平台（Cloud-Native Application Protection Platforms）、应用程序安全状态管理（Application Security Posture Management）、数据安全平台（Data Security Platforms），以及身份认证与访问管理方面的 API 访问控制（API Access Control）等五项技术被列为高价值、高风险和应处于部署实施阶段的技术。

另据 Gartner 发布的安全领导者数据安全指南（Andrew Bales，2023；lurenjia404，et al.，2023），许多组织（企业）正在探索将人工智能用于其业务战略，而人工智能用例的演变才刚刚开始。组织（企业）也在经历云迁移之旅，采用多云和混合云 IT 架构，使数据安全会受到这些发展的影响，例如容易受到某些利用云中的错误配置和漏洞的威胁行为者的影响。为了避免出现这些负面结果，组织（企业）需要优先考虑所有技术资产（包括 IaaS、PaaS 和 SaaS）的数据保护。

为使客户能够准确评估其数据安全计划的成熟度，了解数据安全计划的始点和发展趋势，Gartner 给出了数据安全成熟度路线图示例（图 5-2-3）。其中，数据安全平台 DSP（Data Security Platform）作为高级安全性阶段的主要技术措施，应涵盖各种场景下的数据安全保护需求，通过连接不同的数据安全技术和控制功能，从而达到平台化高效的集约管理。具备对敏感数据的一致可见性、数据安全能力的高度集成和支持策略平面与控制对象分离、多维角色协作流水线、简化高效的部署和运维等重要安全能力；成熟的 DSP 数据安全平台还能进行数据活动监测和执行数据风险评估。

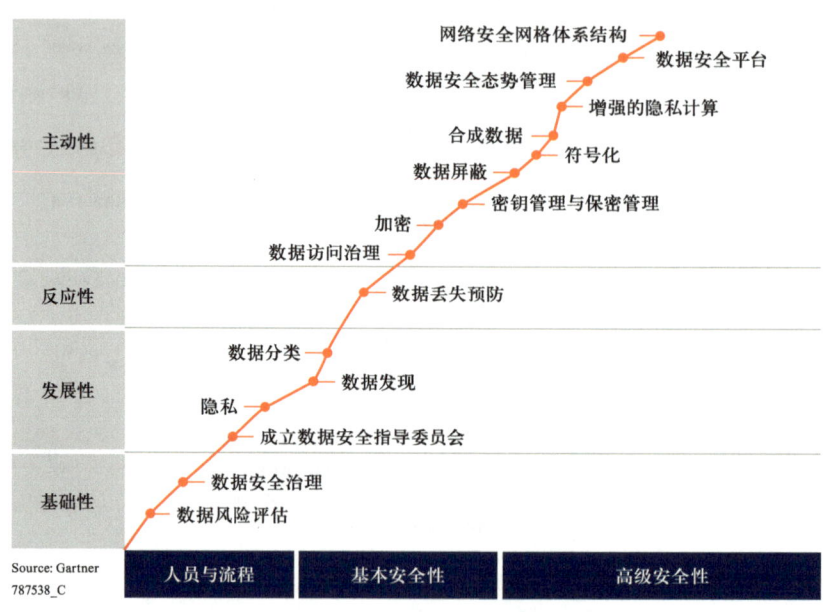

图 5-2-3　Gartner 数据安全成熟度路线图示例
引自文献：Andrew Bales，2023；lurenjia404，et al.，2023

随着近年来组织（企业）的 SaaS（软件即服务—Software as a Service）型云化应用的加速部署、数字供应链的扩展、企业在社交媒体上的影响力的增加、定制应用开发、远程办公和基于互联网的客户交互等业务开展等，组织（企业）遭受攻击的面显著扩大，攻击面的增加意味着潜在安全盲点的增多，需要解决的潜在风险也在增多。

为应对越来越复杂的业务应用场景和数据安全风险，融合了云计算、人工智能、区块链、隐私计算、数据网关等新兴技术，支持数据安全的能力建设、集成、服务、运维与运营，发展出了"一体化"数据安全平台（原点安全，2024a）、"一切产品皆资源，一切资源皆服务"（安恒信息，2023）等理念，以及"数据访问安全层"技术架构（lurenjia404等，2023）与云安全管理平台、安全托管运营服务等云在线SaaS订阅式服务（原点安全，2024a），通过数据安全能力的服务化、通用化、去中心化与智能化，解决业务复杂运行环境、复杂应用场景下的多元数据安全问题，成为传统数据中心、公有云、混合云、私有云场景下保障数据与应用安全的新型解决方案和发展趋势。

二、数据安全体系参考架构

参考万兴科技亿图图示模板（芯中有数，2023/2022），改进的数据安全服务体系参考架构如图5-2-4所示，数据安全技术体系参考架构如图5-2-5所示。

数据安全服务体系以网络信息安全和数据安全设施为基础，以安全治理为先导，以构建安全管理、安全运营、安全技术和安全合规等方面的安全能力为核心，配套相应的组织、制度、流程、平台和工具，通过运营保障安全服务目标的落地。

数据安全技术体系分为四个方面。首先，安全风险场景既是数据安全技术体系建设需求的来源，也是数据安全技术体系落地应用的环境，其中列举了主要的安全风险类型。其次，在技术基础设施中，将提供并管理密钥和证书的公钥加密和数字签名服务系统或平台作为PKI（Public Key Infrastructure）公钥基础设施，将具有单点登录、认证管理、基于策略的集中式授权和审计、动态授权、企业可管理性等功能的身份识别与访问管理IAM（Identity and Access Management）作为另一项关键性技术基础设施。在此基础上，围绕数据全生命周期构建数据安全风险识别（I）、防护（P）、检测（D）和响应（R）等多方面有针对性的单点防护技术能力。最后，通过将离散的单点技术能力进行集成化、体系化、平台化和服务化建设，打造持续化的数据安全技术保障能力。

三、数据安全平台及其主要能力

1. 数据安全平台

数据安全平台是以数据安全为核心的技术集成平台，以数据发现和数据分类分级为基础，可集成并融合各种数据安全方面的技术，对数据全生命周期及其活动进行安全防护。包括但不限于数据所有权和用户身份认证、数据管理权和使用许可授权、数据跟踪与操作审计、数据访问控制、数据脱敏、数据加密、数据合规审查、动态感知与监控、数据风险评估等。

基于数据湖仓的数据生态体系构建方法
——以油气上游业务为例

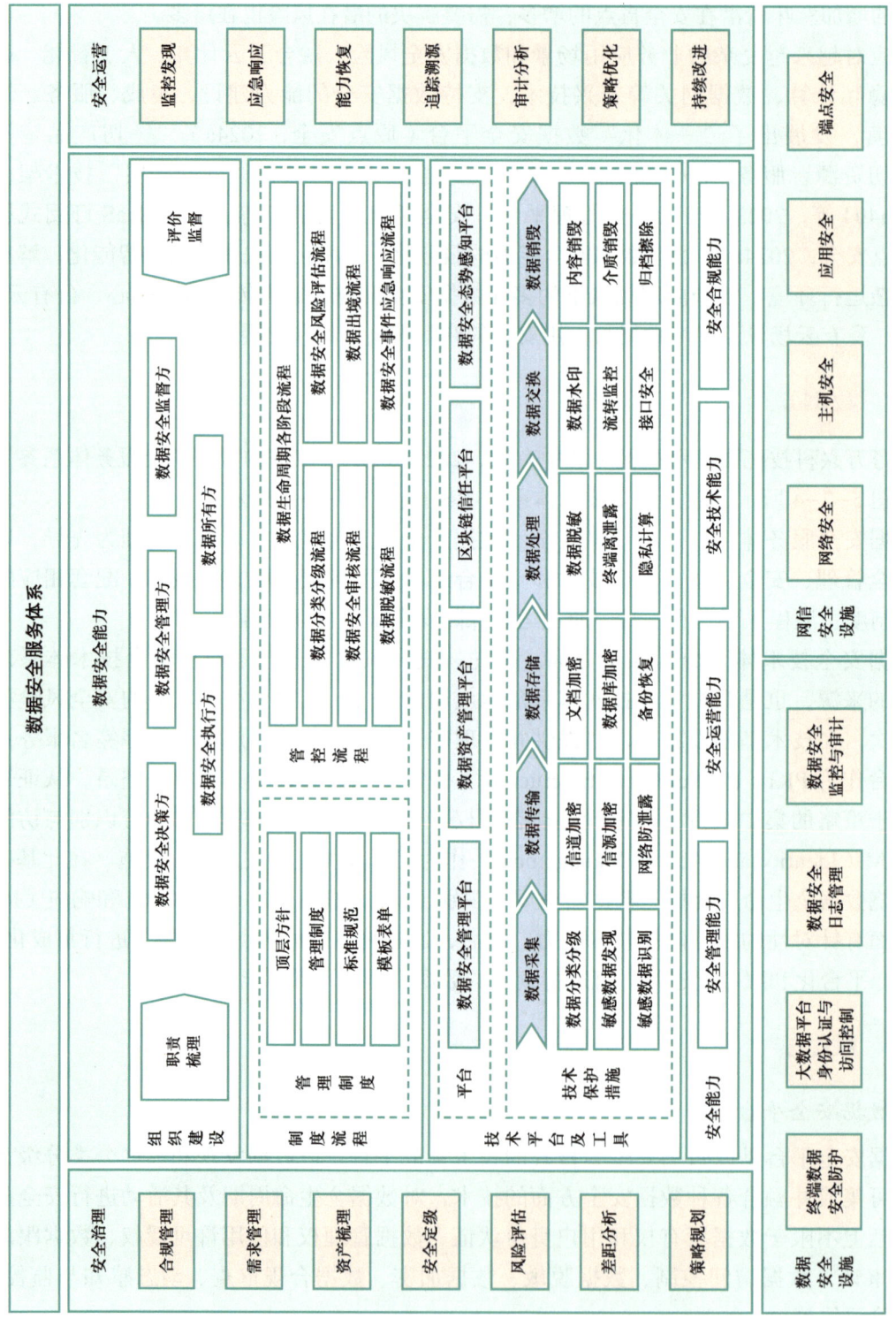

图 5-2-4 数据安全服务体系参考架构
引自文献：芯中有数，2023

第五章 面向数据湖仓的数据安全保障体系

图 5-2-5 数据安全技术体系参考架构
引自文献：芯中有数，2022

Gartner将数据安全系统平台（DSP）定义为：通过将现有的各个独立的数据安全技术和功能整合在一个统一的平台之下，为用户提供跨数据类型、存储孤岛和生态系统的数据安全服务，从而实现更简单、一致的端到端数据安全。

数据安全平台是解决数据安全孤岛问题和支持跨团队人员协同开展数据安全治理与管理的有效方法。利用数据安全平台中的数据安全技术集成和融合以及业务编排能力，可基于数据安全风险防控需要，将所需的安全组件进行组合、编排，并灵活、弹性地部署到所需的服务器或云计算环境中，为用户提供面向业务与数据的数据安全服务和可定制化的数据安全控制能力，并有效降低业务系统安全防护的复杂性和重复建设成本。

GB/T 41479—2022《信息安全技术 网络数据处理安全要求》中，对数据安全风险防控要求如下：

（1）网络运营者开展数据处理时，应按照合同约定履行数据安全保护义务，开展数据处理活动应加强风险监测，发现数据安全缺陷、漏洞等风险时，应采取加密、脱敏、备份、访问控制、审计等技术或者其他必要措施，加强数据安全防护，保护数据免受泄露、窃取、篡改、损毁、不正当使用等；对重要数据和敏感个人信息进行重点保护，应按照规定对其数据处理活动定期开展风险评估，并向有关主管部门报送风险评估报告。风险评估报告应包括处理的重要数据的种类、数量，开展数据处理活动的情况，面临的数据安全风险及其应对措施等。

（2）应建立数据安全管理责任和评价考核制度，制订数据安全保护计划，开展安全风险评估，及时处置安全事件，组织开展安全教育培训。

2. 数据安全平台基本能力单元

数据安全平台基本能力单元包括但不限于以下几种：

（1）数据分类、分级与标识：通过对组织（企业）的数据梳理，形成数据字典、数据资产目录和敏感数据清单；按照行业规范或组织（企业）的规范性指导文件，制定适合组织（企业）的数据分类、分级标准；利用该数据分类、分级标准，对组织（企业）全域数据进行自动化分类、分级，并为其建立数据库、资产库或知识库等；对分级和分类数据实施不同的安全管理和控制策略，例如通过数据标签等标识数据的敏感级别，采用特别授权以及模式匹配等方式执行数据的CURD（Create、Update、Read、Delete）操作以及数据推送服务等。

（2）数据加密和解密：平台应提供配套的加密算法，可以对数据进行加密，确保数据在传输和存储过程中的安全性。同时也提供解密功能，确保授权用户能够正确地访问和使用数据。

（3）数据泄露/丢失防护DLP（Data Leakage/Loss Prevention）：通过一定的技术手段，防止组织（企业）敏感数据或资产以违反安全规定的形式流出的一种措施。

（4）数据访问控制：应遵照最小权限原则，即通过赋予用户和程序最低的权限，以降低数据遭受泄露、恶意截获、篡改和滥用等安全风险；尽可能实施用户身份或角色鉴别与数据权限授权相结合的双因素认证及操作权限管控措施。

其中，最小权限原则包括：

① 必要权限：即用户或程序只能被授予完成特定任务所需的必要权限，而不是所有可能需要的权限。

② 授权策略：采用只有经过授权才能访问和操作特定数据资源的策略。

③ 分离权限：对不同的用户及程序采用不同的权限，以保障数据的安全性、完整性和对数据操作的可追溯性。

④ 细化权限：将权限进行细分，使用户或程序只能进行必须的操作，而不可以过度访问或操作其他部分数据。

（5）数据活动监控：即对所有用户操作行为进行记录、监测和备案，以发现和追踪不当的操作行为。这些不当行为被记录或复制到独立的数据审计系统平台中，以备审计取证；对严重的不合规操作应及时预警、报警或阻断。

（6）数据脱敏：即通过数据脱敏处理，降低数据的敏感级别，使之达到能够以合规的方式对外提供共享应用的程度，包括静态脱敏和动态脱敏两种方式。

① 数据静态脱敏：对敏感数据通过脱敏规则进行变形，实现对敏感数据的有效保护。数据静态脱敏系统应支持多种访问方式的脱敏处理，并具有流程化、自动化和可复用的能力。

② 数据动态脱敏：当用户或应用程序访问数据时，数据动态脱敏系统会根据对敏感数据的访问策略实时执行脱敏操作，即在不改变原始数据存储状态的情况下，为使用中的数据提供保护。例如，当策略允许授权访问时，获得访问权限的用户可以获取原始数据，而未获得访问授权的用户仅可获得脱敏后的数据。对非结构化或半结构化数据，可以通过数据编辑技术保护非结构化或半结构化数据中的敏感内容。

（7）数据风险识别：一种主动的数据安全防范措施，是指通过对基于安全策略和安全规则的数据分类与分级标识、数据访问权限控制、数据活动或用户行为等模式分析，发现数据存储、安全策略、权限控制等安全漏洞和用户不当操作、不当访问等安全威胁，以更好地配置和实施主动安全措施。

（8）数据备份和恢复：应提供全面的数据备份和恢复策略和功能，确保数据在任何情况下的安全性和可用性。

（9）安全审计和监控：应对所有的数据访问和操作进行审计和监控，全面记录用户的行为和操作，以便及时发现和防止潜在的安全威胁和风险，确保数据的安全性和合规性。

（10）异常检测和预警：可通过对数据流量和用户行为进行动态分析，检测异常活动和安全威胁。一旦发现和感知异常，应及时发送预警通知，帮助系统管理员采取相应的措施，防止数据泄露和损失。

（11）合规性和风险管理：可根据组织（企业）的合规要求和风险管理策略，对数据进行合规性评估和风险分析，通过设定合规性规则和风险阈值，确保数据的安全性和合规性。

3. 数据安全平台建设价值

（1）提供一站式数据安全保护解决方案及服务，帮助组织（企业）集中管控和保护敏感数据，减少数据泄露等安全风险。

（2）提供数据安全能力建设、扩展、更新与维护的一体化环境，助力组织（企业）数据安全能力的有序积累、持续优化，提供面向业务环境、数据流程和数据对象等不同场景的能力单元组合应用。

（3）可集成多种数据安全技术、方案、策略，可为不同的数据分类、分级定制针对性的安全策略、流程和方法。

（4）可集成多种法律、法规、制度、规范和标准，提供多种合规性检查、监测方法和功能，确保组织（企业）数据的安全性和合规性。

（5）提供数据备份和恢复功能，确保数据的可用性和可靠性，为业务应用的连续性提供保障。

（6）提供数据风险实时监测和洞察功能，及时发现数据访问或数据操作中出现的异常行为，帮助组织（企业）对潜在的安全威胁进行预警，对发现的安全风险做出及时反应和防范。

（7）提供自动化和智能化的数据安全管理和技术能力，减少人为操作与工作量，提高工作效率，降低运营成本。

四、数据安全风险识别与防范

有效识别数据安全风险，是防范数据安全风险与事件发生的首要问题。

1. 通用的数据风险识别流程

（1）明确识别目标：即首先需要确定需要识别的数据安全风险类型，如数据泄露、数据篡改、数据损坏、数据合规等。

（2）收集相关信息：即收集与识别目标相关的资料，如架构、流程、技术、制度、日志等。

（3）识别安全风险：即对收集到的资料进行分析，识别其中显露的或潜在的数据安全风险。

（4）评估安全风险：即对识别出的数据安全风险进行评估，确定风险发生的可能性、影响范围和严重程度等。

（5）制定风险防范措施：即依据数据安全风险评估结果，制订配套的改进与风险防范措施。

2. 可参考的数据风险识别方法

（1）数据分类和标记：首先，对数据进行分类和标记，将其分为不同的敏感级别和类别。这有助于确定哪些数据需要更高的保护级别，并为后续的风险识别工作提供指导。

（2）风险评估和分析：对数据进行全面的风险评估和分析，包括对数据存储、传输和处理过程中的潜在风险进行识别，还包括对数据泄露、未经授权访问、数据篡改等风险进行评估。

（3）异常检测和监控：通过使用机器学习和数据分析技术，对数据进行实时监控和异常检测。这可以帮助及早发现数据异常行为，如异常访问、异常数据传输等，以便及时采取措施应对风险。

（4）安全策略和控制：基于风险评估的结果，制订和实施相应的安全策略和控制措施，以减轻数据风险，还包括加密数据、访问控制、审计日志、备份和恢复等措施。

（5）安全培训和意识：提供相关的安全培训和意识提升活动，加强组织内部员工对数据风险的认识和理解。这有助于减少人为因素对数据安全的影响，并提高整体的数据安全水平。

3. 可选用的数据安全风险防范技术

（1）对可能存在的数据泄露风险，应采用加密技术来保护数据，包括对称加密（如AES、SM4）和非对称加密（如RSA、SM2），参照国家密码管理局发布的密码行业标准（如GM/T 0009—2023《SM2密码算法使用规范》、GM/T 0002—2012《SM4分组密码算法》）执行。此外，还可以使用安全的网络协议（如HTTPS）来保护数据的传输过程。

（2）对可能存在的数据完整性风险，可采用哈希函数（如SHA-256）来确保数据的完整性。此外，还可以使用数字签名技术来验证数据的来源等。

（3）对可能存在的数据访问风险，应采用严格的访问控制策略，包括使用最小权限原则、多级权限管理以及身份认证等。同时，也要定期审查和更新访问控制策略，以应对潜在的安全威胁。

（4）对可能存在的数据存储风险，可采用安全的存储设备和协议（如IPSec和FDE）来保护数据。同时，定期备份数据以防止数据丢失。

（5）对可能存在的数据处理风险，应确保在数据处理过程中保护数据的机密性和完整性。例如，在数据处理过程中使用加密技术或避免在不安全的系统中处理敏感数据等。

（6）对数据安全风险评估，即对数据移动和数据处理过程的风险进行评估，包括数据泄露、数据破坏、数据丢失等数据安全风险；关注数据处理活动的合规性，对违法违规获取数据、违法违规出售数据、违法违规购买数据、违法违规出境数据等数据合规性风险进行评估。

4. 数据安全风险知识库

数据安全风险知识库以一个开放知识框架的方式，按照合规、规范、功能、隐患、漏洞、对抗等类别对数据安全风险进行了分类、汇总、枚举和发布。该网站（称为JDArmy DSRE）由JD.Army创建、拥有和进行管理。JD.Army是专注于挖掘和解决企业安全运行风险隐患的专业型红队（即在网络实战攻防演习中通过网络攻击来检测网络防护能力的技术团队），JD.Army保留自行决定定期更新DSRE（Data Security Risk

Enumeration）和该文档的权利。虽然 JD.Army 拥有 DSRE 的所有权利和利益，但它许可公众自由使用，并遵循相关开源协议。

数据安全风险知识库 JDArmy DSRE 页面（https://dsre.jd.army/#/）样式如图 5-2-6 所示。

图 5-2-6　数据安全风险知识库 JDArmy DSRE 页面样式
（https://dsre.jd.army/#/）

五、数据安全能力建设

数据安全能力建设主要涉及规划能力、管理能力、技术能力和运营能力等方面，如图 5-2-7 所示。

遵循组织（企业）的安全战略和安全政策，面向安全风险的数据安全能力建设主要围绕数据生命周期的安全需求（C—I—A）和安全措施（A—A—A）展开，是在对引发数据安全风险的原因，以及安全风险类型、危害程度、影响范围等充分了解的基础上所采取的系统化防范措施，包括识别数据安全风险、分析评估风险等级、制定安全策略、实施安全措施、监测安全状态、处置安全事件、持续改进安全能力等，如图 5-2-8 所示，形成数据安全防护能力屏障。

第五章　面向数据湖仓的数据安全保障体系

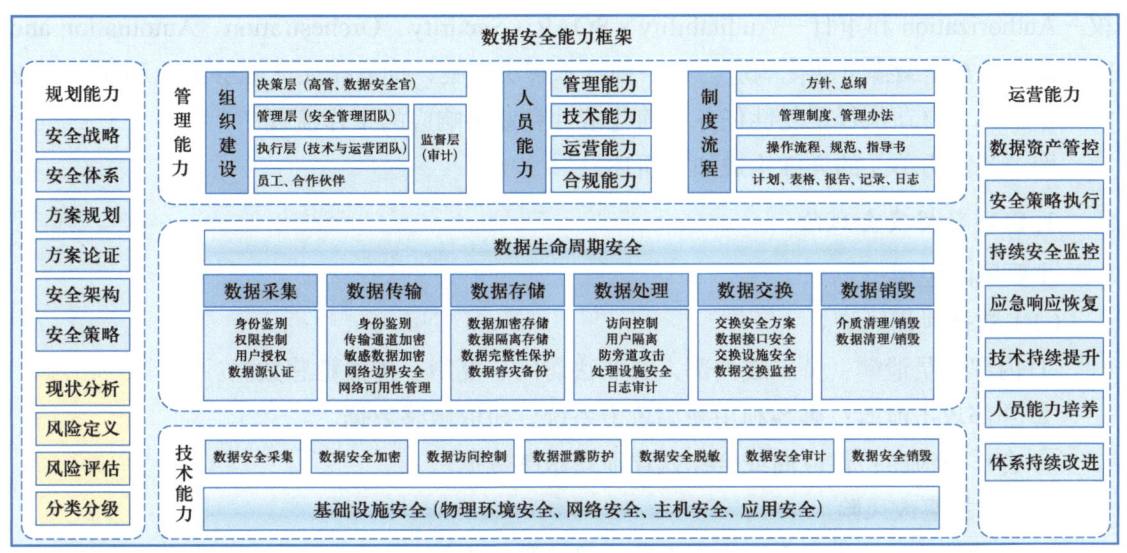

图 5-2-7　数据安全能力建设框架

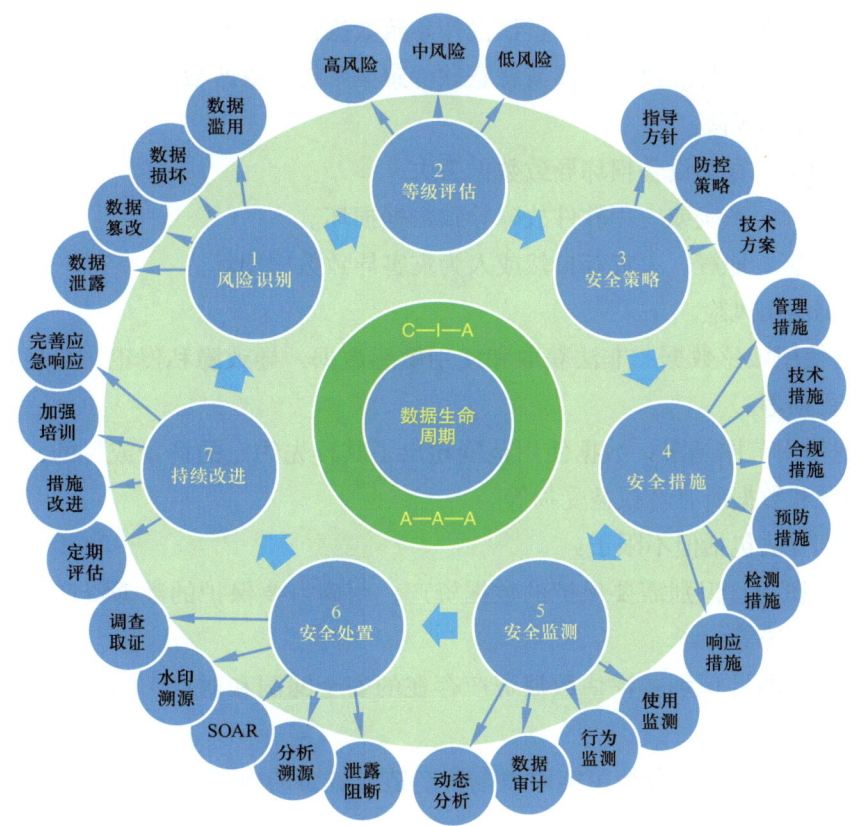

图 5-2-8　面向安全风险的数据安全能力建设

图中，C—I—A 意为数据安全三要素，即机密性—Confidentiality、完整性—Integrity 与可用性—Availability；A—A—A 意为数据安全三属性，即认证—Authentication、授

权—Authorization 和审计—Auditability；SOAR（Security、Orchestration、Automation and Response）安全编排自动化响应，是一种技术解决方案，即安全团队能够集成和使用单独的安全工具，自动执行重复性任务并简化事件和威胁响应的工作流程。

图中各能力单元的详细构成如下所述。

1. 识别数据安全风险

主要风险包括：

（1）数据泄露风险。

① 内部人员泄露：员工或内部人员非法访问、复制、传播敏感数据。

② 外部攻击泄露：黑客利用漏洞攻击系统，窃取敏感数据。

③ 合作方泄露：供应商或合作伙伴泄露敏感数据。

（2）数据篡改风险。

① 恶意篡改：攻击者非法入侵系统，篡改数据内容。

② 数据造伪：为满足私利而编造或虚构数据和事实的行为。

③ 误操作篡改：员工或内部人员误操作导致数据被篡改。

④ 病毒或恶意软件篡改：病毒或恶意软件感染系统，篡改数据内容。

（3）数据损坏风险。

① 硬件故障：存储设备损坏导致数据丢失。

② 软件故障：系统或应用软件故障导致数据损坏。

③ 各类灾害：地震、火灾等自然或人为灾害导致数据损坏。

（4）数据滥用风险。

① 非法使用敏感数据：非法获取和使用敏感数据，导致隐私侵犯、合规问题和数据所有者权益受损等。

② 数据使用范围超限：数据使用范围超出了其预先约定的场景或目的，导致隐私侵犯、合规问题和数据所有者权益受损等。

主要识别方法包括但不限于：

（1）资产识别：识别需要保护的数据资产，明确需要保护的数据资产的范围，如数据库、文件、系统等。

（2）安全脆弱性识别：评估数据资产存在的安全漏洞和弱点，如加密不足、权限管理不当等。

（3）安全威胁识别：分析可能对数据资产造成威胁的内部和外部因素，如恶意攻击、误操作、自然灾害等。

（4）安全风险分析：针对风险来源、可能性、影响程度，以及安全威胁和脆弱性，分析数据资产面临的具体风险及其潜在影响。

2. 分析评估风险等级

（1）基于安全风险的分级，包括：

① 高风险：可能导致严重的数据泄露、篡改或滥用，对组织造成重大损失和影响。

② 中风险：可能导致一定程度的数据泄露、篡改或滥用，对组织造成一定损失和影响。

③ 低风险：可能导致轻微的数据泄露、篡改或滥用，对组织影响较小。

（2）基于数据重要性的分级，例如 Q/SY 10018—2023《数据安全管理规范》中的规定为：

① 核心级：a. 数据受到破坏后，对公司关键信息基础设施、重要资源等造成严重影响，社会负面影响巨大；b. 数据受到破坏后，会使公司经济利益遭受严重损害，导致大范围停工停产、大量业务处理能力丧失等。

② 重要级：a. 数据受到破坏后，严重危害社会秩序和公共利益，引发公众广泛诉讼等事件，或者导致社会秩序遭到严重破坏等情况；b. 数据受到破坏后，导致重大个人信息安全风险、侵犯个人隐私等严重危害个人权益的事件，通常为身份信息、个人生物特征（人脸、指纹、虹膜）信息、财产情况等；c. 数据受到破坏后，导致公司受到监管部门严重处罚，或者影响重要/关键业务无法正常开展，通常为企业重大发展规划、能源基础设施发展规划、内部财务状况、重大决策、投融资计划、核心生产管理业务等数据。

③ 内部级：a. 数据受到破坏后，危害社会秩序和公共利益，引发区域性集体诉讼事件，或者导致社会秩序遭到破坏；b. 数据受到破坏后，导致一定规模的个人信息泄露、滥用等安全风险，对个人权益造成一定影响或存在潜在风险，如个人行踪轨迹、消费记录等信息；c. 数据受到破坏后，对企业合法权益造成一般影响，比如导致企业遭到监管部门处罚，部分业务无法正常开展或临时性中断的情况，通常为企业经营管理、生产运行、薪酬考核等内部数据。

④ 公开级：数据受到破坏后，对各类对象不造成影响，包括合法可信源获取的外部合法公开数据和公司内部产生的、经过评估适宜公开的数据等范围。

3. 制定安全策略

安全策略内容包括：

（1）指导方针：坚持全局安全观，健全数据安全治理体系，增强数据安全内生能力，提高数据安全保障能力。

（2）防控策略：以法为纲，提升全员数据安全意识；建立严格的数据安全管理制度，防范内外部安全威胁。采用预防为主、处置为辅、精准施策、智能监测、动态防控、快速反应、技术保障和强基固本、持续提升等防控策略。

借鉴或采用零信任2.0原则（晶颜123，2023）制定防控策略，包括：所有数据源和计算服务都被视为资源；无论网络位置如何，所有通信都需要安全防护；以每次会话（Per-session）为单位，对组织（企业）的资源访问进行授权；按照动态策略确定资源访问权限；组织（企业）监视和衡量所有自有和关联资产的完整性和安全姿态；在允许访问之前，所有资源都必须经过动态、严格地认证和授权；组织（企业）尽可能多地收集有关资产、网络基础设施和通信的状态信息，并利用这些信息来改善安全态势。

（3）技术方案：针对安全威胁和风险，结合安全制度、安全策略等，制订检测、监测、分析、脱敏、加密、阻断、防控、灾备等精准技术方案。

4.实施安全措施

（1）安全管理措施，包括但不限于：

① 制定数据安全政策：明确数据安全要求和责任，提高员工安全意识。

② 制定数据安全制度：对重要的操作岗位制定管理制度，甚或采用持证上岗制。

③ 定期风险评估：定期开展数据安全风险评估，及时发现和应对潜在风险。

④ 应急响应计划：制订数据安全应急响应计划，确保在发生安全事件时能够迅速响应和处置。

（2）技术防范措施，包括但不限于：

① 访问控制：实施严格的访问控制策略，限制未经授权的数据访问和操作。

② 加密技术：采用强加密算法对数据进行加密存储和传输，确保数据保密性。

③ 脱敏技术：采用脱敏技术对数据中的敏感信息进行变形，使其可以在开发、测试和必要的环境中安全地使用脱敏后的真实数据集，确保敏感信息或隐私数据得到保护。

④ 水印技术：采用数字水印技术，在不影响原数据使用价值的前提下，可通过隐藏在数据载体中的水印信息追踪数据的来源，以进一步获知原数据的所有者信息或者判断数据是否被泄露、滥用等。

⑤ 指纹技术：是数字水印技术的一种，是指将数字指纹嵌入数据载体后分发给特定的用户，以便根据该指纹信息判别用户使用该数据的合法性，保护数据版权。

⑥ 安全审计：建立数据安全审计机制，记录数据访问和操作日志，便于事中、事后追踪和分析。

（3）合规措施，包括但不限于：

① 遵守国家法律及规定：确保数据在其生命周期中的各项操作活动符合国家数据安全法及各项指导性文件要求。

② 遵守行业规范及标准：确保数据在其生命周期中的各项操作活动符合行业规范及标准要求。

③ 合规审计：对定义为敏感数据以及重要资产的数据，定期对其管控方案、措施等进行合规审查，对其操作行为进行审计分析，确保数据在其生命周期中的各项操作活动符合法律规定、行业规范和企业资产安全管理要求。

④ 合同与保密协议约束：对供应商或合作伙伴之间的数据操作活动，通过合同中增设数据安全保密条款并签订责任到人的专业的保密协议等，进行法律上的约束和约定，将数据安全责任和要求落实到所有数据操作干系人。

（4）预防性措施，包括但不限于：

① 建立健全数据安全管理制度：制定完善的数据安全管理制度和操作规范，明确各部门和人员的职责和权限，确保数据的安全性和保密性。

② 强化网络安全防护：采用防火墙、入侵检测、病毒防范等网络安全技术，防止外部攻击和非法访问，确保网络系统的安全性。

③ 数据加密与备份：对重要数据进行加密处理，确保数据在传输和存储过程中的安全性。同时，定期备份数据，以防数据丢失或损坏。

（5）检测性措施，包括但不限于：

① 数据泄露检测：利用数据泄露检测技术，及时发现数据泄露事件，追踪泄露源头，采取相应的应对措施。

② 入侵检测与报警：采用入侵检测技术，实时监测网络系统的异常行为，一旦发现潜在的安全威胁，立即触发报警机制。

③ 数据安全审计：定期对数据进行安全审计，检查数据的完整性、保密性和可用性，及时发现潜在的安全风险。

（6）响应性措施，包括但不限于：

① 应急响应计划：制订完善的应急响应计划，明确应急响应流程、责任人、资源调配等，确保在发生数据安全事件时能够迅速响应。

② 数据恢复与备份启用：在数据安全事件发生后，及时启动数据恢复计划，利用备份数据进行数据恢复，确保业务的连续性。

③ 安全事件调查与处理：对发生的数据安全事件进行深入调查，分析原因和影响范围，采取针对性的处理措施，防止类似事件再次发生。

5. 监测安全状态

（1）使用监测，包括但不限于：

① 敏感数据：对敏感数据的生命周期进行全程监控。

② 数据访问：针对用户的数据访问，识别非授权访问。

③ 数据活动：针对重要数据资产，以及大规模数据的导出、下载、传输等，识别非正常数据活动。

④ 泄露监测：跟踪、监测敏感数据的流动，分析、识别并防止数据泄露。

⑤ 用户监测：对来自用户的非授权访问，跟踪数据流向，记录并存证。

⑥ 应用监测：对来自应用软件或 API 的非授权访问，跟踪数据流向，存证并阻断。

⑦ 其他监测：其他不能预知的方法非法获取数据的情况。

（2）行为监测，包括但不限于：

① 用户登录：对用户嗅探性登录进行识别、监测、记录、预警、隔离或阻断。

② 用户操作：对与用户身份不符的操作行为进行识别、监测、记录、预警或阻断。

③ 非正常登录操作：对使用系统管理账号绕过数据安全系统对数据操作的行为进行

记录和报警。

④ 权限操作：对用户权限及角色的变化进行监测，确保用户权限的合理配置。

（3）安全审计，包括但不限于：

① 数据库静态审计：基于数据库安全规则，对不当的安全配置、用户弱口令、数据库系统补丁、数据库木马等进行审计，为动态防护与安全策略改进提供依据。

② 数据库动态审计：基于"数据捕获→数据分析→审计→响应"过程对敏感数据进行保护，形成4W（Who/When/Where/What）审计数据，并对其进行分析，解析操作过程，还原操作细节，发现不安全的行为模式或事件。

③ 安全事件回放：允许数据安全管理员提取历史数据，并对事件进行回放，真实还原当时的完整操作过程，以便分析和追溯安全问题所在。

（4）动态分析，包括但不限于：

① 流量分析：对网络传输的数据流进行分析，检测异常流量模式，防范DDoS攻击、网络入侵等威胁。

② 日志分析：实时分析系统和应用程序产生的日志，识别异常事件。

6. 安全风险与事件处置

（1）泄露阻断，包括但不限于：

① 网络阻断：通过在网关、路由器、防火墙、网闸、DNS等，以及云计算环境下的软件定义网络等技术中使用黑、白名单等方式，禁止已纳入网络安全监管机构高风险黑名单中的网络连接和访问；将许可访问敏感数据的网络纳入白名单进行访问监测。

② 访问阻断：通过过滤HTTP请求特征，拦截异常客户端的请求，或禁止或限制对高风险网站或不安全应用程序的访问，降低感染恶意软件或泄露信息的风险。

③ 外发阻断：对敏感数据文件进行加密，设置文件外发的时限、次数和密码，控制文件的二次扩散。

④ USB设备阻断：禁止或限制使用未经批准的USB设备，防止非法窃取或复制数据。

⑤ 设备关闭：允许管理员远程锁定或关闭存放敏感数据的设备，以快速响应安全事件。

（2）分析溯源，包括但不限于：

① 日志溯源：通过统一管理所有设备和记录所有数据的操作日志，以实现对数据安全风险事件的回放和追溯分析，提升对数据安全风险的预防、阻止和追溯能力。

② 事件溯源：基于违规事件日志记录，按照事件标识、事件时间、事件来源、干系人登录信息、数据对象或文件名称等，对事件进行追溯。

③ 文件溯源：基于文件自身信息或文件标识、文件操作日志等进行溯源，确定泄露源头。

（3）SOAR（安全编排自动化响应技术），包括但不限于：

① 威胁检测与自动化处置：通过SOAR自动化编排能力平台接入威胁检测系统

（NDR），对安全事件进行清洗和过滤，对确定的安全事件启动响应和处置程序。采用SOAR+NDR融合解决方案，将威胁检测、分析、溯源和响应进行整合，将安全事件的整个处理流程进行协调、自动化和快速响应（雾帜智能，2023a）。

② 安全防御及响应：将SOAR技术与IOC（Indicators of Compromise，即入侵/失陷指标）威胁情报相结合，提升组织（企业）对威胁情报的自动化响应、协同能力。SOAR+IOC相结合的解决方案，能够快速响应和自动化处置安全事件（雾帜智能，2023b）。

③ 安全溯源分析及处置：利用SIEM（Security、Information and Event Management）安全、信息和事件管理系统技术将日志数据、安全警报和事件聚合到一个集中平台中，为安全监控提供实时分析能力。SIEM+ChatGPT/DeepSeek相结合，通过预定义操作将原始日志发送到ChatGPT API/DeepSeek接口，由ChatGPT（Chat Generative Pre-trained Transformer）或DeepSeek（国产"深度求索"大模型）提供分析、判断和处置方案，再使用SOAR剧本或处置流程对接ChatGPT/DeepSeek进行自动化溯源分析及处置，从而提高安全防御的高效性和准确性（日志易，2023）。

④ SOAR防火墙：防火墙作为一种十分成熟可靠的技术，通常被部署在网络边界上作为第一道防线。通过检查进出网络的流量，限制未经授权的访问尝试，实现访问控制、网络隔离、VPN接入，以及日志记录与审计，保护内部网络不受恶意行为和安全威胁的影响。通过防火墙与SOAR联动，可以使防护体系由静态到动态，由平面到立体，提升防火墙的机动性和实时反应能力，同时也增强了SOAR的阻断功能（aqniu，2023）。

（4）水印溯源，包括但不限于：

① 水印溯源：基于为敏感数据或重要数据资产植入的时间及操作者等关键信息生成水印或指纹，追溯数据来源，分析违规操作。

② 标记溯源：基于事件所涉及的数据关键标识或标记，在数据操作日志中进行检索、统计、回溯和分析，发现安全风险因素和安全漏洞。

（5）调查取证，包括但不限于：

① 取证对象：物理存储，包括传统介质，如软盘、硬盘、移动硬盘、磁带等磁介质、光盘等光介质；新型物理存储，如固态硬盘、手机芯片、闪存（U盘、存储卡）等介质。逻辑存储，包括用户文件（电子文档、电子邮件、音视频文件、网络访问记录/收藏夹、数据库文件、文本文件等）、操作系统文件（配置文件、备份文档、Cookies、交换文件、系统文件、隐藏文件、临时文件等）、保护文件（压缩文件、加密文件、隐藏文件等）。各种日志，包括操作系统、数据库、信息管理系统、专业应用系统登录与操作日志，以及入侵检测系统IDS（Intrusion Detection Systems）、防火墙、文件传输FTP、互联网WWW和杀毒软件等日志等。其他数据区中可能存在的数据，如内存或磁盘未分配空间（Unallocated Space）、松弛空间（Slack Space）、隐藏分区等。

② 取证过程：包括识别与确认安全事件、采集和保护证据、调查分析与溯源、取证

与分析等主要过程。其中，取证工作要求严谨规范，确保所采集的证据合法有效。

③ 取证内容：应包括发生了什么、发生的时间、涉及的用户、涉及的系统、涉及的数据资源等。

④ 证据分析：以找出非法入侵或攻击的痕迹、破解入侵或攻击手段、还原入侵或攻击过程、发现安全漏洞和安全隐患为主要目标，一方面为追究责任提供证据，另一方面为制定应对策略和完善防护措施提供关键依据。

7. 持续改进安全能力

（1）定期评估，包括但不限于：

① 风险管理能力：评估组织（企业）对安全风险的识别、评估、管理、控制和监测能力。

② 安全政策和程序：评估组织（企业）的数据安全政策和程序的制定、实施和执行情况。

③ 安全培训和意识：评估组织（企业）对员工的数据安全意识提升和培训情况。

④ 安全技术措施：评估组织（企业）在数据安全技术方面的实施和运维情况。

⑤ 选用合适的《数据安全治理能力评估方法》及规范进行评估。

（2）措施改进，包括但不限于：

① 管理改进：包括组织架构、制度体系、职责分工、管理办法、标准规范、绩效考核等。严格内部管理制度，防范内部威胁。

② 技术改进：包括平台与架构技术、能力体系、产品选购与升级、数据安全技术生态等。

③ 方案改进：基于数据安全防控需求，对原有的风险识别、安全防护、入侵防控、专项治理等方案进行完善、提升、实验与验证等。

④ 策略改进：针对安全风险和防控漏洞等，调整和改进安全策略。

⑤ 过程改进：针对安全风险和防控过程不足，进行调整、改进与优化。

⑥ 监管改进：基于安全技术和产品的进步，调整和改进安全监管、风险监控、风险预警、威胁报警等方法、技术和方式。

⑦ 体系提升：对多方面均需要改进的情况，则需要对整体数据安全体系进行改进或升级。

⑧ 第三方风险防控：完善对第三方合作伙伴的安全评估和监督机制，确保其符合数据安全管控的最新要求；完善与其单位及个人签订的安全保密协议条款，使其处于最新的数据安全防控要求范围之内。

⑨ 涉外及隐私保护：在《中华人民共和国数据安全法》及数据隐私保护等法律要求指导下，对跨国数据传输等活动，应同时遵守不同国家和地区的法律法规，与专业的法律顾问合作及时了解和应对潜在的法律风险，确保跨国数据传输的合法性；对涉及数据隐私保护的，应确保个人数据的合法收集和使用，及时了解、响应和处理数据权益主体

的诉求，确保数据隐私权益得到保障。

（3）加强培训，包括但不限于：

① 安全意识提升：树立组织（企业）的国家整体安全观，将安全教育作为组织（企业）的一种文化，提升决策者和全体员工的风险感知和安全风险与威胁防范意识，提升个人对安全风险与安全威胁的应对与处置能力。

② 安全技能提升：针对不同群体设置不同的安全技能培训方案与提升计划；针对重大安全风险举办专项治理培训，组织实施专项治理活动。

（4）完善应急响应，包括但不限于：

① 应急计划：通过应急能力评估或内查与外查发现的应急能力不足，完善针对各种重大安全风险和突发事件的应急计划。

② 应急预案：针对可能发生的各种重大安全风险和突发事件，持续完善应急响应预案。

③ 应急演练：根据应急计划和应急预案，定期或不定期地开展应急演练，提升对各种重大安全风险和突发事件的响应和处置能力；通过演练发现不足，进行有针对性的改进与提升。

④ 应急响应与处置：对即将、正在或已经发生的重大安全风险和突发事件，按照已有的应急预案有组织地进行快速反应和处置，或在上级数据安全监管机构的指导下进行及时处置，避免盲目、违规操作。

六、数据安全技术体系产品案例

1. 启明星辰天榕数据安全管理平台 DSMP

启明星辰天榕数据安全管理平台 DSMP（雪球，2022）以数据为中心，基于场景化的设计，构筑起以数据发现和分类分级为基础的，以数据风险防控为目标，以识别、管控、监控、运营为手段的综合能力平台，实现数据标准化、常态化、规范化的管理，为数据安全管理、管控、监控提供能力保障，为数据安全运营提供技术能力支撑。启明星辰天榕数据安全技术体系如图 5-2-9 所示。

2. 美创科技新一代数据安全管理平台 DSM Cloud

美创科技新一代数据安全管理平台 DSM Cloud（美创科技，2023）融合了数字化技术，云—端深度解耦，将数据安全防护、数据安全管理、数据安全运营等安全能力收敛至一个平台和入口，通过平台具备的横向资源扩容、纵向安全能力与订阅、多租户/数据隔离等能力，有效应对数字化、多云时代复杂的数据安全管理难题。

美创科技新一代数据安全管理平台 DSM Cloud 以"管理融合、多端融合、场景融合"为目标，以数字化能力赋能数据安全管理，对海量复杂的资产、身份和事件进行统一的安全监测、安全治理和安全运营，采用云—端技术架构，以云管理中心＋多项数据安全能力形成云端一体化布局,协同多种数据安全能力提供全域防护,支持弹性订阅等安全能力,灵活快速适配各种业务场景,实现全域数据安全风险管理、监测、防护、态势感知、运营,提供弹性、云化、自适应进化和对资产、身份、行为、风险等可观测性的能力,如图 5-2-10 所示。

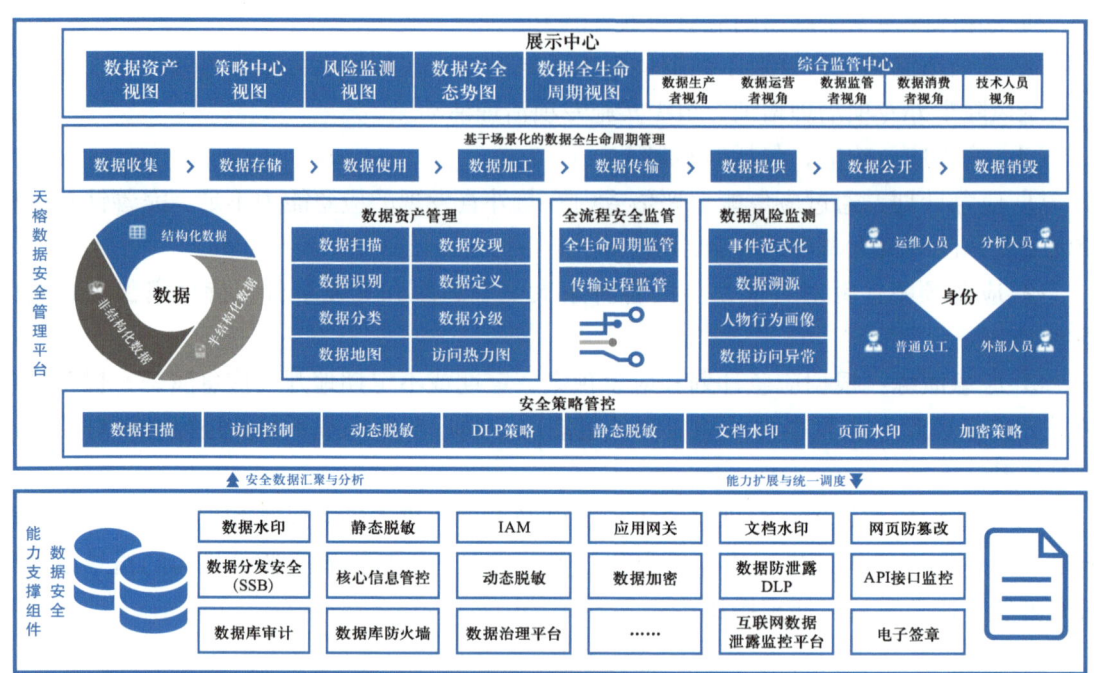

图 5-2-9　天榕数据安全技术体系
引自文献:雪球,2022

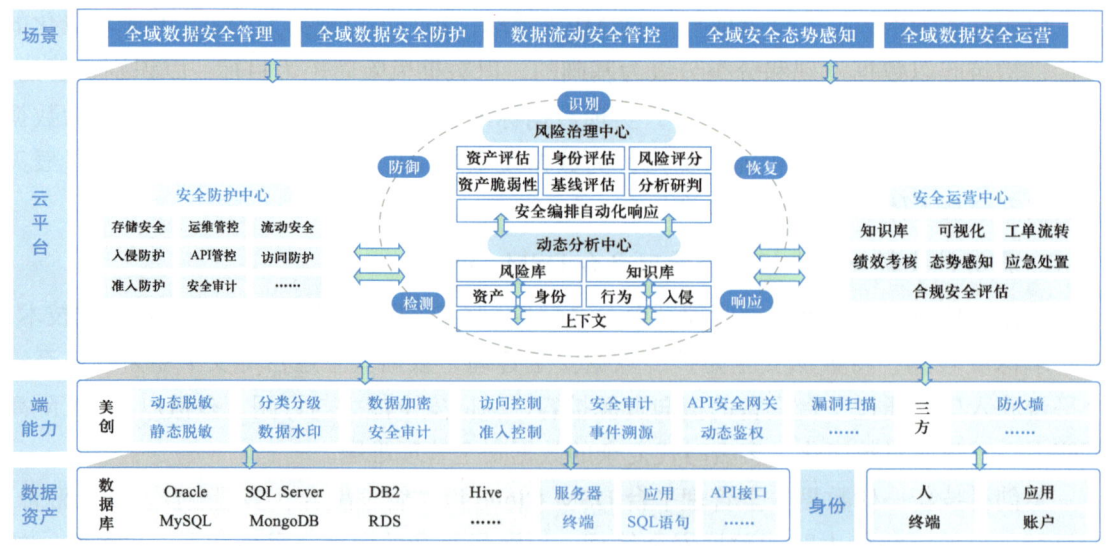

图 5-2-10　美创科技新一代数据安全管理平台架构
引自文献:美创科技,2023

3. 浪潮云数据安全管理平台

浪潮云围绕数据要素流通场景，依托全国政务云市场和多年行业经验，从数据安全治理的组织保障、技术体系、管理流程等风险出发，构建以数据安全管理平台为主体的数据安全体系。其数据安全管理平台（数据云说，2023）是以数据安全治理为底座，融合大量数据安全治理经验、用户异常行为感知技术、匹配多种基于客户业务的数据安全场景，基于数据采集、传输、存储、使用、销毁等全生命周期，从数据识别、防护、检测、响应、恢复的各个环节，在数据治理、数据安全防护、数据安全治理、数据应用场景保护、数据安全服务等多个角度，实现了基于场景的数据安全可信与自由流通。

浪潮云数据安全治理体系如图 5-2-11 所示。

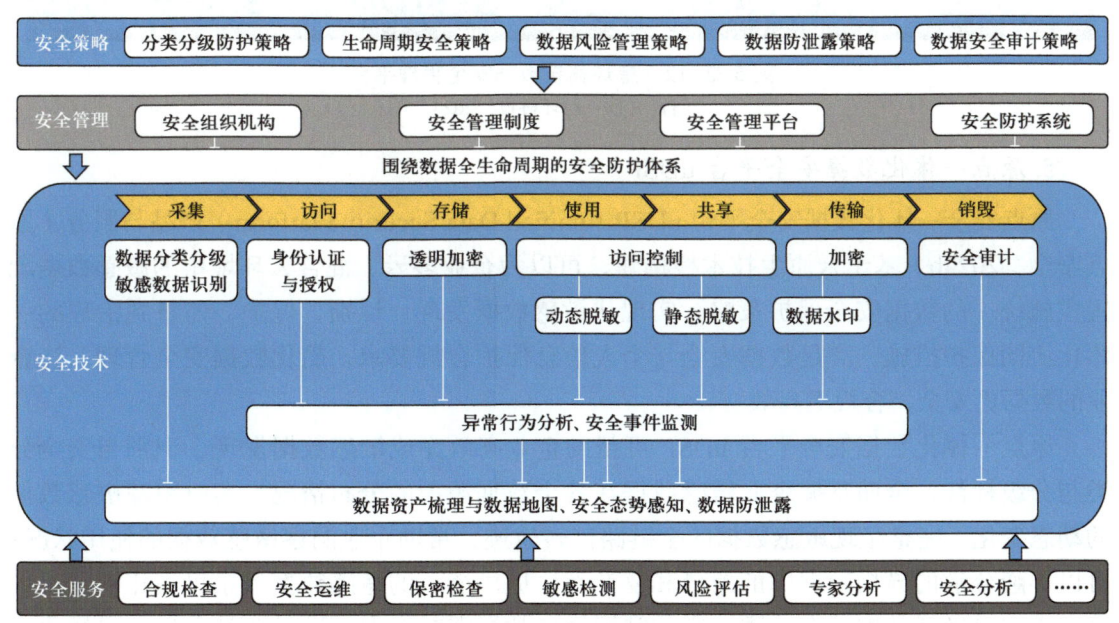

图 5-2-11　浪潮云数据安全治理体系

引自文献：数据云说，2023

4. 星环科技数据安全管理平台 Transwarp Defensor

星环科技数据安全管理平台 Transwarp Defensor（星环科技，2024），结合其大数据平台的安全能力，帮助企业建设以数据为中心的数据安全防护体系。该平台基于金融行业的分类分级标准，预置了 50 多条行业敏感规则，帮助金融企业对敏感数据进行分类分级，同时也支持灵活的自定义，可针对结构化数据的字段名、字段内容、字段注释等多个域进行匹配，全面发现敏感数据资产。在此基础上，监控敏感数据的使用，对违规操作、异常行为进行识别与告警；针对个人信息数据，平台提供了个人信息去标识化、数据脱敏、水印等功能对数据进行事前、事后的保护，防止数据泄露或在数据泄露后进行溯源追踪。

星环科技数据安全管理平台如图 5-2-12 所示。

图 5-2-12　星环科技数据安全管理平台
引自文献：星环科技，2024

5. 原点一体化数据安全平台 uDSP

原点安全一体化数据安全平台 uDSP（unified Data Security Platform）产品与服务（原点安全，2024b）基于云原生技术栈构建，可以为企业多云、混合云环境中的敏感数据配置实施统一的数据安全保护策略，实现从敏感数据发现、识别、保护、监督到治理的一体化协同保护措施，满足数据安全与个人信息保护合规要求，简化数据安全管理，让企业的数据更安全，合规更高效。

原点一体化数据安全平台 uDSP 可帮助企业高效完成敏感数据发现、识别与安全分类与分级标注，全面掌握企业敏感数据在各个数据源中的分布情况，实时跟踪敏感数据的动态变化，完整呈现敏感数据的全链路流转轨迹，帮助企业洞察敏感数据的使用状况；可以屏蔽分散的异构数据库的差异和复杂性，提供统一的敏感数据目录可视化视图；可自定义实时敏感数据分布地图，完整掌握敏感数据资产动态，满足监管上报等多样化的管理需求；采用"被动发现＋主动扫描"双模式敏感数据自动发现和识别引擎，保证敏感数据目录的全面性及新鲜度，及时发现新增、变化的敏感数据类型，自动标记并更新敏感数据目录；支持自然人、应用账号、访问 API 路径、数据库连接、数据库、表、字段全链路审计，实现从用户登录账号到获取数据整个过程的信息捕获和记录，呈现全链路敏感数据流转情况；基于内置的敏感数据通用识别规则，支持自定义规则和机器学习算法模型；提供多个行业敏感数据分类及分级标准模板，同时支持自定义分类分级模板；以敏感数据目录为核心无缝衔接数据安全保护技术措施，针对敏感数据配套差异化的安全策略，提供细粒度、精细化的数据权限管控、数据动态脱敏、数据安全审计、数据风险分析等安全能力。

基于云原生技术架构，全方位服务化的安全能力投资，提高项目建设投资收益，显性化项目建设价值。通过指标监测与告警监测、调度常态化运营事务与突发性响应事件等安全保障工作的开展，提供完善的安全保障水平与团队建设支持，涵盖巡检、应急响应、实战培训与演练等数据安全运营服务。

原点一体化数据安全平台 uDSP 采用数据源层、数据访问安全层和应用层的分层架构（图 5-2-13），从架构上实现业务应用和数据安全措施的解耦。其中，数据访问安全层 DASL（Data Access Security Layer）位于应用层数据访问工具与数据源之间，用于实现数据源中敏感数据的访问控制和交付控制，旨在保护敏感数据免受未经授权的访问、篡改、泄露、破坏和过度暴露，其提供的数据安全基础能力包括但不限于：敏感数据发现、分类分级标识、数据访问控制、数据动态脱敏、数据透明加密、数据安全审计、数据风险分析等。可根据具体的业务场景和保护需求，通过对数据安全基础能力的灵活编排运用，保护敏感数据存储和使用的安全性与合规性，同时提高了敏感数据使用的可追溯性和可审计性。

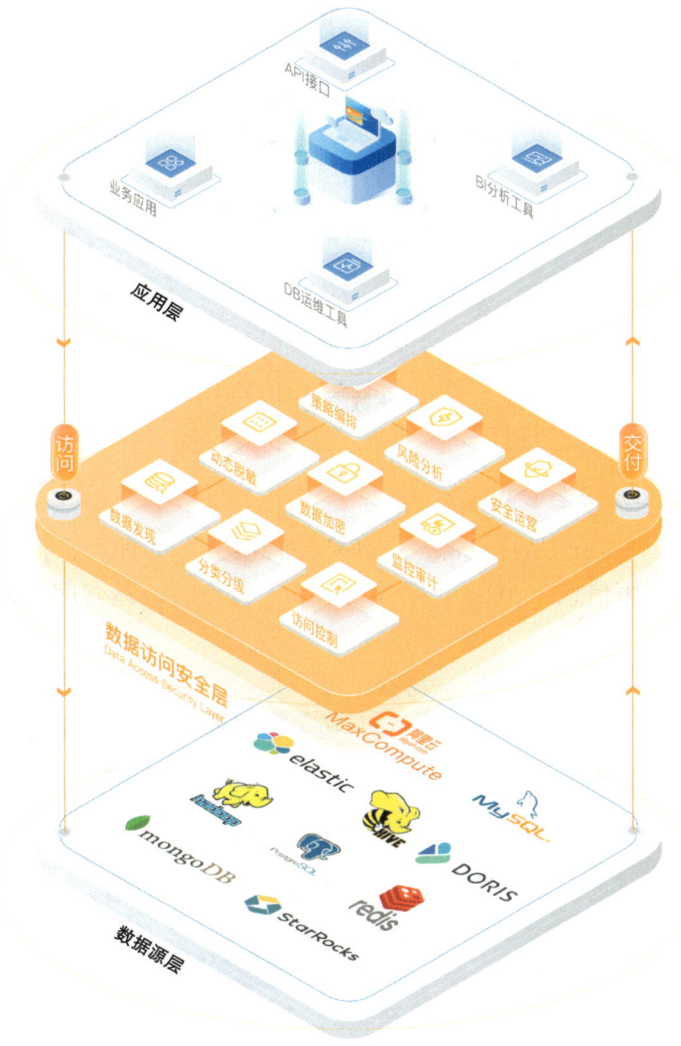

图 5-2-13　原点一体化数据安全平台 uDSP 分层架构

引自文献：原点安全，2024b

原点一体化数据安全平台 uDSP 支持多种部署模式，可根据企业原有的数据中心私有云或多个公有云的分布，将原点数据访问控制器 DAC 进行本地化部署、产品组件分布式部署或托管式部署，并提供 SaaS 应用模式的配置、接入和数据安全服务，如图 5-2-14 所示。

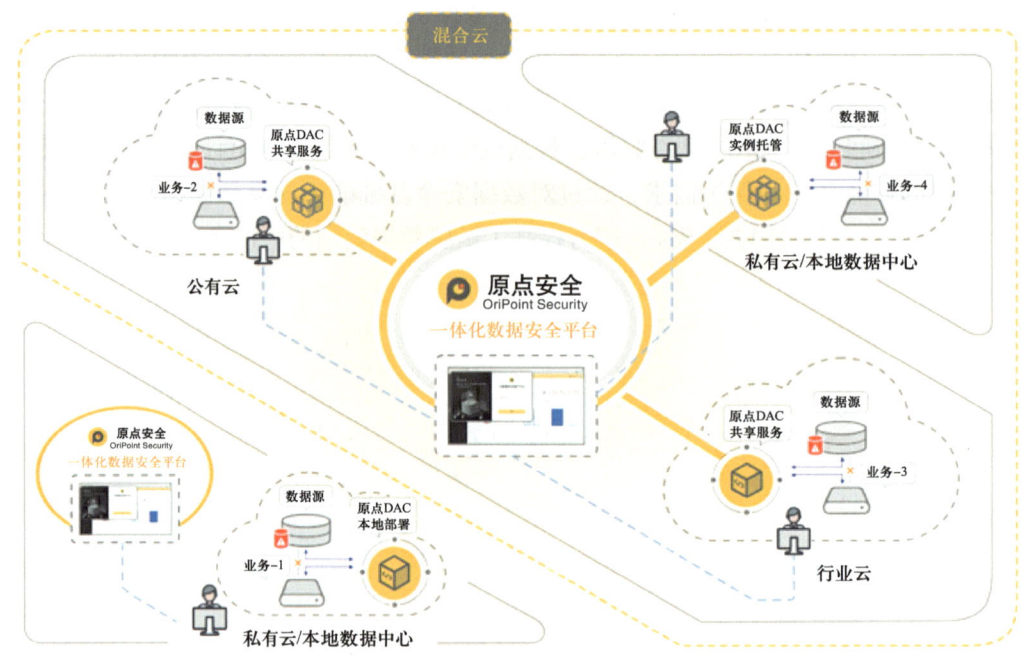

图 5-2-14　原点一体化数据安全平台 uDSP 部署模式
引自文献：原点安全，2024b

6. 安恒云—天池云安全管理平台

安恒信息遵循"一切产品皆资源，一切资源皆服务"的理念，打造了安恒云—天池云安全管理平台（安恒信息，2023）（图 5-2-15）、安全托管运营服务和基于安恒云在线

图 5-2-15　安恒云—天池云安全管理平台
引自文献：安恒信息，2023

SaaS 订阅式服务等产品及服务的云上安全体系，为政府、运营商、企业等客户的传统数据中心、公有云、混合云、私有云场景提供安全保障。

安恒信息为用户公有云提供的在线 SaaS 服务架构如图 5-2-16 所示，安全服务内容包括云防护、漏洞扫描、主机安全、日志审计、堡垒机、数据库审计、APT（Advanced Persistent Threat）高级持续性威胁预警等。

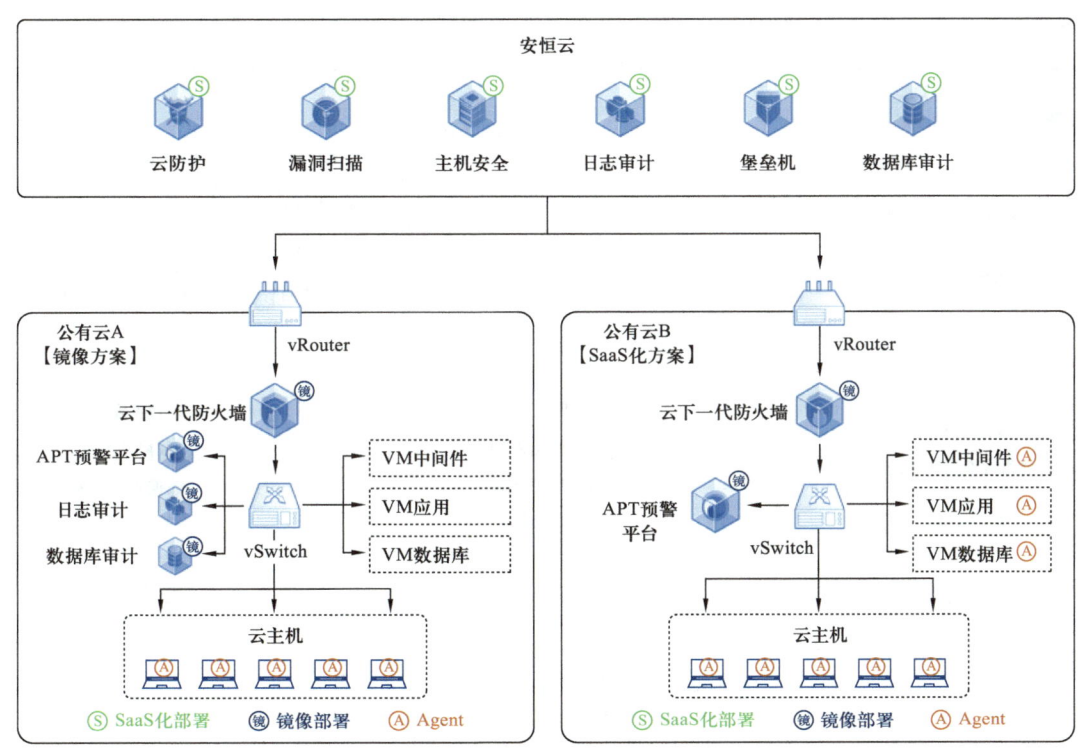

图 5-2-16　安恒云—用户公有云在线 SaaS 服务架构
引自文献：安恒信息，2023

面向私有云和混合多云客户，提供开放的安全能力组件，支持云内和云外部署，分为专享架构和本地 SaaS 架构。其中，专享架构采用安全镜像在云主机上独立安装，适用于中小型私有云、少租户云平台等场景；本地 SaaS 架构采用分布式可扩展引擎架构，多个云租户可以共用一套本地 SaaS 产品，可以大幅提升底层资源利用率并降低整体资源消耗，适用于政务、运营商等多租户场景。两种架构均可对外提供网络安全、数据安全、密码安全服务目录，并通过授权可灵活开通及退订。

网络安全方面，除了常规的等保二级、等保三级套餐在内的组件外，还可提供实战攻防能力，如蜜罐、APT、零信任等，立足合规，构建云上面向实战的安全基线。

数据安全方面，提供端到端的数据安全防护能力，基于零信任、终端安全、数据库审计等，打造身份、终端、权限、行为等云上安全访问通道，同时提供数据分类分级、数据安全网关、数据脱敏等能力，实现基于云端的业务系统层数据安全改造。

7. 深信服大数据安全解决方案

深信服聚焦大数据平台（深信服科技，2024）安全场景，以大数据和 AI 为核心技术，以"服务、技术、运营"三位一体为实践框架，以"统一管控，保护数据处理活动"为技术理念，构筑数据分类分级、流转监测、风险感知、智能溯源的能力，让数据价值释放得更充分，为用户提供更简单、更安全、更安心的大数据安全解决方案，如图 5-2-17 所示。

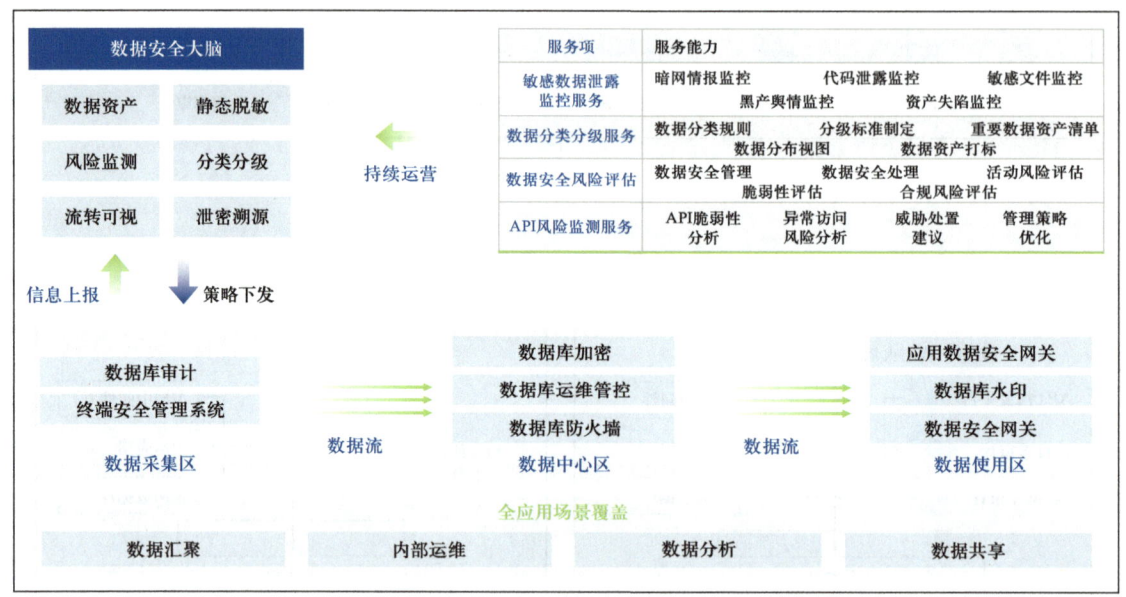

图 5-2-17　深信服大数据安全解决方案
引自文献：深信服科技，2024

主要功能包括：

（1）智能分类分级，通过深度学习，提取数据 100 多维特征，智能打标推荐，提高数据分类分级效率。

（2）融合访问管控，提供一体化融合的数据访问管控网关，实施简单，容易部署。

（3）高速一键溯源，基于 STP（Sequence Time Protocol，即序列时钟协议）大数据搜索引擎，数据泄露追溯一键导入，高速检索。

（4）运维数据不落地，让数据不出去，避免内部人员数据外泄。

（5）全方位攻击暴露面防护，数据共享流转带来了更多的攻击暴露面，方案针对前置机、数据湖、API 共享接口等数据汇聚共享场景下的所有暴露面提供全方位安全防护。

（6）持续服务、持续生长架构，持续保障数据安全建设，安心应对业务和监管的变化。

（7）数据安全风险态势全感知，数据流转可视、数据风险可知，让数据管理者、数据提供者都更加安心。

8. 数语科技（Datablau）数据安全管理平台DDS

数语科技数据安全管理平台DDS贯穿整个数据治理生命周期，通过盘点数据资产的分类分级，定义数据资产安全级别，建立数据访问控制体系和动态脱敏引擎，确保数据质量、数据服务、数据查询等访问场景安全。将增强的数据安全落实到数据应用场景，控制数据风险，实现了企业成本最小化且保障常态有效。

数语科技数据安全管理平台如图5-2-18所示。

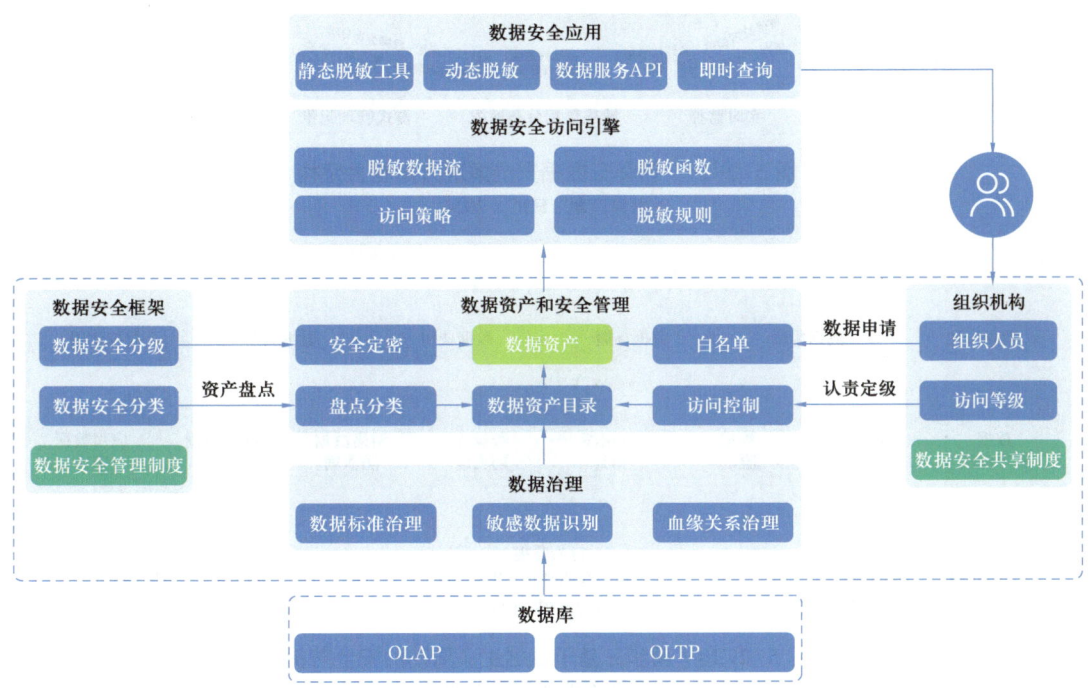

图5-2-18　数语科技数据安全管理平台
引自文献：datablau，2024

主要功能包括：

（1）可视化数据安全概览，以驾驶舱形式多维度、多角度针对企业数据安全进行监测管控，展示重点数据安全统计指标。

（2）统一安全认证，平台提供统一安全认证方式，任何针对数据的查询、导出、分析和权限分配工作，均需经过严格的数据安全统一认证校验，确保从技术上严格把关，杜绝人为不规范操作引起的数据安全问题。

（3）数据安全保障，数据资产展示、检索、导入导出受数据安全管控机制校验，阻断数据随意泄露可能性。

9. 新华三数据安全解决方案

新华三基于立体化动态数据安全防护理念，为多个行业应用场景构建了完整的数据安全解决方案（H3C，2024）（图5-2-19），以敏感数据识别和管理、分类分级、风险评估、策略规划、安全防护、威胁感知、安全合规为目标，提供了基于数据全生命周期的安全防护能力，如图5-2-20所示。

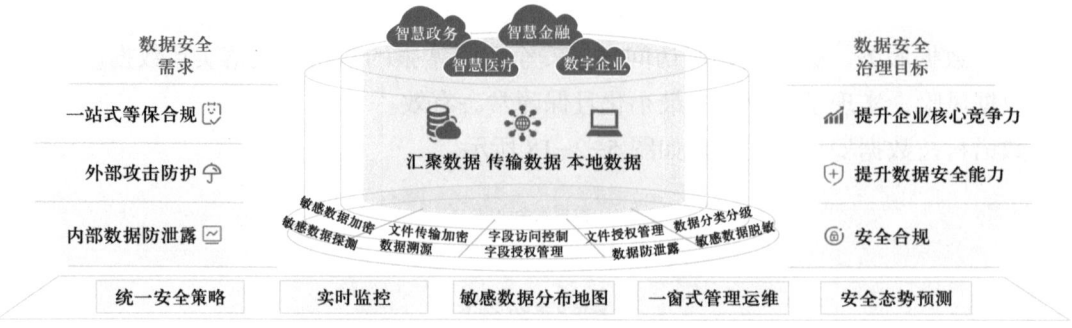

图5-2-19 新华三数据安全解决方案能力架构
引自文献：H3C，2024

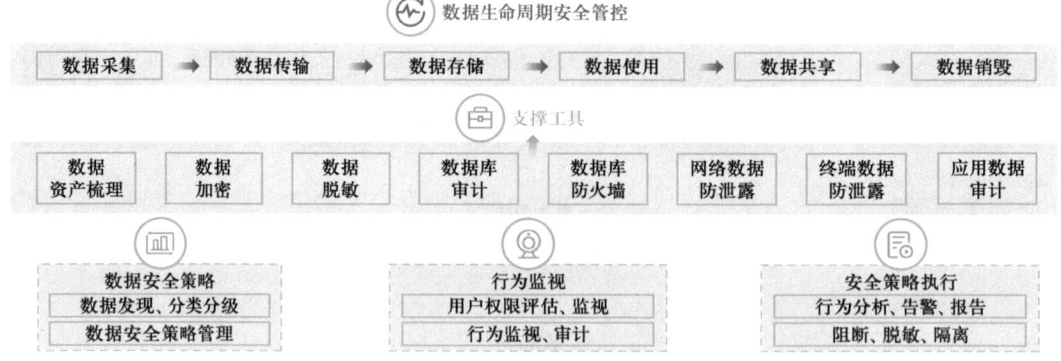

图5-2-20 新华三基于数据生命周期的安全防护
引自文献：H3C，2024

主要功能包括：

（1）数据安全合规。

① 全面满足政策法规：满足《中华人民共和国数据安全法》《中华人民共和国个人信息保护法》《中华人民共和国网络安全法》及各行业、各地区政策法规和技术要求。

② 全生命周期防护：全场景数据防护，解决从数据采集、落地存储、数据传输、数据分享、数据使用等环境安全防护问题。

（2）数据分类分级。

① 数据资产梳理：通过数据识别特征库、AI引擎等对用户数据资产进行梳理，摸清数据资产情况。

② 分类分级图谱：根据客户业务属性，建立适合的分类分级模型，对数据表和字段进行数据分类分级标识，形成数据安全分类分级图谱。

（3）敏感数据识别。

① 静态数据脱敏：敏感数据自动发现、高仿真脱敏，保证用户系统测试、数据分发

过程中数据可用性和安全性。

② 动态数据脱敏：实时 SQL 解析，敏感数据识别满足用户针对业务脱敏、运维脱敏、交换脱敏等多场景即时数据脱敏的需求。

10. 阿里云数据安全中心 DSC

阿里云数据安全中心 DSC（Data Security Center）（阿里云，2024a，2024b），在满足等保 2.0"安全审计"及"个人信息保护"等合规要求的基础上，提供敏感数据识别、数据安全审计、数据脱敏、智能异常检测等数据安全能力，形成一体化的数据安全解决方案。

阿里云数据安全中心基于云原生能力，覆盖多种阿里原生数据库，实现统一数据安全管理，支持对结构化数据库如 RDS、DRDS、PolarDB、OceanBase、ECS 自建数据库，非结构化数据存储 OSS、OTS 与大数据平台 MaxCompute 等的数据审计与防护，提供无代理 Agentless 模式，一键授权，分钟级接入。

阿里云数据安全中心主要构成如图 5-2-21 所示，应用模式如图 5-2-22 所示。

图 5-2-21　阿里云数据安全中心主要构成
引自文献：阿里云，2024a

阿里云数据安全中心支持精准识别与分类分级云上的敏感数据，提供丰富的标准化算法，支持基于 NLP（Natural Language Processing，即自然语言处理）的定制化语义识别，提供约 160 种以上文件类型、119 种敏感数据原子类型的识别能力。

阿里云数据安全中心产品内置个人通用信息及多款行业分类分级模板，支持自定义编辑和订正能力，支持自定义识别任务和识别任务自动化功能；通过智能化检测模型分析敏感文件的访问行为，异常事件审计全程监控实时记录，实现对敏感数据访问的风险检测，并提供数据隐式水印和 10 多种高级脱敏算法，支持多种脱敏模板一键操作。

阿里云数据安全中心为运营人员提供自动数据安全报警功能，方便管理人员快速了解事件态势，有效预防并降低数据风险事件。

阿里云数据安全中心符合国家关于网络与信息安全等级保护、个人信息保护、数据安全法等相关法律法规要求，内置 10 多种合规方案与报告，涵盖综合分析、性能分析、合规分析、安全运营分析和数据库业务分析及报表，能够更清晰地分条例展示网络中符合合规相关的安全措施，并支持导出编辑，助力客户业务通过相关合规测评。

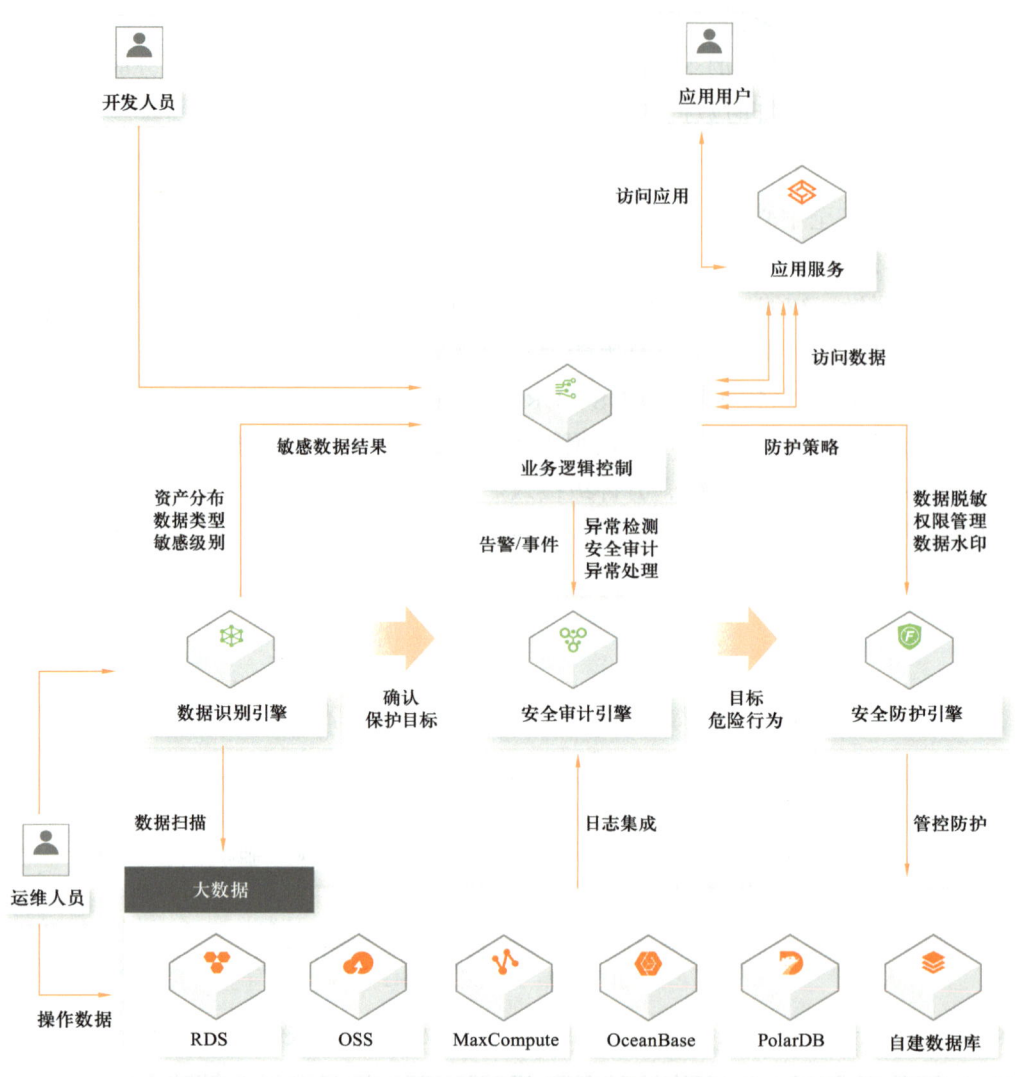

图 5-2-22　阿里云数据安全中心应用模式
引自文献：阿里云，2024b

此外，该产品对开发者开放全功能 API，用户可将识别标签 / 风险结果对接其他数据库产品或第三方平台等，快速应用到行业其他场景。

阿里云数据安全中心已覆盖国内华北、华东、华南和香港 8 个区域，发布了基础版和企业版两个版本。其中，基础版支持对云上数据（包括 RDS、OSS 等）进行安全防护，识别敏感数据、自动对敏感数据分类分级并提供针对性的数据泄露风险检测和告警等功能；企业版是在基础版的基础上，增加风险态势、数据水印、数据脱敏等功能，满足等保 2.0 关于数据审计与个人信息保护的要求，支持对云原生的数据类型（包括 RDS、OSS、MaxCompute、ADB、OTS、OceanBase 等）进行全面的安全审计，识别其中保存的敏感信息并进行分类分级，支持数据泄露告警、数据脱敏和数据水印溯源功能。

主要应用场景包括：

（1）敏感数据识别与打标：基于数据识别引擎，DSC 能从海量数据中发现和锁定保护对象，精准区分敏感数据与非敏感数据。通过内置算法规则和自定义敏感数据识别规则，对其存储的数据库类型数据及非数据库类型文件进行整体扫描、分类、分级并标识，根据结果做进一步的安全防护，如细粒度访问控制、加密保存等，灵活支持各类脱敏任务。

（2）数据泄露检测与防护：通过智能化检测模型分析企业内外账号对敏感文件的访问行为，实现对敏感数据访问的异常检测，同时为数据安全管理团队提供相关告警。

（3）数据脱敏：通过灵活多样的内置或自定义脱敏算法，支持生产类敏感数据脱敏到开发测试等非生产环境使用的静态脱敏场景，同时也支持原始数据不做调整，返回数据动态脱敏的结果，并确保脱敏后的数据保真可用。

（4）数据审计：智能解析数据库及大数据的通信流量，细粒度审计数据访问行为，通过对数据源全量行为的审计溯源、危险攻击的实时告警、风险语句的智能预警，为最敏感的数据库资产做好最安全的监控保障。

（5）个人信息合规：可精准区分和保护个人数据，避免产生合规问题。

（6）满足 GDPR 要求：GDPR（General Data Protection Regulation），即通用数据保护条例。满足 GDPR 关于在海量数据中找到并保护敏感数据的要求，可对敏感数据的使用进行审计。

（7）数据安全合规检查：应相关监督部门的数据安全合规检查要求，可通过 DSC 提供的数据安全分类分级、泄露检测、数据脱敏等功能对数据进行相关合规检查。

（8）泄密事件追责：作为企业内控的手段，当企业出现重大敏感数据泄露事件时，须进行全面的事件还原和严肃的追责处理。但由于数据访问者通常较多，泄密途径不确定，造成定责模糊、取证困难，导致追溯行动不利。通过敏感数据保护水印技术，将泄露的数据集进行外泄时间和嫌疑人定位，缩小排查范围，保障泄密企业快速追查责任人，从而将泄密事件影响降到最低。

11. 华为数据安全中心 DSC

华为云数据安全中心 DSC（Data Security Center）（华为云，2024a，2024b，2023）是新一代的云化数据安全平台，提供数据安全总览、数据自动分类分级、敏感数据动静态脱敏、数据水印溯源四大核心能力，帮助用户实现数据的可视、可控、可溯。

华为云数据安全解决方案如图 5-2-23 所示。

其中：

（1）权限管控：提供权限管理、访问控制和身份认证，通过授权允许或拒绝对云服务和资源的访问。

（2）资产地图：提供数据资产地图，帮助客户建立数据资产的全景视图，可视化呈现数据资产分布。

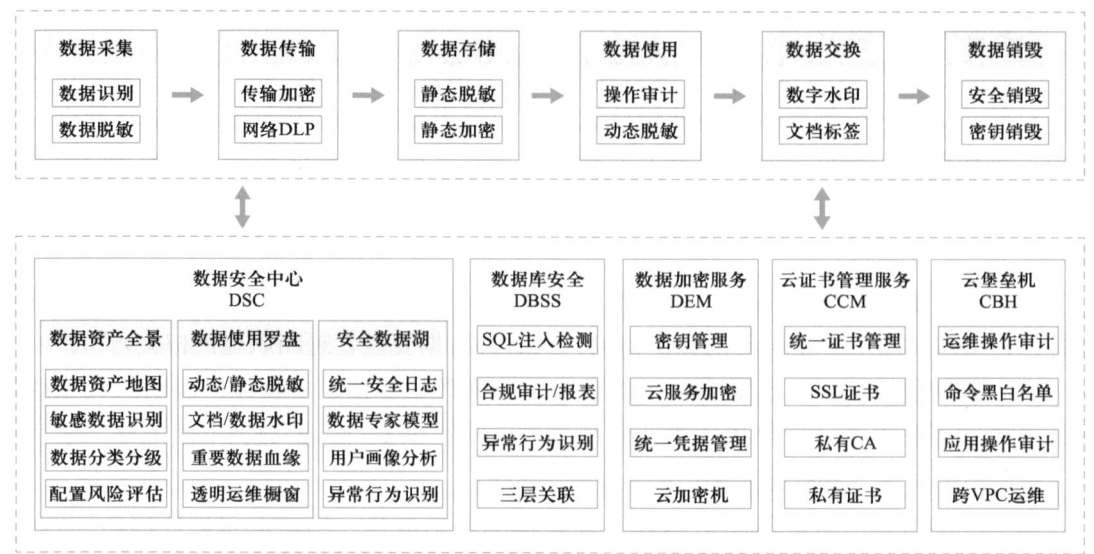

图 5-2-23　华为云数据安全解决方案
引自文献：华为云，2024a

（3）运维审计：对服务器、云主机、数据库、应用系统等云上资源的集中管理和运维审计。

（4）风险告警：异常操作实时告警，行为操作实时查询，行为轨迹可视化，风险事件关联识别。

（5）分类分级：发现并分析敏感数据使用情况，对数据进行扫描、分类、分级，解决数据"盲点"。

（6）数据加密：提供专属加密、密钥管理、凭据管理、密钥对管理等服务，为用户解决数据安全问题。

（7）数据脱敏：支持静态/动态脱敏，通过对数据的变形转换处理，保护敏感数据不被泄露。

（8）数据水印：支持明暗双重水印和数据库水印，确认数据资产版权和泄露追踪溯源。

华为云数据安全中心 DSC 四大核心能力（华为云，2024b）：

① 核心能力一：数据安全总览，实现数据全生命周期的安全可视。DSC 服务汇总分散的数据安全能力，全面监测用户数据资产在采集、传输、储存、使用、交换和删除各个阶段的安全风险。同时，通过五层数据资产地图，帮助客户建立数据资产的全景视图，可视化呈现数据资产分布、数据敏感程度和当前的风险级别。

② 核心能力二：数据自动分类分级，精准识别敏感数据，找准数据防护重心。DSC 服务支持数据自动分类分级，内置 GDPR、PCI DSS、HIPAA 及各行业专用的合规模板，在 AI 和专家知识库的双重加持下，通过系统内置的算法规则和用户自定义规则，灵活适配各类业务场景。DSC 服务不仅支持识别近 200 种非结构化文件和数十种个人隐私数据

类型，还支持识别多种图片类型中敏感文字。同时，DSC 服务提供血缘图和梳理敏感数据框架，数据透明可视。

③ 核心能力三：敏感数据动静态脱敏，保护用户隐私。DSC 服务支持多种预置脱敏算法和用户自定义脱敏算法，搭建数据保护引擎，实现数据脱敏储存，确保脱敏结果能适用于开发、测试和分析场景。

④ 核心能力四：数据水印黑科技，版权保护、追踪溯源神器。DSC 服务支持明暗两种水印，明水印视觉上可以看见，具有威慑性；暗水印视觉上看不见，在传输和使用过程中不易被磨灭掉。数据水印广泛适用于政府、医疗、金融、科研等行业，是版权保护、追踪溯源的神器。除此之外，DSC 服务还提供数据使用的风险检测和审计，基于深度行为识别技术，建立用户行为基线，识别用户异常行为，保护数据不会发生泄露、被篡改、滥用等。一旦监测到用户异常行为，以智能化的手段提供告警和风险检测。DSC 服务还有强大的"数据保护同盟军"，全方位无死角保护数据资产，为客户业务发展保驾护航。

华为云秉持"数据中立，责任共担"原则和"数据为客户所有，为客户所用，为客户创造价值"的理念，在客户"数据上云安全可靠""客户云上数据安全自主可控""云上数据操作透明可视"三个层面构建华为云数据安全体系，通过 DSC 服务，帮助客户按照其重要数据目录自定义数据扫描规则、有效识别重要数据，满足相关法律法规对于数据分类分级保护的合规要求，支撑客户充分发挥数据价值的同时，构筑云上安全可控的数据安全防护能力。

华为云通过责任共担原则，明晰华为云与客户之间的责任界面和各自所承担的责任。即客户是其数据的主体，客户应依据自身业务发展的需要及面临的数据安全风险，制定数据保护策略，并采取适当的措施，保障云上数据安全；华为云负责为客户提供安全、合规的云基础设施、平台及服务，确保客户可以在一个安全的环境中存储和处理其云上的数据，并为客户提供丰富的数据保护技术和能力，支撑客户更好地构建其云上的安全能力，确保数据的安全合规。

华为云数据安全中心 DSC 核心优势如图 5-2-24 所示。

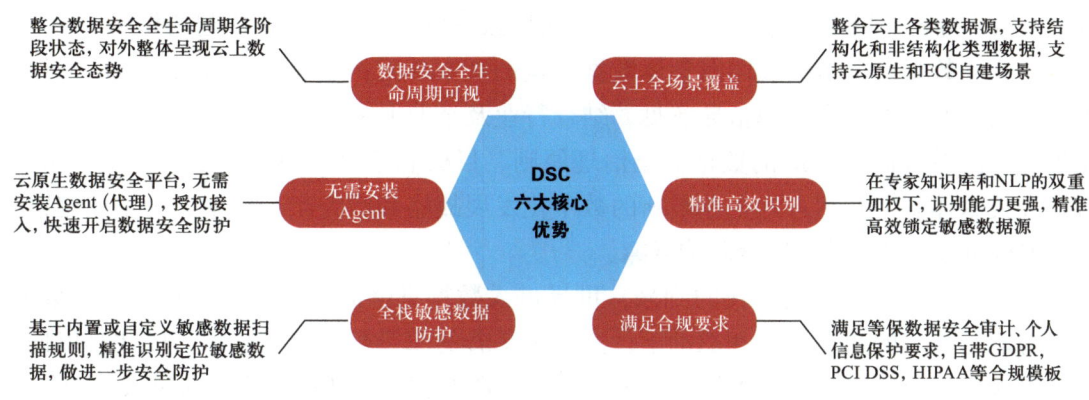

图 5-2-24　华为云数据安全中心 DSC 核心优势
引自文献：华为云，2023

数据安全解决方案产品部署如图 5-2-25 所示。

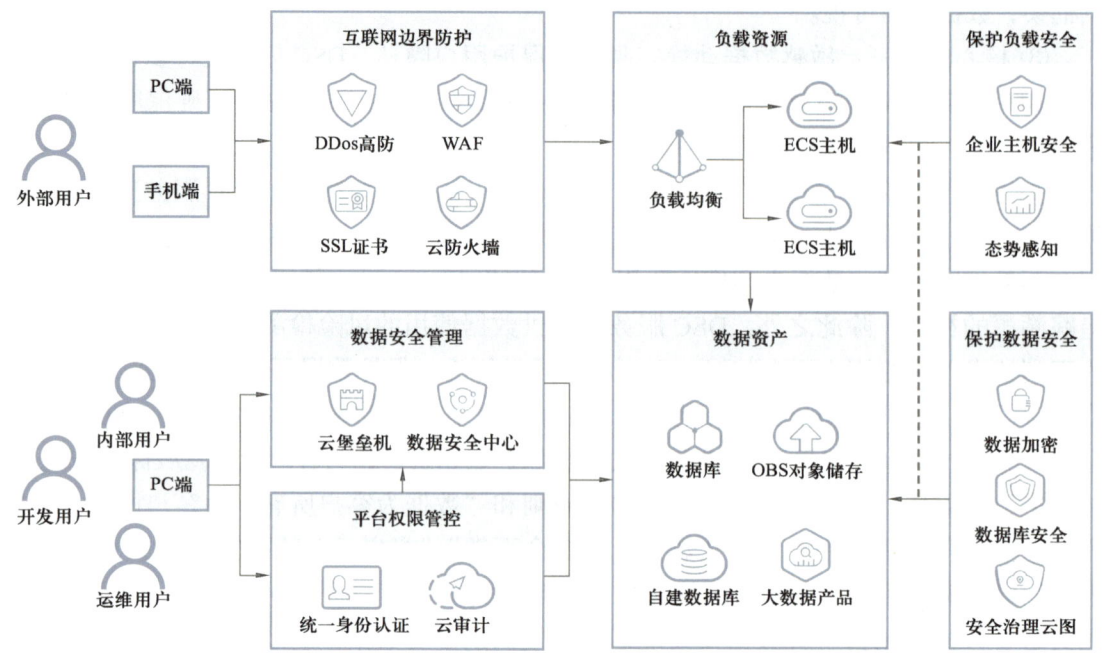

图 5-2-25　华为云数据安全解决方案产品部署
引自文献：华为云，2024a

第三节　面向数据湖仓的数据安全体系建设

《中华人民共和国数据安全法》及其配套法律法规的陆续出台（News 快报，2024；极盾科技，2024），体现了国家对整体数据安全观，以及数字文化、数字经济发展观的加强。随后发布的《关于构建数据基础制度更好发挥数据要素作用的意见》则进一步明确了数据作为新型生产要素和数据安全等基础制度体系建设对激活数据要素潜能、做强做优做大数字经济、增强经济发展新动能、构筑国家竞争新优势等方面应起的作用。

企业的数据安全是构成国家整体数据安全的基本单元，须在国家数据安全法的框架下，遵循行业数据安全治理指导意见，结合行业及企业业务和数据特点，制定企业业务发展和风险管控融合互助的数据安全治理原则、目标和策略，建立配套的组织、制度、流程和技术体系，并纳入到企业最新的数字化发展战略和数智架构之中，为企业健康有序发展构筑起稳健的数据安全防护屏障。

随着数字化、智能化时代的到来，世界进入数据觉醒时代，意味着在基于大数据、人工智能等技术的快速发展和驱动下，企业沉睡着的海量数据将被唤醒，以往难以使用的数据被识别并被转化为可用的数据生产要素、数据资源和数据资产，通过人工智能 AI 大模型等新兴智能技术应用，助力数据价值的无限释放。业务数据化与数据要素化、资源化、资产化、服务化和价值化，共同推动了数据业务化与业务智能化的发展，在该过程中，数据湖仓与数据共享、数据安全与隐私保护成为企业数字化发展战略中的重要基础和优先事项。

数据安全体系的最新发展表明（数篷科技，2024；砍柴网，2020），随着行业数智创新和企业数据安全需求的爆发，数据安全生态创新建设加速。跨境数据流通、数据隐私、数据产权保护等合规监管逐渐加强。AI技术在数据安全风险识别和数据安全防护方面的应用正在深化。云计算平台、服务中台（能力中心）、云原生等技术不断成熟，为数据安全技术能力的平台化、模块化、智能化、服务化建设和场景化应用创造了条件，也为构建"云—边—端"全场景一体化数据安全体系奠定了基础。

一、企业数据安全体系建设基础与发展趋势

工业互联网体系架构（版本2.0）的发布，更准确地定义了工业互联网的层次架构、功能划分和接口关系，为产业界提供了科学、清晰和可操作的指南，对推动产业各界认识统一和开展工业互联网实践提供了参照和依据。同时，基于工业互联网平台架构，企业的数智能力向平台化、生态化方向加速演进（图5-3-1），推动企业业务"云—边—端"一体化协同，实现全场景业务互联、全要素数据管理与应用，进而促进了数智技术平台化和数智能力的生态化发展和零信任安全防护体系的建设。

图5-3-1 企业数智化能力的平台化、生态化发展趋势

面对数据的爆炸式增长、复杂的应用环境、多态多类型的数据资产和数据合规、数据泄露等安全风险问题，亚信安全数据安全运营平台DSOP（亚信安全，2024）通过引入AI技术（图5-3-2），对多元异构数据进行自动化的数据资产梳理和实时监测，使企业能够清晰掌握数据资产的分布和状态，帮助企业实现数据资产的清晰梳理和高效管理，同时利用AI告警降噪能力，可大幅度提升对安全事件的精准研判能力，有效预防数据泄露和滥用，保障业务的连续性和数据的完整性。

基于数据湖仓的数据生态体系构建方法
——以油气上游业务为例

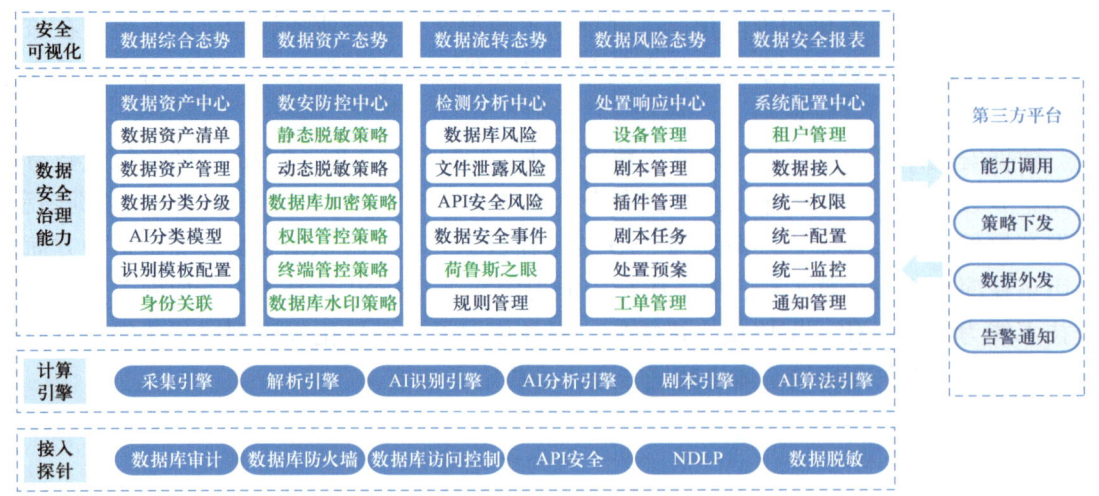

图 5-3-2　企业数据安全能力的智能化发展趋势
引自文献：亚信安全，2024

利用 AI 技术，在资产梳理中能够自动识别和分类企业的多类型数据资产，为企业提供清晰的数据资产清单和视图，帮助企业更好地管理和保护其宝贵的数据资源；在数据接入中支持多元异构数据采集，轻松接入各种安全设备及其应用日志数据，实现数据的统一管理和分析，打破数据孤岛，提供全面的数据视角；在分析研判上利用 AI 技术和关联分析引擎，对收集到的数据进行深入分析，快速识别潜在的安全威胁和异常行为，为企业提供精确的安全告警和风险评估；在事件响应处置方面具备智能的事件响应能力，与多种安全防护设备联动，自动化执行安全策略，从而有效降低安全事件的影响；在安全可视化方面实现了多维度的安全态势动态展示，帮助企业快速把握安全动态，做出明智的决策；在多租户管理中支持多租户模式，为不同部门或分支机构提供独立的数据视图和安全管理，确保数据资源的高效利用和数据的隔离保护。

二、基于云计算平台的数据安全体系建设思想

随着云计算平台技术体系的成熟，企业 IT 或数字化架构全面转向云架构，数据安全不再是孤立的技术领域，须基于云计算和开放的网络基础环境，构建新一代的数据安全架构，为企业业务提供安全、稳定且高效的运行环境，并像云计算环境下的基础设施即服务（IaaS）、平台即服务（PaaS）、数据即服务（DaaS）、软件即服务（SaaS）等一样，提供数据安全即服务（DSaaS——Data Security as a Service）的能力，促进数据安全的普惠服务，将数据安全打造成为数字新基建的重要组成部分。

云平台作为一种能够将硬件（如网络、存储、算力）、软件（操作系统、数据库系统、管理系统、服务系统、应用系统、开发环境）和数据（人财物数据、产供销数据、经营管理数据、专业技术数据）等各类计算资源进行云化集成，并基于互联网技术提供统一使用和服务交付的模式，可为用户提供按需使用和管理计算资源的能力，从而大大

提升计算资源利用率和共享效率，降低企业建设成本，增强企业数字化建设支撑保障能力。

云计算环境下的数据安全体系建设遵循立体防护思想（图5-3-3和图5-3-4），以数据、系统、网络及云计算环境等整体安全为目标，构建"组织管理—技术措施—制度标准"即"人防—技防—体防"和"检测—防范—控制"相融合的立体防护体系，形成企业信息安全整体解决方案。

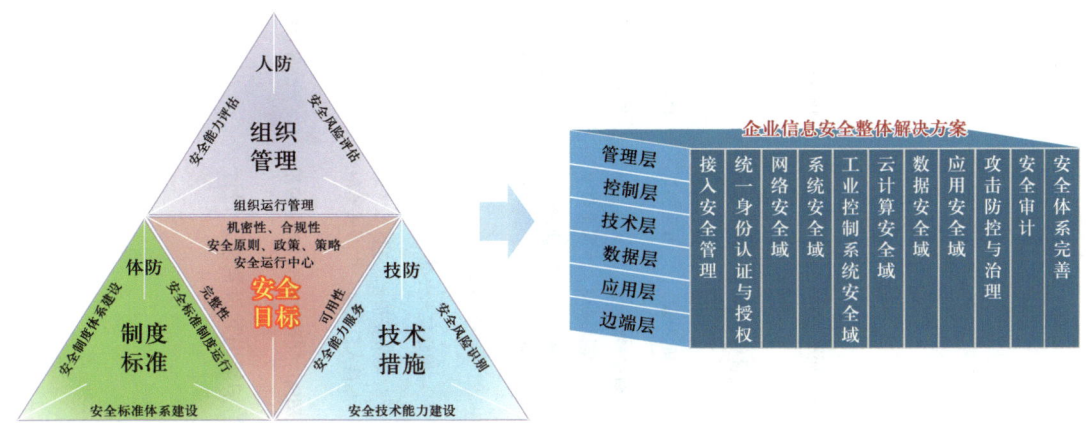

图5-3-3　"人防—技防—体防"三位一体的数据安全保障体系与信息安全整体解决方案

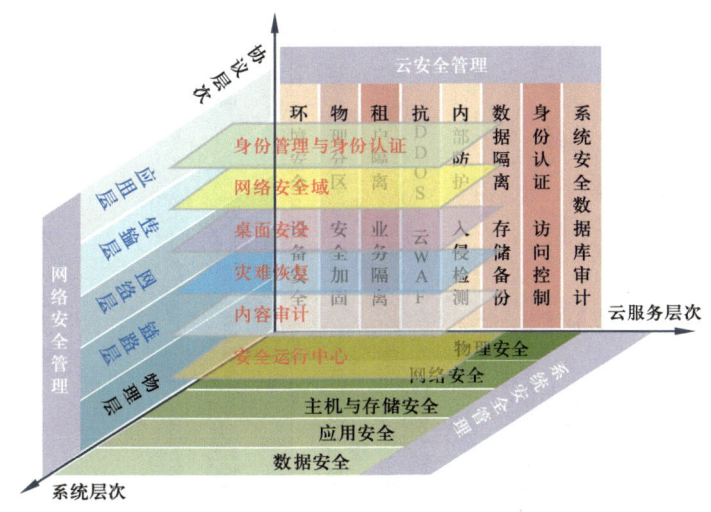

图5-3-4　云计算环境下的立体防护思想

三、面向油气工业互联网平台的分层安全能力建设与设计

面向油气工业互联网平台的安全体系建设，应针对该平台的分层架构特征，采用面向内容的安全功能或能力设计，保障工业互联网平台的整体安全，其能力建设需求及设计如图5-3-5所示。油气工业互联网平台分层安全防护的重点包括但不限于：

基于数据湖仓的数据生态体系构建方法
——以油气上游业务为例

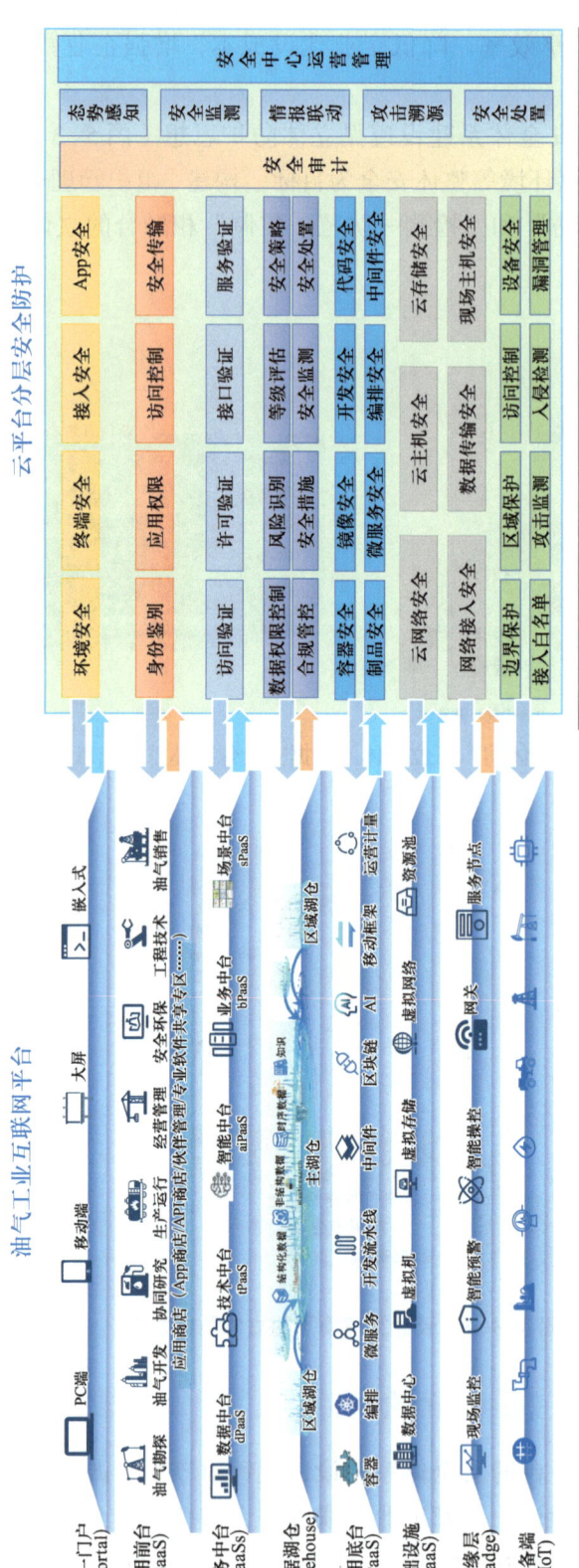

图 5-3-5 油气工业互联网平台分层安全防护能力建设需求及设计

（1）统一门户（Portal），即用户接入层，应首先保证接入点所处环境的安全，其次是接入终端设备的安全、接入方式的安全和App使用人身份的安全等。通常情况下，门户系统会通过企业统一IAM系统对用户身份进行认证，然后结合对用户的管理授权和用户自主定制功能，确定其访问桌面的内容（业务、功能、链接、通知、待办及可用操作等）组成，支持千人千面的应用模式。同时，门户的集成能力也可应用于安全防护体系门户建设。

（2）应用前台（SaaS），即面向业务模块的Apps应用产品，只有经过门户发布的App产品才能根据用户身份授权使用；用户已获授权的应用，通过进一步用户身份鉴别获知用户可操控的二级功能及数据的应用权限，以实施精准的访问控制和数据安全传输。同时，对业务模块Apps的应用和安全监控情况可返回给安全中心进行集中汇总、监测和分析。

（3）服务中台（PaaSs），是为应用前台业务模块App提供基本能力支撑的功能组件或软件制品的分类服务中心，包括但不限于数据中台、技术中台、智能中台、业务中台以及场景中台等，通常是以分类服务中心中注册的可装配的微服务组件形式存在，其安全防护通常包括可访问验证、使用许可验证、接口规则验证及服务验证等。同时，服务中台中的技术能力也可用于安全中心的能力建设。

（4）数据湖仓（Lakehouse），包括主湖仓和区域湖仓，其安全防护包括但不限于：数据CRUD权限控制、数据风险识别、数据分类分级与安全风险评估、适用的数据安全策略、合规性管理与控制、数据安全措施（加密、水印、脱敏等）、数据安全监测（风险感知与监测）及对安全风险的处置等。同时，对数据湖仓的安全防护与监测情况可返回给安全中心进行汇总、分析和处置。

（5）通用底台（PaaS），是实现数智能力云化应用服务的基础，包括容器、流程编排、微服务架构、中间件、区块链与AI应用框架、移动应用框架及云原生开发流水线等，其安全防护包括但不限于：容器安全、镜像安全、微服务安全、编排安全、中间件安全，以及开发安全、代码安全、制品（即软件开发成果）安全等。其中，对集成的第三方产品，可通过使用前对其进行安全检测，使用中针对为其配置的安全基线进行监测等措施，保障其使用的安全性。同时，通用底台中的服务能力也可用于安全中心的云化建设，安全风险监测信息可反馈给安全中心进行汇总、分析和处置。

（6）基础设施（IaaS），是实现云计算的基本环境，包括算力、存储和网络等资源及实现资源云化的技术措施，其安全防护主要分为云网络、云主机和云存储三个方面。同时，基础设施云服务可为安全中心的运行环境提供资源服务。

（7）边缘层（Edge），是面向生产单元的现场运行管控环境，包括网关、服务节点接入与配置、生产现场监控、智能预警、智能操控、运行管理等，其安全防护的重点包括网络接入安全、数据传输安全和现场主机安全等。同时，边缘层安全状态可返回给安全中心进行汇总、分析和预警。

（8）设备端（IoT），是面向基本生产单元的设备设施及其物联网络环境，其安全防护的措施包括网络边界与区域防护、访问控制、设备安全、可接入白名单、攻击监测、入侵检测、安全漏洞管理等。

四、面向数据湖仓的数据安全能力体系设计与建设

数据湖仓作为油气工业互联网平台中极为重要的数据基础设施，承载着企业整个核心数据资产的汇聚、管理与服务的功能，其安全能力建设除要符合整个油气工业互联网平台的整体安全要求外，还应结合企业数据资产的重要性和安全风险等级，采用针对性的安全防护措施和技术手段。

基于油气工业互联网平台（同时也为云计算平台）分层安全防护的总体设计，面向数据湖仓的数据安全能力建设以企业数据生命周期安全为中心，采用灵活、稳健、快捷的微服务架构，与油气工业互联网平台保持统一、协调和相融的技术体系，构建企业数据安全服务保障能力，其架构与功能设计如图5-3-6所示。

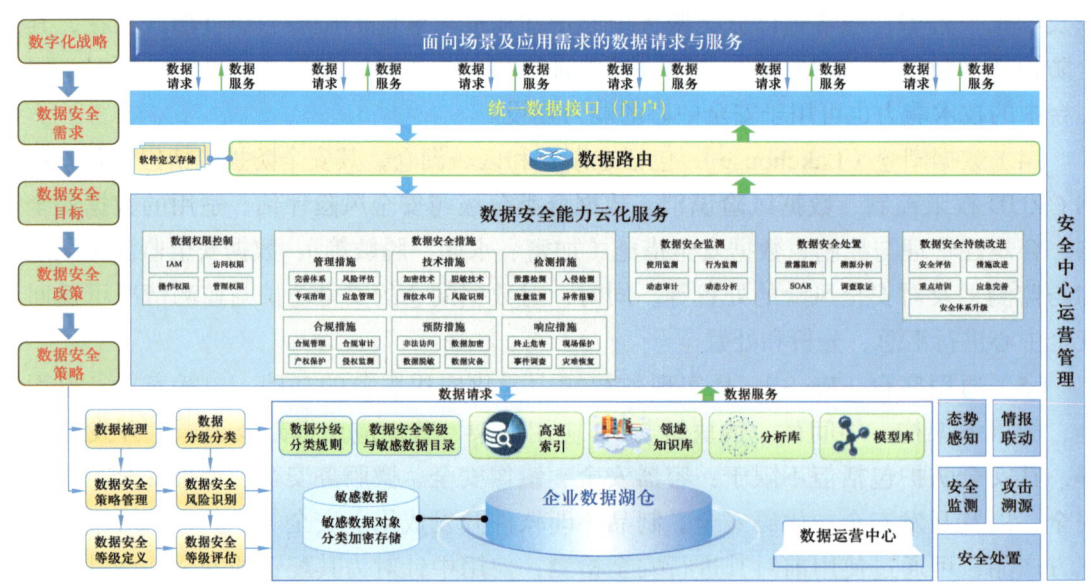

图5-3-6 面向数据湖仓的数据安全能力建设与服务模式

其中的数据安全能力云化服务建设，通过采用微服务架构，一方面可实现快速上云，另一方面通过微服务方式对外提供灵活应用服务和安全能力（功能）的灵活扩展。

五、基于场景的数据安全能力应用设计示例

在GB/T 37988—2019《信息安全技术 数据安全能力成熟度模型》中，将数据安全能力成熟度模型DSMM或DSCMM（Data Security Capability Maturity Model）划分为安全能力、能力成熟度等级和数据过程安全（PA：Process Area）三个维度，DSMM架构如图5-3-7所示。

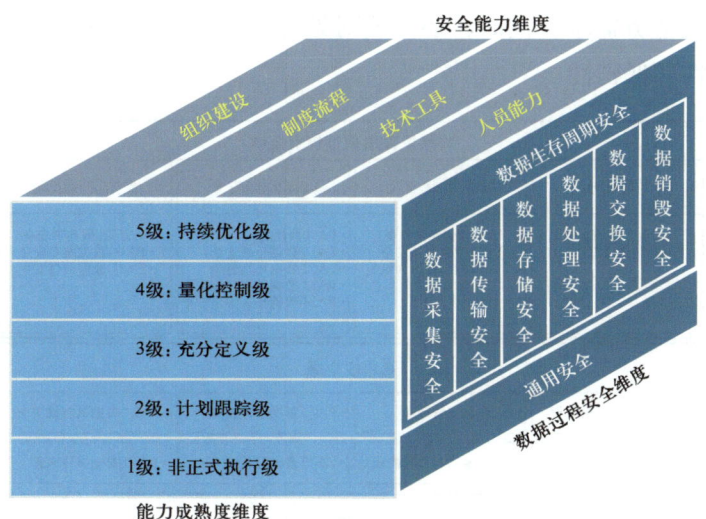

图 5-3-7 DSMM 数据安全能力成熟度模型架构
引自文献：GB/T 37988—2019

其中：

（1）安全能力方面，明确了组织在数据安全领域应具备的能力，包括组织建设、制度流程、技术工具和人员能力。

（2）能力成熟度等级方面，将数据安全能力成熟度划分为五个等级：

1 级——非正式执行级；

2 级——计划跟踪级；

3 级——充分定义级；

4 级——量化控制级；

5 级——持续优化级。

（3）数据过程安全方面，包括数据生存周期安全和通用安全，如图 5-3-8 所示。数据生存周期安全包括：数据采集安全、数据传输安全、数据存储安全、数据处理安全、数据交换安全、数据销毁安全 6 个阶段，具体内容定义为：

① 数据采集安全：在数据采集阶段，组织（企业）需要明确数据采集的目的、范围和方式，并建立相应的数据采集机制。同时，还需要对采集的数据进行分类分级标识和存储，确保数据的完整性和准确性。

② 数据传输安全：在数据传输阶段，组织（企业）需要采取加密传输等安全措施，确保数据在传输过程中的安全性和保密性。

③ 数据存储安全：在数据存储阶段，组织（企业）需要建立完善的数据存储机制，包括数据的备份、恢复和迁移等。同时，还需要对存储的数据分类分级进行标识和访问控制，确保数据的安全性和保密性。

④ 数据处理安全：在数据处理阶段，组织（企业）需要对数据进行清洗、整合和分

析等操作，以满足业务需求。同时，还需要对处理的数据进行分类分级标识和访问控制，确保数据的安全性和保密性。

数据生存周期过程安全域					
数据采集安全	数据传输安全	数据存储安全	数据处理安全	数据交换安全	数据销毁安全
• PA01 数据分类分级 • PA02 数据采集安全管理 • PA03 数据源鉴别及记录 • PA04 数据质量管理	• PA05 数据传输加密 • PA06 网络可用性管理	• PA07 存储媒体安全 • PA08 逻辑存储安全 • PA09 数据备份和恢复	• PA10 数据脱敏 • PA11 数据分析安全 • PA12 数据正当使用 • PA13 数据处理环境安全 • PA14 数据导入导出安全	• PA15 数据共享安全 • PA16 数据发布安全 • PA17 数据接口安全	• PA18 数据销毁处置 • PA19 存储媒体销毁处置

通用安全域					
• PA20 数据安全策略规划	• PA21 组织与人员管理	• PA23 合规管理	• PA23 数据资产管理	• PA24 数据供应链安全	• PA25 元数据管理
• PA26 终端数据安全	• PA27 监控与审计	• PA28 鉴别与访问控制	• PA29 需求分析	• PA30 安全事件应急	

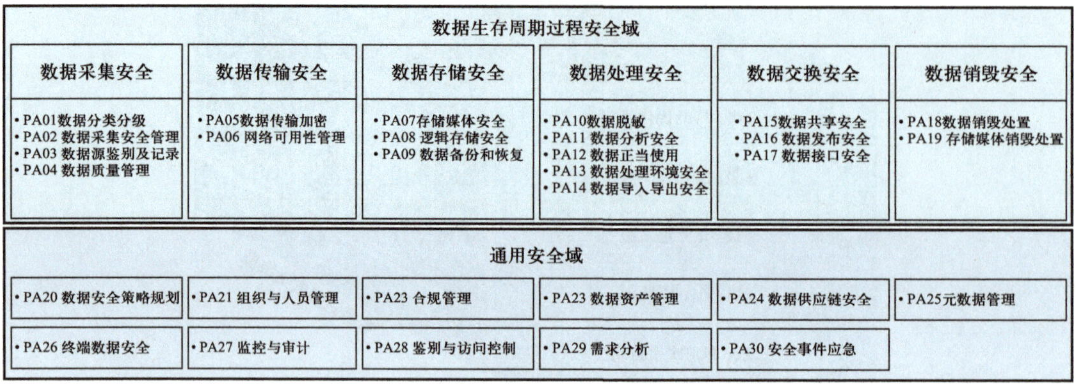

图 5-3-8　DSMM 数据过程安全域 PA 体系
引自文献：GB/T 37988—2019

⑤ 数据交换安全：在数据交换阶段，组织（企业）需要建立完善的数据交换机制，包括数据的共享、交换和合作等。同时，还需要对交换的数据进行分类、标识和访问控制，确保数据的安全性和保密性。

⑥ 数据销毁安全：在数据销毁阶段，组织（企业）需要对不再需要的数据进行销毁操作，确保数据的彻底删除和不可恢复。

在整个数据生存周期中，组织（企业）需要建立相应的安全管理制度和流程，包括数据的分类、分级、标识、存储、访问控制等，以确保数据的安全性和保密性。同时，还需要加强人员培训和技术支持，提高相关人员的安全意识和技能水平。

DSMM 模型给出了数据生存周期各过程中安全管控参考内容，为确保数据的安全性和可靠性提供实践指导。

下面以数据采集、传输和使用三个阶段的数据安全能力应用场景设计语境为例进行说明。其中的数据使用阶段包含了 DSMM 模型中的数据处理和数据交换部分内容，类似地，其他阶段的安全能力应用场景可参照这三个阶段的示例及业务实际需求进行设计。

1. 数据采集阶段的数据安全能力应用场景设计

数据采集阶段的数据安全设计，以全量数据分类分级为主要目标，以数据安全风险识别和安全等级评估为辅助，实现对数据对象分类分级、安全风险、安全等级信息的完善和充实。其数据安全能力应用场景设计语境如图 5-3-9 所示。

其中：

该阶段的关键任务是：首先需要合规获取数据，然后根据数据分类分级规则对获取的数据进行分类分级，再根据数据安全风险分类，识别可能的数据安全风险，并根据数据安全等级定义评估数据安全等级，最后将上述信息充实到数据分类分级目录并完善数据安全风险标识和数据安全等级信息。

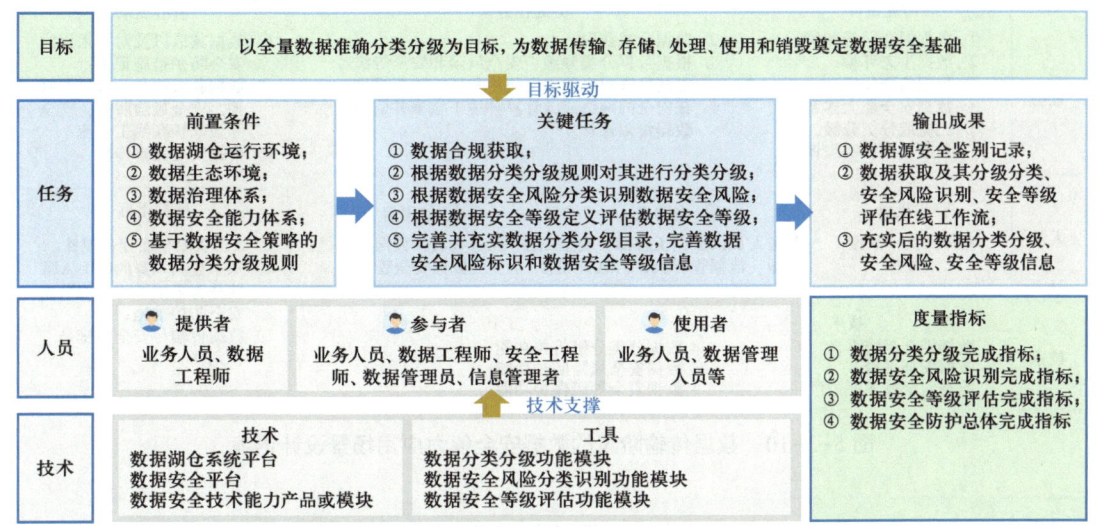

图 5-3-9 数据采集阶段的数据安全能力应用场景设计语境

该阶段的前置条件包括：已具备数据湖仓运行环境，初步的数据生态环境，清晰的数据治理体系，已建的数据安全能力体系和基于数据安全策略的数据分类分级规则等。

该阶段的输出成果包括：数据源安全鉴别记录；数据获取及其分类分级、安全风险识别、安全等级评估在线工作流；完善并充实了分类分级、安全风险、安全等级信息的完整数据集。其中的数据源安全鉴别记录应包括：数据源、数据对象、数据分类、数据分级、安全风险、安全等级等内容。

该阶段度量评价指标包括：数据分类分级完成指标，数据安全风险识别完成指标，数据安全等级评估完成指标以及数据安全防护总体完成指标等。

2. 数据传输阶段的数据安全能力应用场景设计

数据传输阶段的数据安全设计，以数据对象分类分级、风险识别和安全等级评估为基础，以数据对象（或数据集）及其安全信息的安全完整传输为主要目标，对数据对象实施对应的安全防护（如数据加密、数据脱敏等）和风险防范措施（如身份认证、访问授权、过程监测、异常预警等），为数据存储、数据处理和数据使用奠定数据安全基础。其数据安全能力应用场景设计语境如图 5-3-10 所示。

3. 数据使用阶段的数据安全能力应用场景设计

数据使用阶段的数据安全设计，以数据对象分类分级、风险识别和安全等级评估为基础，以数据对象的安全防护和风险防范为前提，以数据对象（或数据集）安全使用为主要目标，根据数据使用场景及环境，将数据对象安全下载或传输或推送到用户预先定义的数据使用区域。其数据安全能力应用场景设计语境如图 5-3-11 所示。

基于数据湖仓的数据生态体系构建方法
——以油气上游业务为例

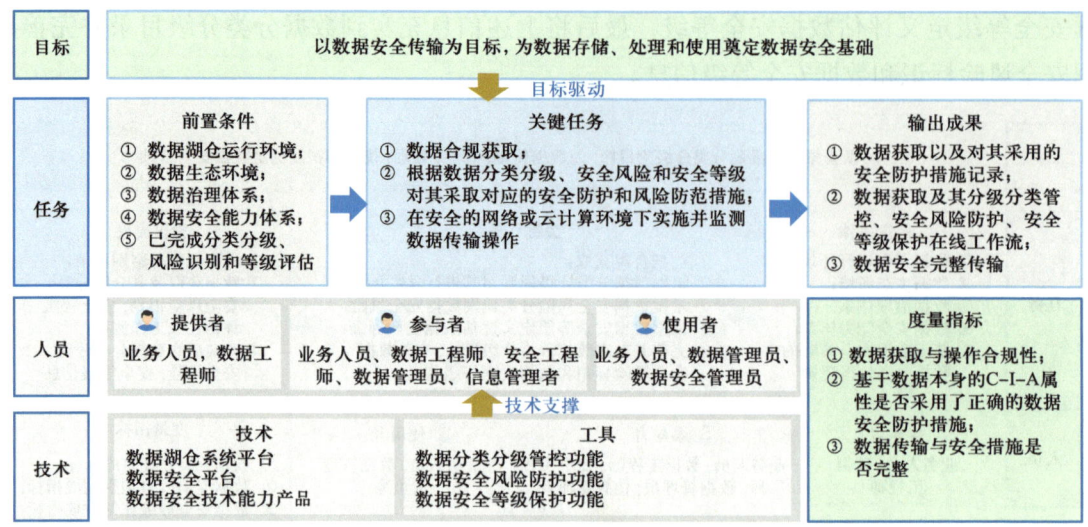

图 5-3-10　数据传输阶段的数据安全能力应用场景设计语境

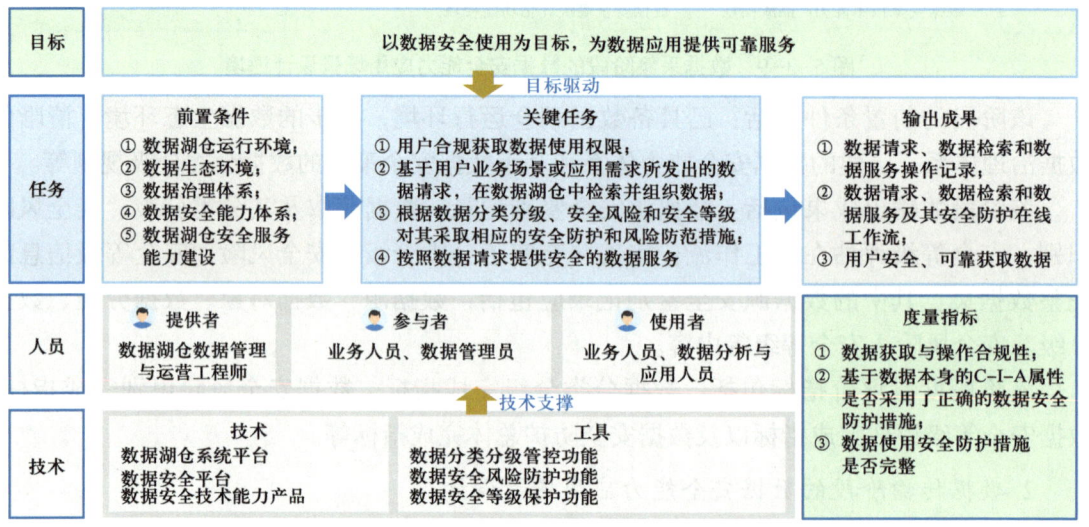

图 5-3-11　数据使用阶段的数据安全能力应用场景设计语境

第六章 数据湖仓技术应用展望

"湖仓一体"概念自 Databricks 公司于 2020 年提出以来得到了快速发展,"湖仓一体"理念一方面使企业在面对数据管理与业务决策需求时,摆脱了在数据湖和数据仓库之间二选一时的选择困境,另一方面,"湖仓一体"的融合优势确实可以帮助企业解决"鱼和熊掌"兼得的问题。

据中国信通院刘渊在 2021 年大数据前沿技术及产业论坛上所作的《探索大数据产品融合演进之路》报告,在数字化驱动下,"湖仓一体"或将成为大数据技术发展的下一个跳跃式发展,而支撑这一技术架构的基础将是如何更好地将数据湖和数据仓库的能力相结合,形成完善的数据存储及高性能的联机处理能力,以便更好地助力企业降低成本、提升运营效率、丰富业务模式,从而释放全量数据的价值,提升数据处理的"能效"和"人效"。

总体来说,数据湖仓是"湖仓一体"理念的实践产物,其本质是融合了数据湖和数据仓库两者技术优势的数据管理系统及技术架构体系。数据湖仓将数据湖的语义灵活性与数据仓库的生产优化及高性能交付能力相结合,让数据和计算可以在"湖"与"仓"之间自由流动,成为数据驱动决策和业务洞察的重要支撑工具,为客户提供更加高效、灵活、低成本的存储与计算解决方案。基于数据湖仓,支持从原始数据采集、传输、存储到数据加工的整个过程。因此,从企业数字化和智能化产业链视角,数据湖仓又是一个开展数智化创新活动的数据基础设施。

数据湖强大的数据存储管理与服务能力主要包括:集中存储企业所有原始数据、确保数据的一致性、提供数据安全性保障、支持企业按需扩展、提供数据高可用性、支持多种数据分析方式、支持灵活部署、支持数据备份和恢复功能、具有成本效益优势、支持智能化应用场景等;数据仓库强大的数据分析与可视化能力主要体现为:高效的数据存储和管理、强大的数据分析能力与实时性、集中式存储、数据处理速度、数据安全性、数据可扩展性、数据分析能力和数据可视化。数据湖和数据仓库两者优势的叠加,为数据湖仓的发展奠定了强劲的动力。

数据湖仓作为新一代数据存储与数据分析的技术,一方面在技术上展现出"数据融合""存算分离""流批一体"的发展趋势;另一方面,在对外应用上呈现出"存—算"一体化的服务能力。在数据汇聚、数据融合、数据整合、数据多元化存储、数据分析与处理、数据治理等方面展现了强大的包容能力,在面向复杂应用场景和数据科学、业务决策等方面表现出强大的支撑能力,为企业数据生产资料的管理提供了解决方案,为企业数智生产力的发展提供了创新发展环境，使之成为企业数字化与智能化转型发展中核心的数字化基础设施。

基于数据湖仓的数据治理体系、质量管理体系及面向数据湖仓的安全体系建设，为基于数据湖仓的数据生态体系建设保驾护航，为构建面向未来的数智化创新生态提供了健康可持续的发展环境。

然而，数据湖仓作为一项数据智能领域的前沿技术，有着较高的技术门槛。对企业来说，需要具有较强的数据资源建设和数据治理能力基础；对数据湖仓产品与服务提供商来说，要想进入到湖仓一体赛道，需要具备一定的数据智能架构与技术能力的积累。面对全球数字经济发展背景下的企业数智化转型大潮，对数据湖仓及整个基础软件的需求增长强劲，一方面使企业更加重视数据平台的建设，另一方面也为国产化基础软件带来千载难逢的发展机遇。

第一节　数据湖仓技术发展趋势

随着企业数据量的成倍增长和各种数智新技术运用的逐步深入，使得人们对通过运用 AI 等数智新技术获取更大数据价值的期待更加迫切。2021 年，Lakehouse（"数据湖仓"或"湖仓一体"）作为新兴的数据平台技术，首次被 Gartner 列入数据管理技术成熟度曲线（Hype Cycle for Data Management）中，尽管"湖仓一体"概念出现的时间较晚，但却保持了快速增长的态势。

基于湖仓一体融合优势所形成的一体化开放式数据处理平台技术，可使得数据处理平台底层支持多数据类型统一存储，实现数据在数据湖、数据仓库之间无缝调度和管理，并为上层提供统一的接口进行查询、访问和分析。通过引入数据仓库治理能力，既可以很好地解决数据湖建设中存在的数据治理难题，也能更好地挖掘数据湖中的数据价值，将灵活建湖和高效建仓两大优势融合在一起，提升了数据管理效率和灵活性（CCSA TC601，2023b）。

据《数据湖趋势展望：未来几年的发展方向与技术革新》（数栈君，2024）的预测，在未来几年，数据湖将会继续成为企业数据管理的重要工具，并在云计算与数据湖的融合、多样化的数据源接入、实时数据分析与流处理、智能化的数据湖管理和安全与隐私保护等方面不断发生技术革新和演进。从数据湖仓的技术演进情况来看，这些对数据湖的预测也符合数据湖仓的技术发展趋势。

一、Gartner 对数据管理未来的预测

早在 2019 年 5 月的 Gartner CIO 峰会上，Gartner 高级研究总监 Melody Chien 就提出了"数据管理的未来：现在所做的一切将会很快得到改变"的预测（Melody Chien，2019），认为对于多数企业而言，数据分析与管理已成为其业务战略的重要驱动力，数据

分析与管理领导者正在通过挖掘数据价值来驱动数字化转型、创造盈利机会、改善客户体验和重塑行业格局。随着"云—边—端"之间的界限逐渐消失,认为数据管理的未来将是分布式(Distributed)的,即数据管理行为须随数据所在的位置进行;其次,数据管理将是无服务器(Serverless)的,即未来将没有一个明确的集中式服务器;第三是协调(Orchestrated)管理,即将在不同的地点和设备上产生的数据进行协调管理;第四是元数据(Metadata),元数据将是未来数据管理中非常重要的元素,即无论数据分散在何处,均能通过元数据把它们协调在一起。

此外,数据管理的未来发展趋势将在架构、技术及组织三个维度上更替、转变和进化。

首先是架构的转移(Architecture Shifts),包括:(1)基于云平台的数据存储,即数据湖(Date Lake)在云端运行,以及诸如此类的高端技术的云化运行;(2)数据目录(Data Catalogs)技术将被广泛使用,不仅用于帮助企业了解数据的定义和来源,未来还可以帮助企业了解数据的特性、使用者及使用场景等;(3)在数据管理和集成上将由重"收集(Collect)"轻"连接(Connect)"转化为重"连接"轻"收集",也即在未来增强的数据管理环境中,可通过 AI 技术的应用,自动发掘数据,自主识别数据和认定数据的价值,自动采用适合数据保护要求的安全措施,分享和优化数据等;(4)未来的数据治理将是集中式、分布式、随机式多态共存;(5)元数据是未来数据管理的关键,即元数据是连通无服务器进程(Serverless Processes)和物理合并(Physical Consolidation)的关键桥梁。

其次是技术的变化(Technology Changes),包括:(1)人工智能让数据管理软件的运行更加流畅,帮助企业扩展和增强数据的分析、清理、连接、识别、语义协调和重组能力以提高数据质量(Data Quality),帮助企业配置和优化主数据,简化数据集成(Data Integration)的流程,使数据库从存储、索引、分区到调整、优化、修补等一系列烦琐的人工流程变得自动化;(2)动态元数据创造"自我驱动型"数据管理,即利用动态元数据与机器学习技术相结合,帮助企业将不同的数据进行关联并做推荐,驱动数据管理完成更多的性能分析等工作;(3)平衡开源软件收益与风险,采用开源技术,企业可以降低总拥有成本(TCO),支持研发创新并保持灵活性,但无法通过开源软件(OSS)获得所有支持,此时可选用商业软件作为补充,企业需要平衡采用开源软件所带来的收益与风险。

最后是组织的进化(Organization Evolves),Gartner 预计数据科学家大约需要花费70%~80%的时间用于数据准备,若利用动态元数据完成连接、优化、自动化数据集成流程,企业将减少30%的数据交付时间和减少20%的IT专业人员需求。驱动组织进化的因素有:(1)调研显示,数据集成(Data Integration)前的数据准备(Data Preparation)及数据分析自动化被列为优先级最高的工作,意味着自动化数据分析工作即将来临;(2)随着数字化压力的不断升级,已超过了人类的能力和组织(企业)的经验,通过引入 AI 技术,开展机器学习领域的新兴创新,构建人机联合的数据集成流程,可大大降低人工集成的难度，使更多人能够参与执行数据集成工作，实现少花钱、多做事；（3）在以往的元数据管理上，企业做得更多的是基于元数据"语义"层面的建设；未来，在元数据"度量"层面的建设地位将得到提高，使元数据与数据管理架构更加紧密地贴合，从而有利于将以往类似数据集成的方式向自动数据挖掘和规划转化；（4）数据管理新角色不断涌现。据调研，2020 年前企业的数据管理职位，数量最多的依次是业务分析师 85%、数据库管理员 81%、数据分析师 62%、数据集成开发工程师 60%、数据建模工程师 52%、数据架构师 48%、数据集成架构师 46%、数据工程师 37%、数据管家 32% 和普通数据集成人员 3%；未来，职位需求量最多的依次是数据管家 39%、数据架构师 38%、数据集成架构师 35%、普通数据集成人员 33%、数据建模工程师 31%、数据分析师 27%、数据集成开发工程师 27%、数据工程师 25%、业务分析师 12% 和数据库管理员 10%，这种变化体现了企业为应对未来复杂的数据场景在组织方面做出的适应性调整。

数据管理发展的事实表明，上述预测均已发生或正在发生中。

二、Gartner 对 AI 发展背景下的人机关系研究

Gartner 研究发现，AI 改变了人和机器的关系（Mary Mesaglio，et al.，2023）。对于企业 CIO 来说，要主动塑造这一趋势的内在本质，引领企业高管团队设定企业的 AI 目标，制定 AI 就绪原则，并建立 AI 就绪安全，确保数据 AI 就绪。AI 对企业发展的冲击包括：

（1）AI 改变了人机关系，其中生成式 AI 造成的影响更甚，为每个企业带来了机遇，而风险也随之而来。如何发挥 AI 作用，对助力企业发展来说至关重要。

（2）技术层面的决策，特别是与 AI 有关的决策，往往会对道德、社会和财务产生影响。孤立看待这些影响会增加风险。

（3）高管团队，特别是企业 CEO，希望能在降低风险的同时，充分利用 AI 带来的各项优势。

AI 应用主要分为两种类型，即日常 AI 和颠覆性 AI，其中：

（1）日常 AI，面向团队和客户，帮用户提高效率，化繁为简，但无法创造长久的竞争优势。

（2）颠覆性 AI，可帮助用户创造新的核心能力、全新产品和服务，拥有巨大潜力，可创造竞争优势，但它的成本高昂且风险极大。

企业在决策使用 AI 时，需要设定 AI 目标，确定使用 AI 的具体范围，考虑是否需要使用颠覆性 AI，以及是否会面向客户使用等。为确保企业做到 AI 就绪，须提前做到以下三点：

（1）制定 AI 就绪原则：明确 AI 的使用方式和范围，为企业提供指引。

（2）确保数据 AI 就绪：保证企业数据符合道德规范并得到安全保护，是丰富、准确且无偏见的数据。

（3）建立 AI 就绪安全：比如制定各方认可的生成式 AI 公共使用的相关政策。

其中，无偏见的数据是指在数据收集、处理和分析过程中，不受个人或群体的主观意识影响，不带有任何形式的偏见，能够客观、真实地反映事物的本质和特征，确保数据的公正性和客观性，从而为决策提供可靠的依据。

上述研究观点表明，对每个将 AI 作为其未来发展动能的企业来说，设定 AI 目标、明确 AI 就绪原则、制定 AI 就绪安全政策并确保数据方面的 AI 就绪，既是企业开展 AI 应用的先决条件，也是在充分利用 AI 所带来的各种优势的同时降低 AI 使用风险的必要条件。

三、Gartner Hype Cycle 报告对数据管理发展的预测

1. 从 Gartner Hype Cycle 报告看湖仓一体技术的未来发展

在 Gartner 2021 年度发布的数据管理技术成熟度曲线（Hype Cycle for Data Management）中（图 6-1-1），湖仓一体（Lakehouse）与边缘数据管理（Edge Data Management）、云间数据管理（Intercloud Data Management）、主动元数据管理（Active Metadata Management）、数据与分析治理平台（D&A Governance Platforms）技术一起，首次进入数据管理技术成熟度模型，成为新兴的热点技术，受到业界关注。

基于对新兴技术应用迫切性的认知，Gartner 将边缘数据管理达到发展高峰的时间周期确定为 2～5 年，将云间数据管理、主动元数据管理和湖仓一体的时间周期确定为 5～10 年。

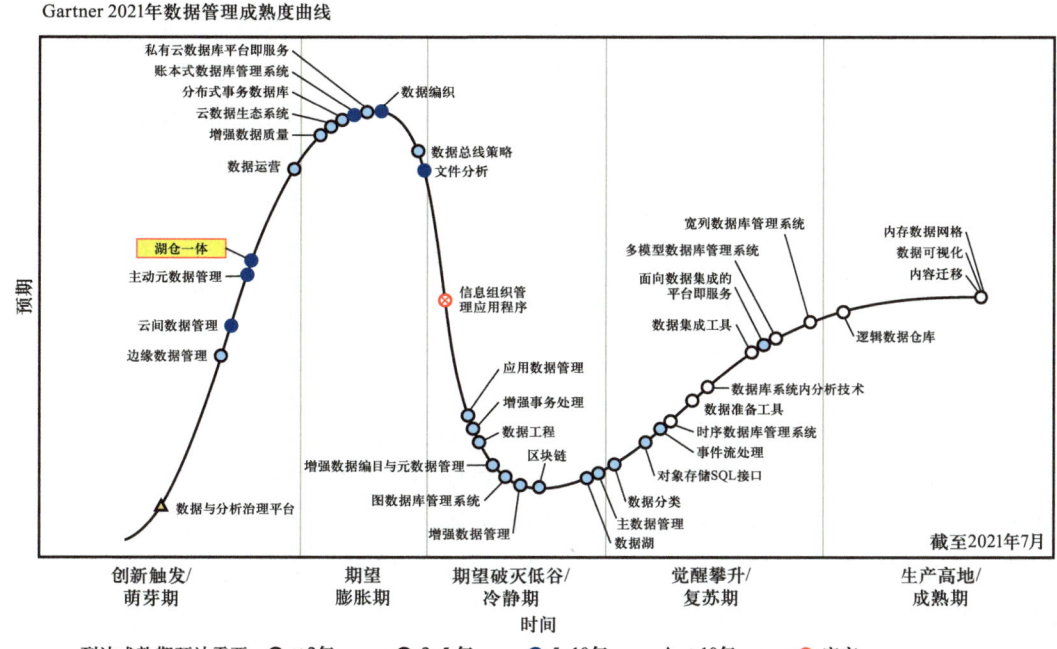

图 6-1-1　Gartner 2021 年数据管理技术成熟度曲线（参考 Gartner）

其中，Gartner Hype Cycle 把每项技术的发展分成五个阶段（或周期），第一个阶段是"创新触发期"又称"萌芽期"，预示着某项技术或某个事件的兴起，如一项新技术突破、某个初创产品发布等，开始引发人们的关注；第二个阶段称作"期望膨胀期"又称"快速发展期"，处于该阶段中的某项技术或产品使用量逐渐增加，已成为大多数人关注的焦点，或者已有众多企业对其予以投资期待；第三个阶段称作"幻灭谷底期"又称"冷静期"，当早期采用者报告性能问题和投资回报率未达预期时，这使得大家开始审慎行事，部分没有达到预期的技术开始走向衰亡之路；而一些经受住考验与验证的技术或产品，则进入到第四个阶段"复苏期"又称"爬升期"，这部分技术和产品得到业界验证和认可，形成了不少于5%的接纳率；这些被市场接纳的技术或产品则最终会走向第五个发展阶段，称之为"成熟稳定期"又称"生产高地期"，该阶段开始有足够好的产品出现或被广泛使用，形成规模化普惠商业价值。

可以看到，"湖仓一体"在2021年还是处于"萌芽期"的技术，这个阶段的数据湖仓所具备的能力还不足以全方位支持事务一致性，以及数据管理和数据分析业务需求，其复杂的架构设计、部署和维护能力也刚刚起步，已具有的能力及配套还不完善，数据质量、安全性、数据治理和性能等均有待提升（数栈君，2023）。

对比 Gartner 2021、2022、2023 和 2024 四个年度所发布的数据管理技术成熟度曲线（Hype Cycle for Data Management）（Gartner，2022；李俊，2023；Aaron Rosenbaum，2023/2024）可以发现，湖仓一体（Lakehouse）技术经过三年时间，就从第一个阶段（萌芽期）刚刚出现，经过第二阶段（期望膨胀期）的发展进入到第三阶段（冷静期）（图6-1-2），标志着湖仓一体技术的快速发展和成熟，对其技术成熟期的预期也从2021年的5~10年缩短为2023年的2~5年，再到2024年的两年以内。与之对应的是，全球各大云计算厂商纷纷推出自己的数据湖仓一体化产品，如 AWS（Amazon Web Services，即亚马逊云服务）推出其智能湖仓、Databricks 公司推出 Lakehouse Platform、阿里云推出 MaxCompute 湖仓一体、华为云推出 FusionInsight MRS、腾讯云推出其云原生的智能数据湖等。在湖仓一体的具体实践中，呈现出两种技术路径，即基于原有的数据湖与数据仓库范式，通过范围扩展，形成了"湖上建仓"与"仓外挂湖"两种实现路径。虽然"湖上建仓"和"仓外挂湖"出发点不同，但其最终的目标是一致的（CCSA TC601，2023b）。

"湖上建仓"是指基于云存储或对象存储的云数据湖架构，或者基于开源 Hadoop 生态体系，以 DeltaLake、Hudi、Iceberg 三大开源数据湖作为数据存储中间层，实现多源异构数据的统一存储，通过统一接口方式调用计算引擎，从而实现上下结构的湖仓一体架构，其本质是在数据湖的基础上增加数据仓库的能力。代表产品有：华为云 FusionInsight MRS、AWS 智能湖仓、Databricks Delta Lake 等。其中，开源 Hadoop 生态体系擅长海量数据离线批处理，在高并发数据集市、即席查询（Ad Hoc Queries，是用户根据自己的需求，灵活地选择查询条件的一种即兴查询方式）、事务一致性等方面存在先天的不足。

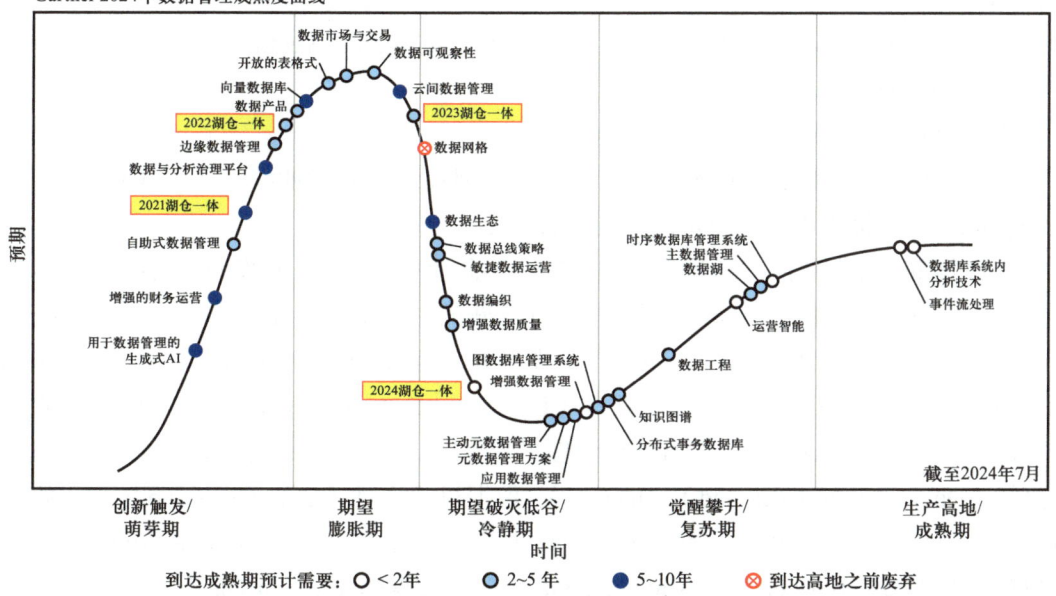

图 6-1-2　湖仓一体（Lakehouse）技术成熟度趋势（参考 Gartner）

"仓外挂湖"是指以 MPP（大规模并行处理）数据库为基础，使用可插拔架构，通过开放接口对接外部存储，实现统一存储。在存储底层共享一份数据，计算、存储完全分离，实现从强管理到兼容开放存储和多引擎，其本质是在仓的基础上增加湖的多类型存储等能力。代表产品有：Snowflake、AWS Redshift、阿里云 MaxCompute/Hologres 湖仓一体。其中，MPP 数据库技术体系是从关系型数据库演变而来，在事务一致性、联机分析处理等性能方面有较好的表现，但在分析场景方面存在较大的局限性，主要以结构化数据分析为主，无法支撑半结构化与非结构化的数据存储、实时计算、机器学习等场景。

2. 从 Gartner Hype Cycle 报告看数据管理技术的未来发展

（1）在 Gartner 2017—2024 年发布的数据管理技术成熟度曲线（Hype Cycle for Data Management）及报告中（韩锋频道，2020；Gartner，2022；李俊，2023；Aaron Rosenbaum，2023/DENODO，2023；Aaron Rosenbaum，2024）（摘自：Gartner Hype Cycle for Data Management，2017/2018/2019/2020/2021/2022/2023/2024），对首次出现的新词条（可能是一个新概念或新技术或新产品或新方案）统计：

2017 年：In-Process HTAP、SQL Interfaces to Cloud Object Stores；

2018 年：Private Cloud dbPaaS、DataOps；

2019 年：Machine Learning-Enabled Data Quality、Ledger DBMS；

2020 年：Augmented Data Quality；

2021 年：Lakehouse、Active Metadata Management、Intercloud Data Management、Edge Data Management、D&A Governance Platforms；

2022 年：Data Marketplaces and Exchanges、Data Observability、Data Mesh、

Augmented FinOps；

2023 年：Data Product、Self-Service Data Management、Vector Database、Generative AI for Data Management；

2024 年：没有新词条出现。

（2）在 Gartner 2021—2024 年发布的数据管理技术成熟度曲线（Hype Cycle for Data Management）及报告中，对技术演进的综合解读。

受数据量快速增长、新案例不断涌现、企业数字化转型发展和智能化技术快速演进等多方面的冲击，激发了数据管理领域的技术创新，出现了一批以湖仓一体（Lakehouse）为代表的新技术、新产品或解决方案，如：主动元数据管理（Active Metadata Management）、云间数据管理（Intercloud Data Management）、边缘数据管理（Edge Data Management）、数据与分析治理平台（D&A Governance Platforms）、数据市场与交易（Data Marketplaces and Exchanges）、数据可观察性（Data Observability）、数据网格（Data Mesh）、增强财务运营（Augmented FinOps）、数据产品（Data Product）、自助式数据管理（Self-Service Data Management）、向量数据库（Vector Database）与用于数据管理的生成式 AI（Generative AI for Data Management）出现在 2021—2023 年的数据管理技术成熟度曲线上。此外，也有 2021 年以前出现的多项技术或产品，包括：分布式事务型数据库（Distributed Transactional Database）、增强数据质量（Augmented Data Quality）、云间数据管理（Intercloud Data Management）等到达 2023 年度数据管理技术成熟度曲线中的"快速发展期"。而湖仓一体（Lakehouse）技术经过三年时间的发展，已从"快速发展期"进入到"技术冷静期"，并即将进入"复苏期"，表明该项技术或产品在得到进一步完善的同时，也得到了先期市场的认可。

而围绕未来数据架构的几种技术和学科，如：数据生态（Data Ecosystem）、数据运营（DataOps）、数据编织（Data Fabric）、主动元数据管理（Active Metadata Management），以及增强型数据目录/元数据管理（Augmented Data Catalog/Metadata Management）合并为元数据管理解决方案（Metadata Management Solutions）后，正在进入或通过 2024 年度数据管理技术成熟度曲线的低谷期，即将到达"复苏期"。而知识图谱（Knowledge Graph）、分布式事务型数据库（Distributed Transactional Database）、图数据库管理系统（Graph DBMS）、增强数据管理（Augmented Data Management），以及应用数据管理（Application Data Management）已经通过或即将通过"低谷期"。已处于"复苏期"的数据工程（Data Engineering）、运营智能（Operational Intelligence）、数据湖（Data Lake）、主数据管理（Master Data Management）和时序数据库管理系统（Time Series DBMS）在未来五年内将进入"生产高地"。

2023 年已抵达"生产高地"的对象存储的 SQL 查询接口（SQL Interfaces to Object Stores）技术发展迅速，它将标准 SQL 接口和便宜的对象存储/文件存储结合起来，使企业可以使用 SQL 对存储在对象存储或文件存储中的数据进行访问；宽列数据库管理系统

（Wide-Column DBMS）进入"生产高地"后进化为多模型数据库的一个特性，而逐渐消失；多模型数据库管理系统（Multimodel DBMS）因支持混合多模型存储、管理和应用，其所具备的多种能力优势，使其技术及产品得到了快速发展和成熟；2024 年数据库系统内分析技术（In-DBMS Analytics）与事件流处理（Event Stream Processing）技术已到达"生产高地"。

（3）在 Gartner 2019—2024 年发布的数据管理技术成熟度曲线（Hype Cycle for Data Management）重点词条解读。

2019—2024 年 Gartner 数据管理技术成熟度曲线中的一些新出现的理念、技术、产品或解决方案等，体现了数据管理专项技术的发展趋势，同时也可将其看作是湖仓一体生态体系的组成或配套部分，应予以关注，现对重点词条解读如下（韩锋频道，2020；深度数据云，2023；Courtney Pallotta，2022；等）：

① 数据库管理系统内分析技术（In-DBMS Analytics）。

数据库管理系统内分析技术是通过在数据库管理系统内构建分析逻辑，允许在数据库管理系统内进行数据处理，从而消除了在数据库管理系统与另外的分析应用程序之间移动数据和转换数据所需的操作及时间，提高了数据安全性和数据分析效率。

该词条最早出现在 2017 年以前，并于 2017 年进入到"快速发展期"，经过 7 年的发展，至 2024 年到达"生产高地"。

② 事件流处理（Event Stream Processing，ESP）。

事件流处理是对流数据进行计算，从而进行流分析或流数据集成的技术，也是对实时事件流的连续处理技术。ESP 支持动态数据（Data in Motion），使得其能够感知事件的变化和准实时地进行响应处理。其中，事件是对各种应用状态变化的抽象，如：已完成的事务、用户点击或物联网传感器读数等；事件流是按时间顺序排列的事件序列，事件流模式是指在事件发生更改时立即启动处理的数据流。事件流处理依托事件流平台，是一种事件驱动的架构，支撑同时处理多个相关事件，事件流平台使软件能够在事件发生时理解、反应和操作。

事件流处理已被用于分析来自金融市场、电信和物联网设备的数据，以及用于供应链和车辆管理运营，但 Gartner 估计，事件流处理仅被其目标受众的 20%～50% 采用。在未来的 10 年中（自 2022 年起算），ESP 的大部分增长将来自已经确立的领域，特别是物联网，ESP 平台的流分析通过仪表盘和告警功能提供态势感知，并支持异常检测等。

该词条最早出现在 2017 年以前，2017 年处于"快速发展期"，经过 7 年的发展，至 2024 年到达"生产高地"。

③ Hadoop SQL 接口（Hadoop SQL Interfaces/SQL Interfaces to Hadoop）。

Hadoop SQL 接口是指通过 SQL 查询语言访问 Hadoop 数据。随着 Cloudera 和 Hortonworks 的合并，Apache Hive（面向批处理的）和 Apache Impala（交互式的）加入了 Apache Arrow、Apache Drill、Apache Presto 和 Apache Spark 等，它们对多个目标文件

和 DBMS 数据都有不同程度的支持，但在使用中缺乏处理大规模和/或高并发性的真正复杂查询的能力。诸如基于成本的优化器、索引和复杂的连接技术等功能仍处于开发的早期阶段，不会在所有情况下提供实质性的性能改进。在某些情况下，它们与特定的数据存储配对，例如与 Apache Impala 一起使用的 Apache Kudu，但是增加多个接口会产生额外的复杂性，在用户并发性方面也存在持续的限制。随着数据库产品也逐渐支持访问 Hadoop 生态数据，Hadoop 的 SQL 接口因此被包含在更广泛的访问工具中，不再是一个单独的类别。

Hadoop SQL Interfaces 词条出现于 2017 年以前，2017 年处于发展的"低谷期"，2019 更改为 SQL Interfaces to Hadoop 并进入"复苏期"，至 2021 年与 SQL Interfaces to Cloud Object Stores 进行融合后，2023 年到达"生产高地"。

④ 云对象存储 SQL 接口（SQL Interfaces to Cloud Object Stores）。

云对象存储 SQL 接口是指通过 SQL 接口访问云存储中的对象数据。与块存储不同，对象存储是将数据作为对象处理，而不是在更为底层的存储介质上操作。对象存储非常适合保存大量多结构化数据，常用来支持数据湖应用。之前人们通常使用 SQL on Hadoop 的方案，现在已逐步转向对象存储 SQL 接口方式，其原因是在于后者能够更好地利用云存储，并提供廉价的数据存储能力，较为常见的有 Amazon S3、Azure Blob Storge、GCP 的云存储等。常见的 SQL 接口产品有 Amazon Athena、Amazon Redshift Spectrum、Apache Spark、Starburst、Cloudera Impala、Google BigQuery、Microsoft Azure Data Lake Analyze 等。此外，一些 RDBMS 和 Hadoop 产品也通过外表方式支持访问对象存储。

该词条最早出现于 2017 年，2018 年处于"快速发展期"，2019 年步入"低谷期"，2020 年到达最低点，2021 年与 Hadoop SQL 接口（SQL Interfaces to Hadoop）技术统一融合为对象存储 SQL 接口（SQL Interfaces to Object Stores）后进入"复苏期"，至 2023 年到达"生产高地"。

⑤ 多模型数据库管理系统（Multimodel DBMS）。

多模型数据库管理系统是一种支持多种数据模型的数据库管理系统，所谓多种模型，包括：关系模型、文档模型、列存储模型、图模型等，意味着在同一个数据库系统中可以混合使用不同的数据模型来满足不同的应用需求。其主要特性包括：a. 灵活性：由于支持多种数据模型，因此可以满足各种应用需求，如：事务处理、大数据分析、实时查询等；b. 简化架构：通过在一个数据库中支持多种数据模型，可以降低传统的维护多个数据库系统的复杂性；c. 性能优化：由于数据可以存储在最适合查询和处理的格式中，可能会获得更好的性能；d. 数据一致性：当多个数据模型共享相同的数据时，可以更容易地保持数据一致性。

常见的多模型数据库产品有 OrientDB、ArangoDB、Couchbase 等，这些数据库产品在设计时就考虑到了多模型的特点，因此，它们可以有效地存储、管理和查询多种类型的数据。

该词条最早出现于 2017 年以前，并于 2018 年通过"快速发展期"，至 2022 年到达"生产高地"。

⑥ 时序数据库管理系统（Time Series DBMS）。

时序数据库管理系统是一种专门针对时间序列数据进行管理与优化处理的数据库系统。主要用于存储和处理带时间序列标签的工业化数据，通常工业数据要求有数据产生或数据采集所对应的唯一时间，且对所有监测点测量采集的数据量巨大（每个测点通常以秒为单位产生或采集数据）。时间序列数据库管理系统广泛应用于能源、化工、气象、金融等行业的工业控制、物联网、IT 运维等领域。

2022 年 8 月使用热度排名前十的时序数据库引擎（北慕辰，2022）见表 6-1-1。

表 6-1-1　使用热度排名前十的时序数据库引擎（2022 年 8 月）

排名			数据库管理系统	数据库模型	评分		
2022 年 8 月	2022 年 7 月	2021 年 8 月			2022 年 8 月	2022 年 7 月	2021 年 8 月
1	1	1	InfluxDB	Time Series，Multi-model	29.78	+0.56	+0.22
2	2	2	Kdb+	Time Series，Multi-model	9.34	+0.16	+1.35
3	3	3	Prometheus	Time Series	6.62	−0.06	+0.42
4	4	4	Graphite	Time Series	6.03	+0.54	+1.17
5	5	5	TimescaleDB	Time Series，Multi-model	4.79	+0.26	+1.38
6	6	6	Apache Druid	Multi-model	2.73	−0.14	−0.28
7	7	7	RRDtool	Time Series	2.52	+0.12	+0.09
8	8	8	OpenTSDB	Time Series	2.03	+0.07	+0.13
9	9	↑ 11	DolphinDB	Time Series，Multi-model	1.60	−0.03	+0.53
10	10	↓ 9	Fauna	Multi-model	1.38	+0.05	−0.15

2018 年该词条最早出现并处于"快速发展期"，2022 年进入"复苏期"，至 2024 年位于进入"生产高地"的前夜。

⑦ 主数据管理（Master Data Management，MDM）。

主数据是描述企业内核心业务实体的一种数字技术，是企业业务活动与决策的核心，其准确性、一致性和可靠性对企业业务数智化、协同化、集约化发展至关重要，但主数据管理体系的建设过程是一项复杂而艰难的任务，需要组织、管理、流程与技术等协调和配合。

理想的主数据管理是一个企业或机构内，有且仅有一套完整的主数据及其存储、管理和应用体系，并要求在企业甚至行业内，同类业务的主数据应是精确的、一致的，且被安全、可靠、精心地维护。企业内所有的业务活动均是基于主数据所描述的业务实体展开。因此，企业主数据具有单一性和权威性。

主数据管理是实现主数据全生命周期管理与应用服务的技术体系，它需要企业创建和维护一个权威的、可靠的、可持续的、精确的、安全的数据环境，通常包括：标准体系、质量体系、管控与治理体系和安全体系，并以一个一致的主数据视图的形式提供管理和应用服务。

该词条2017—2018年到达"低谷期"的谷底，2019—2022年越过谷底，2023年快速进入"复苏期"，2024年位于进入"生产高地"的前夜。

⑧ 数据湖（Data Lake）。

数据湖是一个以源格式存储的各种数据资产实例的集合，现已被定义为一个数据存储库，它集中、组织和保护来自多个来源的大量结构化、半结构化和非结构化数据。数据湖遵循读模式方法，可以在查询时根据用户需求对数据进行结构化。因此，利用数据湖的数据组织能力，可以更加灵活地以新的方式分析数据，开发有意义的见解，并为企业数据发现有价值的新用例。由于对其产生的投资回报 ROI 难以做出合理的评估，导致了对其后续使用的顾虑。

该词条2017年完成"快速发展期"，2018年进入"低谷期"，2022年开始进入"复苏期"，2023—2024年位于"复苏期"的爬升区，Gartner预计在2～5年内到达"生产高地"。

⑨ 运营智能（Operational Intelligence）。

运营智能是通过对组织 IT 基础设施实时生成或收集的数据进行分析，并以易于用户理解的格式向其呈现分析结果，以使其能够根据这些结果快速、明智地做出决策和反应，是一种实时决策支持业务分析的解决方案。

通过实时收集和分析数据来识别可能损害这些系统运行的瓶颈，帮助一线工作人员为处理这些问题做出更好的决策，可能包括许多特定的功能和技术（如：BPM 业务流程管理等）。最新的机器学习（ML）和人工智能（AI）算法，构成了现代运营智能的基础。这些技术允许对实时业务进行动态分析，并为员工和管理人员提供及时有用的信息，为对实时数据流的查询提供见解。

该词条首次收录和出现于2023年，并处于"低谷期"，2024年进入"复苏期"，Gartner 预计在未来两年内到达"生产高地"。

⑩ 数据工程（Data Engineering）。

数据工程是现代数据平台不可或缺的组成部分，是设计和构建大规模数据聚合、存储和分析系统的实践。数据工程使企业能够分析和应用他们掌握的数据，使工程师能够通过使用数据管理、数据分析、数据预测或机器学习等工程技术方法，将大量数据转化为有价值的战略发现，使组织能够从大量数据集中实时获取洞察与见解，帮助整个组织的利益相关者（高管、开发人员、数据科学家和商业智能 BI 分析师），可以随时以可靠、方便和安全的方式访问他们需要的数据集和业务决策信息。

该词条2021年首次出现于"低谷期"下降区，2023年越过"低谷期"谷底，2024

年进入"复苏期",Gartner预计在未来2~5年内到达"生产高地"。

⑪ 知识图谱（Knowledge Graphs）。

知识图谱是对物理世界和数字世界的机器可读表示，是通过语义网络表达现实物理世界实体关系的方法。其中，现实世界实体包括对象、事件、状况或概念等；实体关系使用图数据模型描述，包括：节点（顶点）、链接（边/弧）和标签，这些信息通常存储在图形数据库中，并以图形结构直观呈现出来，即为"知识图谱"。

该词条2021年首次收录并出现在"低谷期"下降区，2023年越过"低谷期"谷底，2024年跨过"复苏期"，Gartner预计在未来2~5年内到达"生产高地"。

⑫ 分布式事务数据库（Distributed Transactional Databases）。

分布式事务数据库，即可分布在多个物理节点上的事务数据库，除满足数据读与写外，还满足数据的完整性和一致性。通常的数据库在网络中断的情况下，必须在向用户提供可用性或冒着失去数据完整性的风险之间做出选择，或者选择加强数据完整性而面临数据库可用性的损失。分布式事务数据库提供了高度的数据完整性，同时通过软件和硬件基础设施的组合最小化了可用性的损失。分布式事务数据库的健壮性允许在数据库实例的任何分布式节点上执行事务。

该词条2020年首次收录并出现在"快速发展期"，2020—2023年经过持续的快速发展，2024年快速越过"低谷期"进入"复苏期"，Gartner预计在未来2~5年内到达"生产高地"。

⑬ 图形数据库管理系统（Graph DBMS）。

图形数据库管理系统是用于创建和操作图形的专用、单用途平台。图形包含节点、边和属性，这些都用于表示和存储数据，这是关系数据库所不具备的。图形数据库管理系统的另一项能力是进行基于图形的分析，是指使用数据点作为节点和关系作为边来分析图格式数据的过程。图形分析需要一个支持图形格式的数据库，该数据库可以是一个专用的图形数据库，也可以是支持多种数据模型（包括图）的聚合数据库。

使用图形数据库建模、计算、分析时需要一定技能，这也带来较高的复杂度，影响了图形数据库的普及。但其突出的特点使其在特定领域凸显价值，如：数据治理、血缘分析、财务反欺诈、典型网络分析等。

该词条2017年即处于"低谷期"的快速下降段，2021年接近谷底，2022—2023年进入"低谷期"缓慢上升段，2024年即将进入"复苏期"，Gartner预计还需2~5年到达"生产高地"。

⑭ 增强数据管理（Augmented Data Management）。

增强数据管理是指使用先进技术，如人工智能和机器学习等，来优化和改进数据管理流程或过程，包括数据集成、数据质量、主数据管理、数据库管理系统（RDBMS）本身等。例如：a.利用增强数据管理能力，将以往手动完成的数据管理操作自动化；b.增强低技术水平用户使用数据的自主性；c.减轻数据技术专家或数据科学家等的工作强度等，使其有更多的时间专注于更加有价值的任务。

该词条最早出现于 2019 年"低谷期"的起始下降点，2021—2022 年徘徊在谷底左右，2023—2024 年接近"复苏期"，Gartner 预计还需两年到达"生产高地"。

⑮ 应用数据管理（Application Data Management）。

应用数据管理是一种技术支持的业务学科，其中业务和 IT 协同工作，以确保业务（如 ERP 等）应用程序或套件中数据的一致性、准确性，以及管理、治理等语义的一致性和可问责性。应用程序数据是在应用程序或套件中维护并使用一致和统一的标识符和扩展属性集，此类实体的示例如：客户、供应商、产品、资产、地点与价格。

该词条 2017—2022 年处于"低谷期"的下降段，2023—2024 年步入"低谷期"的上升段，Gartner 预计在未来 2~5 年内到达"生产高地"。

⑯ 元数据管理解决方案（Metadata Management Solutions）。

元数据描述了企业数据与信息的各个方面，对企业数据治理、安全风险、隐私保护、数据分析和价值挖掘等具有重要作用。元数据管理解决方案则是针对元数据使用的具体方面进行管理，旨在使数据管理、数据治理、安全和风险管理、数据评估与分析等复杂状况易于管理。随着数智技术进步，利用机器学习等技术，将元数据从静态存储到动态产生进行有效管理，可以更好地适应业务数据模型的演变和数智化未来的发展，同时也有助于消除传统方案的信息孤岛现象。

该词条 2017 年位于"复苏期"，2018—2020 年则返回到"低谷期"的下降区，2021—2022 年元数据管理（Metadata Management）与增强数据编目（Augmented Data Cataloging）趋于技术融合，2023 年处于"低谷期"的谷底，2024 年与主动元数据管理（Active Metadata Management）并列进入"低谷期"的上升区。

⑰ 主动元数据管理（Active Metadata Management）。

主动元数据管理是指通过收集元数据的过程对数据进行编目，并确保数据处于最新状态的数据管理技术。为使数据与其实际保持一致，需对跨数据源、应用程序和代码以及存储过程中的所有用户、系统、基础设施报告等进行持续的分析或解析，获取其中最新的元数据，自动发现与该元数据相关的数据域，对其进行分类、推断关系、推荐下一个最佳操作、关联业务术语等，从而实现基于主动元数据驱动的数据组织、消息通知、智能推荐和智能预测等功能。

与传统元数据不同的是，主动元数据管理又称为活动元数据管理，即其中包括反映其随时间变化情况的行为或社会属性，如谁在与数据交互及数据是如何修改的等行为。因此，主动元数据管理意味着要捕获实时元数据、维护最新的数据目录及创建准确的数据血缘关系等。在许多情况下，它还涉及应用 AI 或 ML 来增强管理流程、提出元数据建议，以及标记无效或缺失数据等。

该词条最早出现于 2021 年，并位于"创新触发期"，2022 年仅一年时间就越过了"快速发展期"，2023 年进入发展"低谷期"，2024 年越过"低谷期"谷底低点，即将进入"复苏期"。

⑱ 湖仓一体（Lakehouse）。

湖仓一体是一种现代数据管理架构和一种融合的数据基础设施环境，它将数据湖的可扩展性与数据仓库的结构化查询和治理相结合，促进了结构化和非结构化数据的存储和分析，在单一平台上实现了广泛、多样的分析任务，包括历史数据分析、实时分析和机器学习（ML）等各种分析任务。它融合了数据湖在语义上的灵活性和数据仓库在生产优化和交付上的优势，支持数据从原始的、未经提炼的状态，经过提炼的步骤，最终交付优化的结果供消费的完整过程。它集成了高级数据管理和结构化查询功能，增强了数据治理和质量。通过数据湖和数据仓库的结合，在简化了架构的同时提升了效率，实现了两者之间数据和分析模型移动最小化。在应用方面，湖仓简化了交付、加速了数据获取，提供了一个统一的数据管理平台，从面向发现的分析、分析模型开发再到向终端用户交付分析洞察以及量化结果的清晰路径。

该词条最早出现于 2021 年的"创新触发期"，经 2022—2023 年一年时间的"快速发展期"，2024 年进入发展"低谷期"，Gartner 预计两年时间内到达"生产高地"。

⑲ 增强数据质量（Augmented Data Quality）。

增强数据质量是指通过引入人工智能、机器学习、自然语言理解等技术手段，在数据分析、清洗、关联、监控、整合及改善洞察发现等领域，解决传统方式的种种不足，为下一步工作提出最佳行动建议；通过利用 AI/ML 特性、图形分析和元数据分析，实现独立或合作的自动化工作效果。此外，增强数据质量技术在数据安全、隐私保护等领域增强数据质量也同样大有可为；通过增加自动化和增强洞察力，革新了传统的、耗时的手动程序。

该词条源于 2019 年的将机器学习用于数据质量（Machine Learning–Enabled Data Quality），2020 年改为增强数据质量（Augmented Data Quality），同时进入"快速发展期"，又经 2021—2023 年三年时间的持续发展，2024 年进入发展"低谷期"，Gartner 预计 2~5 年内到达"生产高地"。

⑳ 数据编织（Data Fabric）。

数据编织（或称数据网络）是一种新兴的数据管理设计概念，表示数据和连接进程的集成层（Gartner）。用于获得灵活的、可重用的和增强的数据集成管道、服务和语义，以支持跨多个部署和编排平台交付的各种运营和分析用例。其数据结构支持不同数据集成风格的组合，并利用元数据、知识图谱、语义和 ML 来增强数据集成设计和交付。数据编织是一种利用现有工具和平台并添加元数据共享、元数据分析和元数据支持的自修复功能，以及管理工具来管理环境的设计。随着数据结构变得越来越动态，它会发展为"支持自动数据集成交付"。

数据编织是一种设计框架，用于获得灵活且可重用的数据管道、服务和语义。数据编织利用了数据整合、主动元数据、知识图谱、分析、ML 和数据目录，通过"观察和利用"的方式颠覆了当前数据管理的主导方式，即针对数据和用例的"定制构建"模式。

数据编织将传统方式和技术进步融合在一起，避免了"拆除和替换"，在提供灵活性和可扩展性的同时，确保数据能够在本地、多云或混合云中被人和机器使用和重用。

该词条出现于2019年的"创新触发期"末，经2020—2021年两年时间的"快速发展期"，2022年进入发展"低谷期"，Gartner预计2~5年内到达"生产高地"。

㉑ 敏捷数据运营（DataOps）。

敏捷数据运营是一组协作式数据管理实践，旨在加快交付速度、保持质量、促进协作并从数据中提供最大价值。DataOps以开发运维实践为蓝本，目标是确保以前孤立的开发功能实现自动化和敏捷性。DevOps关注的是简化软件开发任务，而DataOps则专注于数据管理和数据分析流程的自动化（Tim Mucci，et al.，2024）。

该词条出现于2018年的"创新触发期"，2021—2023年通过"快速发展期"，2024年进入发展"低谷期"，Gartner预计2~5年内到达"生产高地"。

㉒ 数据总线策略（Data Hub Strategy）。

数据总线策略是一种将数据生产者与数据消费者之间进行隔离、链接并交换的架构策略。数据生产者将数据提交到数据总线或由数据总线拉取到总线平台上发布，以供数据消费者订阅；数据总线则根据数据消费者的订阅将数据推送给数据消费者，从而解决数据生产者与数据消费者之间一对多、多对多、多对一等复杂的数据供需关系，以降低数据生产者与数据消费者之间数据交换与服务的复杂度。因此，数据总线又可视作数据的"集散地"。

基于上述理念或策略，诞生了多种面向不同数据主题的数据总线产品，如号称为现代数据栈而生的元数据平台（由Linkedin公司开源）；具有对流式数据（Streaming Data）发布（Publish）、订阅（Subscribe）和分发（Delivery）功能的流式数据处理平台（阿里云公司）；一个可帮助收集、管理和分发来自各种来源的数据的集中式平台（IA TECHNOLOGIE公司）；将组织（企业）的有用数据收集到一个集中式平台中解决方案（Capgemini公司），用以应对诸如未来的数据增长、多种类型的数据集、需要确保数据始终可用、以安全受控的方式与所有数据消费者共享数据等挑战。

该词条2019年首次出现在"快速发展期"，经过4年的快速发展，2023—2024年步入"低谷期"，Gartner预计2~5年内到达"生产高地"。

㉓ 数据生态（Data Ecosystems）。

数据生态是一个具有凝聚力的数据管理环境，支持从运营和事务数据到探索性数据科学和生产数据仓库的所有数据工作负载。数据生态系统建立在数据编织（Data Fabric）的基础上，具有通用的治理和元数据管理框架，提供统一的访问管理，并将增强的数据管理功能与业务用户可访问的一组服务集成在一起。数据生态系统是指可能在多个云和/或本地运行但被视为一个逻辑整体的分布式组件。这使得满足新要求变得更加容易，提高了生产率，从而增加了投资回报（Adam Ronthal，et al.，2023）。

Gartner定义的数据生态系统如图6-1-3所示。

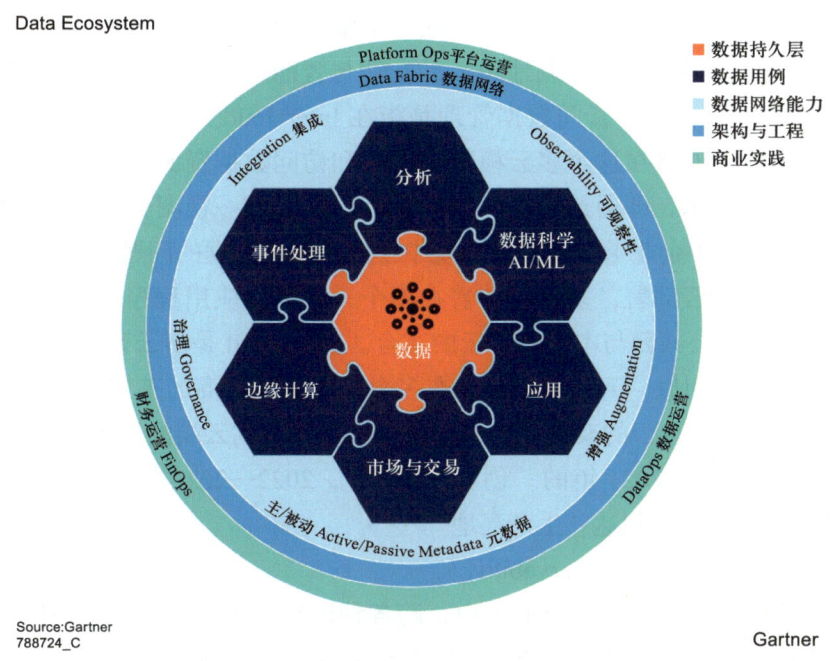

图 6-1-3　Gartner 定义的数据生态系统
引自文献：Adam Ronthal，et al.，2023；Gartner ID G00788724，2023

该词条 2023 年首次出现在"低谷期"首段，与 2020—2022 年处于"快速发展期"的云数据生态（Cloud Data Ecosystems）具有继承关系，2024 年步入"低谷期"快速下降段，Gartner 预计在 5～10 年内才能到达"生产高地"。

㉔ 数据网格（Data Mesh）。

数据网格是一种去中心化的、按特定的业务域组织数据的数据架构，用于有效连接并无缝访问各种来源的所有数据集。数据网格是专注于联邦技术数据管理的一种文化和组织方式转变，强调本地化数据管理的权威性。数据网格解决方案旨在使企业能够轻松利用业务应用程序捕获数据，并在分布式模型中使用这些数据。由主题专家分析数据资产的使用模式，确定数据相关性，然后将数据资产组织为数据域，并通过业务上下文描述符对数据域进行语境化。主题专家使用模式和数据域来定义和创建数据产品（Data Products），数据产品一经注册即可根据业务需求进行重用。Data Mesh 可以描述为有效连接所有数据集的总体层。

虽然市场对数据网格期望值仍在增长，但 Gartner 预期其主要的核心功能将被数据编织（Data Fabric）所取代。

该词条 2022—2024 年连续三年以"将在进入生产高地前过时"的状态出现在"创新触发期"（2022）、"快速发展期"（2023）和"低谷期"（2024）首段。

㉕ 云间数据管理（Intercloud Data Management）。

云计算彻底改变了组织（企业）的数据存储和访问方式。Intercloud 是一种云部署模型，它将多个公共云服务连接在一起，形成一个整体的、主动编排的架构。其活动可根据其成本和性能特征等指标，协调地跨云并自动与智能地移动工作负载（例如，用于数据分析）（Teradata，2024）。云间数据管理是指在 Intercloud 云环境中对数据实施有效管理，使组织（企业）能够在这个多云模型中管理和访问数据资源，而无需关注数据所在的具体位置或底层技术，即通过建立跨云的所有数据的统一视图，确保这些数据得到有效利用，以解决组织（企业）在多个云环境中存储和使用数据的问题。

云间架构需要多云部署，多云意味着在多个云中运行应用程序，云间和多云均不同于混合云，混合云是公共云与本地私有云的结合。Intercloud 是多云计算的一种高级形式，其工作方式与混合云相似，云间架构允许在多个云服务提供商的基础设施之间移动数据，这种移动类似于跨越混合云的架构允许本地数据来回移动到云端的场景。

该词条首次出现于 2021 年的"创新触发期"，2022—2024 年处于"快速发展期"，Gartner 预计未来 5～10 年到达"生产高地"。

㉖ 数据可观察性（Data Observability）。

数据可观察性是指在组织（企业）内，跨各种流程、系统和管道，确保数据的质量、可用性和可靠性的监控、管理和维护数据的实践（IBM，2024a）。

数据可观察性是指组织（企业）充分了解其数据系统的健康状况和状态的能力。它涉及监控、跟踪和分析系统内的数据流和转换，以确保数据质量、可靠性和性能。可观察性超越了传统的监测，它提供了对数据问题和异常根本原因的更深入洞察，实现了主动管理和解决（Sunil Hans，2024）。

该词条首次出现于 2022 年的"创新触发期"，2024 年位于"快速发展期"高峰，Gartner 预计未来 5～10 年到达"生产高地"。

㉗ 开放表格式（Open Table Format，OTF）。

开放表格式是一种为使用基于云对象存储的数据湖提供增强的性能和合规性的技术。该技术通过在数据湖之上构建一个抽象层，以便对数据湖中的数据进行更有效地管理和优化，同时，允许为增加的开放表结构附加功能，使得数据湖在保留其多功能性的同时，也为其实现类似于数据仓库或数据库才能具备的相关效率和合规标准提供了方法，包括：增强的 ACID 合规性、高效记录事务数据的能力、改进的可扩展性，以及更新或删除记录的能力。这种技术进步将数据湖处理原始格式和半结构化数据的多功能性与数据仓库等处理事务性工作负载的能力实现了较好的结合。典型的技术产品有 Apache Iceberg、Delta Lake 和 Apache Hudi（Starburst，2024）。

开放表格式是对数据存储的包装，是使用一系列文件来跟踪数据表上的模式/分区（DDL）的变化、数据文件及其列统计信息、对表的所有插入/更新/删除（DML）操作和存储一系列按时间顺序排列的文件，并将所有 DDL 和 DML 语句应用于数据文件位置的表和索引，以便使其模式和分区能够演变、及时回到上一个表状态、创建表分支并标记表状态、同时处理多个读写操作（ConertKit，2023）。

该词条首次出现于 2024 年的"快速发展期",Gartner 预计未来 2~5 年到达"生产高地"。

㉘ 向量（矢量）数据库（Vector Database）。

向量（矢量）数据库是一种特殊类型的数据库,这些数据库能够将向量存储为高维点并进行检索,其增加的额外功能可以高效、快速地查找 N 维空间中的最近邻,这些功能通常由 k 最近邻（k-NN）索引提供支持,并使用分层可导航小世界（HNSW）和倒排文件索引（IVF）等算法构建。向量数据库提供的其他功能还包括：数据管理、容错、身份验证和访问控制,以及查询引擎等（AWS,2024）。

向量数据库存储、管理和索引高维向量数据。数据点被存储在名为"向量"的数据数组中,这些数组根据相似性进行聚类。这种设计实现了低延迟查询,使其成为人工智能应用程序的理想选择。向量数据库因其提供了驱动生成式人工智能（Generative AI）用例和应用程序所需的速度和性能而越来越受到欢迎。根据 Gartner 的预测,到 2026 年,超过 30% 的企业将采用向量数据库,并利用相关业务数据构建基础模型（Jim Holdsworth,2024）。

向量数据库是任何可以将本地存储和管理的向量嵌入并处理这些它们所描述的非结构化数据（如文档、图像、视频或音频）的数据库。鉴于向量搜索对生成式人工智能的重要性,科技行业催生了许多专门的、独立的向量数据库,如开源 MySQL 数据库和商业 Oracle 数据库,已经将向量与许多其他数据类型一起作为原生数据类型,即如果在单个数据库中均支持这两种数据类型（普通标量类型和向量类型）,则对业务和语义数据组合的搜索可以更快、更精确。这种方法还避免了在使用除业务主数据库之外,在单独使用向量数据库时引入的数据一致性问题（Jeffrey Erickson,2024）。

该词条首次出现在 2023 年的"创新触发期",2024 年进入"快速发展期",Gartner 预计未来 5~10 年到达"生产高地"。

㉙ 数据产品（Data Product）。

数据产品是技术、数据和流程的创新融合,是利用数据的力量以可扩展和可重用的方式解决问题、满足需求或增加价值。它超越了单纯的数据集或分析工具的传统界限,将自己嵌入决策过程、用户体验和业务战略的核心。数据产品的核心是利用数据作为关键资产,将原始信息转化为可操作的见解、服务或商品,供最终用户、企业或流程使用。数据产品的本质在于它不仅能够提供信息,而且能够根据数据驱动的见解执行操作或提供解决方案。这种能力将数据产品与简单的数据报告或分析区分开来。例如,制造业中的预测性维护系统在设备故障发生前进行预测,是结合物联网数据、机器学习算法和历史维护记录的数据产品,可以用于优化运营效率并减少停机时间。数据产品的复杂性和应用程序差异很大,从出于商业智能目的可视化数据的简单仪表板到自动化决策或提供高度个性化用户体验的复杂人工智能驱动应用程序。数据产品的开发涉及一种跨职能的方法,该方法整合了数据科学、工程、产品管理和领域专业知识,以确保产品不仅解决预期的问题，而且在技术上可行、可用，经济上可行。数据产品的生命周期包括：构思、数据收集和处理、模型开发和验证、部署和持续改进。这个生命周期是迭代式的，通过反馈循环和数据驱动的见解为持续开发提供支持，以改进和增强产品的有效性和相关性。此外，数据的治理、安全和道德使用是整个生命周期中的关键考虑因素，以确保数据产品符合法规，保护用户隐私，促进信任。在当今数据驱动的世界中，数据产品是创新和竞争优势的关键驱动力，它们使组织能够释放其数据资产的价值，根据用户需求量身定制体验，提高运营效率，并为战略决策提供信息。随着业务和技术的发展，数据产品的重要性和复杂性将增加，这凸显了对稳健的数据战略、先进的分析能力和拥抱数据驱动决策的文化的需求。总之，数据产品不仅仅是一个软件或数据集，而是一个全面的可以将数据转化为可操作的见解或有形结果的解决方案。通过数据、技术和人类专业知识的智能应用，数据产品有可能彻底改变行业，增强用户体验，推动数字化转型新时代（Tim King，2024）。

该词条首次出现在2023年的"创新触发期"，2024年进入"快速发展期"，Gartner预计未来2~5年到达"生产高地"。

㉚ 边缘数据管理（Edge Data Management）。

边缘数据管理是一种在生成数据的地方（数据源端）存储、管理、检索和分析数据的方法，有助于减少数据分析处理的延迟，提高边缘实时决策效率。边缘数据是由传感器等数字设备在源头生成的数据，依托边缘智能平台，在设备生成数据时及时对其进行分析，使决策者能够使用实时的、新生成的数据并在现场做出时间敏感的决策。使用边缘数据管理的优势在于：在边缘端管理和检索数据，可实现高效的分析和处理，减少延迟；可及时评估边缘系统/设备的性能和能力，了解边缘数据的使用模式；可随时评估数据安全和治理要求，确保遵守必要的数据隐私准则；可保持所生成数据的性能和可靠性，并实现高吞吐量；在保持现有系统不变的同时，根据需要，通过增加更多处理能力进行功能扩展；实现"云—边"分离，在源头只处理极其关键的数据，而把不太关键的数据发送到云端进行分析（Wissen Team，2024）。

该词条首次出现在2021年的"创新触发期"，2024年尚未进入"快速发展期"，Gartner预计未来2~5年到达"生产高地"。

㉛ 数据与分析治理平台（D&A Governance Platforms）。

数据与分析治理平台是一套集成的业务功能，可帮助业务领导者和用户评估和实施一套多样化的治理政策，并在其组织（企业）的业务系统中监控和执行这些政策。该类平台与数据管理和离散治理工具不同，因为数据管理和此类工具侧重于策略执行，而这类平台则主要由业务角色使用，而不仅仅是IT角色。其中，数据与分析（D&A）是指组织（企业）管理数据以支持其所有用途的方式，以及分析数据以改进决策、业务流程和结果的方式，如发现新的业务风险、挑战和机遇。数据技术不同于分析技术，过去，负责数据的团队独立于分析和洞察团队进行管理，而今的数据管理平台则越来越多地包含分析能力，特别是机器学习（ML），为数据可视化或 D&A 治理等关键活动提供特定功能。数据与分析的未来要求组织（企业）投资可组合、增强的数据管理和分析架构，以支持高级分析（Gartner，2024a/2024b）。

该词条首次出现在 2021 年的"创新触发期"，至 2024 年尚未进入"快速发展期"，Gartner 预计未来 2～5 年到达"生产高地"。

㉜自助式数据管理（Self-Service Data Management）。

自助式数据管理是一个概念和一组实践，是将自助式数据访问和分析的原则扩展到组织（企业）内更广泛的数据管理过程，主要涉及让业务用户和数据利益相关者对数据相关任务拥有更多的控制权和自主权，而不仅仅是分析。自助式数据管理旨在通过允许非技术用户参与这些流程，简化各种数据管理活动，如：数据集成、数据质量、数据编目、数据治理、数据生命周期管理、数据协作和数据发现（Atlan，2023）。

该词条首次出现在 2023 年的"创新触发期"，2024 年尚未进入"快速发展期"，Gartner 预计未来 2～5 年到达"生产高地"。

㉝增强的财务运营（Augmented FinOps）。

增强的财务运营是指将敏捷性、持续集成和部署，以及最终用户反馈等传统 DevOps 概念应用于财务治理、预算和成本优化工作，通过应用人工智能（AI）与机器学习（ML）实践（主要是在云端）来增强财务运营的自动化过程，使组织（企业）能够基于其既定的业务目标实现云资源的自动成本优化。财务运营及其衍生技术发展，正成为众多企业资源运营的重要实践抓手；虽然已在云环境中可以完成特定项目的特定工作负载的成本评估，但由于对提供底层云基础设施和服务选择的复杂性和多样性，以及缺失统一的价格模型，事关云效率的主要衡量指标（价格／性能比）难以进行有效评估（Gartner Glossary：Augmented FinOps）。

IBM 将 FinOps（也称云 FinOps）定义为是一种不断发展的云财务管理学科和文化实践，旨在最大限度地提高混合与多云环境中的业务价值。FinOps 是 Finance 和 DevOps 的合成词，强调 IT、财务和业务团队必须协作，将财务责任引入云，并在速度、成本和性能之间做权衡时做出数据驱动的明智决策。FinOps 旨在消除阻碍，使工程团队能够更快交付更好的功能、应用程序和迁移成果，并就投资地点和时间展开跨职能对话。有时企业会决定缩减开支，有时会决定加大投资，但通过 FinOps，团队就知道他们为什么要做出这些支出决策。FinOps 将采购流程纳入专职 FinOps 团队的集中管控，该团队就云成本优化的最佳实践向所有利益相关者提供建议。FinOps 创建了一种通用语言，使组织能够在云中高效地进行大规模运营。FinOps 是一种学科和文化实践，但也指 FinOps 基金会（https://www.finops.org/），这个基金会是非营利性行业组织，隶属于 Linux 基金会，由推广 FinOps 学科的公司和认证从业者组成（Michael Goodwin，2023）。

该词条首次出现在 2022 年的"创新触发期"，2024 年仍未进入"快速发展期"，Gartner 预计未来 5～10 年到达"生产高地"。

㉞ 用于数据管理的生成式 AI（Generative AI for Data Management）。

用于数据管理的生成式 AI 是指将生成式 AI 的学习能力用于数据管理学科的各个领域，可衍生出新的内容、策略、设计和方法，从而对企业业务产生深远的影响，包括内容发现与创作、工作自动化、用户体验等。通过生成式 AI 的应用，为用户提供使用自然语言（如对话式界面）进行数据管理的途径，从而简化数据管理活动，降低数据管理的门槛，使更多的人能够参与自助式数据管理活动中。

该词条首次出现在 2023 年的"创新触发期"，2024 年尚未进入"快速发展期"，Gartner 预计未来 2～5 年到达"生产高地"。

㉟ 数据目录（Data Catalog）。

数据目录是一种用来发现、组织和描述数据资产的方法，可方便企业内数据使用者更好地定位数据集并理解数据含义，从而洞察业务价值。随着企业内数据规模、复杂度的提高（特别是分布式、异构的复杂环境），如何找到并理解数据成为难点，通过数据目录可解决该难点。数据目录近些年来有两个发展特点，一是随着机器学习等技术应用到数据目录领域，自动化的数据目录能力成为必然，而传统的声明式的数据目录将要过时；二是对非关系型数据源的支持。

该词条 2017—2020 年位于"快速发展期"，2021 年与 Augmented Data Cataloging/Metadata Management 合并后进入"低谷期"，2024 年并入 Metadata Management Solution 中，预计未来 2～5 年到达"生产高地"。

㊱ 增强数据编目/元数据管理（Augmented Data Cataloging/Metadata Management）。

增强数据编目/元数据管理是一种数据新型的数据目录编目方法，它使用机器学习来自动化完成数据编目所涉及的手动任务，包括元数据发现、摄取、分类、整理和丰富，增强数据目录是数据和分析领导者的必备品。

该词条 2021—2022 年出现在"低谷期"谷底左侧，2023 年位于谷底，2024 年步入谷底右侧，并入 Metadata Management Solution 中，预计未来 2～5 年到达"生产高地"。

㊲ 数据分类（Data Classification）。

数据分类是将数据组织成易于检索、排序和存储，以供将来使用的类别的过程。一个精心设计的数据分类系统使基本数据易于查找和检索。这对风险管理、法律发现和合规监管尤为重要。数据分类根据数据的类型、敏感性和对组织的价值等对数据进行标记，有助于组织了解其数据的价值，确定数据是否存在风险（如被更改、被盗或销毁），并实施控制措施以降低风险。将数据分类后"标签化"，这将有利于数据在其生命周期内被使用和治理。在涉及数据价值、安全、访问、隐私、质量等领域，均可基于数据分类进行，进而从中获益。从数据管理角度，分类也有助于归档、销毁、风险评估、安全需求分析等。数据分类的过程，是一个持续的、自适应、自我迭代的过程。

该词条最早出现在 2018 年的"快速发展期"，2020 年步入"低谷期"，2021 年开始进入"复苏期"，2024 年未收录。

四、大数据技术标准推进委员会关于湖仓一体技术与产业研究

2023 年 6 月，中国通信标准化协会大数据技术标准推进委员会发布《湖仓一体技术与产业研究报告（2023 年）》（CCSA TC601，2023b），对数据平台的发展历程、趋势和演进进行了论述，将湖仓一体视为继数据库、数据仓库、数据湖之后第四个阶段（即现阶段）——涵盖了"采—存—算—管—用"数据全生命周期的软件支撑（数据平台），并就湖仓一体的实践路径提出了指导建议，对湖仓一体产业及应用现状进行了归纳分析并给出了典型案例。

该项研究表明，湖仓一体产业正处在发展的初期阶段。湖仓一体是技术逐步融合、整合的过程，其本质是异构数据平台走向一体化的过渡阶段。湖仓一体的核心是实现数据湖和数据仓库中的数据、元数据的无缝打通，并可自由流动。数据湖中的新鲜数据可以流转到数据仓库中，甚至直接被数据仓库使用，而数据仓库中的过时数据，也可以流转到数据湖中进行低成本长久保存，以供未来的数据挖掘使用。目前，业界对湖仓一体技术的研究主要集中在统一元数据管理、统一存储等实践方面，仍需持续扩展和深耕。随着数字经济时代对数据价值的重视和挖掘，各行业对新一代数据平台的需求不断增强，促进了湖仓一体技术发展，扩展了发展空间。同时，随着大数据、人工智能与云计算的边界越来越模糊和三者之间不断碰撞、融合与相互影响，未来的湖仓一体呈现为：（1）进一步简化数据架构实现一体化，通过统一的数据底座屏蔽底层部署的复杂性，为应用层带来更一致的体验；（2）利用云原生概念实现湖仓一体无服务器化（Serverless）部署，即允许用户在不构建、不运维一个复杂基础设施的情况下进行开发、运行和管理，为用户带来更易用的使用体验；（3）AI 助力湖仓一体资源调度更顺畅、运维与部署更智能，有利于打通数据和业务智能化之间的阻隔，构建价值闭环，实现敏捷数据洞察和高效一致的数据协作，并助力企业以更低的成本、更迅速地做出可信业务决策，提升 10 倍以上的数据化运营效率。提出的湖仓一体架构模型如图 6-1-4 所示。

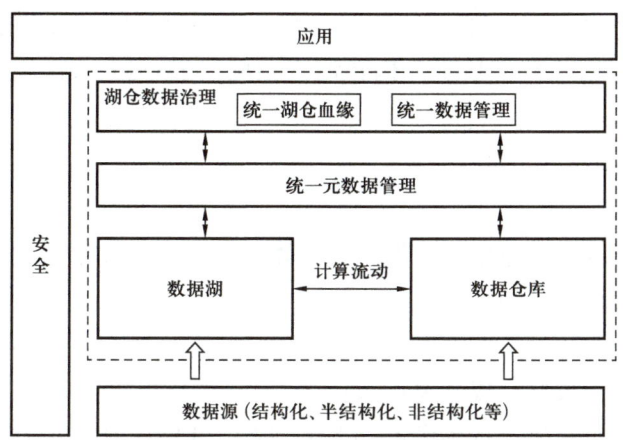

图 6-1-4 大数据技术标准推进委员会湖仓一体架构模型
引自文献：CCSA TC601，2023b

基于数据湖仓的数据生态体系构建方法
——以油气上游业务为例

为规范和统一湖仓一体数据平台技术体系，大数据技术标准推进委员会联合国内通信与数据智能领域的企业，编写了《云原生湖仓一体数据平台技术要求》（CCSA TC601 WG1，2022），内容覆盖了湖仓一体数据平台应具备的湖仓数据集成、湖仓存储、湖仓计算、湖仓数据治理、湖仓其他能力等五个能力域的系列能力，为国内各行业与企业构建云原生湖仓一体数据平台提供指导和参考。

湖仓一体数据平台技术体系构成如图 6-1-5 所示。

湖仓数据集成	湖仓存储	湖仓计算	湖仓数据治理	湖仓其他能力
数据源管理	存算分离	存储生态支持	统一元数据管理	异地容灾
湖仓数据转换能力	存储分级	认证授权	统一数据管理	
入湖仓能力	数据湖格式	统一开发平台	统一湖仓血缘	
	存储加速	弹性能力	数据评估能力	
	存储加密	多场景融合分析	数据标准及数据质量	
		统一资源管理	动态数据加密	
		多计算模式支持	数据建模能力	

图 6-1-5 湖仓一体数据平台技术体系构成
引自文献：CCSA TC601，2023b

第二节　面向油气上游领域的数据湖仓生态体系

面向油气上游业务"勘探—评价—开发—生产—储运—销售—安全"全领域，"地质工程一体化研究与设计—工程建设、作业与监理—生产运行、分析与管理—经营规划、计划、管理与决策"全场景和全流程，对跨时空、跨学科、跨专业的各项业务全量数据生命周期开展"采—存—算—管—用—治"，综合运用物联网、大数据、云计算、人工智能、区块链、移动应用等数字技术，构建油气领域"云—边—端"协同的数据湖仓云生态体系。

一、面向油气上游领域的云原生数据湖仓生态体系功能设计

面向油气上游领域的云原生数据湖仓生态体系，其功能设计如图 6-2-1 所示。
对图中的重点功能描述如下：
（1）数据源。
主要面向以下类别数据完成采集接入：
① 物联网边缘数据：生产现场设备/设施、仪器/仪表、RTU/DTU 等或实时数据库等。
② 工业控制软件数据：从 DCS、PLC、SCADA、PCN 等系统中获取准实时数据。

第六章 数据湖仓技术应用展望

图 6-2-1 油气上游领域云原生数据湖仓生态体系功能设计

③ 专业技术数据：物探、钻井、录井、测井、固井、试油、试采、完井、分析化验、地质、井下作业（修井、油层改造）、增产措施（压裂、酸化、堵水、补孔、注入、调参等）、地面工程建设（井场、道路、集油气站、注入站、计量站、处理厂、油气水管线、供电通信设施等）、生产设备设施、油气集输、油气储存、油气外输、油气销售等专业软件系统与专业数据库等。

④ 业务运行数据：油气田生产运行、油气藏生产运行、采油气工程生产运行、工程建设生产运行、工程技术生产运行、油气集输 SCADA 系统、HSE 体系运行等。

⑤ 经营管理数据：设备物资管理系统、产供销管理系统、CRM、ERP 等。

⑥ 各类历史数据：保存在各类存储介质、专业应用系统和数据库中的历史数据。

⑦ 外部合作方数据：基于项目合作所需连接的外部合作方系统或数据库。

数据采集接入分为源端和云端两个部分，源端采集接入在源端环境运行，负责与数据生产环境对接采集数据；云端部分负责接收从源端采集的数据，实施安全传输管理、数据质量检查、数据集成与数据入湖准备等。

（2）数据采集/集成。

数据采集/集成与入湖服务，包括：数据采集/集成工具开发、部署与发布，入湖数据配置管理，数据入湖任务管理与监控，数据入湖日志管理与安全监控等。

① 数据采集/集成工具，针对不同的数据源、数据格式与数据标准，采用不同的数据采集/集成方案、方法和工具，如：DIS（Data Ingestion Service）、CDC（Change Data Capture）、ETP（Energistics Transfer Protocol）、DSB（Data Service Bus）等数据管道（Pipeline）。

② 入湖数据配置管理，针对数据源、数据类型、数据格式、数据标准及数据分类分级规则，为数据采集、摄取、接入或集成等工具运行提供配置、测试与维护管理能力。

③ 入湖任务管理与监控，将对每一个数据源数据类型的采集、摄取、接入或集成的过程进行任务化处理和编排，主要包括：任务创建、目标数据类型定义、数据源配置与连接测试、主数据配置、元数据分析、数据采集/集成方法、数据采集/集成工具、数据质量控制方法与工具、任务管理员、任务链编排、任务链运行测试、任务驱动方法、任务驱动测试和任务发布等，任务发布后纳入数据入湖任务管理列表，并对其运行情况进行监控。

④ 入湖日志管理与安全监控，对所有数据入湖的操作进行全程收集和存储记录，包括用户登录信息、用户操作信息、系统反馈信息、操作异常信息和用户退出信息等；定时检查日志存储空间，确保日志存储可用空间保持在安全线范围内；对日志进行灾备管理，消除日志的安全隐患；将日志数据与安全保障中心的安全审计模块对接，随时监控和发现用户操作的违规或异常行为；对日志数据提供主题查询和分析服务，方便日志常规管理。

（3）数据湖仓。

数据湖仓是数据存储管理（数据湖功能）和主题数据计算（数据仓库功能）的主体部分，由连环数据湖仓管理、数据分类分级存储管理和数据计算与数据分析服务等部分组成：

①连环数据湖仓管理，又称连环湖仓生态管控中心，主要包括：连环湖仓规划管理、连环湖仓标准维护、连环湖仓配置管理、主数据连环管理、业务数据连环管理、连环仓链路监控等。

②数据分类分级存储管理，包括：结构化数据、非结构化数据、时序数据、空间数据，以及重要数据和敏感数据等，对于原始数据格式的数据采用"索引+属性+对象存储"模式进行管理。

③数据计算与数据分析服务，包括主题计算管理中心和主题数据服务中心两个部分，主题计算管理中心用于对主题及计算规则、主题数据配置、主题数据抽取、主题数据计算引擎等进行定义、管理与测试；主题数据服务中心用于对实施主题数据存储、计算与分析的多种数据仓库进行服务管理。

（4）数据中台，包括但不限于：

①大数据处理，如数据流批处理、ETL、主题数据仓库与BI、大数据分析等。

②人工智能，如智能搜索、数据洞察、OCR、油气NLP、智能推荐、人脸识别等。

③知识图谱，如主数据图谱、元数据图谱、领域知识库、数据血缘图谱等。

（5）数据服务，包括但不限于：

①数据服务发布申请。

②数据服务发布。

③数据服务配置。

④用户自定义查询服务。

⑤服务令牌（Token）管理。其中，服务器令牌是一种随机生成的数据标识符，用于验证身份和授权访问的凭证，同时被用作一种安全机制，用于确认用户的身份并授予相应的权限。

a. 身份验证：令牌用于确认用户的身份，确保只有授权的用户才能访问系统或资源；

b. 授权访问：通过令牌授予用户相应的权限，允许他们访问特定的资源或执行特定的操作；

c. 安全保护：通过令牌技术，可以有效防止未经授权的访问，保护系统和数据的安全。

⑥数据服务地图。

⑦时序数据应用。

⑧数据共享服务。

⑨数据统计服务。

⑩数据服务日志。

（6）数据治理与管理，包括但不限于：

①主数据治理与管理。

②数据源管理。

③元数据治理与管理。

④ 资源目录治理与管理。

⑤ 数据质量治理。

⑥ 数据安全规范与技术建设。

⑦ 数据专项治理。

⑧ 数据服务治理。

⑨ 应用管理。

⑩ 任务管理与调度。

⑪ 数据任务监控。

⑫ 数据治理仪表盘。

⑬ 数据标准治理与管理。

（7）数据运营管理，主要包括：

① 云资源调度中心。

② 云计算管理中心。

③ 云租户管理中心。

④ 云安全保障中心。

⑤ 服务计费中心。

上述功能中，除数据源端数据采集功能外，其余全部功能均应遵循分布式、容器、微服务、DevOps 等云原生开发技术栈架构及规范，构建健壮、可扩展、易于管理与维护的松耦合系统，支持在云环境中的快速部署、按需伸缩和不停机交付等，从而提高应用的性能、可靠性和可维护性。

云原生是基于分布部署和统一运管的分布式云，以容器、微服务、DevOps 等技术为基础建立的一套云技术产品体系。

二、油气上游领域数据湖仓生态体系"云—边—端"部署方案

遵循数据生态化建设理念，数据湖仓数据生态体系是围绕数据全生命周期，对数据生产、采集、存储、计算、管理、使用全过程进行安全管控与全面治理，形成健康可持续发展的数据云生态闭环体系。油气上游领域数据湖仓生态体系总体构成如图 6-2-2 所示。

遵循云优先、云原生及中台建设原则，数据湖仓生态体系功能按照"云—边—端"进行分布式部署：

（1）"端"侧部署源端采集与接入工具，主要用于：① 采集连接与适配；② 从数据源头采集获取数据；③ 将数据接入并上传到边缘侧的采集代理服务器。

（2）"边"缘侧部署采集代理服务器，主要用于：① 接收和汇聚"端侧"源头采集的数据；② 对数据进行校验、清洗、排重等，剔除无效数据；③ 对边缘数据进行分析与预警，或基于"云端"下发的 AI 模型，实施边缘智能应用；④ 部署 DIS、CDC、ETP、DSB 等数据管道（Pipeline）功能，将数据安全上传到"云端"数据集成端口。

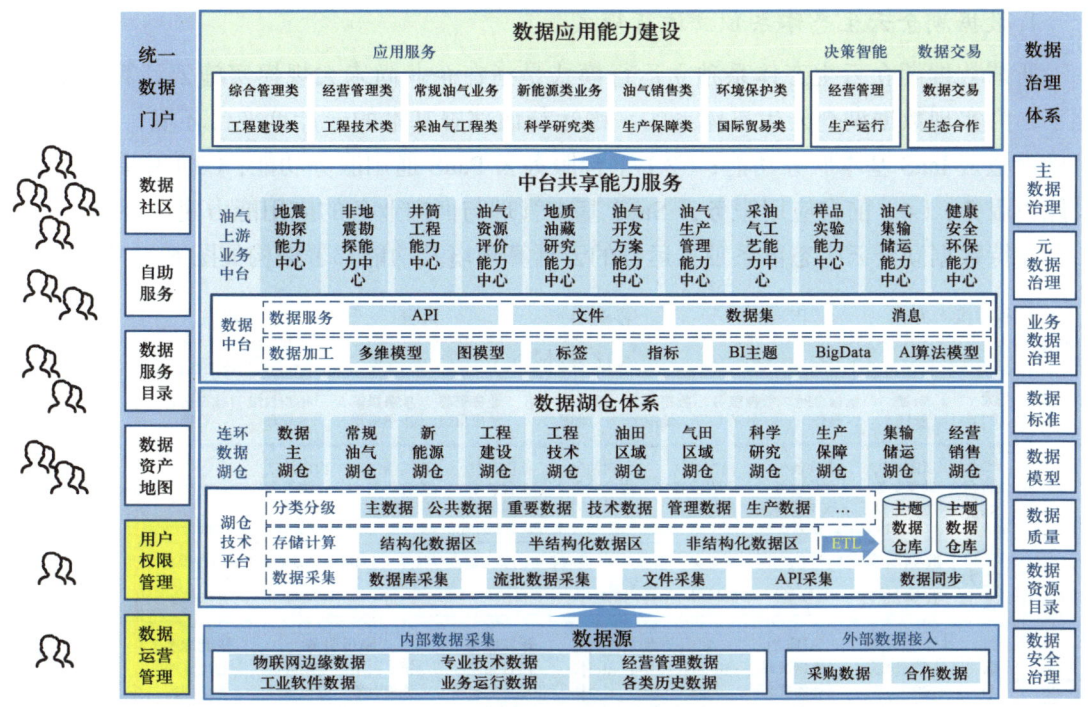

图 6-2-2　油气上游领域数据湖仓生态体系总体构成

（3）"云"端部署：① 数据采集/集成工具，负责接收或接入来自各类数据源的数据；基于对数据源或数据类型所预定的入湖任务，启动任务执行；② 数据湖仓体系＋中台共享能力服务＋数据应用能力建设＋统一数据门户，负责数据"采—存—管—算—用"；③ 创建并发布面向业务主题的领域知识库、面向决策主题的数据仓库、面向应用专题的业务应用环境、面向组织管理单元的业务管控场景、面向科研的项目研究环境、面向生产单元的智能管控模型等。

（4）分布于网络各处的各类用户，通过"云端"统一数据门户，基于其身份及认证获取系统为其授权或自行定制的各种"云端"数据、技术、计算及业务应用资源服务，开展云模式业务工作或数智创新活动。

（5）数据治理体系作为数据湖仓数据生态体系的重要组成部分，为数据湖仓数据生态体系的健康可持续运行提供保障，其功能体现为组件或微服务产品，应按需就近部署。

三、油气领域数据湖仓云生态体系运行模式与环境

遵循云原生数据湖仓生态体系功能设计原则和数据湖仓生态体系"云—边—端"部署方案，为油气领域数据湖仓云生态体系云化运行奠定了基础。

企业数据湖仓云生态体系建设与实施，应结合企业现行数字化体系，可选用独立运行模式或与现有云计算平台融合的一体化运行模式。

基于数据湖仓的数据生态体系构建方法
——以油气上游业务为例

1. 数据湖仓云生态体系独立运行模式

所谓数据湖仓云生态体系独立运行模式是指在企业尚未大规模实施云计算战略的情况下,为实现数据湖仓云生态体系的平稳运行而部署基本的云计算平台环境,包括:(1)基础设施云 IaaS 基本服务功能;(2)平台服务云 PaaS 通用服务功能;(3)中台通用技术及能力服务;(4)前台应用服务云 SaaS 基本管理与面向业务的应用能力建设环境。

支持数据湖仓云生态体系独立运行的云计算环境及功能部署架构如图 6-2-3 所示。

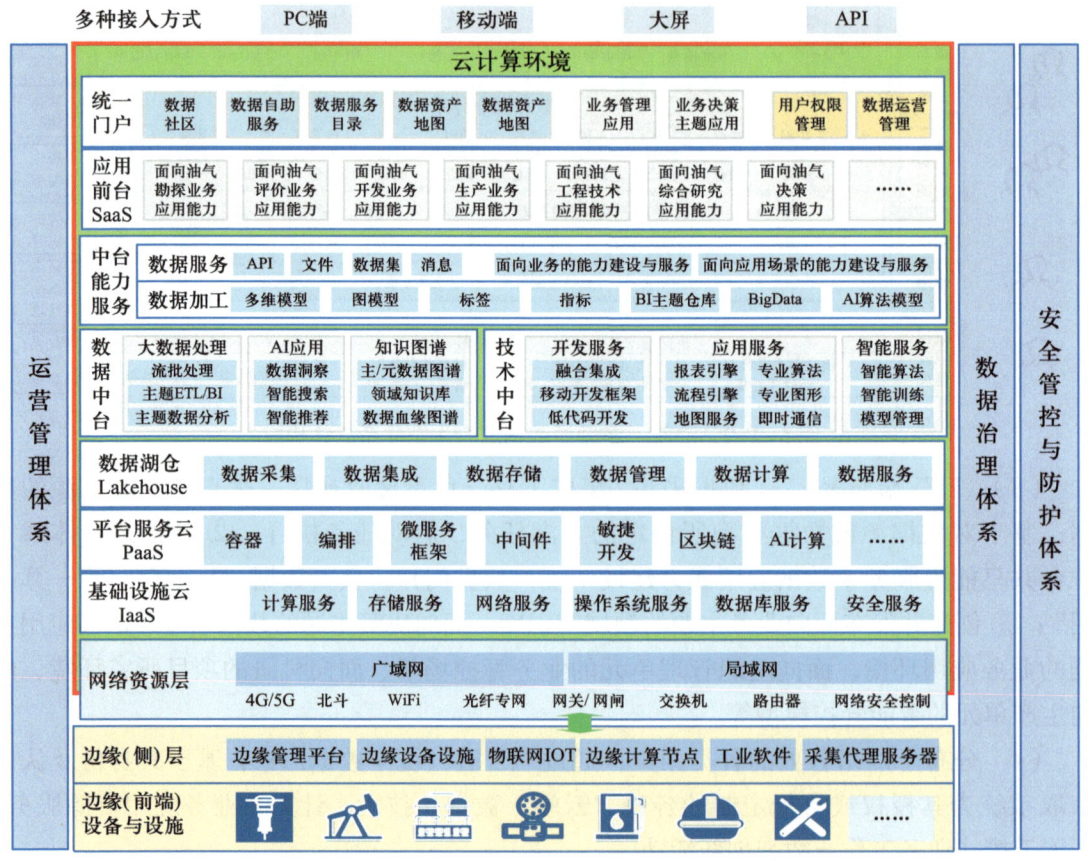

图 6-2-3 支持数据湖仓云生态体系独立运行的云计算环境及功能部署架构

2. 融入企业云平台的数据湖仓云生态体系运行模式

融入企业云平台的数据湖仓云生态体系运行模式是指在数据湖仓云生态体系部署过程中,应基于企业数字化与智能化云计算战略,充分融入已部署并投入运营的企业云平台体系,实现一体化运行。实施数据湖仓云生态体系部署所需的云计算运行环境包括:(1)完备的基础设施云计算(IaaS)及安全保障环境;(2)稳定、开放、可扩展的多层平台服务云(PaaS)环境;(3)能够支撑各类业务应用的应用服务云(SaaS)环境;(4)统一管控的企业云应用门户系统等。

与油气工业互联网平台相融合的数据湖仓云生态体系案例如图 6-2-4 所示。

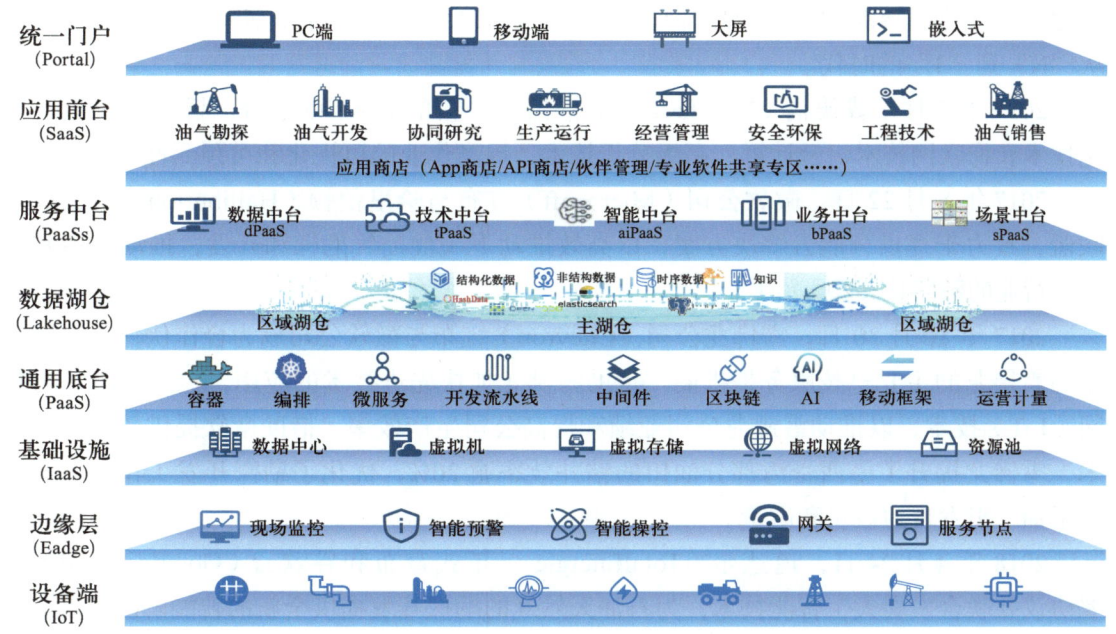

图 6-2-4 与油气工业互联网平台相融合的数据湖仓云生态体系案例

第三节 数据湖仓技术助力数字化转型与智能化发展

数据作为数字经济时代的核心生产要素，在打造新型数智生产力乃至新质生产力方面至关重要，数据湖仓技术作为企业数字化与智能化的基础性平台和新型数据产业链的基础性支撑平台，为数智生产力和新质生产力建设提供支撑。

下面从国外油企数字化与智能化发展趋势、工业数字化/智能化 2030 展望、国家数字化与智能化宏观指导和政策保障、国内油企数字化转型与智能化发展等四个视角对数据湖仓技术应用前景进行展望。

一、国外油企数字化与智能化发展趋势

在几年前油价低迷和信息技术迅猛发展的双重背景下，引发了全球石油行业数字化变革，各大油气公司与科技公司通过跨界合作，积极拥抱数字化技术，开展数字化转型，以期实现简化运营、削减成本、改进工作模式、优化业务流程、提升效率与效益等目标。

1. 从油企与科技公司兼并或合作事件看数字化与智能化发展形势

2016 年 10 月，通用电气（GE）宣布并购贝克休斯（Baker Hughes），拟利用数字化技术对传统油服行业进行升级，实现油气行业的降本增效。

2017 年，斯伦贝谢（Schlumberger）与谷歌（Google）合作推出了 DELFI 云平台，将大数据、认知计算等技术与油气勘探开发等业务深度融合，构建了勘探开发全过程数

字化、自动化、智能化专业应用环境，支撑企业转型的创新发展，使得平台发展进入了从"N"到"1"的时代。

2017年5月，威德福（Weatherford）推出其最新的Foresite平台，旨在集成生产优化技术和物联网技术、云计算、高级分析技术，提高作业的可视化和可预测性。

2017年8月22日，微软公司（Microsoft）宣布与哈里伯顿（Halliburton）组成战略联盟，致力于提供智能云解决方案，以高效推动下一代油气勘探和开发，推动石油和天然气行业的数字化转型。

2017年10月30日，雪佛龙公司（Chevron）宣布与微软公司成为合作伙伴，微软将作为雪佛龙的主要科技服务提供商，帮助雪佛龙加快先进技术的应用，包括分析和物联网（IoT）技术，以推动雪佛龙公司业绩和提高公司生产效率。借助微软提供的大数据技术，雪佛龙提升了墨西哥湾部分油田的钻井效率逾20%，优化了勘探开发工作，大幅提高了油气田发现的数量和质量。

2018年4月24日，道达尔（TotalEnergies）正式宣布和谷歌云（Google Cloud）签署协议并联合发展人工智能技术，为石油天然气的勘探开发提供全新的智能解决方案。

2018年6月4日，西班牙最大油企雷普索尔石油公司（Repsol）宣布同谷歌展开合作，联手在雷普索尔位于各地的多家精炼工厂部署谷歌的大数据和人工智能工具，旨在借助硅谷顶级科技企业的力量降低工艺成本、增加利润率。

2019年1月，挪威国家石油公司Equinor与壳牌（Shell）签订数字协作备忘录，携手搭建数字联盟，并通过交换与共享数据科学和人工智能等领域的专业知识，共同开发新数字技术解决方案。

2019年2月，埃克森美孚（Exxonmobil）与微软合作，创造油气行业被云技术覆盖面积最广的案例。

2019年5月，斯伦贝谢与谷歌云续签并扩大了协议范围，以开发云原生E&P（勘探与生产）应用程序。斯伦贝谢已在谷歌云平台上运行其石油和天然气技术软件，包括WesternGeco Omega地球物理数据处理平台和Software Integrated Solutions DELFI认知E&P环境，开展地震处理、解释和地学建模。在随后的9月份，斯伦贝谢加强了其在微软Azure云和Azure Stack栈上开发云原生解决方案的技术合作，将DELFI认知环境中的石油技术套件部署在了Azure云上，使客户能够利用高性能计算和云计算来运行其ECLIPSE * 和INTERSECT * 油藏模拟器，同时斯伦贝谢在Azure堆栈基础设施上部署了其DrillPlan * 井集成化建设与设计解决方案，以补充其最初的Azure部署。客户应用证明，相关技术上云后，计算速度显著加快，提升了用户的灵活性、高效性体验。

2019年6月，贝克休斯与人工智能公司C3.ai成立合资公司BHC3.ai，陆续推出BHC3 AI Suite系列产品，利用C3.ai公司的人工智能技术提高数字化解决方案的分析能力，同时增进与同为C3.ai公司合作伙伴的壳牌之间的关系。随着GenAI和大模型的爆火，C3.ai近期发布了Generative AI Product Suite产品，将大模型能力接入其人工智能平台，并提供自然语言界面来访问企业数据和交互。

2019年9月，艾默生（Emerson）宣布将整个E&P软件套件，包括地震处理和成像、数据解释、地下建模、地层评估、油藏工程、生产优化及其他服务都放在了云上，从而使石油和天然气公司能够安全地利用数字技术来更好地建模和优化新旧油藏的产量。艾默生的E&P云托管软件可以在Azure和其他领先的云平台上运行，并提供了两种运营管理模式：（1）由客户管理，客户在云计算平台上运行软件，并由自己的IT团队管理和存储数据；（2）由艾默生运营，艾默生在云上管理云平台、软件支持、维护和操作。

2019年9月17日，斯伦贝谢、雪佛龙和微软宣布了行业首个三方合作，整合三方优势，加速石油技术和数字技术的创新，推进基于微软Azure云的数字化建设，包括三个阶段：（1）在DELFI环境中部署Petrotechnical Suite；（2）在Azure上开发云原生应用程序；（3）根据雪佛龙的目标，在E&P价值链上共同创新一套认知计算系统。

2019年11月，BP与AWS（Amazon Web Services）达成合作，关闭BP在欧洲的数据中心，并将900多个应用程序迁移到AWS上运行。

2019年12月，奥地利石油天然气公司（OMV）与微软达成合作，应用微软混合云平台Azure进行数据的存储和处理，而且在未来三年内，OMV预计将其大部分数据处理的工作搬到云平台，并将采用Office 365作为其员工的通信、协作的解决方案。

2020年1月，挪威国家石油公司（Equinor）和壳牌（Shell）签署数字协作谅解备忘录，旨在通过交换共享数据科学、人工智能和3D打印等领域的专业知识，共同开发解决方案和方法。

2020年7月17日，哈里伯顿、微软公司和埃森哲宣布达成一项为期五年的战略协议，以推进哈里伯顿在微软Azure中的数字能力，并推出其在Azure云上运行的软件产品DecisionSpace 365，使其在油田现场获得的数据流可通过物联网实时获取，同时通过应用深度学习模型，实现钻井和油气生产优化，为客户降低作业成本。基于该项协议，哈里伯顿将完成向基于云的数字平台的转型，并通过以下三种方式加强对其客户的服务：（1）增强用于扩展远程操作的实时平台；（2）利用机器学习和人工智能，通过哈里伯顿数据湖提高分析能力；（3）加快新技术和应用程序的部署，包括SOC 2合规性，以提高哈里伯顿的整体系统可靠性和安全性。其中，SOC 2是一种审计程序，可确保云服务提供商安全地管理客户的数据，即保护客户的利益及其隐私；SOC 2由美国注册会计师协会（AICPA）开发，根据五个"信任服务原则"定义了管理客户数据的标准，即安全性、可用性、处理完整性、保密性和隐私性。基于该项战略协议，哈里伯顿将把所有的物理数据中心迁移到微软云。

2020年7月，全球地球科学技术领跑者CGG与阿里云达成技术合作，开展CGG地球科学软件上云合作。CGG GeoSoftware已将Jason、HampsonRussell、InsightEarth、PowerLog和RockSI等专利地学软件部署在了阿里云上，使地球科学家能够更高效地开展工作。与部署在本地计算机上相比，在阿里云上使用Jason Geoscience Workbench软件可显著提高计算效率，并为 CGG GeoSoftware 带来了更灵活的技术支持和软件培训服务机制。

2020 年 9 月，Akselos 公司为壳牌位于尼日利亚的 Bonga Main 浮式生产储卸油轮部署了结构化数字孪生技术。同年 10 月，壳牌与 Aveva 公司签署合作协议，通过打造工程数据仓库，支持数字孪生技术在管理资产生命周期中的应用。

2020 年 9 月 8 日，斯伦贝谢、IBM 和红帽（Red Hat）宣布一项重大合作，旨在加速石油和天然气行业的数字化转型，该合作项目将利用 IBM 基于 Red Hat OpenShift 容器平台构建的混合云技术，支持在全球范围内使用斯伦贝谢领先的 E&P 勘探与生产云环境和认知计算应用，并支持其向客户提供机器学习服务。其中，协作开发的第一步集中在两个关键领域：（1）由 Red Hat OpenShift 支持实现 DELFI* 认知 E&P 环境的私有云、混合云和多云部署，极大地扩展了客户的访问权限；（2）交付 OSDU 数据平台（业界的开放数据平台）的第一个混合云部署。

2020 年 11 月 8 日，斯伦贝谢公司与阿布扎比 AIQ、G42 两家公司签署战略框架协议，就石油和天然气行业的人工智能、机器学习和数据解决方案的开发和部署进行合作。

2020 年 12 月 2 日，哈里伯顿宣布与埃森哲公司合作，双方联手加速哈里伯顿的数字供应链转型。利用人工智能分析，加强实时供应链的可见性和可操作性，从而提高透明度和进行更快的决策。

2023 年，斯伦贝谢与最先进的人工智能技术公司之一 Dataiku 合作开发人工智能产品，推出创新工厂项目（Innovation Factory），以阿布扎比、北京、休斯敦、吉隆坡、奥斯陆、里约热内卢 6 个创新工厂为基地，成功实施了 200 个以上创新项目。

2. 从大型科技公司的深度渗透看石油天然气行业变革（摘自 James Stafford/ 小晨编译，2024）

Alphabet 公司旗下的谷歌云（Google Cloud）正在用其尖端的人工智能和云技术重新定义石油和天然气行业的数字化转型方法。通过与斯伦贝谢（SLB）和贝克休斯（Baker Hughes）等行业领导者的战略合作，谷歌云使这些公司能够利用云计算、数据分析和机器学习来优化运营，提高勘探效率，并减少环境影响。在这些合作中，凸显了谷歌云在推动能源行业向更可持续、更高效的实践转变方面的作用。例如，与斯伦贝谢合作产生的 DELFI 认知 E&P 环境，利用了谷歌云的人工智能和数据分析能力，改变了石油天然气勘探与生产的分析计算环境；在与贝克休斯的合作中，利用了谷歌云的专业知识开发数字解决方案，提高了运营效率，有助于减少石油和天然气行业的碳排放。

亚马逊（Amazon）旗下的 AWS 已成为石油和天然气行业的关键技术合作伙伴，通过提供云服务，使英国石油公司和壳牌等公司能够利用人工智能、机器学习和数据分析的能力进行运营改进和创新，促进了钻井效率、安全措施和可再生能源项目的进步。例如，与 BP 的合作展示了 AWS 的云计算能力如何加速数字化转型，简化数据管理和增强决策流程。壳牌则进一步证明了使用 AWS 云技术和人工智能在优化能源生产和分配方面的潜力，同时也推动了可持续发展举措。

微软（Microsoft）通过其 Azure 平台，对石油和天然气行业发挥变革性作用，利用其云计算、人工智能和机器学习能力来推动创新和效率。通过与雪佛龙和斯伦贝谢等公司的战略合作伙伴关系，Azure 正在推动石油和天然气行业的数字化转型，从上游勘探与生产到下游运营。例如，与 Chevron 的合作利用 Azure 云技术来简化数据分析，提高决策过程的速度和效率；通过与斯伦贝谢的合作，在其 DELFI 环境中集成了 Azure 的人工智能和数据分析，以创新勘探与生产工作流程。微软通过云解决方案强调可持续性，通过优化运营和提高能源效率，帮助石油和天然气行业减少碳足迹。

IBM 处于将人工智能和认知计算技术集成到石油和天然气行业的前沿，显著提高了运营效率和预测能力。通过其 Watson 平台，与埃克森美孚和哈里伯顿等行业参与者建立了合作伙伴关系，应用人工智能技术解决从地质数据分析到优化钻井作业等复杂挑战。在与埃克森美孚的合作中，利用 Watson 的能力来分析地质数据并提高勘探活动的准确性，体现了人工智能技术如何将数据转化为可操作的见解，从而实现更高效的资源发现和提取过程。此外，与 Halliburton 在认知计算解决方案方面的合作展示了其优化钻井和生产操作、提高安全性和减少环境影响的潜力。IBM 对创新的关注延伸到供应链透明度的区块链技术和保护关键基础设施的网络安全解决方案等方面，这些技术进步凸显了 IBM 在推动石油和天然气行业数字化和可持续转型方面的作用。

C3.ai 公司站在石油和天然气行业人工智能创新的前沿，提供人工智能软件应用程序，改变公司预测设备故障、优化生产流程和提高运营效率的方式。通过与贝克休斯和壳牌等行业领导者的合作，C3.ai 直接为该行业的数字化转型做出贡献，利用人工智能解决石油和天然气公司面临的一些最具挑战性的运营问题。通过与贝克休斯公司合作，形成了 BHC3 联盟，展示了人工智能技术如何应用于预测维护需求和优化运营，从而提高安全性和减少停机时间。壳牌对 C3.ai 应用程序的部署展示了人工智能对运营决策和效率产生重大影响的潜力，为行业树立了新的标准。

英伟达公司（NVIDIA）因其在图形处理技术方面的进步而广受认可，在包括能源行业在内的各个行业整合人工智能方面也发挥了关键作用。英伟达强大的 GPU 和人工智能平台正被用来彻底改变能源公司，特别是石油和天然气行业的能源公司，如何执行勘探、生产和运营效率任务。英伟达的技术能够更快、更准确地处理地震数据，使石油和天然气公司能够更有效地识别潜在的开采地点。此外，该公司的人工智能驱动的分析和机器学习模型有助于基础设施的预测性维护，优化能源生产，并通过在设备故障发生之前预测设备故障来最大限度地减少停机时间。英伟达对能源行业的贡献延伸到了可持续发展方面，人工智能模型帮助公司通过更高效的资源管理和运营来减少碳足迹。

3. 从三家典型油企的案例看变革效果

（1）沙特阿美石油公司（Saudi Aramco）。

基于"监测—优化—集成—创新"四个层次的方案，开展智能油田建设，通过井下传感器、智能完井技术、自动化技术、数据整合、数据管理和挖掘、建模与分析，以及

基于数据湖仓的数据生态体系构建方法
——以油气上游业务为例

一体化运营集成环境建设，及时掌握生产状况，提高井下作业效率，进行业务流程优化，利用远程监控与预警等手段，实现降低作业成本和提高油田油气采收率的目标。

自 2017 年起，沙特阿美运用大数据技术在应对关键油气挑战方面取得重大进展，包括：改进地震处理和分析方法、提高天然气勘探的效率、优化提高原油采收率的方法、提高原油采收率和降低生产成本等。利用大数据技术提高了沙特阿美并行油藏数值模拟器 GigaPowers 和沙特阿美下一代油藏和盆地模拟器 TeraPowers 的运行效率和模型分辨率，使石油工程师能更好地了解储层力学，从而实现长期的可持续生产。在大数据平台的基础上开发了下一代集成地震成像平台 Geodrive，可实现超高分辨率地下测绘和特征描述。借助大数据，沙特阿美的地质导向方案实现了 93% 的储层接触率，数百公里外的钻机已可以实时监控，带来更精确、优化的井位布置。实时钻井和井下数据通过卫星从钻井平台传输到先进的地质导向中心，由专家小组做出实时决策，实现最大化的储层接触率，从而提高井的生产率，降低开发成本。

（2）挪威国家石油公司（Statoil → Equinor）。

2005 年，挪威国家石油公司与 IBM 合作建设智慧油田，实现了以下主要目标：能实时无线感知地下油田运行的情况，对现场"智慧"地管理，延长了油田寿命并提高了产量；将海上的油井监控和管理功能整合到岸上的岸基设施中，从而降低了成本，提高了生产效率；通过增强信息共享，加强了各业务领域之间的协作。

2020 年，挪威国家石油公司（Equinor）发布了其数字化进程，旨在减少重复劳动，提高工作效率，分为工作过程数字化、数据分析及机器自主学习、机器人化及远程控制三步战略。之前，已将位于北海的巨型油田 Johan Sverdrup 作为其数字化旗舰项目，至 2019 年 10 月 5 日，该项目第一阶段开始投产，比开发运营计划最初预估的时间提前两个多月，最终投资比最初估算减少了 400 亿挪威克朗。Johan Sverdrup 油田项目之所以能够提前投产和减少费用支出，Equinor 执行副总裁安德斯给出的解释是："除了与合作伙伴和供应商的紧密合作，还得益于利用新技术和数字化做出勇敢的决定，并从中受益。新技术降低了安全风险，节省了逾 200 万个海上工时，并且将开发计划缩短了几个月。此外，我们还投资数字解决方案和工作方式，加快投产，这些新的工作方式在执行阶段已节省了一个多月的时间"。采用数字孪生技术正是 Equinor 进行数字化工作的最好例证。同时，Equinor 十分重视对公司内部的数据访问，这需要把 3000 多个不同系统的数据整合到一起。对此，Equinor 数字战略的重要里程碑是与微软合作创建一个名为 OMNIA 的云数据平台，可实现对公司数据的便捷访问，利用这些数据可进行预测维护和生产优化。基于这样一个数据平台，Equinor 在挪威卑尔根综合运营中心的员工可便捷访问 30 多个挪威大陆架资产的运营数据。

（3）阿尔及利亚国家石油公司（Sonatrach）。

Sonatrach 是石油和天然气行业的主要参与者，主要经营勘探与生产、管道运输、液化、炼油、石油化工和营销等领域。

2018年，Sonatrach公司启动SOD（Smart Oil Data，即智慧油数据）项目，以整合上游、中游、下游业务，实现数字一体化智能运营管控为目标，利用基于数据湖和云平台的油气数据集成技术，融合GIS应用框架，整合了Sonatrach公司上游、中游、下游业务以及应急管控相关数据，搭建了勘探开发、管道、炼化液化、应急、综合管理等应用体系，为Sonatrach各级用户提供油气核心数据资产管理、空间信息导航、辅助日常业务办理和业务决策支持等服务，实现了对Sonatrach多领域、多层级的组织、用户、系统资源和数据等资源的统一管控。其中，在油气勘探开发业务域，集成整合了盆地、合作区块、油田、油藏等公共实体数据和地震工区、油气水井、生产设施（综合处理站、站/场、处理单元）、钻完井和油气产量等空间与业务实体数据；在长输管道业务域，集成了管道中心线、管道本体及其附属设施、穿跨越、以及集输场/站等空间与业务实体数据；在炼化液化业务域，集成了包括炼化液化工厂、辅助工厂、各类管线，以及管线附属设施等空间与业务数据。

Sonatrach与昆仑数智公司合作开展SOD项目建设，采用其融合了企业数据治理理念的新一代云计算平台技术架构和成熟的数据湖技术体系，集成了大数据、人工智能等先进技术，按照"平台+能力+应用"生态模式，建成了集上游、中游、下游及应急管理等业务于一体的统一技术平台、统一数据湖与开放共享的应用环境PandaVision，支持多种方式从不同数据源获取数据，如：图形数字化系统、数据文件导入、人工输入/录入、第三方数据库（如ProSource、Geomedia、OpenWell、Petrovision和ProDB）等，实现上游、中游、下游全业务链数据的逻辑统一、互联互通和跨地域、跨专业、跨机构的数据共享，为Sonatrach的E&P（勘探与生产）、TRC（管道输运）、LQS（天然气分离与液化）、RPC（炼油与化工）和EME（应急）等业务提供数字化与智能化综合应用服务，有效提升了业务管理效率，首次实现了油公司核心业务的统一分级、分层管理和关联应用，成为油公司数字化、智能化转型发展的标志性工程。

"SOD项目所包括的勘探与生产（E&P）部分，总体上提供了一种理想的解决方案，以满足对100%的Sonatrach控股区域及其关联区域的勘探、开发和开采活动的可见性需求。对勘探开发部（PED）而言，该解决方案对管理正在进行的项目组合或从勘探阶段转移到油气开发阶段的项目组合似乎是理想答案，因为它包含了有助于决策的信息，并提供了对各区域更好的可见性。"——Sonatrach

4. 从油服公司从中所起的作用看新一轮产业革命的发展趋势

面对全球各地区不同的地质、工程情况和离散性很强的庞大数据集，如何从海量的数据中探索出隐藏在数字背后的规律，提炼出知识和算法，是一个巨大的挑战。对此，软件和算法并不是油气公司的专长。因此，才有了各大油气公司和软件或IT公司的强强联合。同时，各大油服公司也纷纷出招，剑指大数据及智能应用。

自2016年以来，贝克休斯与通用电气合作，借助于通用电气公司在数字化解决方案上的优势，加速数字化进程，联合打造Predix产品在钻井、油藏等上游数字化应用，为巴西国家石油公司（Petrobras）勘探、炼油、海上平台及浮式生产储油装置（FPSO）等提供数字化帮助；2022年与埃及通用石油公司（EGPC）合作，推进EGPC石油天然气数字化建设。

自2017年以来，斯伦贝谢与谷歌、微软合作，打造DELFI认知计算产品，在厄瓜多尔油田、北美油田、中东油田等大规模应用智能化技术，加速了全面数字化、智能化进程。

自2017年以来，哈里伯顿与壳牌和微软合作，开发Geodesic平台，提供AI实时决策；联手打造智慧油田（Smart Field）产品在钻井、油藏等上游业务中的数字化应用，在东南亚油田、大洋洲和西非地区得到应用。

可以看到，无论是在"科技公司＋油服公司＋油公司"，还是在"油公司＋油服公司＋科技公司"的合作模式中，油服公司传统的技术服务职能已转化提升为"数据与智能科技之间的桥梁"作用，其以往积累的工程技术服务经验、知识和技术，转化为新一轮科技变革中的先天优势，迸发出巨大的活力。

二、工业数字化/智能化2030展望

在2023年5月30日发布的《工业数字化/智能化2030展望》（中国经济网，2023）报告中认为，工业的未来是万象更新、极具想象力的，数字化技术是推动工业更好地满足人类美好生活需求的关键使能技术。倡议业界共同携手，加快推进工业装备数字化、工业网络全连接、工业软件云化、工业数据价值化的"新四化"产业发展，打造工业智能体。将"IMAGINE"作为2030未来工业的愿景（图6-3-1），即虚实融合（Interactive between Physical and Virtual Worlds）、大规模定制化（Mass-customization）、灵活适应变化（Agility and Adaptiveness）、可靠互信（Guaranteed Trust）、体面工作（Ideal Jobs）、自然友好（Nature Friendly）、生态共荣（Ecosystem Based）的智能世界。

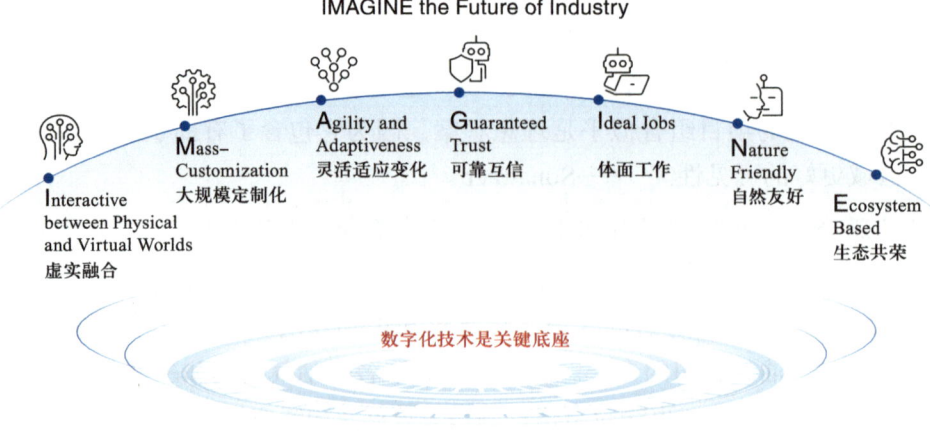

图6-3-1　2030年工业展望

在报告对应的《工业数字化/智能化2030白皮书》（HUAWEI, et al., 2023）提出的工业智能体参考架构中，将工业软件作为"大脑"，工业云底座作为"心脏"，工业边缘引擎、数字工业装备作为"四肢"，先进工业网络作为贯通全身的"神经"，工业数据作为无处不在、流动的"血液"，端到端安全作为工业企业的"免疫系统"，为工业企业开展数字工作提供指引和参考。

在中国"智能制造"（2015年）和"工业互联网"（2017年）建设目标中，提出了新型工业化的新内涵，即促进科技创新与产业升级，加速传统制造业向智能制造和服务型制造的转型，推进工业现代化进程，从而全面发展中国式现代化，并将工业数字化转型视为增长的"新动能"。期待工业企业探索传统制造升级、全新生产模式乃至商业范式的创新，把握新型工业化的新内涵、特征与要求，加速工业数字化转型，是实现工业高端化的重要基础、实现工业智能化的关键路径以及实现工业绿色化的主要抓手。"数据驱动+行业机理与知识"的优化范式是工业数字化的理论基础，在工业数字化价值栈中（图6-3-2），工业数据贯穿各个层级，并依靠工业装备、工业网络和工业软件实现数字空间与物理世界的融合，构建数据优化闭环，并驱动业务数字化转型。

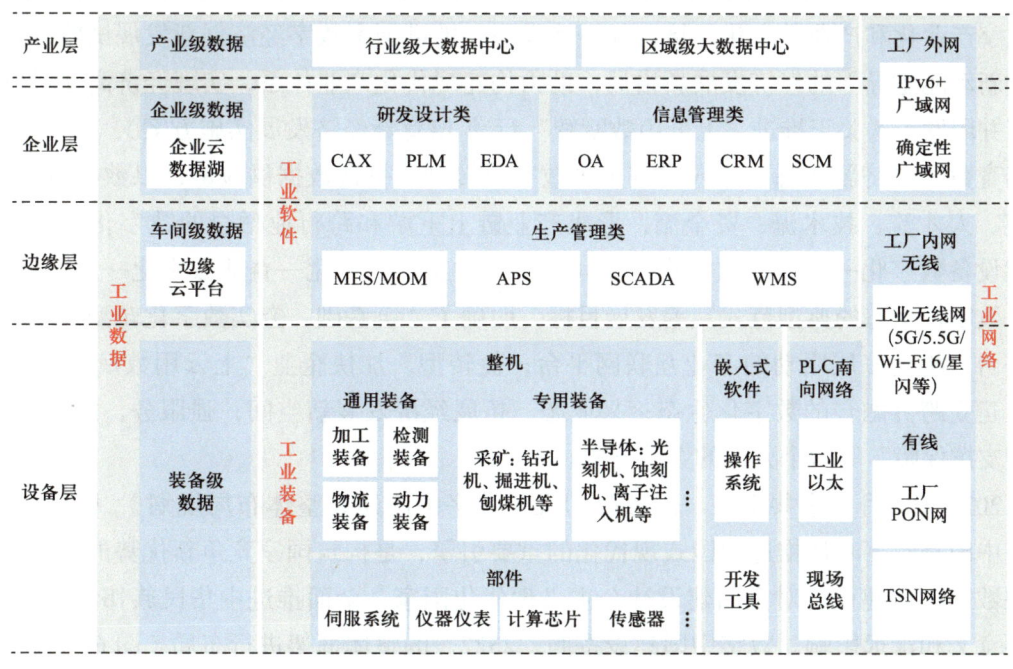

图6-3-2　工业数字化价值栈

数字化正在全面重塑工业生产函数，推动产生新的生产要素、制造体系、研发范式和组织形态，是重塑工业体系、工业化进程和全球工业格局最大的技术变量。工业数字化正成为我国实现新型工业化的关键路径。对企业而言，工业数字化并非"锦上添花"，而是关乎企业生存和发展的重要问题（HUAWEI, et al., 2023）。

基于数据湖仓的数据生态体系构建方法
——以油气上游业务为例

中国工程院院士李培根在《工业数字化/智能化2030白皮书》的序言中指出，该白皮书代表了华为、中国信通院和罗兰贝格作为全球领先的ICT企业和高端智库对工业数字化发展趋势的看法，其问世正当其时。其中，工业数字化价值栈是对工业数字化体系中一系列价值创造单元组合的统称。价值栈是一种以垂直拆分为基础的价值管理方式，它将工业（数字化）体系中的价值创造单元，按照其功能和价值进行拆分，形成一层一层的"栈"，进而叠加为完整的价值体系，以方便对其进行精细化和个性化施策、管理和考核。

可以看到，贯穿工业设备层、边缘层、企业层和产业层价值体系的核心是"数据"，基于"数据驱动＋行业机理与知识＋数字化与智能化创新"，为传统工业带来"智能生产＋互联网＋……"新模式、新业态和新生态。

三、国家对数字化与智能化的宏观指导和政策保障

良好的政策环境和配套的法律法规，为企业数字化、智能化、生态化发展明确了方向，并提供了政策、安全等方面的全面保障。

2020年4月7日，国家发展改革委、中央网信办为深入实施国家数字经济战略，加快数字产业化和产业数字化，培育新经济发展，推进国家数字经济创新发展试验区建设，构建新动能主导下的经济发展新格局，助力构建现代化产业体系，实现经济高质量发展，制定并印发了《关于推进"上云用数赋智"行动 培育新经济发展实施方案》，确定了"大力培育数字经济新业态，深入推进企业数字化转型，打造数据供应链，以数据流引领物资流、人才流、技术流、资金流，形成产业链上下游和跨行业融合的数字化生态体系，构建设备数字化—生产线数字化—车间数字化—工厂数字化—企业数字化—产业链数字化—数字化生态的典型范式"等发展目标。明确了"筑基础，夯实数字化转型技术支撑；搭平台，构建多层联动的产业互联网平台；促转型，加快企业'上云用数赋智'；建生态，建立跨界融合的数字化生态；兴业态，拓展经济发展新空间；强服务，加大数字化转型支撑保障"等六个方面的主要方向。

2023年2月，中共中央、国务院印发《数字中国建设整体布局规划》，明确了建设数字中国是数字时代推进中国式现代化的重要引擎，是构筑国家竞争新优势的有力支撑，加快数字中国建设，对全面建设社会主义现代化国家、全面推进中华民族伟大复兴具有重要意义和深远影响。数字中国建设按照"2522"的整体框架进行布局（图6-3-3），即夯实数字基础设施和数据资源体系"两大基础"，推进数字技术与经济、政务、文化、社会、生态文明建设"五位一体"深度融合，强化数字技术创新体系和数字安全屏障"两大能力"，优化数字化发展国内国际"两个环境"。到2025年，基本形成横向打通、纵向贯通、协调有力的一体化推进格局，数字中国建设取得重要进展。到2035年，数字化发展水平进入世界前列，数字中国建设取得重大成就。

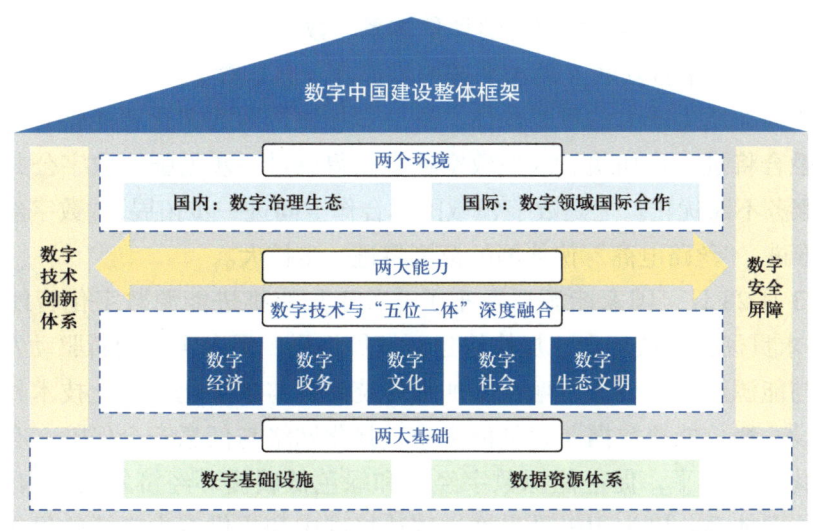

图 6-3-3　数字中国建设"2522"整体框架布局

国家数据局会同有关方面于 2024 年 6 月 30 日编制发布的《数字中国发展报告（2023 年）》中，对数字中国发展所面临的形势分析认为：全球新一轮科技革命与产业变革加速演进，数字技术创新不断取得突破，极大改变了全球要素资源配置方式、产业发展模式和人民生活方式，为加快建设数字中国、推进中国式现代化、构筑国家竞争新优势提供了重要历史机遇。同时，全球数字领域竞争加剧，数据安全风险日益突出，我国数字关键核心技术还存在短板，数字化发展不平衡、不充分问题仍较为明显，这成为建设数字中国必须面对和解决的重大课题。报告对 2024 年的发展展望认为，数字中国建设将与我国加快发展新质生产力同频共振、协同发力，成为推动质量变革、效率变革、动力变革的重要引擎。一是基础制度进一步优化，随着国家数据管理体制机制更加健全，数字中国建设统筹协调机制更为完善，适应数据要素特征、符合市场规律、契合发展需要的基础制度得到进一步完善，为要素高效配置、流动合规有序、分配公平合理的数据市场的形成奠定基础。二是数字技术创新实现进一步突破，量子信息、5G/6G、人工智能等领域的技术创新能力有望继续保持在全球第一梯队，为新质生产力发展不断提供强劲动能；"人工智能 +"行动的实施和多模态大模型的快速发展将推动新一代人工智能技术加速拓展应用场景，技术赋能效应将进一步凸显。三是数据要素价值进一步释放，重点行业和领域数据要素开发利用将进一步深化，应用场景将不断拓展；数据赋能经济提质增效作用将更加凸显，成为高质量发展的重要驱动力量；数据资源将成为重要的生产资料，与人工智能技术耦合发展，不断催生新产业、新模式、新业态，生成新的经济增长点；数据产业将快速发展，并进一步渗透到其他产业，驱动传统产业转型升级；公共数据要素的公益性和市场化关系进一步理顺，推动公共数据"流得动、用得好"，加快释放公共数据要素的价值。四是数字基础设施建设进一步提速，全国一体化算力网建设取得积极进展，算力基础设施布局进一步优化，数据流通利用基础设施更加完善、流通环

基于数据湖仓的数据生态体系构建方法
——以油气上游业务为例

境显著改善，数据质量标准和数据价值评估体系、数据安全评估体系更加健全，跨行业、跨地域数据要素流通平台互联互通水平进一步提升。五是数字经济发展动能进一步增强，数字产业将成为新质生产力的重要载体，进一步加快产业数字化智能化升级，数字技术和实体经济融合将进一步加快。六是数字社会获得感进一步增强，数字公共服务更加普惠化，民生服务不断优化。七是数字领域国际合作空间进一步拓展，"数字丝绸之路"建设继续稳步推进，"丝路电商"伙伴国的范围将进一步扩大。

2023年3月28日，国家能源局发布了《关于加快推进能源数字化智能化发展的若干意见》，要求贯彻新发展理念，加快构建新发展格局，深入实施创新驱动发展战略，推动数字技术与能源产业发展深度融合，加强传统能源与数字化智能化技术相融合的新型基础设施建设，释放能源数据要素价值潜力；强化网络与信息安全保障，有效提升能源数字化智能化发展水平，促进能源数字经济和绿色低碳循环经济发展，构建清洁低碳、安全高效的能源体系。以为积极稳妥推进碳达峰碳中和提供有力支撑的思想为指导，以"需求牵引、数字赋能、协同高效、融合创新"为基本原则，明确了到2030年能源系统各环节数字化智能化创新应用体系初步构筑、数据要素潜能充分激活，一批制约能源数字化智能化发展的共性关键技术取得突破，能源系统智能感知与智能调控体系加快形成，能源数字化智能化新模式新业态持续涌现，能源系统运行与管理模式向全面标准化、深度数字化和高度智能化加速转变，能源行业网络与信息安全保障能力明显增强，能源系统效率、可靠性、包容性稳步提高，能源生产和供应多元化加速拓展、质量效益加速提升，实现数字技术与能源产业融合发展对能源行业提质增效与碳排放强度和总量"双控"的支撑作用全面显现的发展目标。

中国科学院院士刘合在《石油科技论坛》2023年第3期发表的"人工智能驱动油气行业高质量发展"卷首语中指出，我国油气行业在技术走势、产业趋势的带动下，在国家政策的引导下，数字化转型全面开展，人工智能领域加快布局。总体上，我国油气行业信息化和数字化建设经历了单机应用、分散建设、集中建设、集成应用等阶段，基本实现了数字化油气田建设目标。三大石油公司[指中国石油、中国石油化工集团有限公司（以下简称中国石化）和中国海洋石油集团有限公司（以下简称中国海油）]建成了涵盖勘探、开发、生产、管道、储运、炼化、销售全业务链，应用范围从作业现场、二级单位、地区公司到集团总部的信息化支撑体系，在量化决策、降本增效、增储上产、提高效率、转变生产组织模式等方面取得成效。同时，我们也要清醒地认识到，油气行业的客观条件和资源能力对数字化智能化发展带来一定挑战，数据获取成本高，数据质量问题突出；业务场景复杂，无法单纯依靠数据驱动；研发生态尚未成熟；短期见效慢，认识尚浅，配套机制跟不上。这些不足都在一定程度上制约了行业人工智能发展，亟待破解。随着新一轮产业革命兴起，发展数字经济成为国家战略，2019年以来，政府发出一系列促进数字经济与实体经济深度融合，鼓励传统企业进行数字化转型的政策或指导性文件，擘画了人工智能发展蓝图。

四、国内油企数字化转型与智能化发展实践

从国外油企数字化与智能化发展趋势可以看到，全球各大顶尖石油公司与油服公司纷纷加快与科技巨头公司的联合创新，积极推进油气业务的数字化转型和智能化发展。与国外风起云涌的"数字化、智能化"热潮保持同步，国内以三大石油公司为代表的油气行业领军企业，在"十二五"至"十三五"期间（2011—2020 年）均开启了其各自的数字化、智能化探索之路，在各专业技术领域，以"AI +"模式探索各领域的智能应用方案，培育智能化能力；在集团企业层面，以"平台 + 数据 + 应用"或"平台 + 数据 + 智能 + 应用"多种方案探索企业数字化与智能化转型发展模式。

油气工业数字化转型正在进入"深水区"，工业互联网平台成为企业通用平台，数据驱动成为业务升级的新方向，油气工业核心工业软件自主研发全面发力，油气工业从传统工业衍变为数字工业，行业人工智能应用开启大模型模式，科技创新开启第五范式——AI 范式，油气工业元宇宙蓄势待发，只有正确认识数字时代的到来，才能在剧烈变化的时代，更好地把握机遇，引领方向，顺势而为，发展壮大，中国的石油工业才能走出"换道超车"的新路（李剑峰，2023）。

1. 中国石化

（1）数字化、智能化发展基础。

聚焦"打造世界领先洁净能源化工公司"愿景目标，提出以加快数字化转型、促进高质量发展为核心的信息化"432 工程"顶层设计，建成并推广了 PCS、EPBP、EPCP 三大信息系统，监控油气水井约 5.9 万口，站库 4200 余座，提高劳动生产率 35.2%，实现业务和数据的一体化管控，以及专业软件许可证共享。胜利油田作为中国石化上游企业的典型代表，形成了智能油田建设架构，以海上、西部、青南、郝现等四个智能化试点为示范，全面开展智能油田建设。全面推广建模数模一体化技术，主力单元模型化率 100%；全方位开展大数据人工智能技术攻关，在油气勘探开发方面形成 17 个应用场景；全面建成工业物联网体系，推动了油藏开发生产管理发生根本性变革；搭建了胜利油田能源管控信息化平台，实现了油网电力线路、计量点及站库产用交电数据实时管控，2021 年累计节电 $9584 \times 10^4 \text{kW} \cdot \text{h}$（国家能源局 / 中国石油化工集团有限公司，2023-05-16）。

（2）转型发展目标。

以国家能源局《关于加快推进能源数字化智能化发展的若干意见》为指导，提出了发展目标，明确了工作任务，制订了实施计划。在勘探开发智能化、生产运营智能化、安全绿色智能管控、油气数字化新基建等领域，攻克一批关键核心技术，研制一批智能感知与控制装备，研发一系列智能化应用系统，建成油气行业数字化转型示范基地，为提高储量发现及高效动用能力、提高劳动生产率和管控效能提供技术支撑。通过数字化转型智能化提升，预计勘探上实现探明储量增加 30% 以上，探井成功率提高 5% 以上；开发上提高老油田采收率 5% 以上，降低开采成本 20% 以上；生产上提高劳动生产率

30%以上；油气碳排放强度下降30%以上。

（3）上游业务转型发展案例。

2016年，胜利油田借助信息技术，建起现场生产物联网，自动采集8大类56项数据，生产监控、报警预警、生产动态、调度运行、生产管理、应急处置等六大模块于一体的生产指挥平台实现移动化。

2017年，基于消除信息孤岛专项治理工作，提出了"一切系统皆上云，一切开发上平台"的工作思路。经过在云平台和数据治理方面的不断探索、持续推进，基本形成了适应企业数字化转型的"数据+平台+应用"信息化建设新模式。其基础是数据，核心是平台，应用则是轻量化的App，颠覆了传统的以应用为核心的建设模式，既是信息化工作自身数字化转型的核心举措，也是油田业务数字化转型的基本支撑。通过构建企业数据湖，提供统一高效数据服务；通过打造石化智云平台（图6-3-4），构建信息化建设新生态；通过建设全业务域工业App，沉淀技术赋能业务。

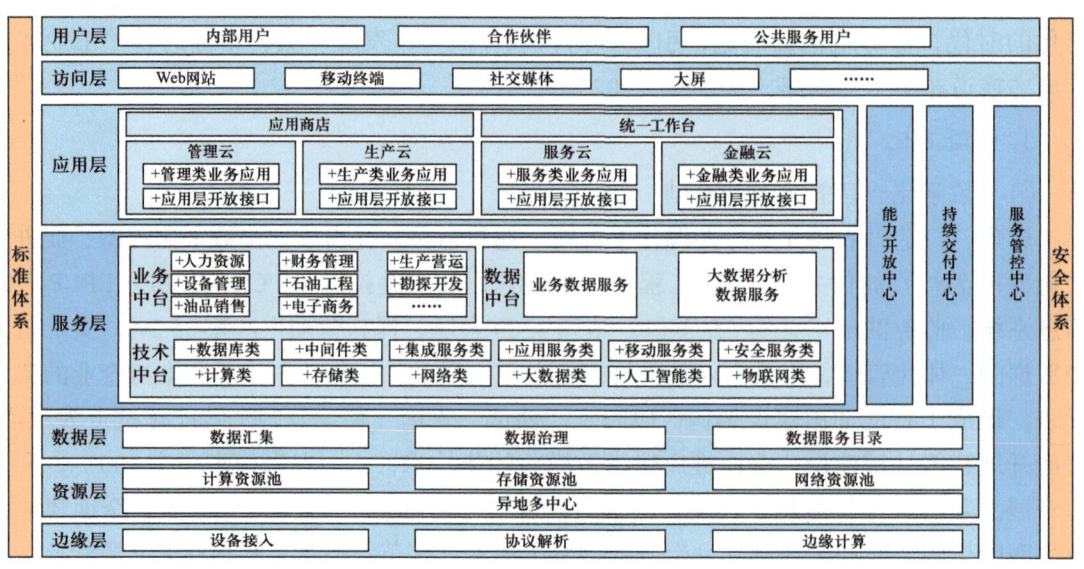

图6-3-4 中国石化智云平台

2019年，石化智云平台在胜利油田全面推广应用，管理统一账号102733个，支撑215项业务流程运行，年业务办理量47万件，日均办理量1303件，完成280套业务系统的统一认证集成，发布了油气勘探、油气开发、生产运行等6大类业务域共531个工业App，完成34套存量系统的云化改造和22套新建系统的上云上平台（马承杰，2021）。

2020年5月16日，胜利油田与华为签署战略合作协议，通过资源共享、优势互补和新兴数字技术推动胜利油田行业创新，助力胜利油田的数字化转型，聚焦油田提质增效升级和高效勘探与效益开发，通过信息技术的集成应用、优化配套流程、调整组织结构，实现勘探开发生产智能化、经营管理信息化，不断打造两化融合新型能力，增强可持续竞争优势，促进油田科学持续发展，并在2035年全面建成智能油田（华为企业业务，2020）。

基于保障国家能源安全、端牢能源饭碗的现实要求，数字化转型是实现绿色低碳转型、应对"双碳"大考的必然选项，是落实数字经济战略、助推"两化"融合的重要举措。按照"数据＋平台＋应用"信息化建设新模式，围绕价值引领、创新驱动、资源优化、绿色低碳、人才强企、合作双赢等六大战略和增储稳油降本、全面深化改革、政治优势发挥等三大目标，基于统筹推进、融合发展、集成共享、协同智能的工作思路，提出油田数字化转型规划架构，包括夯实数据资源基础、云资源基础和网络安全基础，构建和推进行业一流的油气工业互联网云平台建设，打造勘探开发智能决策应用、勘探开发一体化协同应用、高效生产运营智能应用、安全绿色低碳应用和智慧党建应用五大应用云，建设石油行业软件技术、产品、应用、服务一体化生态体系（段鸿杰等，2023）。

2022年5月18日，胜利油田与昆仑数智科技有限责任公司"云签约"战略合作协议，落实"中—中"战略合作框架协议，开启油田数字化转型智能化发展深度合作新模式，共同构建合作发展新平台、形成油企协作新合力、打造石油行业新样板，集双方智慧和力量，快速落地合作事宜，共同谱写油田高质量发展数字化进程新篇章。

2024年5月29日胜利油田组织召开大数据人工智能暨智能油气田交流会，会上发布十大联合攻关方向和"胜利'智联'技术"首批六项成果（产品）：（1）油气勘探开发综合研究协同系统（EDRC V1.0）；（2）油藏数模智能云服务系统（SimCloud V1.0）；（3）油气生产信息化平台（PCS V1.5）；（4）源网荷储智慧能源管控系统（IES V1.0）；（5）"胜小利"油气大模型（SXL V2.0）；（6）胜利油田软件工厂（SLSF V1.0）。标志着其智能油气田建设进入深度应用阶段。

其中，"中—中"合作是指：（1）中国石化与中国石油（2019年7月8日、2021年12月1日）、中国海油与中国石化（2020年5月9日）、中国石油与中国海油（2020年5月26日）两两之间签署的战略合作框架协议；（2）中国油企与中国科技公司之间签署的战略合作框架协议。

2. 中国海油

（1）数字化转型、智能化发展战略。

2020年，提出了一个目标、五个战略、三个作用、四个跨越的"1534"总体发展规划，将现代化、数字化、智能化管理作为"1534"发展规划中力求实现的重大突破的"四个跨越"之一，即变革发展模式，实现从传统管理模式向现代化、数字化、智能化跨越，这种跨越不仅体现在技术上的革新，还需要在管理理念、业务模式等多个层面进行深刻的变革。

坚持"一张蓝图绘到底"，以核心业务为载体、以价值为导向，先后出台《数字化转型顶层设计》《"十四五"网络安全和信息化规划》《数字化转型行动计划》等指导性文件，制定数字化转型、智能化发展的路线图和时间表。组织管理方面，成立由集团主要领导任领导小组组长，各部门各单位一把手任领导小组成员的数字化转型工作组织，做到高位谋划、高标部署、高效推进。持续在资金、网络、人力资源等方面加大投入，将数字化转型智能化发展列入所属单位年度绩效考核内容，确保工作落实落地；成立数据治理委员会，重点推进经营领域和生产领域的数据治理工作，促进数据集成共享和应用价值发挥，全面支撑数字化转型（中国海洋石油集团有限公司，2023）。

进入统筹推进期，公司印发了《集团公司数字化转型顶层设计纲要》，提出"一个平台、两套体系、三朵云、四项能力、五大提升"的数字化转型总体蓝图（图6-3-5），明确了发展愿景，即基于集中统一的数据资产化管理，打造感知洞察、智能控制、协同共享、互联创新数字化能力，构建纵向贯通、横向联通、内外融通的数字化生态，建成"智慧海油"，提升中国海油管控能力，促进降本增效，防范生产安全和经营管理重大风险，助力高质量发展，实现从传统管理模式向现代化、数字化、智能化的跨越。遵循数字化转型顶层设计，结合公司实际及前期应用探索经验，以"智慧海油"为目标，制定人工智能建设规划，有序推进人工智能技术与公司业务深度融合。顶层设计纲要的发布，标志着公司人工智能技术应用从试点探索进入统筹推进阶段（谢晓辉等，2023）。

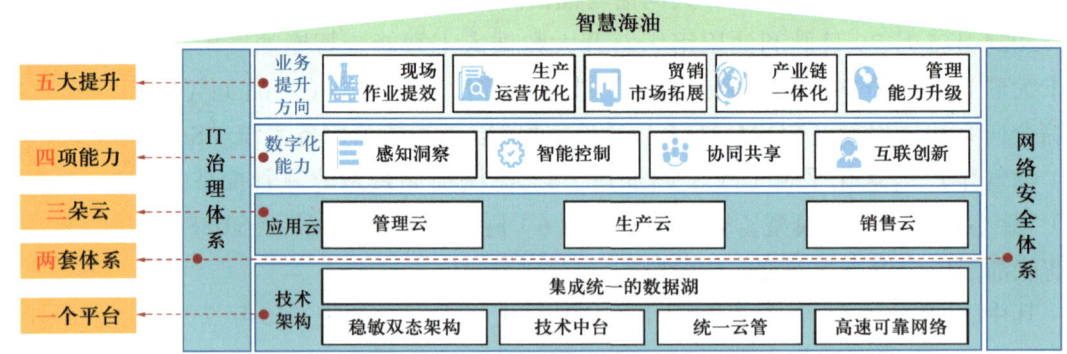

图6-3-5　中国海油数字化转型总体蓝图

（2）聚焦重点，推动数字化转型、智能化发展。

按照"围绕主业、突出海油特色；因地制宜，紧密结合生产；强调实效，解决实际问题"的工作原则，深入开展数字化转型、智能化发展管理实践，加快推动数字技术与实体经济的深度融合，全面提高运营管理能力和价值创造能力。

建设智能油田，塑造提质增效新优势。将秦皇岛32-6油田建成国内首个投产的海上智能油田，核心业务数字化覆盖率达到90%，操作人员精减实现20%，入选2021年企业数字化转型十大成果。恩平油田建成国内首个海陆一体化协同运营平台，累计实现台风模式生产近300小时，挽回产量损失超过23万桶，折合人民币约1.4亿元。

升级智能工程，培育转型升级新能力。建成了国内首个海洋工程装备数字化智能制造基地，创新应用了海洋油气装备大规模机器人焊接等10项国内"行业首次"技术，填补了我国海洋油气装备多项技术空白，推动传统装备制造产业转型升级。

建成智能工厂，开创精益管理新局面。将工业技术、工厂生产经营管理与数字技术深度融合，在惠州石化建成国内首个"双频5G+工业互联网"智能炼厂，实现自动采集率超过 98%、仪表自控率达到 97%；建成国内首个涂料生产智能工厂，实现年产量提升 400%、减少用工成本 50%。

构建智能贸销体系，探索能源供需新模式。搭建"全球一体化"的销售贸易信息平台，实现全面自动化、智能化的业务管理，强化业务前台、中台、后台全流程风险管控，平台每年贸易量超 1 亿吨，结算资金超万亿元；自建电商平台"海油商城"，形成具有海油特色的"统一、集成、共享"的销售贸易数字化解决方案，入选国资委国有重点企业管理标杆项目和中央企业品牌建设典型案例。

打造智能产品，实现核心技术新跨越。自主研发的"璇玑"系统，成功实现 1000 口井作业，100 万米钻井总进尺，关键作业指标达到世界一流水平，使我国成为世界第二个拥有该项技术的国家。

（3）面向未来，应对数字化转型、智能化发展新挑战。

推动实施由局部转型到整体转型，将智能化管理创新应用场景建设从生产领域拓展到科研、经营、管理和决策支持等多个领域，由简单场景向复杂场景，由示范带动逐步实现多场景，由示范项目到示范企业；推动实施面向智能管理的系列变革，优化和调整组织架构，打破传统的组织壁垒，促进部门间的协作和信息流通，推进管理流程化、标准化、在线化、平台化，建立快速适应数字化时代的敏捷化柔性组织；推动实施数字人才建设，通过加强校企联合培养、畅通职业发展通道、创新引进机制等，加快培养数字技术与专业技能兼备的复合型人才，打造数字化、智能化背景下的产业工人队伍，构建深刻了解数字化转型规律的管理团队，不断增强数字化人力资源保障能力。

（4）海上智能油田进入推广应用阶段。

2014 年中国海油启动了智能油田建设，并于 2021 年 4 月 29 日对外宣布建成了我国首个海上智能气田群——东方气田群，标志着其海上油气生产运营迈入数字化和智能化时代。

进入"十四五"，中国海油深入实施创新驱动发展战略，扎实推进数字化转型、智能化发展，推动公司产业转型升级和管理提升，通过将大数据、人工智能与深海资源开发装备和技术的深度融合，打造"实时感知的油田、全面协同的油田、主动管理的油田、整体优化的油田"——智能油田。

2023 年 9 月 16 日宣布，位于我国南海东部海域的恩平 20-4 油田投产。至此，包括 6 个新油田在内的恩平 15-1 油田群全面建成投产。恩平 15-1 油田群项目作为中国海油数字化转型和智能油气田建设的标志性项目之一，以智能化和低碳为核心，项目在设计阶段就采用了智能化方案，建成了海陆一体化协同的生产指挥中心和恩平油田远程操控中心。无人智能平台恩平 10-2 平台和恩平 20-5 平台已实现了全系统、全方位、全序列的智能感知、远程操控和海陆一体化协同运营，可实现钻井、修井、无人远程操控、油气水综合处理、自主发电与电力组网、二氧化碳回注封存等多项功能。恩平 15-1 油田群以无人智能平台依托中心平台生产的全新方式进行开发，大大降低了运维成本，可成功

基于数据湖仓的数据生态体系构建方法
——以油气上游业务为例

开发那些在传统模式下不具备经济性的油气藏；具备台风期间维持无人化生产能力，仅2023年就已三次成功通过远程无人生产降低台风影响，累计挽回原油产量损失超过2.54万吨。作为我国首个海上二氧化碳封存示范项目，预估可累计封存二氧化碳146万吨以上，对油气资源能源供给、促进海洋石油工业智能转型及实现"双碳"目标具有重要意义（光明网/新华社，2023-09-17）。

2024年5月17日中国海油宣布，我国首个海上智能钻采平台惠州26-6平台完成海上安装，2024年8月7日具备投产条件。平台将通过智能生产、智能钻井、设备健康管理、智能安防、台风生产模式等一系列强大功能，将深藏海底的油气源源不断输送到陆地千家万户。作为中国海油自主设计与建设的首个智能钻采平台，通过集约化设计，集成了图像智能处理装置、边缘智算站、数据存储通信装置、数据安全管控装置、数据采集物联网平台等五大智能模块，智能化设备数量为传统平台的3倍，占用空间却减少了三分之一，能提高生产效率达20%，每年可降低运维成本10%，进一步构建起"智能、安全、高效"的新一代海上油气开采运行模式。该平台搭载了中国海油首例在线仿真模型，可实现操作参数优化、智能控制等功能，就像"超级大脑"一般，可实时对生产数据进行仿真，推算出各设备最优化参数，并在获得授权的前提下指挥各生产环节。高精度智能传感器可实时采集设备的运行数据和状态评价数据并形成历史数据库，为设备故障诊断提供坚实基础。故障诊断系统应用人工神经网络，让机器具备自我学习能力，基于自动采集到的各种类型数据，针对不同故障类型给出最佳"治疗方案"，从而大大提高设备维保效率。采用自主设计研发的智能巡检功能模块，通过"一键巡检"功能，实现对人、机、物、环境的智能化监测，大大降低人工巡检频次；通过平台上集约高效布局的智能光学设备，可对火灾、溢油等险情实现自动报警（戴小河等，2024-05-17）。

2024年8月12日报道，中国海油勘探开发数据湖平台二期全面启用，将进一步有效保障数据要素高效流通，实现成果数据共用共享，持续赋能海洋油气增储上产、降本增效、绿色安全。勘探开发数据湖平台是支撑中国海油数据治理和数智化转型的数据汇聚平台、数据治理平台、数据基础服务平台。这项工作构建了覆盖中国海油油气全业务的统一数据资产目录，系统盘点了上游系统现状、数据资产和业务情况，在此基础上，勘探开发数据湖平台二期对平台底座、治理工具和服务能力进行了全面提升，建设了面向勘探开发多元数据类型的湖仓一体架构，彻底打破数据孤岛，实现了海洋油气全业务领域数据统一管理、共享应用。该平台已纳管了中国海油上游业务约4.9亿条数据资源，并对其实行集中统一管理和共享；搭建了勘探开发协同研究平台，推动研究设计方式从线下转向线上，从分散转向协同，从依靠人工经验转向智能辅助，可支持勘探、开发、钻完井等专业104个研究场景在线研究，减少90%科研数据收集时间，提升了研究精确度。以海洋油气勘探专业科研人员必需的砂岩储层研究工作为例，协同研究平台搭载的砂岩薄片智能鉴定系统鉴定精准度可达到90%，鉴定效率是人工鉴定的25倍。此外，该平台基于多模态数据和人工智能—机理模型结合算法，科研人员通过大数据概率工期智能推荐算法,实现钻井最优路径规划和最合理工期设计,半年可节省设计源头工期 126 天。同时,基于设施和生产现场监测数据及数智化技术,该平台助力秦皇岛 32-6 油田、东方油田群等智能油田建设,实现核心业务数字化覆盖率 90%、设备故障率降低 10%、百万人工时事故率降低 10%,以及台风模式远程遥控(操秀英,2024)。

3. 中国石油

(1)数字化、智能化发展基础。

2000 年以来,中国石油信息化建设按照统一规划、统一标准、统一设计、统一投资、统一建设、统一管理的"六统一"原则,组织建成了涵盖勘探开发与管道(A)、炼油化工与销售(B)、服务与支持(C)、ERP 与集成(D)、综合管理(E)、基础设施与安全(F)、组织与保障(G)等 7 大类、76 个集中统一的信息系统。2016 年起全面推进数字化转型、智能化发展,支撑全公司创新、资源、市场、国际化、绿色低碳五大发展战略,计划到 2035 年全面实现数字化转型。

总体经历了分散建设阶段(—2004 年),统一规划建设阶段(2004—2010 年),持续提升和集成应用建设阶段(2011—2015 年),共享服务能力建设阶段(2016—2020 年),以构建新基建、新业态、新模式为特征的数字化转型发展阶段(2021—2024 年),以智能业态、敏捷模式为支撑的智能运营、生态化发展阶段(2024—2030—2035 年)。

(2)数字化转型与智能化发展规划。

以建设数字中国石油、落地数字中国、打造世界一流企业为目标,遵循"价值导向、战略引领、创新驱动、平台支撑"总体方针,按照业务发展、管理变革、技术赋能三大主线实施数字化转型,打造油气工业新基建、新业态和新模式,中国石油数字化转型与智能化发展总体框架(2019 年)如图 6-3-6 所示。通过新型油气工业互联网技术体系建设和以云平台为核心的应用生态系统建设,打造"一个整体、两个层次"的数字化转型战略架构和系统化支撑能力,如图 6-3-7 所示。

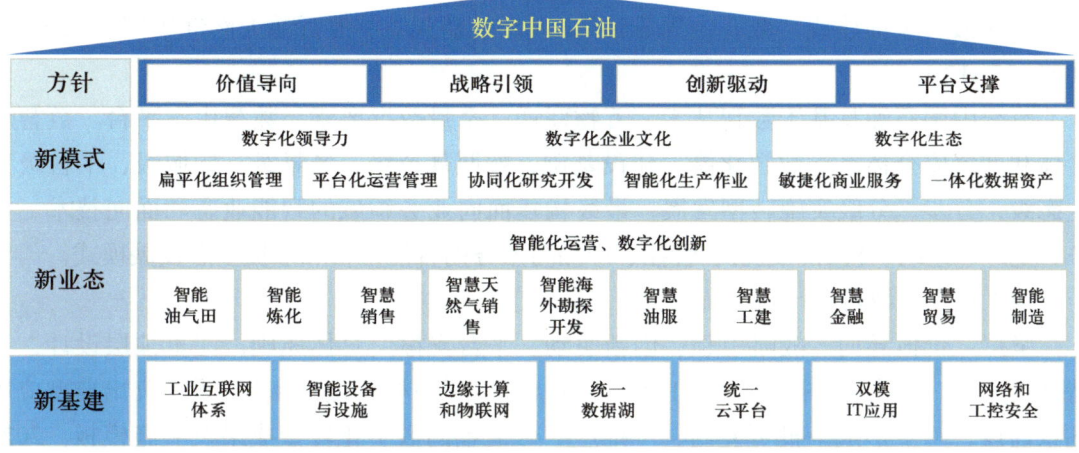

图 6-3-6 中国石油数字化转型与智能化发展总体框架

基于数据湖仓的数据生态体系构建方法
——以油气上游业务为例

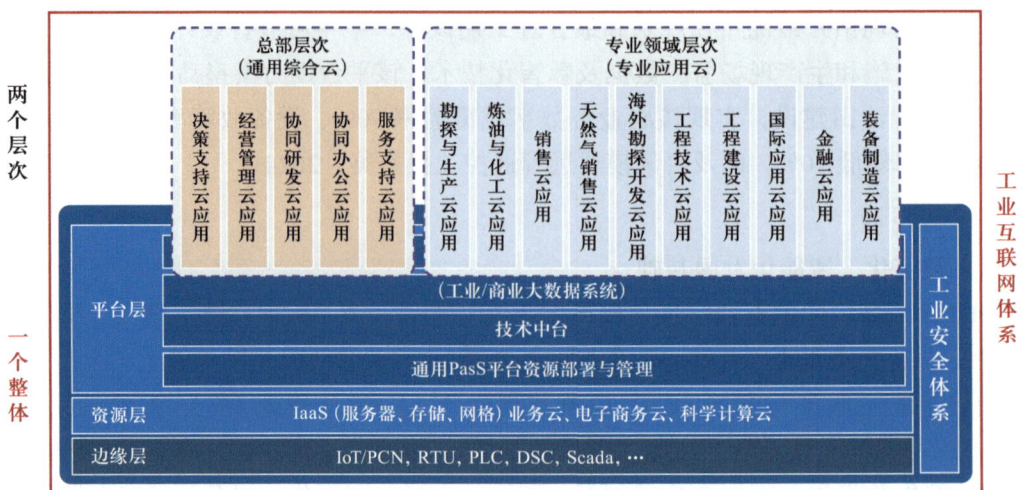

图6-3-7 中国石油数字化转型"一个整体、两个层次"的系统化支撑能力体系

其中:"一个整体"即建设集团级统一的云计算及工业互联网技术体系,包括总部"三地四中心"云数据中心和统一的智能云技术平台,构建统一的数据湖、边缘计算等技术标准体系,以及适应云生态的网络安全体系。"两个层次"即支撑总部和专业领域两级分工协作的云应用生态系统。

(3)转型发展目标。

2021年,中国石油印发《关于数字化转型、智能化发展的指导意见》,将推进数字化转型、智能化发展作为贯彻新发展理念、融入新发展格局的战略选择和实现公司高质量发展的重要引擎。进一步明确了数字化转型、智能化发展的指导思想、基本原则、总体目标、重点任务及保障措施。围绕"数智中国石油"建设目标,加快构建"一个整体、两个层次"新型数字化能力,创新推动数字技术与能源产业深度融合,创新生产运行、经营管理等数字化模式。计划到2030年,基本建成"数智中国石油",实现全价值链业务的数字化和主要作业场景的智能化;到2035年,全面实现数字化转型,智能化发展取得显著成效,全面建成"数智中国石油"(国家能源局/中国石油天然气集团有限公司,2023-05-12)。

数智中国石油是基于数智技术、万物联通、全量数据要素、数智生态平台、数智孪生体和网络安全体系等数智化能力建设基础,按照规范级、场景级、领域级、平台级和生态级,分步、分级实施转型发展,最终构建面向业务领域的智能业态和面向技术、业务、生产、组织、科研、运营、管控、产品与服务的智能运营和敏捷生态发展模式。

(4)重点领域转型计划与措施。

坚持"价值导向、战略引领、创新驱动、平台支撑"总体原则,注重顶层设计,坚持试点先行,强化协同推进。2021年,率先启动首批14家试点示范建设,突出典型应用场景建设,初步形成一批可复制、可推广、可借鉴的数字化转型成果及实施模板。2023年,启动第二批16家数字化转型试点建设。

在通用技术领域，着力高水平科技自立自强，坚持创新驱动、技术赋能，加快推进技术研究攻关，持续提升云计算平台，扩大中国石油PaaS平台的算力规模和资源池，满足数字化转型试点单位云应用运行环境需要。建立云边端协同的边缘计算平台，支持相关转型场景的边缘应用。深入开展无人机、设备智能诊断、远程监控、协同优化模型等技术研究，推进智能钻完井远程管控、智能井场、智能站场、智能作业区、智能炼厂等场景落地应用。

在油气和新能源领域，打造"智能油气田"，推进"油公司"组织运营模式转型。以感知、互联、数据融合为基础，加快生产现场的井、站、厂、设备等生产全过程智能联动与自动优化；推进项目、投资、物资、设备、销售等一体化智能管控，实现生产数据实时分析、生产运行智能调控。遵循顶层设计，统一制定了油气勘探、新能源等9个领域业务场景标准模板。试点单位积极推进数字化交付，形成生产指标预测等25种算法模型，建立"生产智慧中心+场站无人值守"的油气开发直管模式，推进生产现场、作业现场等重点领域的一体化管控。

在工程技术领域，打造"智能技服"，支撑国际一流油田技术服务公司建设。建设工程作业智能支持中心（EISC），打造智能作业现场，提供区域后方集中支持和前端即时响应，建立智能井筒，实现作业现场智能预警、作业参数智能优化，实时监控和分析作业状态。

在炼化销售和新材料领域，建设"智能炼化"，支撑炼化业务由"燃料型"向"材料型"转型。重点提升炼化企业的感知能力、分析优化能力、预测能力、协同能力，构建以高效供应链、精益化运营、安全化工控、互联化运维为特色的智能炼化新模式。

（5）上游业务转型建设与实施。

① 转型规划与设计。

进入数字化转型发展阶段，上游业务结合油气与新能源业务转型发展需求，提出了构建并完善数据标准与技术保障体系、数据生态体系、知识生态体系、IT资源共享体系——"四类体系"，打造勘探与生产智能云平台、知识挖掘与共享平台、PaaS云技术平台、数据共享平台——"四类平台"能力，培育智能应用生态、多云互联生态、互信运营生态、开放数据生态——"四类生态"的愿景。

遵循数字中国石油总体框架，按照一个目标、三大转型模式、八大转型能力、四大转型方向、两大技术支撑建设规划（图6-3-8），以推进项目、投资、物资、设备、销售等业务一体化智能管控，以感知、互联、数据融合为基础，实现生产数据实时分析、生产运行智能调控为目标，推进"油公司"组织运营模式转型，建设覆盖勘探与生产、经营管理、安全环保等全领域、全业务流程的智能应用新模式和全面感知、自动操控、智能预测、持续优化的智能化应用生态。"十四五"期间，重点推进"一朵云、一个湖、一个平台、一个门户"——"4个1"工程在转型试点油田的落地，初步形成全面感知、自动操控、智能预测、持续优化的智能化应用生态，初步建成以"数字化、自动化、协同化、智能化"为标志的世界一流智能油气田。

基于数据湖仓的数据生态体系构建方法
——以油气上游业务为例

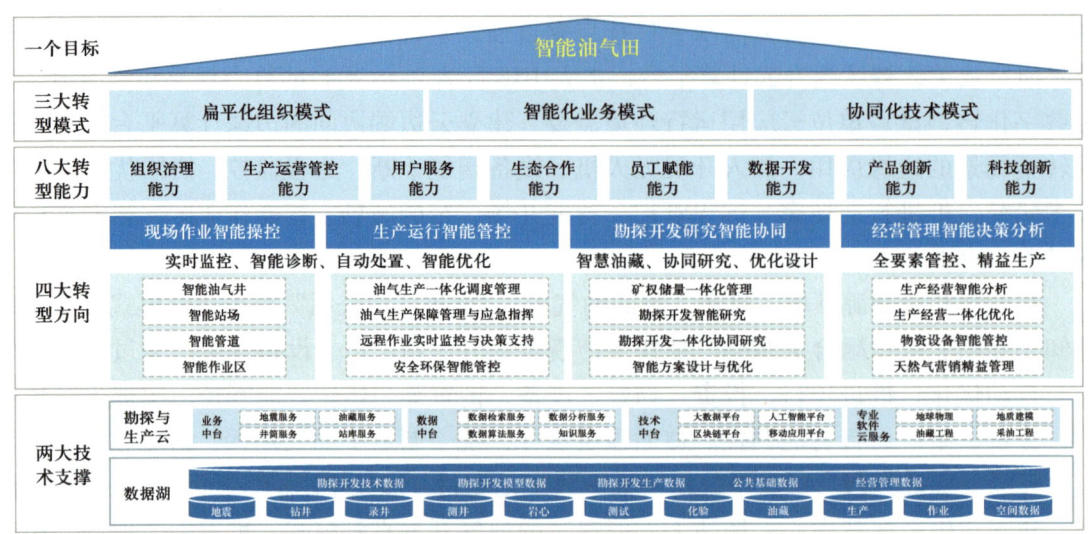

图 6-3-8 中国石油上游业务数智化转型总体规划

② 重点建设与实施。

2020 年启动了以勘探开发梦想云为核心的"4 个 1"工程建设,将"十二五"与"十三五"期间的信息化重点项目,包括:勘探与生产技术数据管理系统(A1)、油气水井生产数据管理系统(A2)、采油与地面工程管理系统(A5)、工程技术生产运行管理系统(A7)、勘探与生产调度指挥系统(A8)、油气田生产物联网(A11)、油气生产物联网系统(A12)、勘探开发认知计算平台(E8)、勘探与生产 ERP 集成应用系统等项目成果基于"一朵云、一个湖、一个平台和一个门户"进行集成,将上游业务信息化数字化建设模式、应用模式、组织模式转型作为上游业务数智化转型的先行基础,形成两大技术支撑能力。同时,彻底解决信息化项目建设阶段的数据库多、平台多、孤立应用多的"三多"问题,彻底摆脱数据共享难、应用开发难、技术复用难、业务协同难的"四难"困局,助力上游业务信息化进入数字化、智能化发展新阶段。

"一朵云"建成油气工业互联网平台自主化产品——梦想云,实现了工业设备连接 1090 万个以上,适配设备 1000 余种,支持工业协议 140 余个,形成核心知识产权 105 项;"一个湖"建成国内油气行业最大数据湖,创新了连环数据湖技术体系、实现互联互通,主湖负责核心数据统一管控、全局共享,区域湖负责数据源头治理、大块数据分布存储,研发了多源异构数据采集及入湖技术,制定 14 类采集标准;"一个平台"建成了统一的技术平台,基于开放的云技术底台,自主研发了数据中台、技术中台、智能中台、业务中台和场景中台,率先建立油气行业云原生标准(规范)20 余项,构建了 2500 余个开发流水线,通过业务中台,支撑跨专业、跨机构、跨应用的数据共享与能力复用,基于数据中台、智能中台和智能图谱,生成井筒百科,实现让数据说话;"一门户"搭建千人千面应用的"统一入口",支持 PC 端、移动端、PAD 端等多终端、多平台应用接入,支持"千人千面"岗位界面及功能定制和任务驱动的智能共享、数字映射等应用体验。

创新了"云—边—端"一体化云生态：a. 油气生产云边端智能技术，实现生产现场智能操控；b. 边侧模型自适应推理，实现生产实时优化；c. 云侧模型训练，全域智能预测、流程优化。形成了智能传感器、智能 RTU、智能摄像头、AR 智能眼镜、智能巡检机器人等系列产品 30 余款，其中"梦镜"为全球首款 5G 智能防爆头盔。

截至 2022 年底，累计建成数字化井 21.45 万口、站场 2.28 万座，井、站数字化覆盖率分别达到 75%、87%；实现油气生产自动化，井口资料录取、异常识别、工况分析、报表处理等业务工作效率普遍提升 50~100 倍以上。

2023 年，经过 6 年持续研发攻坚、四轮迭代升级，梦想云 4.0 建成了以梦缘、梦溪、梦赢、梦智、梦景产品为主线的 8 层分布式工业互联网架构，赋能油气业务数字化转型、智能化发展，标志着梦想云迈出了油气行业工业互联网平台建设的关键一步。以个人工作室、项目工作室、协同工作室、产品大厅、交易大厅为总体布局，兼顾门户网站、工作空间的智能协同工作环境正式上线运行，开启了油气上游全领域、全应用场景的智能协同一体化工作模式。梦想云连环数据湖及分级数据治理技术，管理了中国石油 60 多年的勘探开发数据，覆盖了 16 家油气田公司、45 余万口井、2.6 万多座站库。基于梦想云连环数据湖的数据管理体系，获得国内首批 DCMM（数据管理能力成熟度评估模型）"稳健级"认证；其分布式私有云数据平台，通过等保三级测评，获得可信云认证，开启油气行业云化应用新时代；自主打造的油气行业"技术中台""数据中台""智能中台""业务中台"和"场景中台"五大中台能力，为业务"上云、用数、赋能"奠定了"积木式开发、模块化应用、敏捷式迭代"新模式；重构的云—边—端协同与智能技术应用体系，实现了对新型工业智能体"血液—心脏—大脑—神经—四肢—免疫系统"的全面阐释（HUAWEI, et al., 2023）。截至 2023 年 6 月，梦想云共获得专利 58 件、软件著作权 38 项，研发中台应用工具 100 多个，联合合作伙伴 50 多家，上架专业产品 200 多个，具备了跨行业、跨领域、跨区域的业务支撑能力。2022 年，梦想云入选工信部大数据产业发展试点示范项目，入围国家工信安全中心"工业互联网产品白名单"，入围发改委大中小企业融通创新专项行动。

（6）油气田企业转型试点案例。

① 长庆油田。

长庆油田公司面对在持续稳产上产与用工总量控制、油气资源品位下降与效益开发、安全生产形势与复杂生产环境等矛盾，以及与生产区域分布点多、面广、线长等困难，组织开展了基础设施数字化、数据治理集成化、勘探开发协同化、现场作业智能化、生产管控一体化、管理决策科学化、数智建设示范化等工作，不断探索数智化变革新方法、新技术、新机制，扎实推进生产运行方式、经营管理模式、劳动组织架构三大变革，持续深化数智技术与油田主业的融合，为"油公司"组织运营模式转型、快速建产、高效开发和高质量发展提供支撑。

从 2008 年开始，长庆油田数智建设先后经历了三个发展阶段：一是专业系统独立建

基于数据湖仓的数据生态体系构建方法
——以油气上游业务为例

设阶段,按照"三端五系统三辅助"总体规划,先后完成网络基础设施、专业数据库及专题应用系统建设;二是数字化集中建设与应用阶段,完成以油气物联网、生产指挥调度、安全环保监控、应急抢险、油气藏管理、经营管理为核心功能的集中建设与集成应用;三是数字化转型智能化发展阶段,完成深化系统共享应用集成化探索,包括智能油气水井、无人值守站建设和标准规范、统建及自建系统的推进与融合等工作,以及下一步智能化探索等内容,加快从"数字化"向"智能化"迈进的步伐。

作为中国石油数字化转型、智能化发展试点建设单位,长庆油田按照"固化提升、完善补充、关停孤岛、创新发展"思路,制定《长庆油田数字化转型智能化发展实施细则》,对数字化转型、智能化发展做了新的阐述。通过总结"十三五"成果,"十四五"规划方案以"三论三新"(方法论、系统论、价值论,新基建、新经济、新发展)为引领,探索出一条大型油气田企业数字化转型、智能化发展的有效路径。

2022年初,长庆油田实现油田数字化转型1.0,信息化标准规范基本健全、数字化基础能力基本完善,现场作业、生产运行、协同研究、经营管理等方面实现数字化技术规模应用,采油、采气、输油等智能化示范区建设初见成效,助推了勘探开发一体化、地面工艺优化简化和劳动组织结构扁平化。按照"归核化、市场化、数字化、一体化"思路,打造"四化"特色油公司管理模式,为"十四五"末油气当量突破 $6800 \times 10^4 t$、力争 $7000 \times 10^4 t$、实现量效齐增打下了坚实基础,推动油田在数字能力、管理能力、运营能力、研发能力等方面全面转型升级。为持续推进数字化建设,应用新一代信息技术创新建成油田数字神经与大脑系统,完成数字化转型从1.0向2.0时代升级,制定了数字化转型2.0战略规划(图6-3-9),基本实现实时感知、透明可视、智能分析、自动操控的智能油气田,全面提高生产效率和油气田开发效益。融合与赋能资源勘探、油气开发、新能源三大主业,实施新时期高质量发展规划和油公司模式改革方案,合力打造数智赋能、安全高效、行业领先、国际一流的"长庆数智"品牌,建成"主营业务突出、生产绿色智能、资源高度共享、管理架构扁平、质量效益提升"的长庆特色油公司组织运营模式。"十四五"期间基本建成智能油气田,为"十六五"全面建成智慧油气田明确前进方向(胡建国等,2023)。

②塔里木油田。

塔里木油田面对作业区自然环境恶劣、地质条件复杂、点多面广线长、社会依托条件差和勘探开发难度大、生产管控风险高、施工作业保障难的特点和难点,对标世界一流油气田企业,将提升规模实力、科技创新能力、风险管控能力和数字化智能化水平,推进业务归核化、人才结构优化和绿色低碳发展,加强基础与精细管理、制度流程优化、市场化运行机制建设和品牌建设,作为其数字化转型发展和建设世界一流现代化大油气田的内在需求;将增储上产、提质增效、管控风险、造福员工作为推进领导力、运营模式、创新能力、技术与装备、劳动力转型和实现向数字化、智能化油气田转型的驱动力;将健全体制机制、构建数字化应用生态和培育数智化发展的企业文化作为其可持续发展

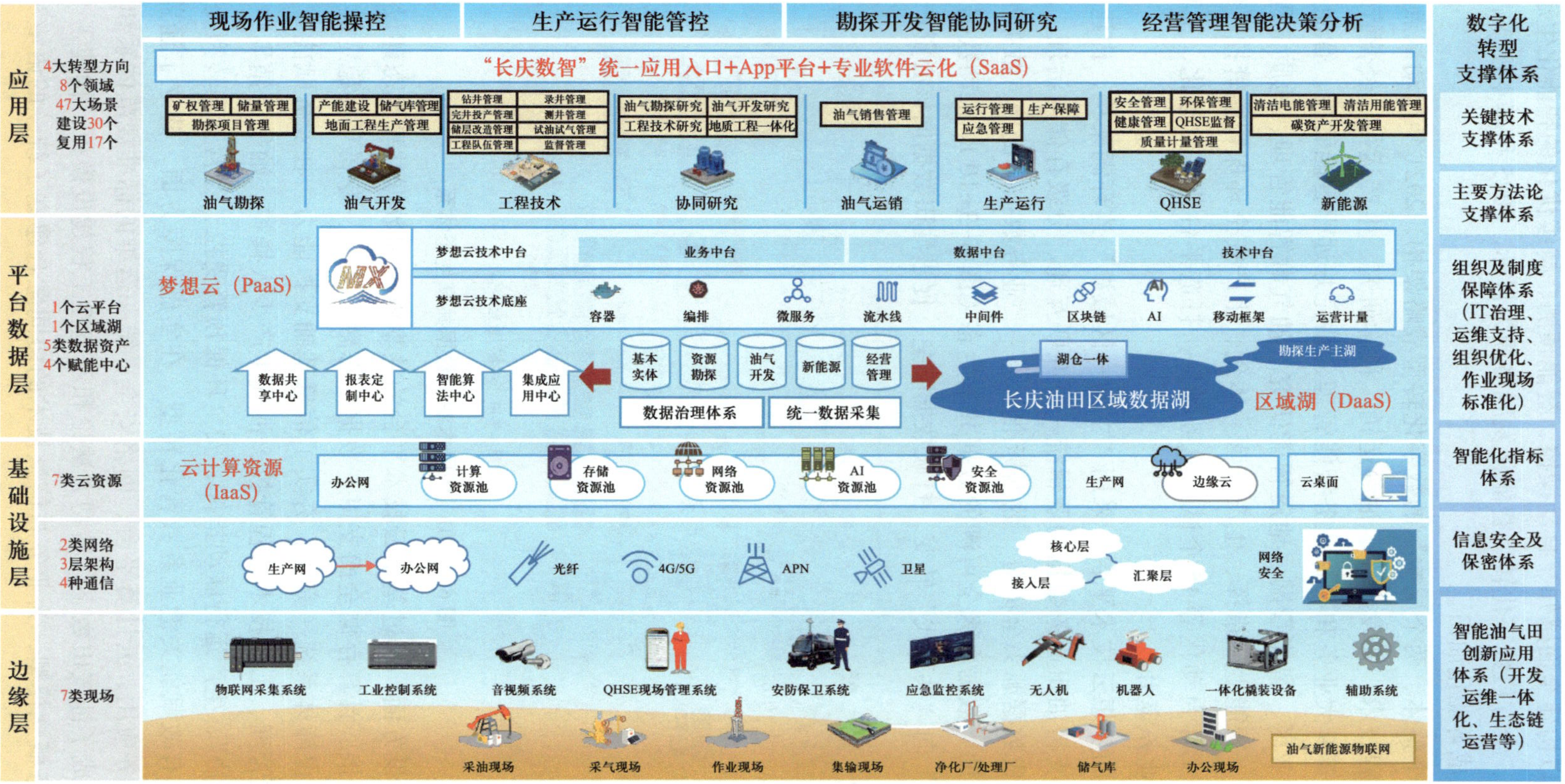

图 6-3-9 长庆油田数字化转型 2.0 战略规划

基于数据湖仓的数据生态体系构建方法
——以油气上游业务为例

的重要保障，以构建全面感知、自动操控、智能预测、持续优化的智能化生态运营模式，形成全业务链、全方位数字化转型智能化发展格局为目标，2025年基本建成智能化油田，2030年全面建成智能化油田。

按照"一个整体、两个层次"的数字化转型战略架构，2021年启动试点建设，面向油气勘探、工程技术、开发生产、油气运销、科学研究、生产运行、经营管理、安全环保、协同办公等9大业务和物探业务智能管理、钻完井远程智能管控、智能井场、智能站场、智能作业区、智能管网、地震智能研究、油气藏智能管理、地质工程协同研究、智能实验检测、智能生产指挥、生产经营一体化、生产安全环保智能管控、维稳安保智能防控、事务工作自动化等15个试点业务场景，打造平台化、生态化、工程化支撑能力，全面赋能业务应用。

基于统一的梦想云技术平台，采用"主湖—区域湖"连环湖架构，构建油田公司数据共享生态，支持油田业务数据的逻辑统一、互联互通、分级存储与治理、就近访问与协同共享，形成数据源头全覆盖、数据标准全统一、业务数据全链接、数据治理全方位、数据服务全自助、数据血缘全可溯的数据共享生态（图6-3-10），推动数据应用模式由传统"竖井式"向"共享式"转变，打破数据壁垒，促进油田数据向核心资产转化。

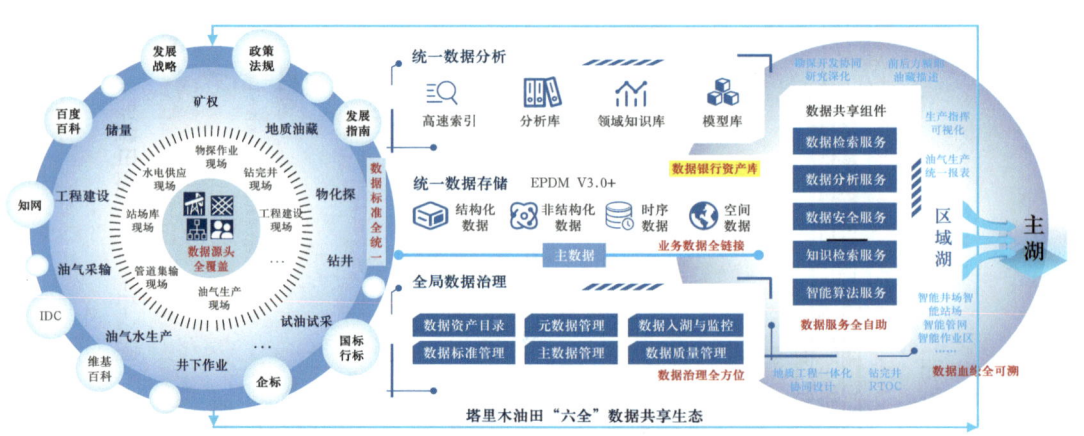

图6-3-10 塔里木油田数据共享生态体系

在基础建设方面，通过基于云技术平台的共享能力和数据共享生态建设，实现了通信网络闭环链接、计算存储全面支撑、数据生态融合共享、专属平台稳定健壮、坦途门户便捷高效、保障体系统一完备，夯实了信息基础支撑能力。在业务赋能方面，实现了油气勘探在线管理、工程技术远程管控、油气生产少人操控、油气运销集中调控、科学研究"三共四协"、生产运行联动指挥、安全环保预警受控、经营管理转型提效、协同办公跨越时空，有效赋能关键业务数智化转型。在实施保障方面，建立了涵盖数据采集、数据管理、业务应用、云计算平台、网络安全、统一运维的标准规范体系和数智化转型技术体系，形成了油气田数字化转型方法论和示范性工程建设模板；构建了10大业务领域1233个业务概念模型，为业务与信息技术的协同融合建立了统一的语境和沟通桥梁；

丰富并拓展了 EPDM 勘探开发专业数据模型的内涵与范围，为勘探开发专业数据湖建设奠定了坚实基础；沉淀了 56 种算法模型，有效支撑智能钻完井、智能井场、智能站场、安全环保智能管控、智能处理解释等场景应用；形成了 137 个可复用模块/组件产品，可供其他油气田公司共享应用（王利云等，2024）。

其中，专属平台是指基于中国石油梦想云平台和上游业务数据共享生态体系，在结合油田个性化业务需求并融合其原有的数字化建设成果的基础上打造的"坦途"云计算与数据共享生态平台；科学研究"三共四协"是指在软硬件、数据、成果等三项基础资源方面，由"分散"向"共享"转变，可减少数据准备时间 50%；在跨专业、跨部门、前后方、甲乙方等四类协同研究方面，由"单兵"向"协同"转变，可提高研究效率 30%。

第七章　基于数据生态的知识扩展

通过数据湖仓云数据生态建设，可满足前台应用对数据准确性、多样性、快捷性、透明性的基本需求，同时也会大大降低用户使用智能分析的复杂性和技术门槛，快速支撑业务应用对数据智能应用的迫切需求，有效缩短数智化应用的研发与创新周期，降低企业成本投入。

数据湖仓云数据生态体系的建设与应用，有利于打造"五通"能力，即：

（1）横向打通：消除以往的部门之间的壁垒，实现数据跨专业共享，有利于开展基于多专业数据融合的智能分析和知识发现。

（2）纵向打通：支持跨企业内部多层级业务管理，形成统一的数据资源及数据资产目录，支持多层级数据分析与共享。

（3）内外打通：支持内外部数据采集、共享与关联分析，进一步提升数据分析能力及价值。

（4）管理畅通：统一企业数据治理架构和组织体系，建立企业统一的数据、技术、平台、安全、管理与治理等方面的标准、技术和制度体系，为企业数智文化建设赋予真实可及的具象化内涵，有利于统一和提升各级管理者对企业数字化与智能化发展战略及目标的认知，从而帮助他们做出更加科学合理的决策。

（5）服务融通：通过构建统一的数据服务门户及可定制的应用服务功能，支持"千人千面"应用模式落地。同时，基于数据、技术、智能等能力共享，实现服务融通，支持开展更加广泛的大众数智创新活动，有利于进一步盘活数据资产，促进数智生产力开发并最大化数据要素价值。

数据湖仓云数据生态全面增强企业的数据资产化能力，提升数据应用价值，进一步激发企业的数字化转型热情。基于数据湖仓云数据生态，可带动企业业务应用生态与运营管理生态的开发和扩展，支撑企业的数字化、智能化转型战略发展，并驱动云数据生态的深化应用和发展。

为了深入理解企业数据生态建设的理念、方法和意义，对数字化与智能化的本质、数字化转型、数字／智能／智慧油田，以及现代数据平台等四个方面进行补充介绍。

一、关于数字化、信息化与智能化的本质

数字化是指将对复杂多变的客观事物的描述转变为可以度量的数字、数据及文字，再用这些数字、数据建立起适当的数字化模型，并由计算机系统进行统一处理，这就是

数字化的基本过程。

信息化是指人们利用现代信息技术，在设定范围内实现信息资源的高度共享，推动人的智能潜力和社会物质资源潜力充分发挥，使社会经济向高效、优质方向发展的历史进程。

智能化是指在计算机网络、大数据、物联网和人工智能等技术的支持下，事物所具有的能满足人的各种需求的属性，是在数字化基础上应用智能技术，全面升华类似人类的感知、记忆、思维、学习、自适应和行为决策的能力。

在 IBM 著名的 DIKW 模型中（图 7-0-1），对数据（Data）、信息（Information）、知识（Knowledge）和智慧（Wisdom）的定义为：

数据是对客观事物及其属性和事物之间关系的抽象表示；信息是数据所表达的含义；知识是用于认识事物和解决问题的信息逻辑；智能是智慧和能力的总称，是为认识事物、解决问题而运用知识的能力，智慧是"生命"所具有的一种高级创造性思维能力。

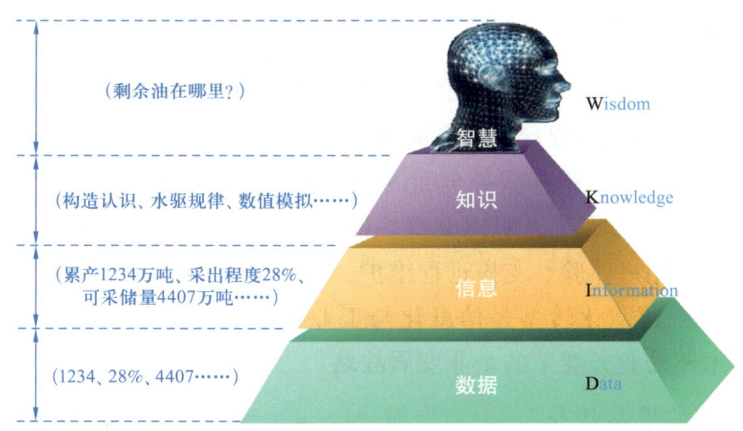

图 7-0-1　IBM DIKW 模型

智能化的主要特征是以人类的需求为中心，能动地感知外界事物与环境，按照与人类思维模式相近的方式和给定的知识与规则，通过对感知数据的智能处理和分析，给出更科学合理的结果，从而对随机性的外部环境做出决策并付诸行动。

智能化系统三层模型：边缘层——实时感知与传感 + 智能操控；计算层——自主学习与建模；分析层——预测与决策。

智能化发展趋势：产业智能化、人机交互智能化、基础设施智能化。

二、关于数字化转型

数字化转型是企业在全球数字化变革的背景下，为适应数字经济环境下企业生存发展和市场变化的需要，对企业进行的主动的、系统性、整体性的转型升级；是通过新一代数字技术的深入应用，构建一个全面感知、无缝联接、高度智能的数字孪生企业，进

基于数据湖仓的数据生态体系构建方法
——以油气上游业务为例

而对企业战略体系、商业模式、业务流程、生产运营、组织架构等进行全方位、系统化变革和重塑,实现企业的成功、增长与发展;是将传统的基于工业技术专业分工取得的规模化效率的发展模式,逐步转变为基于信息技术赋能作用来获取多样化效率的发展模式;是信息技术引发的系统性变革。根本任务是价值体系优化、创新和重构。核心路径是新型能力建设。关键驱动要素是数据,如图7-0-2所示。

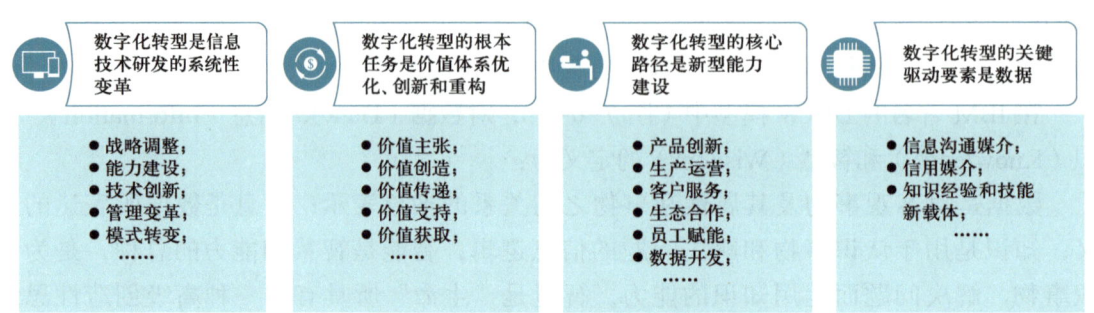

图 7-0-2 对数字化转型的几点关键认识

1. 数字化转型的本质

(1)技术驱动下的产业变革:数字化转型是新一代信息技术驱动的产业变革,是利用新一代 IT 技术,打通全流程、全生命周期、全产业链的数据采集、传输、共享和利用,实现生产、运营、管理、营销和服务全面的数字化,推动业务模式重构、管理模式变革、商业模式创新与核心能力提升,对内支撑敏捷生产、动态维护、精益管理、实时监控和智能决策;对外改善用户体验、支撑远程维护、构建产业生态等。

(2)价值创新:数字化转型是信息化与工业化的高度融合,是以价值创新为目标,用数字与智能技术驱动业务变革的企业发展战略。

2. 数字化转型的根本任务

(1)首先解决认识问题,即数字化转型是关系到企业生存与发展的一项长期性系统工程。因此,必须首先提升对为什么要做数字化转型的认识和解决内生动力问题,接下来才是如何做好数字化转型战略规划和任务计划等问题。

(2)数字化转型的根本任务,是价值体系优化、创新和重构,为有效实现数字化转型,按照价值体系优化、创新和重构的要求,企业应从发展战略、新型能力、系统性解决方案、治理体系、业务创新转型五个方面构建系统化、体系化的关联关系,系统、有序、务实地推进数字化转型进程,创新价值创造、传递、支持、获取的路径和模式(引自:团体标准 T/AIITRE 10001—2020《数字化转型 参考架构》),如图7-0-3所示。

3. 数字化转型的现实意义

(1)通过数字化与智能化技术的应用,有助于打破传统的生产方式,有助于淘汰陈旧、低效、高能耗的生产力,有助于发展高效产能,实现提质增效、降本增效。

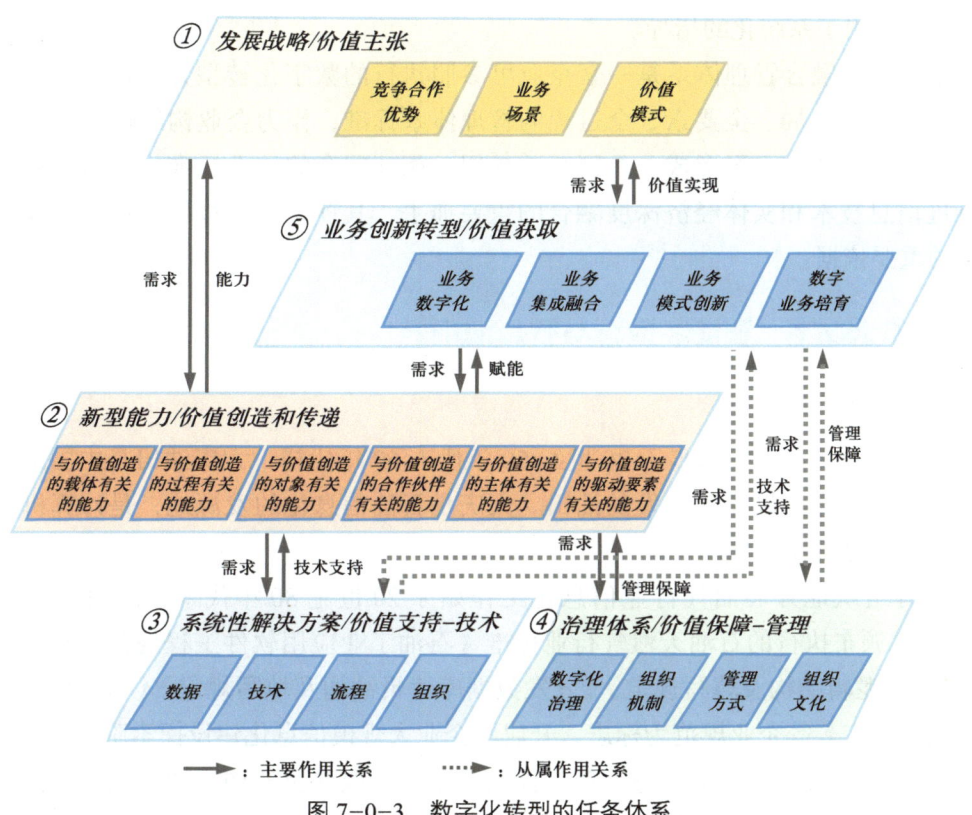

图 7-0-3　数字化转型的任务体系

（2）通过数字化与智能化手段，能够有效发现或快速评估影响企业发展的短板，持续提升企业的整体绩效。

（3）通过数字化、智能化技术的全面应用，有助于企业积蓄发展动力、创新发展要素、打造新型发展能力。

（4）通过企业数字化与智能化能力建设，有助于全面提升企业创新创效能力，全面激发企业发展活力和创新动能，提升企业生存和发展的能力。

4.数字化转型的实施方法

信息化和工业化融合生态系统国家标准 GB/T 23000—2017《信息化和工业化融合管理体系　基础和术语》、GB/T 23001—2017《信息化和工业化融合管理体系　要求》、GB/T 23002—2017《信息化和工业化融合管理体系　实施指南》、GB/T 23003—2018《信息化和工业化融合管理体系　评定指南》、GB/T 23004—2020《信息化和工业化融合生态系统参考架构》、GB/T 23005—2020《信息化和工业化融合管理体系　咨询服务指南》、GB/T 23006—2022《信息化和工业化融合管理体系　新型能力分级要求》、GB/T 23007—2022《信息化和工业化融合管理体系　评定分级指南》、GB/T 23011—2022《信息化和工业化融合　数字化转型　价值效益参考模型》，以及《数字化转型知识方法系列之十三：数字化转型实施方法　两化融合管理体系系列标准》（先进制造业，2021-1-20）对实施数字化转型给出了系统化的指导。

其中，两化融合管理体系是一套企业可参照执行的数字化转型方法体系，是我国首个覆盖两化融合全局、全要素、全过程的管理体系标准，作为企业构筑信息时代核心竞争能力的体系方法，已经形成一系列普适易用、相互配套的体系标准，成为国家和地方省市推进信息技术和实体经济深度融合的重要抓手，其评定结果被作为评判企业综合发展潜力的重要依据。

三、关于数字、智能、数智与智慧油田

1. 国内发展简史

石油工业数字化应用起步于20世纪50年代末60年代初，大庆油田是中国最早采用计算机技术参与石油勘探和开发的油田。大庆是石油信息化的发源地，是计算机人才培养的摇篮（陈建新等，2021）。

国内有组织地开展油气行业信息化工作始于20世纪80年代末，以组织编制并于1991年正式颁布执行的石油天然气行业标准《石油工业应用软件工程规范》和中国石油《勘探数据库逻辑结构及填写规定》《开发数据库逻辑结构及填写规定》《钻井数据库逻辑结构及填写规定》等企业规范为标志，开启了企业大规模信息化建设探索阶段。

1999年，由大庆油田王权等人首次提出数字油田概念及架构，国内众多油气田结合自身业务发展需要，纷纷启动了面向其核心业务领域的数字油气田建设。

数字油田概念自提出之时至今已走过了25年的发展历程。随着数字与智能技术的快速进步和应用的深化，对数字油田的理解和定位也在发生着变迁，智能油田、数智油田及智慧油田成为继数字油田建设热潮之后新的目标选择。

无论是国内的数字油田、智能油田、数智油田、智慧油田，还是国外的Smart Field、eField、Field of the Future、i-Field、Digital oil Field of the Future、Intelligent Field、Digital oil and gas Field，均是概念提出者基于业务发展需要，结合时代背景与技术能力，提出的面向一定业务范围的可实现目标的抽象。因此，由于概念提出者所处视角不同而导致的不能进行统一精准定义，但随着数字化与智能化技术的进步，这些概念内涵的演变趋势是相同的，即采集自动化—业务全面数字化—生产操控智能化与自动化—研究与管理协同化—决策智慧化。

2. 现代内涵

智能油田、数智油田、智慧油田是数字油田发展的高级阶段，是在数字油田基础上提出并发展出的姊妹概念，现已成为油气田企业数字化转型与智能化发展的目标和方向。

IBM认为，智慧油田借助先进的计算机技术、自动化技术、传感技术和专业数学模型等建立覆盖油田各业务环节的自动处理系统、模型分析系统与专家系统，是能够全面感知、自动操控、预测趋势、优化决策的油田；智慧油田借助业务模式和专家系统，能

够全面感知油田动态、自动操控油田活动、预测油田变化趋势、持续优化油田管理、虚拟专家辅助油田决策、智能管理油田。

数字油气田是现代油气工业与先进信息技术深度融合的产物，以对油气田勘探、评价、开发、生产与集输等全过程及核心资产全生命周期进行全空间、连续地、实时或准实时地数字化采集、可视化模拟和数字化管理为目标，进而优化生产流程，提高资产利用率，提升管理效率与运营水平，改善 HSE，提高资产净现值。

智能油气田是融合了物联网、大数据、人工智能等技术，以全面感知、智能预测、自动操控、局部最优为目标，对油气田核心资产及关键过程进行实时感知与传感、快速分析与智能预测，进而快速预警、预防性处置或智能操控，全面降低油气田运营成本和 HSE 风险。

数智油气田是利用新一代数字化、智能化技术，加速工业化与信息化的深度融合，实现油气田企业全业务、全过程、全方位的数字化转型，推动油气田企业改革创新与高质量发展。（引自大港油田 赵贤正）

智慧油气田是数字油气田发展的高级阶段，以企业智慧运营为最高目标，对企业价值链进行全面的数字化、智能化和全局优化，实现投资回报最大化（马涛等，2020）。

四、关于现代数据平台

被 IDC 评为领导者的 IBM 认为（IBM，2024b），现代数据平台是一套云优先、云原生软件产品，可以收集、清理、转换和分析组织的数据，以帮助改进决策。现代数据平台通过摄取、存储、处理和转换这些数据来建立对这些数据的信任，确保信息准确及时，减少数据孤岛，实现自助服务，提高数据质量。

现代数据平台，也称为现代数据栈，由五个关键的基础层组成：数据存储和处理、数据摄取、数据转换、商业智能（BI）和分析，以及数据可观察性。

1. 现代数据平台的两个基本原则

（1）可用性：数据在数据湖或数据仓库中随时可用，是存储和计算分开的。基于该原则的功能实现，可以使相对便宜地存储大量数据成为可能。

（2）弹性：计算功能是基于云的，允许自动扩展。例如，如果大部分数据和分析在某一天某个时间被消耗，则可以自动扩大处理规模以获得更好的客户体验，并随着工作量需求的减少而缩小处理规模。

2. 现代数据平台遵循"敏捷"哲学

"敏捷"是一种软件开发哲学，它提高了软件开发与交付的速度和效率，但没有消除"人为"因素。它强调面对面对话是最大限度地提高沟通的一种方式，同时也强调自动化是减少错误的一种手段。

现代数据平台不仅由技术支持，而且由 DevOps、DataOps 和敏捷哲学支持。尽管 DevOps 和 DataOps 的目的完全不同，但它们都类似于敏捷哲学，旨在加速项目开发或优化数据服务工作周期。

（1）DevOps 是一种专注于产品开发与运维的敏捷方法，是通过组合并自动化软件开发与 IT 运营的工作，加速交付更高质量的应用程序和服务。

（2）DataOps 是一种协作式数据管理实践，旨在加快数据交付速度、保持质量、促进协作并从数据中获取最大价值；DataOps 利用自动化技术来简化多项数据管理功能，这些功能包括：在需要时在不同系统之间自动传输数据，以及实现流程自动化，识别并解决数据中的不一致和错误。DataOps 优先实现重复和手动任务的自动化，以便让数据团队可以进行更具战略性和挑战性的工作。

简单地说，DevOps 关注的是简化软件开发任务，而 DataOps 则专注于数据管理和数据分析流程的自动化。

3. 现代数据平台的五个基础层次

（1）第一个层是存储和处理。

现代数据存储系统侧重于高效地使用数据，包括在哪里存储数据及如何处理数据。最流行的两种存储方式是数据仓库和数据湖，数据湖仓和数据网格也越来越受欢迎。数据湖仓中融合了大数据分析和商业智能等数据分析和处理框架，支持对批量与流式大数据的实时或准实时处理。

（2）第二层是数据摄取。

数据摄取是将数据放入存储系统以供将来使用的过程。简单来说，数据摄取意味着将数据从各种数据来源移动到一个中心位置，从那里对其进行记录、保存或进一步处理、分析，这依赖于可访问、一致和准确的数据。其中要使用的两个处理框架是：

① 批处理（Batch Processing）是最常见的数据摄取形式，它收集源数据并将其分组为批，然后发送到目标存储位置。批处理可以使用简单的时间表启动，也可以在满足某些预定条件时激活。

② 实时处理（Real-time Processing，也称为流或流处理）不会对数据进行分组。相反，数据一旦被识别出来，就会被获取、转换和加载。实时处理成本更高，因为它需要持续监控数据源并自动接受新信息。

（3）第三层是数据转换。

数据转换是指更改数据的值、结构或格式的处理过程，这通常是数据分析项目所必需的。使用数据管道时，数据可以在到达存储目的地之前或之后进行转换。

（4）第四层是商业智能（BI）和分析工具。

BI 和分析工具可用于访问、分析数据并将其转换为可视化，从而提供可理解的见解。为研究人员和数据科学家提供详细的情报可以帮助他们做出战术和战略业务决策。

（5）第五层也是最后一层，是数据可观察性。

数据可观察性描述了监视和观察数据状态及其健康状况的能力。它涵盖了许多活动和技术，当这些活动和技术结合在一起时，用户可以近乎实时地识别和解决数据难题。

数据可观察性通常包括以下功能：

① SLA 跟踪（SLA Tracking）：根据预定义的标准衡量管道元数据和数据质量。
② 监控（Monitoring）：一个详细的仪表板，显示系统或管道的运行指标。
③ 日志记录（Logging）：保存事件的历史记录（跟踪、比较、分析），以便与新发现的异常进行比较。
④ 警报（Alerting）：对异常和预期事件发出警告。
⑤ 分析（Analysis）：一种适应客户系统的自动检测过程。
⑥ 跟踪（Tracking）：提供跟踪特定指标和事件的能力。
⑦ 比较（Comparisons）：提供历史背景和异常警报。

五、开放地下数据空间论坛（OSDU™）

开放地下数据空间论坛（The Open Group OSDU™）是一个专注于地下数据（勘探、开发、油井）领域，推动能源行业数字化转型和创新的行业论坛，该论坛提供了一套开放、安全、基于行业标准的、与技术无关的数据管理平台。所有会员和第三方需要在这个共同的基础上建立数据生态，赋能基于数据驱动的云原生应用，进行"通用核心+业务领域"数据的无缝交换。

该论坛发布的成果，为油气勘探开发领域现代数据平台建设提供了架构样例，同时，也为基于数据湖仓的数据生态体系建设提供了理念参考，有待国内石油行业用户的参与及其数据生态的融合发展。

六、工业元宇宙

参考百度百科与维基百科，元宇宙（Metaverse）是指通过数字技术构建的虚拟世界，是一种基于泛在连接的、整合了多种沉浸式交互技术的虚拟现实应用场景，又称元界、超感空间、虚空间或灵境（钱学森）；是一个基于未来互联网、具有连接感知与共享、可在线与现实世界进行交互的、虚拟增强的物理现实。

随着元宇宙技术的不断成熟和应用场景的不断丰富，未来元宇宙将演化为一个超大规模、极致开放、动态优化的复杂系统。

工业元宇宙是将元宇宙技术及理念应用于工业领域，构建一个高度互联的、虚拟与现实相融合的未来工业生态系统。在这个系统中，各种工业设备、生产线甚至整个产业链都将以"数—实"完全融合的形态存在，实现"人—虚拟空间—现实"的映射、交互、联动与融合，支持信息的实时共享、协同作业和持续优化，可促进工业生产全要素、全产业链、全价值链的协同、智能、开放、智慧与服务，从而全面重塑社会工业形态并提升工业价值创造能力。

数字化、智能化、数据平台技术，以及基于数据湖仓的数据生态体系建设，为未来工业元宇宙的建设提供了基础性支撑。

七、结束语

随着 5G 通信、物联网、大数据、云计算、机器学习（ML）和人工智能（AI）等技术的快速发展，当今世界已从第三范式——计算科学，即通过计算模型与系统模拟进行复杂过程的科学研究与发展模式，进入到第四范式——数据科学与科学大数据，即实验归纳、模型推演、仿真模拟和数据密集型科学研究与科学发现发展新阶段[图灵奖获得者、关系型数据库之父吉姆·格雷（Jim Gary）《科学方法的革命》]，即由对客观世界的物理机理建模模拟研究，发展为对客观世界的数字仿真和基于数据与知识的深度学习建模研究与发现新阶段，标志着数据驱动下的科学研究与科学发现时代已经到来，"一切皆需/须智能，一切皆可智能"成为数据科学时代的重要发展理念。

数字化与智能化是当今最先进和最具穿透力的生产力，近十年保持高速发展，围绕数字化构筑的数字经济已经成为推动经济发展的新引擎之一，它不仅改变了传统产业的运营方式，也创造了全新的产业生态，成为当前经济发展的重要方向（数栈君，2024）。

产业数字化推动了我国数字经济快速发展，数字化转型、智能化发展已成为油气行业的重要战略选择，数字化、智能化技术的应用，已成为油气行业降本增效、高质量转型发展的关键。

数据湖仓（湖仓一体）具有现代数据平台的所有基本特征，同时结合数据生态需求扩展了更加丰富的内涵和功能，特别是基于油气工业的复杂业务形态的应用，为数据湖仓技术提供了无限发展与扩展的空间。

数据湖仓作为最新的现代数据平台，为企业数据资源与数据资产管理提供了完整的解决方案。基于开放式云计算架构和云原生开发与建设模式的数据湖仓，为企业数据治理、质量管理、安全治理提供了多层次、多元化的沉浸式融合能力，使得"治理体系"不仅是停留在纸面上，更是可以落实在数据生命周期的全过程中。

数据化转型、智能化发展是数字经济时代数据、技术与价值等多种因素驱动下的企业高质量发展的方向（马涛等，2021），数字、智能、数智及智慧油气田是油气田企业数字化与智能发展不同阶段的目标或愿景，数字化、智能化是文化、技术和过程，而基于数据湖仓的数据生态体系建设则是支撑数智化转型发展并实现上述目标、过程的基础。

数字经济高速发展时代，数据是企业的重要资产，是数智生产力和新质生产力建设的核心生产资料，依托数据湖仓，管好、用好数据，一方面体现了现代企业的战略、技术、组织等多方面的能力，也体现了企业的认知和使命担当。面对数字化、智能化发展时代的数智化转型大潮，未来已来，将至已至，时不我待，需要果断抉择，在国家数字化、智能化发展宏观战略与政策指导下，在相关法律法规的框架下，遵循国家或行业颁布的相关标准，及早谋划，开创数智化转型新局面；以合法合规、自主安全、自主可控为基本准则，选择技术成熟的合作伙伴与产品，搭建企业数智化转型的数据基础底座，蓄力勃发，开发新产品、建立新生态、新业态，创造新价值，迎接新发展。

参考文献

aqniu. 2023. 协同作战：SOAR+防火墙共同构建严密、高效、无缝的网络安全防线［EB/OL］. https://www.aqniu.com/vendor/96971.html.

AWS. 2024. 什么是向量数据库？［EB/OL］. https://aws.amazon.com/cn/what-is/vector-databases/.

阿里云. 2024a. 数据安全中心［EB/OL］. https://help.aliyun.com/zh/dsc/.

阿里云. 2024b. 数据安全中心（敏感数据保护）［EB/OL］. https://www.aliyun.com/product/sddp.

安恒信息. 2023. 安恒信息连续四年被Gartner技术成熟度曲线报告列为中国云安全"标杆供应商"［EB/OL］. https://www.dbappsecurity.com.cn/content/details2664_17796.html.

北慕辰. 2022. 时序数据库Time Series DBMS［EB/OL］. https://zhuanlan.zhihu.com/p/573239235.

CCSA TC601大数据技术标准推进委员会. 2023a. 数据资产管理实践白皮书（6.0版）［M/EB/OL］. https://www.sgpjbg.com/baogao/111944.html.

CCSA TC601大数据技术标准推进委员会. 2023b. 湖仓一体技术与产业研究报告［ER］. https://www.digitalelite.cn/h-nd-7060.html.

CIO发展中心. 2023.【数据治理】24张架构图穿透数据治理核心内容！［R/OL］. https://mp.weixin.qq.com/s/XyGqXRz6GFESHbZnacnYVg.

操秀英. 2024. 中国海油勘探开发数据湖平台二期启用［N/OL］. https://baijiahao.baidu.com/s?id=1807234501392079458.

禅与计算机程序设计艺术. 2024. 数据质量管理：实用方法和工具［R/OL］. https://blog.csdn.net/universsky2015/article/details/135798695.

陈建新，梁国林. 2021. 奋斗者的脚步——中国石油计算机应用与信息化建设历程［M］. 北京：石油工业出版社.

DAMA International. 2022. DAMA数据管理知识体系指南［M］. 2版. 北京：机械工业出版社.

datablau. 2024. 数据安全管理平台DDS［EB/OL］. https://datablau.cn/index/lists?catname= product_dds_top.

杜金虎，杨剑锋，张仲宏，等. 2020. 中国石油勘探开发梦想云研究与应用［M］. 北京：石油工业出版社.

段鸿杰，马承杰，董琰，等. 2023. 胜利油田数字化转型实践与成效［J］. 石油科技论坛，42（3）：48-55.

范春凤，许海东，黄容萍，等. 2017. 海外勘探开发一体化数据模型标准建设及实践［J］. 石油工业技术监督，33（12）：59-62.

傅一平. 2024. 数据治理：一文讲透数据安全［EB/OL］. https://mp.weixin.qq.com/s/izELayDsBVTiSjqPNpKuOQ.

高级互联网专家. 2023. 数据安全与隐私保护的技术架构：守护数字时代的宝藏［EB/OL］. https://baijiahao.baidu.com/s?id=1772952237700553377.

高级互联网专家. 2023. 数据湖、仓、流、批：选择正确的数据存储策略［R/OL］. https://baijiahao.baidu.

com/s?id=1782268907837717254.

工业和信息化部、国家标准化管理委员会．2023．工业领域数据安全标准体系建设指南（2023 版）［EB/OL］．https://www.gov.cn/zhengce/zhengceku/202312/P020231230385359354775.pdf.

工业互联网产业联盟（AII）．2016．工业互联网体系架构（版本 1.0）［R/M/OL］．http://aii-alliance.org/upload/202003/0302_143638_771.pdf.

工业互联网产业联盟（AII）．2020．工业互联网体系架构（版本 2.0）［R/M/OL］．http://aii-alliance.org/uploads/1/20231101/7409655baaf8eb071cef86b41a1d7995.pdf.

谷雨之际．2022．Gartner DSG 数据安全治理架构及解读［EB/OL］．https://blog.csdn.net/lavend117/article/details/128188356.

谷雨之际．2023．Microsoft 的数据安全治理框架（DGPC）详细解读［EB/OL］．https://blog.csdn.net/lavend117/article/details/128445442.

国家能源局／中国石油化工集团有限公司．2023．《关于加快推进能源数字化智能化发展的若干意见》解读之九［EB/OL］．https://baijiahao.baidu.com/s?id=1766015653780443195，（2023-05-16）．

国家能源局／中国石油天然气集团有限公司．2023．《关于加快推进能源数字化智能化发展的若干意见》解读之八［EB/OL］．https://baijiahao.baidu.com/s?id=1765683421817687730，（2023-05-12）．

国家数据局．2024．数字中国发展报告（2023 年）［R/OL］．https://www.szzg.gov.cn/2024/szzg/xyzx/202406/P020240630600725771219.pdf.

国家网信办．2023．数字中国发展报告（2022 年）［R/OL］．https://www.cac.gov.cn/rootimages/uploadimg/1686402331296991/1686402331296991.pdf／https://www.cac.gov.cn/2023-05/22/c_1686402318492248.htm.

H3C．2024．新华三数据安全解决方案［EB/OL］．https://download.h3c.com/app/cn/download.do?id=7536655.

HUAWEI，CAICT，Roland Berger．2023．工业数字化／智能化 2030 白皮书［ER/OL］．https://www-file.huawei.com/-/media/corp2020/pdf/giv/industry-reports/industrial_digitalization_2030.pdf.

韩锋频道．2020．解读 Gartner《Hype Cycle》报告［EB/OL］．https://www.modb.pro/db/40591.

何明璐．2023．从数据治理到数据资产管理——数据治理框架再思考［R/OL］．https://mp.weixin.qq.com/s/AeSHQ2EE8BE9tgoNRMS7MQ.

胡建国，马建军，李秋实．2023．长庆油气田数智化建设成果与实践［J］．石油科技论坛，42（3）：30-40.

华清信安．2023．数据安全系列（六）｜数据安全治理［EB/OL］．https://baijiahao.baidu.com/s?id=1776823322453852214.

华为．2022．数据治理中心——数据治理方法论 版本 01［ER/OL］．https://support.huaweicloud.com/intl/zh-cn/dgm-dataartsstudio/dgm-dataartsstudio_hkzh.pdf.

华为企业业务．2020．胜利油田与华为签署战略合作协议，共建智慧油田［N/OL］．https://weibo.com/ttarticle/p/show?id=2309404505210658619830.

华为云．2023．华为云数据安全白皮书 2.0［EB/M］．

华为云．2024a．数据安全解决方案［EB/OL］．https://www.huaweicloud.com/solution/data-security/details.html.

华为云．2024b．数据安全解决方案［EB/OL］．https://www.huaweicloud.com/solution/data-security/resource.html.

华为云开发者联盟．2022．华为云 FusionInsight 连续三次获得第一 加速释放数据要素价值［EB/OL］．https://zhuanlan.zhihu.com/p/462640272.

ISC. 2024. 2024年数据安全技术创新发展报告［EB/OL］. https://www.sohu.com/a/776296491_121943181.

James Stafford/小晨编译. 2024. 人工智能如何改变油气勘探与发现［R/OL］. https://zhuanlan.zhihu.com/p/688905270.

极盾科技. 2024. 盘点|《数据安全法》的26部配套立法（附下载）［EB/OL］. https://zhuanlan.zhihu.com/p/688067751.

晶颜123. 2023. CISA零信任成熟模型2.0完整解读［EB/OL］. https://www.51cto.com/article/759426.html.

砍柴网. 2020. 腾讯安全专家直播分享：云原生安全正在成为安全领域的技术发展趋势［EB/OL］. https://baijiahao.baidu.com/s?id=1674175000253422627.

Listen·Rain. 2023. DAMA数据管理知识体系指南之数据质量管理［R/OL］. https://blog.csdn.net/qq_46517733/article/details/128916483.

lurenjia404, 2023. Gartner发布安全领导者数据安全指南：保护数据安全的7项关键举措［EB/OL］. https://blog.csdn.net/galaxylove/article/details/135215933.

lurenjia404, 2024. Gartner信息图：2024年44种安全和风险管理技术采用路线图［EB/OL］. https://blog.csdn.net/galaxylove/article/details/136249552.

李剑峰. 2023. 油气工业数字化智能化发展趋势［J］. 石油科技论坛, 42（3）：10-21.

李俊. 2023.《Gartner数据管理成熟度曲线》2022年报告速览［EB/OL］. https://zhuanlan.zhihu.com/p/584130778.

李松泉, 石玉江, 马建军, 等. 2021. 勘探开发梦想云丛书：长庆智能油气田［M］. 北京：石油工业出版社.

李铁柱, 刘景义, 马涛. 2012. VSP成果数据管理方法的研究［J］. 中国信息界,（08）：37-41.

Mark2019. 2020. 数据安全怎么做：架构篇——数据安全架构［EB/OL］. https://www.51cto.com/article/622156.html.

Mary Mesaglio, Don Scheibenreif, Hung LeHong, Rita Sallam. 2023. 人类与AI相与有成［R/OL］. https://baijiahao.baidu.com/s?id=1783437565801736378.

Melody Chien. 2019. 精华分享：数据管理的未来［EB/OL］. https://mp.weixin.qq.com/s/y1DvMpaFVlXr7mqYWb-PiA.

Michael Goodwin. 2023. 什么是云FinOps?［EB/OL］. https://www.ibm.com/cn-zh/topics/finops.

马承杰. 2021. 胜利油田"数据+平台+应用"信息化建设新模式构建与应用［J］. 石油科技论坛, 40（2）：73-80.

马涛, 杜金虎, 杨剑锋, 等. 2019b. 勘探开发梦想云平台推进智慧油田建设［C］. 西安：2019第六届数字油田国际学术会议/知网中国知识资源总库中国重要会议论文全文数据库（CPCD）.

马涛, 杜金虎, 张仲宏, 等. 2019a. 新一代勘探开发云平台技术［C］. 西安：2019油气田勘探与开发国际会议.

马涛, 黄文俊, 刘景义, 等. 2015. 石油勘探开发数据模型标准研究及进展［J］. 信息技术与标准化,（12）：69-73.

马涛, 李成方, 王珂, 等. 2017. 油气上游领域数据标准及其应用研究［C］//全国石油天然气标准化技术委员会秘书处, 石油工业标准化技术委员会秘书处. 第十六届石油工业标准化学术论坛论文集. 北京：石油工业出版社：215-227.

马涛, 马良乾, 刘冰琰, 等. 2022. 油气领域数字化转型智能化发展方法与路径研究［J］. 中国信息化,（1）：77-81.

马涛, 许增魁, 常冠华, 等. 2020b. 数字、智能与智慧油气田价值模型［J］. 信息技术与标准化,（12）：

58-63.

马涛，张仲宏，王铁成，等. 2020a. 勘探开发梦想云平台架构设计与实现［J］. 中国石油勘探，25（5）：71-81.

马涛，周闰，马良乾. 2021. 油气行业数字化转型价值评价方法［J］. 信息技术与标准化，（7）：42-46.

美创科技. 2023. 重磅发布｜美创科技新一代 数据安全管理平台（DSM Cloud）全新升级［EB/OL］. https://zhuanlan.zhihu.com/p/664862692.

米可维大数据. 2023.【数据治理】数据治理的核心框架和六大思维［R/OL］. https://mp.weixin.qq.com/s/HkoFhwyuRBGnkmnpKnr_-g.

News 快报. 2024. 数据安全八大发展趋势［EB/OL］. https://news.sina.com.cn/shangxunfushen/2024-03-12/detail-inamzwiq2853808.shtml.

日志易. 2023. SIEM/SOAR 联动 ChatGPT 的安全溯源分析及处置建议［EB/OL］. https://zhuanlan.zhihu.com/p/628899740.

山东中翰软件. 2022. 数据治理：如何构建一套完整的数据标准体系［EB/OL］. https://baijiahao.baidu.com/s?id=1737405606987534611.

深度数据云. 2023. 深度解读 Gartner 技术成熟度曲线 Hype Cycle for Data Management［EB/OL］. https://zhuanlan.zhihu.com/p/656920047.

深信服科技. 2024. 深信服大数据安全解决方案［E/OL］. https://www.sangfor.com.cn/product-and-solution/sangfor-security/big-data-security.

沈雪峰. 2017. 风暴之眼——Gartner 定义数据安全治理［EB/OL］. https://baijiahao.baidu.com/s?id=1584910386242315518.

史凯. 2023. 精益数据方法论［M］. 北京：机械工业出版社.

数据安全推进计划. 2022. 数据要素场景化下的数据安全治理体系实践［EB/OL］. https://www.venusgroup.com.cn/new_type/sdjd/20220915/24506.html.

数据安全推进计划. 2023. 数据安全治理实践指南（3.0）［M］. 北京：中国信息通信研究院.

数据管理协会（DAMA 国际）. 2020. DAMA 数据管理知识体系指南［M］. 北京：机械工业出版社.

数据科学家 V5. 2020. 数据治理组织结构与职责［R/OL］. https://wenku.baidu.com/view/8ae3e509f38583d049649b6648d7c1c708a10bbd.html.

数据社. 2023. 4 万字总结，关于数据仓库与数据湖［R/OL］. https://blog.csdn.net/WindyQCF/article/details/129357345.

数据云说. 2023. 数据安全管理平台：筑牢数据安全底座［EB/OL］. http://ex.chinadaily.com.cn/exchange/partners/82/rss/channel/cn/columns/6ldgif/stories/WS64b8fb94a3109d7585e45c4e.html.

数篷科技. 2024. 数据安全八大发展趋势［EB/OL］. https://baijiahao.baidu.com/s?id=1793291287291077255.

数小据. 2023. 元数据及其应用管理概述［EB/OL］. http://www.dama.org.cn/wordpress/2023/07/28/ 元数据及其应用管理概述 /.

数栈君. 2023. 从 Gartner Hype Cycle 2021 报告看湖仓一体的未来发展［EB/OL］. https://www.dtstack.com/bbs/article/2628.

数栈君. 2024. 数据湖趋势展望：未来几年的发展方向与技术革新［EB/OL］. https://www.dtstack.com/bbs/article/18168,（2024-04-29）.

TalkingData. 2018. 2018 年数据智能生态报告［ER/OL］. https://max.book118.com/html/2018/1020/6150233204001223.html.

Tim Mucci, Mark Scapicchio, Cole Stryker. 2024. 什么是 DataOps?［EB/OL］. https://www.ibm.com/cn-zh/topics/dataops.

天空卫士SkyGuard. 2021. 数据安全治理主要包括哪些方面？[EB/OL]. https://www.zhihu.com/question/450027517.

王宏琳，马涛. 2015. 新兴信息技术综述（一）[J]. 石油工业计算机应用，86（2）：8-19.

王利云，黄勃，张宁俊. 2024. 上游首家！塔里木油田数字化转型试点建设顺利通过集团验收[N/OL]. https://mp.weixin.qq.com/s/YkWt9hcgmHavv7arBOxRqQ.

王珊，杜小勇，陈红. 2023. 数据库系统概论（第6版）[M]. 北京：高等教育出版社.

王志勤. 2024. 中国数字经济发展研究报告（2024年）[R]. 北京：中国信息通信研究院.

雾帜智能. 2023a. SOAR+NDR，安全威胁检测与自动化处置解决方案[EB/OL]. https://www.sohu.com/a/714795144_121174692.

雾帜智能. 2023b. SOAR + IOC，提高企业的安全防御和响应能力[EB/OL]. https://baijiahao.baidu.com/s?id=1773925803762438381.

先进制造业. 数字化转型知识方法系列之十三：数字化转型实施方法 两化融合管理体系系列标准[EB/OL]. http://www.sasac.gov.cn/n4470048/n13461446/n15927611/n16058233/c16574650/content.html.

谢晓辉，安鹏. 2023. 中国海油人工智能建设探索与实践[J]. 石油科技论坛，42（3）：22-29.

芯中有数. 2022. 数据安全技术体系[EB/OL]. https://www.edrawmax.cn/templates/file/1038112/.

芯中有数. 2023. 数据安全服务[EB/OL]. https://www.edrawmax.cn/templates/file/1064343/.

星环科技. 2024. Transwarp Defensor星环数据安全管理平台[E/OL]. https://www.transwarp.cn/subproduct/Defensor.

许增魁，马涛，王铁成，等. 2012. 数字油田技术发展探讨[J]. 中国信息界，（09）：28-32.

雪球. 2022. 启明星辰赋能数据治理 数据安全管理平台获权威认证[EB/OL]. https://xueqiu.com/S/SZ002439/226691499.

亚信安全. 2024. 数据安全运营平台DSOP新版本发布 注入AI研判升维[EB/OL]. https://www.sohu.com/a/772589747_121334619.

闫德利. 2023. 数据的五个特征、三道难题、一种自大[R/OL]. https://www.sohu.com/a/682335662_455313.

杨传书，赵金海，张克坚. 2011. 新版WITSML井场数据交换标准特征及应用分析[J]. 石油工业技术监督，（12）：36-40.

杨剑锋，杨勇，王铁成，等. 2021. 勘探开发梦想云丛书：梦想云平台[M]. 北京：石油工业出版社.

杨勇，黄文俊，王铁成，等. 2020. 梦想云数据连环湖建设研究[J]. 中国石油勘探，25（5）：82-88.

一铭. 2023. 如何选择：数据仓库（Data Warehouse），数据湖（Data Lake），数据湖仓（Data Lakehouse）[R/OL]. https://blog.csdn.net/zg_hover/article/details/129472764.

亿信华辰. 2023. 如何把数据变成资产，企业数据资产化的三大关键步骤[EB/OL]. https://www.163.com/dy/article/ILC4OLD10518S7TJ.html.

余晓晖. 2023. 充分释放数据要素价值 推动数字经济健康发展[R/OL]. http://dsjfzj.gxzf.gov.cn/dtyw/t17479439.shtml.

袁满. 2021. POSC数据模型与我国石油工业数据标准化[R/OL]. https://www.renrendoc.com/paper/127425231.html.

袁绍龙. 2020. 数据湖十年风雨路，AWS缘何脱颖而出[R/OL]. https://www.dobigdata.cn/2973.html.

原点安全. 2024a. Gartner 2024安全和风险管理技术路线图：高价值技术DSP广泛部署[EB/OL]. https://baijiahao.baidu.com/s?id=1796367564300192591.

基于数据湖仓的数据生态体系构建方法
——以油气上游业务为例

原点安全 . 2024b. 一体化数据安全平台 uDSP［E/OL］. https://www.yuandiansec.com/?products/&bd_vid=16103866890803864560.

张平文，邱泽奇 . 2022. 数据要素五论：信息、权属、价值、安全、交易［M］. 北京：北京大学出版社 .

赵双，梁绍华 . 2023. 全力服务保障"数智中国石油"建设 昆仑数智梦想云 4.0 正式上线［R/OL］. http://center.cnpc.com.cn/bk/system/2023/05/05/030100733.shtml.

芝能－烟烟 . 2024. 数据安全治理，信息安全的基石［EB/OL］. https://zhuanlan.zhihu.com/p/695965101.

中关村网络安全与信息化产业联盟数据安全治理专业委员会 . 2023. 数据安全治理白皮书 5.0［M/OL］. https://www.leagsoft.com/index.php/new-detail/1288.

中国海洋石油集团有限公司 . 2023. 中国海油：面向未来 赋能产业 积极推进数字化转型智能化发展［N/OL］. http://www.sasac.gov.cn/n4470048/n13461446/n15390485/n15769618/c27880879/content.html.

中国互联网协会 .2021. 数据安全治理能力评估方法：T/ISC-0011—2021［S］. 北京：中国互联网协会 .

中国经济网 . 2023.《工业数字化 / 智能化 2030 展望》报告：加快推进工业"新四化"［N/OL］. http://www.ce.cn/xwzx/gnsz/gdxw/202305/31/t20230531_38569267.shtml.

中国科学院计算机网络信息中心科学数据中心 . 2009. 数据质量评测方法与指标体系［S］. 北京：中国科学院数据应用环境建设与服务项目组 .

中国石油天然气集团有限公司标准化委员会勘探与生产专业标准化技术委员会 . 2020. 石油地质与地球物理图形数据 PCG 格式规范：Q/SY 01833—2020［S］. 北京：石油工业出版社 .

中国石油天然气集团有限公司标准化委员会信息技术专业标准化技术委员会 . 2022. 数据资源目录构建规范：Q/SY 10075—2022［S］. 北京：石油工业出版社 .

中国通信标准化协会 .2024. 数据安全治理能力通用评估方法：YD/T 4558—2023［S］. 北京：人民邮电出版社 .

中国通信标准化协会大数据技术标准推进委员会 . 2025. 湖仓一体数据平台技术要求：T/CCSA 629—2025［S］.

中国信通院 . 2023. 中国数字经济发展研究报告（2023 年）［R/OL］. http://www.caict.ac.cn/kxyj/qwfb/bps/202304/t20230427_419051.htm/http://www.caict.ac.cn/kxyj/qwfb/bps/202304/P020240326636461423455.pdf.

中国信通院 . 2024. 中国数字经济发展研究报告（2024 年）［R/OL］. http://www.caict.ac.cn/kxyj/qwfb/bps/202408/t20240827_491581.htm/http://www.caict.ac.cn/kxyj/qwfb/bps/202408/P020240830315324580655.pdf.

醉酒的戈多 . 2023. DAMA-DMBOK2 重点知识整理 CDGA/CDGP——第 13 章 数据质量［R/OL］. https://blog.csdn.net/DreamEhome/article/details/133070476.

Aaron Rosenbaum. 2023. Hype Cycle for Data Management 2023［ER］.

Aaron Rosenbaum. 2024. Hype Cycle for Data Management 2024［EB/OL］. https://www.starburst.io/info/gartner-hype-cycle-data-management/.

Adam Ronthal，Donald Feinberg. 2023. The Impacts of Data Ecosystems：A Cloud Architectural Perspective［ER/OL］. https://emt.gartnerweb.com/ngw/globalassets/en/data-analytics/documents/the-impacts-of-data-ecosystems.pdf.

Andrew Bales. 2023. Security Leader's Guide to Data Security［EB/OL］. https://www.gartner.com/en/documents/4718831.

Atlan. 2023. Self-Service Data：Definition，Benefits，and Step-by-Step Guide［EB/OL］. https://atlan.com/what-is-self-service-data/#what-is-self-service-data-management.

CFI Team. 2023. Data Warehousing［R/OL］. https://corporatefinanceinstitute.com/resources/business-intelligence/data-warehousing.

ConertKit. 2023. What is an Open Table Format? & Why to use one?［EB/OL］. https://www.startdataengineering.com/post/what_why_table_format/.

Courtney Pallotta. 2022. 5 Insights from Gartner's Hype Cycle for Data Management 2022 Report［EB/OL］. https://www.chaossearch.io/blog/data-management-hype-cycle-report-gartner.

David Bunting. 2023. A Simplified Guide to Cloud Data Platform Architecture［EB/OL］. https://www.chaossearch.io/blog/cloud-data-platform-architecture-guide.

DENODO. 2023. Discover the Future of Data Management——2023 Gartner Hype Cycle for Data Management［ER/OL］. https://www.denodo.com/en/document/analyst-report/gartner-hype-cycle-data-management-2023.

Gartner. 2022. Hype Cycle for Data Management, 2021［EB/OL］. https://www.gartner.com/document/4004072?toggle=1.

Gartner. 2024a. What Is Data and Analytics?［EB/OL］. https://www.gartner.com/en/topics/data-and-analytics.

Gartner. 2024b. Data and Analytics Governance Platforms Reviews and Ratings［EB/OL］. https://www.gartner.com/reviews/market/data-and-analytics-governance-platforms.

IBM. 2024a. What is data observability?［EB/OL］. https://www.ibm.com/topics/data-observability.

IBM. 2024b. What is a modern data platform?［R/OL］. https://www.ibm.com/topics/modern-data-platform.

Javier Salido/Microsoft, Patrick Voon / Edgile. 2010b. Whitepaper: A Guide to Data Governance for Privacy, Confidentiality, and Compliance——Part 3: Managing Technological Risk［EB/OL］. http://iapp.org/media/pdf/knowledge_center/Guide_to_Data_Governance_Part3_Managing_Technological_Risk_whitepaper.pdf.

Javier Salido/Microsoft, Patrick Voon/Edgile. 2010a. Whitepaper: A Guide to Data Governance for Privacy, Confidentiality, and Compliance——Part 2: People and Process［EB/OL］. http://iapp.org/media/pdf/knowledge_center/Guide_to_Data_Governance_Part2_People_and_Process_whitepaper.pdf.

Jeffrey Erickson. 2024. What Is a Vector Database?［EB/OL］. https://www.oracle.com/database/vector-database/.

Jim Holdsworth, Matthew Kosinski. 2024. What is a vector database?［EB/OL］. https://www.ibm.com/topics/vector-database.

John Kutay. 2020. A Brief Overview of the Data Lakehouses［R/OL］. https://www.striim.com/blog/a-brief-overview-of-the-data-lakehouse.

John Kutay. 2023. Data Warehouse vs. Data Lake vs. Data Lakehouse: An Overview of Three Cloud Data Storage Patterns［R/OL］. https://www.striim.com/blog/data-warehouse-vs-data-lake-vs-data-lakehouse-an-overview.

José Cruz, Larry Fumagalli, Ionel Panaitescu, Robert Lies. 2023. Data platform - data lakehouse［R/OL］. https://docs.oracle.com/en/solutions/data-platform-lakehouse/index.html.

Lowans B, Kish D, Willemsen B, et al. 2018. How to Use the Data Security Governance Framework［J/OL］. https://www.gartner.com/en/documents/3873369.

Michael Armbrust, Ali Ghodsi, Reynold Xin, et al. 2021. Lakehouse: A New Generation of Open Platforms that Unify Data Warehousing and Advanced Analytics［R］. Chaminade: 11th Annual Conference on Innovative Data Systems Research (CIDR' 21).

Nolte H, Wieder P. 2022. Realising Data-Centric Scientific Workflows with Provenance-Capturing on Data

Lakes [J]. Data Intelligence, (2): 426-438.

OMG/ISO. 2005. Information technology-Meta Object Facility(MOF) Specification: MOF 1.4.1: ISO/IEC 19502: 2005(E) [S].

OMG/ISO. 2014. Information technology-Object Management Group Meta Object Facility(MOF) Core: MOF 2.4.2: ISO/IEC 19508: 2014(E) [S].

Software AG. 2024a. What is data ingestion? Tools, Types, and Key Concepts [R/OL]. https://www.softwareag.com/en_corporate/resources/data-integration/article/data-ingestion.html.

Software AG. 2024b. What is data integration? Tools, techniques and key concepts [R/OL]. https://www.softwareag.com/en_corporate/resources/data-integration/article/data-integration.html.

Starburst. 2024. Open Table Formats [EB/OL]. https://www.starburst.io/data-glossary/open-table-formats/.

Sunil Hans. 2024. What is Data Observability? [EB/OL]. https://www.adeptia.com/blog/what-data-observability.

Teradata. 2024. Intercloud: An Emerging Architecture for Cloud Analytics [EB/OL]. https://www.teradata.com/insights/data-architecture/intercloud.

Tim King. 2024. What is a Data Product? Data Product Definition & Key Use Cases [EB/OL]. https://solutionsreview.com/business-intelligence/what-is-a-data-product-data-product-definition-key-use-cases/.

Wissen Team. 2024. Edge Data Management: What, Why and Best Practices [EB/OL]. https://www.wissen.com/blog/edge-data-management-what-why-and-best-practices.

术语与关键词索引

C
- 存算分离 ··· 15
- 参考数据 ··· 98

D
- 对象型数据库 ·· 3
- DCMM 数据管理能力成熟度评估模型 ····················· 101
- DSMM 数据安全能力成熟度模型 ···························· 198
- DevOps 与 DataOps ·· 265

E
- EPDM 数据模型 ·· 41
- EPDMX 数据交换模型 ·· 55

F
- 分布式云存储 ··· 82

G
- 关系型数据库 ··· 3
- 工业互联网平台的分层安全能力建设 ····················· 195
- Gartner 对数据管理发展预测 ··································· 207
- 国外油企数字化与智能化发展趋势 ························· 233
- 工业数字化/智能化 2030 展望 ································ 240
- 国家对数字化与智能化的宏观指导和政策保障 ······· 242
- 国内油企数字化转型与智能化发展实践 ················· 245
- 工业元宇宙 ·· 267

H
- 湖仓一体 ·· 5
- 湖仓一体功能架构 ·· 14
- 湖仓一体技术与产业 ·· 225

I
- IBM DIKW 模型 ·· 261

L

流批一体 16
连环数据湖仓 78

M

"敏捷"哲学 265

O

OData 与 RESTful 57
OSDU 开放地下数据空间论坛 267

P

PDCA+IPO 71
PDCA 数据质量保证体系运行 127

Q

区域湖仓 27
前端、中端、后端 .... 29、31
企业数据架构治理 105
企业数据治理体系 107
企业数据治理组织 108
企业数据安全能力智能化 194

R

任务管理 12
任务编排 12
软件定义存储 82

S

数据湖 1
数据湖能力 1
数据湖特征 1
数据挖掘 2
数据仓库 3
数据湖仓 5
数据仓库、数据湖与数据湖仓性能对比 8
数据资源与资产目录 9
数据摄取 .... 9、31
数据集成 10
数据接入 11

数据迁移	11
数据存储	12、32
数据分析	12
数据洞察	13
数据科学	13
数据模式	16
数据要素生命周期	28
数据采集	29
数据分类	29
数据计算	36
数据消费	37
数据模型	39
实体与对象	39
数据交换模型	45
数据集	49
数据资源化	58
数据资产化	58
数据资产与数字化转型	62
数据资产与新质生产力	62
数据生态	63
数据平台	64
数据平台体系架构	66
数据资源目录	69
数据分类分级	69
数据采集管控与融合	70
数据路由	83
数据应用服务接口	91
数据管理	98
数据治理	9、99
数据治理管控体系	102
数据集市	106
数据质量	111
数据质量管理	9、111
数据质量评价	112
数据质量评价与改进	118
数据质量管理体系	121
数据质量管理体系架构	122

数据质量管理活动 …… 123
数据生产力 …… 124
数据质量管理流程 …… 124
数据质量保证体系 …… 126
生产力创新 …… 130
数据安全 …… 134
数据安全治理 …… 135
数据安全参考模型 …… 136
数据安全参考架构 …… 137
数据安全治理参考架构 …… 137
数据安全治理活动 …… 144
数据安全治理能力评估 …… 156
数据安全技术体系 …… 157
数据安全体系参考架构 …… 161
数据安全平台 …… 161
数据安全平台基本能力单元 …… 164
数据安全风险识别 …… 166
数据安全风险防范技术 …… 167
数据安全风险知识库 …… 167
数据安全能力建设 …… 168
数据湖仓的数据安全能力体系 …… 198
数据湖仓技术发展趋势 …… 204
数据编织 …… 217
数据网格 …… 219
数字化、信息化与智能化的本质 …… 260
数字化转型 …… 261
数字、智能、数智与智慧油田 …… 264

T
统一数据服务接口 …… 86

X
现代数据平台 …… 265

Y
元数据管理 …… 9
油气上游业务构成 …… 18
元数据 …… 25

元数据分类	37
元模型	27、38
元数据建模	38
元元模型	38
业务数据模型	39
油气上游领域数据模型体系	42
油气领域开放数据交换标准	53
业务数字化	62
油气上游领域数据生态链	64
应用服务接口规则	93
云原生	107
云计算平台的数据安全体系建设思想	194
油气上游领域的数据湖仓生态体系	226

Z

主湖仓	27
中台与服务	27、28
主数据	32、42、98
专业技术数据	228